財務管理

主　編　○　李紅娟、朱殿寧、伍海琳
副主編　○　張遠康、劉　伊、羅司琴、余莉娜、謝慕冰

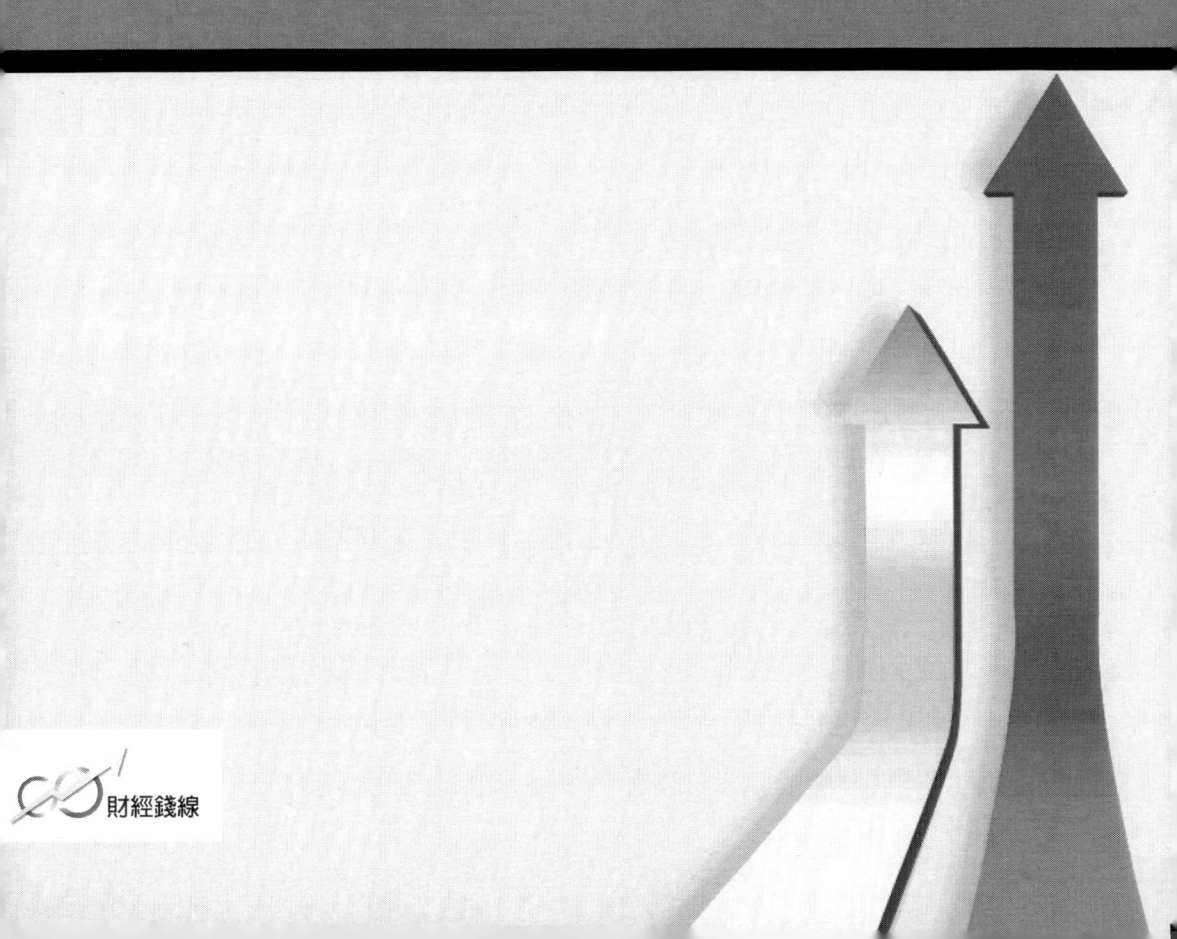

財經錢線

前 言

為了適應新常態下經濟體制改革的需要，逐步建立和完善現代企業制度，加強企業財務管理，我們組織編寫了《財務管理》一書。我們廣泛吸取應用型本科財務管理教學和教材建設經驗，聯繫財務管理學科新發展與企業財務管理實務，系統闡述了企業財務管理的基本理論、內容、方法和技能。

本書以公司財務管理目標為價值導向，以公司財務戰略為整體規劃，以籌資、投資、營運資金管理和股利分配等財務活動為橫線，以財務預測、財務決策、財務預算、財務控製等財務管理環節為縱線，按照總論、財務管理價值理念、籌資管理、投資管理、營運資金管理、股利分配政策、財務分析與評價的體系編寫而成。全書共分為9章：第一章為總論，第二章為財務管理價值觀念，第三章為籌資管理，第四章為項目投資管理，第五章為證券投資管理，第六章為營運資金管理，第七章為利潤分配管理，第八章為預算管理，第九章為財務分析。本書的特點是內容深入淺出，注重實用性；每章前設計有案例導入，每章後設計有本章小結以及配套打造了《財務管理習題集》，便於學生加強理解和練習，使學生能夠舉一反三、融會貫通。

本書由李紅娟、朱殿寧、伍海琳任主編，張遠康、劉伊、羅司琴、餘莉娜、謝慕冰任副主編。第一章、第二章由李紅娟編寫；第三章由朱殿寧編寫；第四章由伍海琳編寫；第五章由張遠康編寫；第六章由劉伊編寫；第七章由羅司琴編寫；第八章由餘莉娜編寫；第九章由謝慕冰編寫。李紅娟負責編寫大綱的擬定以及統稿、修改和定稿工作。

在本書編寫中，借鑑了大量的文獻資料，在此向有關單位及原作者表示感謝。由於編者的業務水平有限，書中難免有不妥或錯誤之處，懇請讀者批評指正。

編 者

目 錄

第一章 總論 ………………………………………………………… (1)
 第一節 財務管理概念 ……………………………………………… (3)
 第二節 財務管理目標 ……………………………………………… (6)
 第三節 財務管理環節 ……………………………………………… (12)
 第四節 財務管理環境 ……………………………………………… (13)
 第五節 財務管理體制 ……………………………………………… (18)
 本章小結 …………………………………………………………… (22)

第二章 財務管理價值觀念 ………………………………………… (25)
 第一節 貨幣時間價值 ……………………………………………… (25)
 第二節 收益與風險 ………………………………………………… (35)
 本章小結 …………………………………………………………… (48)

第三章 籌資管理 …………………………………………………… (52)
 第一節 籌資管理概述 ……………………………………………… (54)
 第二節 債務籌資 …………………………………………………… (61)
 第三節 股權籌資 …………………………………………………… (74)
 第四節 資金需要量的預測 ………………………………………… (82)
 第五節 資本成本與資本結構 ……………………………………… (90)
 本章小結 …………………………………………………………… (108)

第四章 項目投資管理 ……………………………………………… (112)
 第一節 項目投資概述 ……………………………………………… (113)
 第二節 現金流量分析 ……………………………………………… (119)
 第三節 現金流量指標 ……………………………………………… (127)
 第四節 無風險項目投資決策 ……………………………………… (138)
 第五節 風險項目投資決策 ………………………………………… (149)
 本章小結 …………………………………………………………… (159)

第五章 證券投資管理 ……………………………………………… (161)
 第一節 證券投資的相關概念 ……………………………………… (162)
 第二節 證券投資的風險與收益率 ………………………………… (166)

第三節　證券投資決策 …………………………………………（170）
　　　本章小結 ………………………………………………………（181）

第六章　營運資金管理 …………………………………………（184）
　　　第一節　營運資金管理概述 …………………………………（185）
　　　第二節　現金管理 ……………………………………………（191）
　　　第三節　應收帳款管理 ………………………………………（200）
　　　第四節　存貨管理 ……………………………………………（213）
　　　第五節　流動負債管理 ………………………………………（221）
　　　本章小結 ………………………………………………………（228）

第七章　利潤分配管理 …………………………………………（232）
　　　第一節　利潤及其分配 ………………………………………（233）
　　　第二節　股利形式與股利支付程序 …………………………（237）
　　　第三節　股利理論和股利政策 ………………………………（239）
　　　第四節　股票股利、股票分割、股票回購和股權激勵 ……（246）
　　　本章小結 ………………………………………………………（252）

第八章　預算管理 ………………………………………………（256）
　　　第一節　預算管理概述 ………………………………………（257）
　　　第二節　預算的編制方法與程序 ……………………………（260）
　　　第三節　預算編制 ……………………………………………（267）
　　　第四節　預算執行與考核 ……………………………………（278）
　　　本章小結 ………………………………………………………（286）

第九章　財務分析 ………………………………………………（288）
　　　第一節　財務分析概述 ………………………………………（290）
　　　第二節　財務能力分析 ………………………………………（301）
　　　第三節　上市公司財務分析 …………………………………（320）
　　　第四節　財務綜合分析 ………………………………………（326）
　　　本章小結 ………………………………………………………（335）

附　錄 ……………………………………………………………（339）

第一章　總論

案例導入

雷曼兄弟公司破產對企業財務管理目標選擇的啟示[①]

2008年9月15日，擁有158年悠久歷史的美國第四大投資銀行——雷曼兄弟（Lehman Brothers）公司正式申請依據以重建為前提的《美國聯邦破產法》第11章規定的程序破產，即所謂破產保護。雷曼兄弟公司作為曾經在美國金融界叱咤風雲的巨人，在金融危機中也無奈破產，這不僅與過度的金融創新和乏力的金融監管等外部環境有關，也與雷曼兄弟公司本身的財務管理目標有著某種內在的聯繫。以下從雷曼兄弟公司內部財務的角度深入剖析雷曼兄弟公司破產的原因。

一、股東財富最大化：雷曼兄弟公司財務管理目標的現實選擇

雷曼兄弟公司正式成立於1850年。在成立初期，雷曼兄弟公司主要從事利潤比較豐厚的棉花等商品的貿易，公司性質為家族企業，規模相對較小，其財務管理目標自然是利潤最大化。在雷曼兄弟公司從經營干洗、兼營小件寄存的小店逐漸轉型為金融投資公司的同時，其性質也從一個地道的家族企業逐漸成長為在美國乃至世界都名聲顯赫的上市公司。由於雷曼兄弟公司性質的變化，其財務管理目標也隨之由利潤最大化轉變為股東財富最大化。其原因如下：第一，美國是一個市場經濟比較成熟的國家，建立了完善的市場經濟制度和資本市場體系，因此以股東財富最大化為財務管理目標能夠獲得更好的企業外部環境支持；第二，與利潤最大化的財務管理目標相比，股東財富最大化目標考慮了不確定性、時間價值和股東資金的成本，無疑更為科學和合理；第三，與企業價值最大化的財務管理目標相比，股東財富最大化可以直接通過資本市場股價來確定，比較容易量化，操作上更為便捷。因此，從某種意義上講，股東財富最大化是雷曼兄弟公司財務管理目標的現實選擇。

二、雷曼兄弟公司破產的內在原因：股東財富最大化

股東財富最大化是通過合理經營，為股東帶來最多的財富。當雷曼兄弟公司選擇股東財富最大化為其財務管理目標之後，雷曼兄弟公司迅速從一個名不見經傳的小店發展成聞名於世界的華爾街金融巨頭。同時，由於股東財富最大化的財務管理目標利益主體單一（僅強調了股東的利益）、適用範圍狹窄（僅適用於上市公司）、目標導向錯位（僅關注現實的股價）等原因，雷曼兄弟公司最終無法在此次百年一遇的金融危機中幸免於難。股東財富最大化對於雷曼兄弟公司來說，頗有成也蕭何、敗也蕭何的

[①] 劉勝強，盧凱，程惠峰. 雷曼兄弟破產對企業財務管理目標選擇的啟示［J］. 財務與會計，2009（12）：18-19.

意味。

（一）股東財富最大化目標下過度追求利潤而忽視經營風險控製是雷曼兄弟公司破產的直接原因

在利潤最大化的財務管理目標指引之下，雷曼兄弟公司開始轉型經營美國當時最有利可圖的大宗商品期貨交易。其後，雷曼兄弟公司又開始涉足股票承銷、證券交易、金融投資等業務。1899—1906年，雷曼兄弟公司從一個金融門外漢成長為紐約當時最有影響力的股票承銷商之一，其每一次業務轉型都是資本追逐利潤的結果。然而，由於雷曼兄弟公司在過度追求利潤的同時忽視了對經營風險的控製，從而最終為其破產埋下了伏筆。雷曼兄弟公司破產的原因，從表面上看是美國過度的金融創新和乏力的金融監管導致的全球性金融危機，但從實質上看，則是由於雷曼兄弟公司一味地追求股東財富最大化，而忽視了對經營風險進行有效控製的結果。對合成CDO（擔保債務憑證）和CDS（信用違約互換）市場深度參與，而忽視了CDS市場相當於4倍美國國內生產總值的巨大風險，是雷曼兄弟公司轟然倒塌的直接原因。

（二）股東財富最大化目標下過多關注股價而使其偏離了經營重心是雷曼兄弟公司破產的推進劑

股東財富最大化理論認為，股東是企業的所有者，其創辦企業的目的是增加財富，因此企業的發展理所當然應該追求股東財富最大化。在股份制經濟條件下，股東財富由其所擁有的股票數量和股票市場價格兩方面決定，而在股票數量一定的前提下，股東財富最大化就表現為股票價格最高化，即當股票價格達到最高時，股東財富達到最大。為了使本公司的股票在一個比較高的價位上運行，雷曼兄弟公司自2000年開始連續七年將公司稅後利潤的92%用於購買自己的股票，此舉雖然對抬高公司的股價有所幫助，但同時也減少了公司的現金持有量，降低了其應對風險的能力。另外，將稅後利潤的92%全部用於購買本公司的股票而不是其他公司的股票，無疑是選擇了「把雞蛋放在同一個籃子裡」的投資決策，不利於分散投資風險；過多關注公司股價短期的漲跌，也必將使公司在實務經營上的精力投入不足，經營重心發生偏移，使股價失去高位運行的經濟基礎。因此，為使股東財富最大化，過多關注股價而使公司偏離了經營重心，是雷曼兄弟公司破產的推進劑。

（三）股東財富最大化目標下僅強調股東的利益而忽視其他利益相關者的利益是雷曼兄弟公司破產的內在原因

雷曼兄弟公司自1984年上市以來，所有權和經營權實現了分離，所有者與經營者之間形成委託代理關係；同時，形成了股東階層（所有者）與職業經理人階層（經營者）。股東委託職業經理人代為經營企業，其財務管理目標是股東財富最大化，並通過會計報表獲取相關信息，瞭解受託者的受託責任履行情況以及理財目標的實現程度。上市之後的雷曼兄弟公司，實現了14年連續盈利的顯赫經營業績和10年間高達1,103%的股東回報率。然而，現代企業是多種契約關係的集合體，不僅包括股東，還包括債權人、經理層、職工、顧客、政府等利益主體。股東財富最大化片面強調了股東利益的至上性，而忽視了其他利益相關者的利益，導致雷曼兄弟公司內部各利益主體的矛盾衝突頻繁爆發，員工的積極性不高，雖然其員工持股比例高達37%，但員工的主人翁意識淡漠。另外，雷曼兄弟公司選擇股東財富最大化目標，導致公司過多關

注股東利益，而忽視了一些公司應該承擔的社會責任，加劇了其與社會之間的矛盾，這也是雷曼兄弟公司破產的原因之一。

（四）股東財富最大化目標僅適用於上市公司是雷曼兄弟公司破產的又一原因

為了提高公司的整體競爭力，1993年，雷曼兄弟公司進行了戰略重組，改革了管理體制。和中國大多數企業上市行為一樣，雷曼兄弟公司的母公司（美國運通公司）為了支持雷曼兄弟公司上市，將有盈利能力的優質資產剝離後注入上市公司，而將大量不良資產甚至可以說是包袱留給了母公司，在業務上實行核心業務和非核心業務分開，上市公司和非上市公司分立運行。這種上市方式註定了其上市之后無論是內部公司治理，還是外部市場運作，都無法徹底地與母公司保持獨立。因此，在考核和評價其業績時，必須站在整個集團公司的高度，而不能僅從上市公司這一個子公司甚至是孫公司的角度來分析和評價其財務狀況和經營成果。由於只有上市公司才有股價，因此股東財富最大化的財務管理目標只適用於上市公司，而集團公司中的母公司及其他子公司並沒有上市，股東財富最大化財務管理目標也無法引導整個集團公司進行正確的財務決策，還可能導致集團公司中非上市公司的財務管理目標缺失及財務管理活動混亂等事件。因此，股東財富最大化目標僅適用於上市公司是雷曼兄弟破產的又一原因。

思考：企業財務管理目標有哪些？如何正確定位財務管理目標？

第一節　財務管理概念

財務管理就是對企業財務活動及其體現的財務關係進行的管理。其中，財務活動包括籌資活動、投資活動、資金營運活動和分配活動；財務關係是指企業在組織財務活動過程中與有關各方發生的經濟利益關係；管理則是通過財務決策、制訂和實施財務計劃和預算方案、設立財務組織、進行財務控制和考核的全過程。

一、財務活動

財務活動是指資金的籌集、投放、使用、收回以及分配等一系列行為。從整體上講，財務活動包括以下四個方面：

（一）籌資活動

籌資是指企業為了滿足投資和用資的需要，籌措和集中所需資金的過程。在籌資過程中，企業一方面要確定籌資總規模，以保證投資所需要的資金；另一方面要通過籌資渠道、籌資方式的選擇，合理確定籌資結構，以降低籌資成本和風險。

從整體上看，企業可以從兩方面籌資並形成兩種性質的資金來源：一是企業自有資金，它是企業通過向投資者吸收直接投資、發行股票以及企業內部留存收益等方式取得的；二是企業債務資金，它是企業通過向銀行借款、發行債券以及利用商業信用等方式取得的。企業籌集資金表現為企業資金流入；企業償還借款、支付利息和股利以及付出各種籌資費用等表現為企業資金流出，這種因為資金籌集而產生的資金收支活動，是企業籌資而引起的財務活動，是企業財務管理的主要內容之一。

(二) 投資活動

　　企業取得資金后，必須將資金投入使用，以謀求最大的經濟效益，否則就失去了籌資的目的和效用。企業投資可以分為廣義的投資和狹義的投資。廣義的投資是指企業將籌集的資金投入使用的過程，包括企業內部使用資金的過程（如購置流動資產、固定資產、無形資產等）以及對外投放資金的過程（如購買其他企業的股票、債券或與其他企業聯營等）；狹義的投資僅指對外投資。無論企業是購買內部所需資產，還是購買各種證券，都需要支付資金。而當企業變賣其對內投資形成的各種資產或收回其對外投資時，則會產生資金流入。這種因企業投資而產生的資金收付，即由投資行為而引起的財務活動。

　　另外，企業在投資過程中必須考慮投資的規模，也就是在怎樣的投資規模下，企業的經濟效益最佳。企業也必須通過投資方向和投資方式的選擇，確定合理的投資結構，以提高投資效益，降低投資風險。所有這些投資活動都是財務管理的內容。

(三) 資金營運活動

　　企業在日常生產經營過程中會發生一系列的資金收付。首先，企業要採購材料或商品，以便從事生產和銷售活動，同時還要支付工資和其他營業費用；其次，當企業把產品或商品售出後，便可取得收入，收回資金；最後，如果企業現有資金不能滿足企業經營需要時，還要以短期借款方式籌集所需資金。上述各方面產生的企業資金收付都稱為資金營運活動。在這一過程中占用的資金就是營運資金。

　　企業的營運資金主要是為滿足企業日常營業活動的需要而墊支的資金，營運資金的週轉與生產經營週期具有一致性。在一定時期內資金週轉越快，就越可以利用相同數量的資金，生產出更多的產品，取得更多的收入。因此，如何加速營運資金週轉、提高資金利用效率，也是財務管理的主要內容之一。

(四) 分配活動

　　分配是對投資成果的分配，投資成果表現為取得各種收入，並在扣除各種成本費用後獲得利潤。因此，從廣義上說，分配是指對投資收入（如銷售收入）和利潤進行分割和分派的過程；而狹義的分配僅指對利潤的分配。

　　隨著分配過程的進行，資金退出或者留存企業，必然會影響企業的資金運動，這不僅表現在資金運動的規模上，而且表現在資金運動的結構上。因此，在一定的法律原則下，如何合理制定分配政策和分配方式，使企業的長期利益最大化，也是財務管理的主要內容之一。

　　上述財務活動的四個方面是相互聯繫、相互依存的。正是上述互相聯繫又有一定區別的四個方面，構成了完整的企業財務活動，也是企業財務管理的基本內容。

二、財務關係

　　財務關係是指企業在組織財務活動過程中與有關各方發生的經濟利益關係。企業資金的籌集、投放、使用、收入和分配，與企業各方面有著廣泛的聯繫。企業的財務關係可概括為以下幾個方面：

(一) 企業與投資者之間的財務關係

　　這主要是指企業的投資者向企業投入資金，企業向其投資者支付投資報酬所形成

的經濟關係。企業的投資者主要包括國家、法人和個人。投資者按照投資合同、協議、章程的約定履行出資義務以便及時形成企業的資本；企業利用資本進行營運，實現利潤后，按照出資比例或合同、章程的規定，向其投資者支付報酬。投資者出資不同，其各自對企業承擔的責任也不同，相應地對企業享有的權利也不相同。但是，投資者通常要與企業發生以下財務關係：

（1）投資者能對企業進行何種程度的控製。
（2）投資者對企業獲取的利潤能在佔有多大份額的基礎上參與分配。
（3）投資者對企業的淨資產享有多大的分配權。
（4）投資者對企業承擔怎樣的責任。

投資者和企業均要依據上述四個方面合理地選擇接受投資企業和投資方，最終實現雙方之間的利益均衡。

（二）企業與受資者之間的財務關係

這主要是企業以購買股票或直接投資的形式向其他企業投資形成的經濟關係。隨著市場經濟的不斷深入發展，企業經營規模和經營範圍的不斷擴大，這種關係將會越來越廣泛。企業向其他單位投資，應按約定履行出資義務，並依據其出資份額參與受資者的經營管理和利潤分配。企業與受資者的財務關係是體現所有權性質的投資與受資的關係。

（三）企業與債權人之間的財務關係

這主要是指企業向債權人借入資金，並按借款合同的規定按時支付利息和歸還本金所形成的經濟關係。企業除利用資本進行經營活動外，還要借入一定數量的資金，以便降低企業的資本成本，擴大企業經營規模。企業的債權人主要有債券持有人、貸款機構、商業信用提供者、其他出借資金給企業的單位和個人。企業利用債權人的資金，要按約定的利息率，及時向債權人支付利息；債務到期時，企業要合理調度資金，按時向債權人歸還本金。企業同其債權人的財務關係在性質上屬於債務與債權關係。

（四）企業與債務人之間的財務關係

這主要是指企業將其資金以購買債券、提供借款或商業信用等形式出借給其他單位所形成的經濟關係。企業將資金借出后，有權要求其債務人按約定的條件支付利息和歸還本金。企業同其債務人的關係體現的是債權與債務關係。

（五）企業與政府之間的財務關係

中央政府和地方政府作為社會管理者，擔負著維持社會正常秩序、保衛國家安全、組織和管理社會活動等任務，行使政府行政職能。政府據此身分，無償參與企業利潤的分配。企業必須按照稅法規定向中央和地方政府繳納各種稅款，包括所得稅、流轉稅、資源稅、財產稅等。這種關係體現為一種強制和無償的分配關係。

（六）企業與職工之間的財務關係

這主要是指企業在向職工支付勞動報酬的過程中形成的經濟關係。職工是企業的勞動者，他們以自身提供的勞動作為參與企業分配的依據。企業根據勞動者的勞動情況，用其收入向職工支付工資、津貼和獎金，並按規定提取公益金等，體現了職工個人和集體在勞動成果上的分配關係。企業與職工的分配關係還將直接影響企業利潤並由此影響所有者權益，因此職工分配最終會導致所有者權益的變動。

（七）企業內部各單位之間的財務關係

這主要是指企業內部各單位之間在生產經營各環節中相互提供產品或勞務所形成的經濟關係。企業內部各職能部門和生產單位既分工又合作，共同形成一個企業系統。只有企業內部各部門、各單位（子系統）功能的執行與協調，整個系統才具有穩定功能，從而達到企業預期的經濟效益。因此，在實行廠內經濟核算制和企業內部經營責任制的條件下，企業供、產、銷各個部門以及各個生產單位之間，相互提供勞務和產品也要計價結算。這種在企業內部形成的資金結算關係，體現了企業內部各單位之間的利益關係。

三、財務管理的主要特徵

（一）財務管理是價值管理

財務管理是利用資金、成本、收入等價值指標來管理企業價值的形成、實現和分配過程，並處理這個過程中形成的財務關係。因此，財務管理也可以理解為是組織、控製、指揮、協調並考核企業資金運動，以保持其一定比例的並存性、一定速度的繼起性和一定規模的收益性的一種管理行為；同時，因為資金運動的過程本質上體現了企業與各利益相關人之間的經濟利益關係，所以這種利益的核心就是價值分配及再分配。

（二）財務管理是綜合性管理

財務管理是企業管理中的一個獨立方面，又是一項綜合性的管理工作。企業各方面生產經營活動的質量和效果，都可以以價值形式綜合地反映出來，最終集中體現在企業的盈利上。企業通過有效的組織財務管理，即合理的組織資金活動，又可以決定影響企業各方面的生產經營活動，保證企業生產經營活動的協調運轉。

（三）財務管理控製功能較強

企業經營活動一方面是商品運動的過程，另一方面是資金運動的過程。企業的任何商品運動都必然與貨幣的收支存在一定的關係，透過貨幣收支規模及其結構可以對商品的運動過程或經營活動過程進行有效控製，這正是財務管理控製功能得以形成的基礎。不僅如此，基於財務管理是一種價值管理和綜合管理，使得財務管理便於確定企業內部各部門、各環節以至每個員工的經濟責任，強化責任控製。

（四）財務管理的內容廣泛

財務管理的客體是資金運動過程。資金運動過程包括三個方面：一是以實物商品為基礎的資金運動；二是以金融資產為基礎的資金運動；三是在各個獨立企業資金運動的基礎上，從整個社會資金運動出發進行資金再配置的資本營運活動，具體包括企業合併、分立、改組、解散、破產的財務處理等。這三者完整地構成企業財務管理不可分割的統一體，使財務管理的內容更為廣泛。

第二節　財務管理目標

財務管理目標又稱理財目標，是指企業進行財務活動所要達到的根本目的，決定

企業財務管理的基本方向。在充分研究財務活動客觀規律的基礎上，根據實際情況和未來變動趨勢，確定財務管理目標，是財務管理主體必須首先解決的一個理論和實踐問題。

一、企業財務管理目標理論

對於企業財務管理目標，有如下幾種具有代表性的理論：

（一）利潤最大化

利潤最大化是假定企業財務管理以實現利潤最大化為目標。以利潤最大化作為財務管理目標，其主要原因有三個：一是人類從事生產經營活動的目的是創造更多的剩餘產品，在市場經濟條件下，剩餘產品的多少可以用利潤這個指標來衡量；二是在自由競爭的資本市場中，資本的使用權最終屬於獲利最多的企業；三是只有每個企業都最大限度地創造利潤，整個社會的財富才可能實現最大化，從而帶來社會的進步和發展。

利潤最大化目標的主要優點是企業追求利潤最大化，就必須講求經濟核算，加強管理，改進技術，提高勞動生產率，降低產品成本。這些措施都有利於企業資源的合理配置，有利於企業整體經濟效益的提高。

但是，以利潤最大化作為財務管理目標存在以下缺陷：

（1）沒有考慮利潤實現時間和資金的時間價值。例如，今年100萬元的利潤和10年以後同等數量的利潤其實際價值是不一樣的，10年間還會有時間價值的增加，而且這一數值會隨著貼現率的不同而有所不同。

（2）沒有考慮風險問題。不同行業具有不同的風險，同等利潤值在不同行業中的意義也不相同。例如，風險比較高的高科技企業和風險相對較小的製造業企業無法簡單比較。

（3）沒有反映創造的利潤與投入資本之間的關係。

（4）可能導致企業短期財務決策傾向，影響企業長遠發展。由於利潤指標通常按年計算，因此企業決策也往往會服務於年度指標的完成或實現。

利潤最大化的一種表現方式是每股收益最大化。每股收益最大化觀點認為，應當把企業的利潤和股東投入的資本聯繫起來考察，用每股收益來反映企業的財務目標。

除了反映所創造利潤與投入資本之間的關係外，每股收益最大化與利潤最大化目標的缺陷基本相同。但如果假設風險相同、每股收益時間相同，每股收益的最大化也是衡量公司業績的一個重要指標。事實上，許多投資人都把每股收益作為評價公司業績的重要標準之一。

（二）股東財富最大化

股東財富最大化是指企業財務管理以實現股東財富最大為目標。在上市公司，股東財富是由其擁有的股票數量和股票市場價格兩方面決定的。在股票數量一定時，股票價格達到最高，股東財富也就達到最大。

與利潤最大化相比，股東財富最大化的主要優點如下：

（1）考慮了風險因素，因為通常股價會對風險做出較敏感反應。

（2）在一定程度上能避免企業短期行為，因為不僅目前的利潤會影響股票價格，

預期未來的利潤同樣會對股價產生重要影響。

（3）對上市公司而言，股東財富最大化目標比較容易量化，便於考核和獎懲。

以股東財富最大化作為財務管理目標也存在以下缺點：

（1）通常只適用於上市公司，非上市公司難以應用，因為非上市公司無法像上市公司一樣隨時準確地獲得公司股價。

（2）股價受眾多因素影響，特別是企業外部的因素，有些還可能是非正常因素。股價不能完全準確反映企業財務管理狀況，如有的上市公司處於破產邊緣，但由於可能存在某些機會，其股票市價可能還在走高。

（3）過於強調股東利益，而對其他相關者的利益重視不夠。

（三）企業價值最大化

企業價值最大化是指企業財務管理行為以實現企業的價值最大為目標。企業價值可以理解為企業所有者權益和債權人權益的市場價值，或者是企業所能創造的預計未來現金流量的現值。未來現金流量這一概念，包含了資金的時間價值和風險價值兩個方面的因素。因為未來現金流量的預測包含了不確定性和風險因素，而現金流量的現值是以資金的時間價值為基礎對現金流量進行折現計算得出的。

企業價值最大化目標要求企業通過採用最優的財務政策，充分考慮資金的時間價值和風險與報酬的關係，在保證企業長期穩定發展的基礎上使企業總價值達到最大。

以企業價值最大化作為財務管理目標，具有以下優點：

（1）考慮了取得報酬的時間，並用時間價值的原理進行了計量。

（2）考慮了風險與報酬的關係。

（3）將企業長期、穩定的發展和持續的獲利能力放在首位，能克服企業在追求利潤上的短期行為，因為不僅目前利潤會影響企業的價值，預期未來的利潤對企業價值增加也會產生重大影響。

（4）用價值代替價格，避免了過多外界市場因素的干擾，有效地規避了企業的短期行為。

但是，以企業價值最大化作為財務管理目標過於理論化，不易操作。對於非上市公司而言，只有對企業進行專門的評估才能確定其價值，而在評估企業資產時，由於受評估標準和評估方式的影響，很難做到客觀和準確。

（四）相關者利益最大化

在現代企業是多邊契約關係的總和的前提下，要確立科學的財務管理目標，需要考慮哪些利益關係會對企業發展產生影響。在市場經濟中，企業的理財主體更加細化和多元化。股東作為企業所有者，在企業中擁有最高的權力，並承擔著最大的義務和風險，但是債權人、員工、企業經營者、客戶、供應商和政府也為企業承擔著風險。因此，企業的利益相關者不僅包括股東，還包括債權人、企業經營者、客戶、供應商、員工、政府等。在確定企業財務管理目標時，不能忽視這些相關利益群體的利益。

相關者利益最大化目標的具體內容包括如下幾個方面：

（1）強調風險與報酬的均衡，將風險限制在企業可以承受的範圍內。

（2）強調股東的首要地位，並強調企業與股東之間的協調關係。

（3）強調對代理人即企業經營者的監督和控製，建立有效的激勵機制以便企業戰

略目標的順利實施。

（4）關心本企業普通職工的利益，創造優美和諧的工作環境和提供合理恰當的福利待遇，培養職工長期努力為企業工作。

（5）不斷加強與債權人的關係，培養可靠的資金供應者。

（6）關心客戶的長期利益，以便保持銷售收入的長期穩定增長。

（7）加強與供應商的協作，共同面對市場競爭，並注重企業形象的宣傳，遵守承諾，講究信譽。

（8）保持與政府部門的良好關係。

以相關者利益最大化作為財務管理目標具有以下優點：

（1）有利於企業長期穩定發展。這一目標注重企業在發展過程中考慮並滿足各利益相關者的利益關係。在追求長期穩定發展的過程中，站在企業的角度上進行投資研究，能避免只站在股東的角度進行投資可能導致的一系列問題。

（2）體現了合作共贏的價值理念，有利於實現企業經濟效益和社會效益的統一。由於兼顧了企業、股東、政府、客戶等的利益，企業就不僅僅是一個單純牟利的組織，還承擔了一定的社會責任。企業在尋求其自身的發展和利益最大化過程中，由於需維護客戶及其他利益相關者的利益，就會依法經營，依法管理，正確處理各種財務關係，自覺維護和切實保障國家、集體和社會公眾的合法權益。

（3）這一目標本身是一個多元化、多層次的目標體系，較好地兼顧了各利益主體的利益。這一目標可以使企業各利益主體相互作用、相互協調，並在使企業利益、股東利益達到最大化的同時，這也使其他利益相關者利益達到最大化。這也就是在將企業財富這塊「蛋糕」做到最大的同時，保證每個利益主體所得的「蛋糕」更多。

（4）體現了前瞻性和現實性的統一。企業作為利益相關者之一，有其一套評價指標，如未來企業報酬貼現值；股東的評價指標可以使用股票市價；債權人可以謀求風險最小、利息最大；工人可以確保工資福利；政府可考慮社會效益；等等。不同的利益相關者有各自的指標，只要合理合法、互利互惠、相互協調，就可以實現所有相關者利益最大化。

（五）各種財務管理目標之間的關係

上述利潤最大化、股東財富最大化、企業價值最大化以及相關者利益最大化等各種財務管理目標，都以股東財富最大化為基礎。因為企業是市場經濟的主要參與者，企業的創立和發展都必須以股東的投入為基礎，離開了股東的投入，企業就不復存在了；並且，在企業的日常經營過程中，作為所有者的股東在企業中承擔著最大的義務和風險，相應也享有最高的報酬，即股東財富最大化，否則就難以為市場經濟的持續發展提供動力。

當然，以股東財富最大化為核心和基礎，還應該考慮利益相關者的利益。各國公司法都規定，股東權益是剩餘權益，只有滿足了其他方面的利益之後才會有股東的利益。企業必須納稅、給職工發工資、給顧客提供他們滿意的產品和服務，然後才能獲得稅後收益。可見，其他利益相關者的要求先於股東被滿足，因此這種滿足必須是有限度的。如果對其他利益相關者的要求不加限制，股東就不會有「剩餘」了。除非股東確信投資會帶來滿意的回報，否則股東不會出資。沒有股東財富最大化的目標，利

潤最大化、企業價值最大化以及相關者利益最大化的目標也就無法實現。因此，在強調公司承擔應盡的社會責任的前提下，應當允許企業以股東財富最大化為目標。

二、利益衝突與協調

（一）所有者和經營者的利益衝突與協調

企業價值或股東財富最大化體現的是企業所有者的利益，與企業經營者並不存在直接的利益關係。相反，對企業經營者來說，其得到的利益正是所有者要放棄的利益，在西方將此稱為經營者的「享受成本」。從某種程度上講，這就形成了所有者與經營者之間的矛盾。這種矛盾在實際工作中表現為經營者希望在提高企業價值的同時，增加享受成本，而所有者則希望以較小的享受成本帶來極大的企業價值提高，經營者可能故意採取使股票市價下跌的措施使所有者受損而自己得利。為了解決所有者與經營者在實現財務管理目標上的矛盾，通常採取讓經營者的報酬與經營業績相聯繫的措施，並配合一定的監督措施。

1. 解聘

所有者發現經營者未能達到其財務管理目標，就會解聘經營者，從而使經營者為避免慘遭解聘而被迫地按所有者的意圖進行工作，不再過多地考慮自身的利益。

2. 接收

如果經營者經營不力，沒有讓企業價值在市場上有良好體現，該企業就會被其他企業強行接收或吞併，經營者也就會隨之失去原有的位置。因此，經營者為了避免企業被接收，就得努力採取積極性措施提高股票的市價。

3. 激勵

激勵就是將經營者的報酬與其經營業績掛鉤，使經營者自覺地採取提高企業價值的措施。激勵一般可以採取以下兩種形式：

（1）「股票選擇權」形式，即允許經營者以固定的價格購買一定數量的本公司股票，當股票市價高於其購買時的固定價格時，經營者所得的報酬就多。這樣就能激勵經營者主動採取與所有者相一致的經營行為。

（2）「績效股」形式，即利用相關的財務指標來評估經營者的業績，並視其業績大小給予經營者數量不等的股票作為報酬。如經考核評估，其經營業績未能達到規定目標時，經營者就會喪失部分或全部原先持有的「績效股」。這種激勵辦法既可以調動經營者為獲取「績效股」而採取有效行動的積極性，也可以促使經營者為實現每股市價最大化的目標而盡職盡責。

（二）所有者和債權人的利益衝突與協調

一方面，所有者可能不經債權人同意，指使經營者將投資用於比債權人預期風險高的項目。這樣，高風險的投資項目一旦成功，額外利潤就會被所有者獨享；如果投資失敗，債權人卻要與所有者共同承擔由此而造成的損失。另一方面，所有者未徵求債權人同意，要求經營者發行新債券或舉借新債，致使舊債券或舊債因償債風險增加而價值下降。此時，如果企業破產，舊債權人就要與新債權人共同分配公司破產后的價值。所有者與債權人的上述矛盾主要由債權人來協調，其具體方式有以下兩種：

1. 限制性借款

限制性借款，即對借款的用途、擔保條款、信用條款進行限制，使所有者不能剝奪債權人的債權價值。

2. 收回借款或停止借款

收回借款或停止借款，即債權人發現公司有侵蝕其債權價值的意圖時，果斷採取收回債權的措施。

(三) 企業的社會責任

企業的社會責任是指企業在謀求所有者或股東權益最大化之外所負有的維護和增進社會利益的義務。具體來說，企業的社會責任主要包括以下內容：

1. 對員工的責任

企業除了負有向員工支付報酬的法律責任外，還負有為員工提供安全工作環境、職業教育等保障員工利益的責任。按《中華人民共和國公司法》（以下簡稱《公司法》）的規定，企業對員工承擔的社會責任如下：

（1）按時、足額發放勞動報酬，並根據社會發展逐步提高工資水平。

（2）提供安全健康的工作環境，加強勞動保護，實現安全生產，積極預防職業病。

（3）建立公司職工的職業教育和崗位培訓制度，不斷提高職工的素質和能力。

（4）完善工會、職工董事和職工監事制度，培育良好的企業文化。

2. 對債權人的責任

債權人是企業的重要利益相關者，企業應依據合同的約定以及法律的規定對債權人承擔相應的義務，保障債權人的合法權益。這種義務既是企業的民事義務，也可視為企業應承擔的社會責任。企業對債權人承擔的社會責任主要如下：

（1）按照法律、法規和公司章程的規定，真實、準確、完整、及時地披露企業信息。

（2）誠實守信，不濫用企業人格。

（3）主動償債，不無故拖欠。

（4）確保交易安全，切實履行合法訂立的合同。

3. 對消費者的責任

企業的價值實現，在很大程度上取決於消費者的選擇，企業理應重視對消費者承擔的社會責任。企業對消費者承擔的社會責任主要如下：

（1）確保產品質量，保障消費安全。

（2）誠實守信，確保消費者的知情權。

（3）提供完善的售後服務，及時為消費者排憂解難。

4. 對社會公益事業的責任

企業對社會公益事業的責任主要涉及慈善、社區等。企業對慈善事業的社會責任是指承擔扶貧濟困和發展慈善事業的責任，表現為企業對不確定的社會群體（尤指弱勢群體）進行幫助。捐贈是其最主要的表現形式，受捐贈的對象主要有社會福利院、醫療服務機構、教育事業、貧困地區、特殊困難人群等。此外，企業的這一社會責任還包括招聘殘疾人、生活困難的人、缺乏就業競爭力的人到企業工作以及舉辦與企業營業範圍有關的各種公益性的社會教育宣傳活動等。

5. 對環境與資源的責任

企業對環境和資源的社會責任主要表現為承擔可持續發展與節約資源的責任和承擔保護環境和維護自然和諧的責任。

此外，企業還有義務和責任遵從政府的管理、接受政府的監督。企業要在政府的指引下合法經營、自覺履行法律規定的義務，同時盡可能地為政府獻計獻策、分擔社會壓力、支持政府的各項事業。

一般而言，一個利潤或投資報酬率處於較低水平的公司，在激烈競爭的環境下，是難以承擔額外增加其成本的社會責任的。而對於那些利潤超常的公司，它們可以適當地承擔（有的也確已承擔）一定的社會責任。因為對利潤超常的公司來說，適當地從事一些社會公益活動，有助於提高公司的知名度，促進其業務活動的開展，進而使股價升高。但不管怎樣，任何企業都無法長期單獨地負擔因承擔社會責任而增加的成本。過分地強調社會責任而使企業價值減少，就可能導致整個社會資金運用的次優化，從而使社會經濟發展步伐減緩。企業是社會的經濟細胞，理應關注並自覺改善自身的生態環境，重視履行對員工、消費者、環境、社區等利益相關方的責任，重視其生產行為可能對未來環境的影響，特別是在員工健康與安全、廢棄物處理、污染等方面應盡早採取相應的措施，減少企業在這些方面可能會遭遇的各種困擾，從而有助於企業實現可持續發展。

第三節　財務管理環節

財務管理環節是企業財務管理的一般工作程序。一般而言，企業財務管理包括以下幾個環節：

一、計劃與預算

（一）財務預測

財務預測是根據企業財務活動的歷史資料，考慮現實的要求和條件，對企業未來的財務活動做出較為具體的預計和測算的過程。財務預測可以測算各項生產經營方案的經濟效益，為決策提供可靠的依據；可以預計財務收支的發展變化情況，以確定經營目標；可以測算各項定額和標準，為編制計劃、分解計劃指標服務。

財務預測的方法主要有定性預測和定量預測兩類。定性預測法主要是利用直觀材料，依靠個人的主觀判斷和綜合分析能力，對事物未來的狀況和趨勢做出預測的一種方法；定量預測法主要是根據變量之間存在的數量關係建立數學模型來進行預測的方法。

（二）財務計劃

財務計劃是根據企業整體戰略目標和規劃，結合財務預測的結果，對財務活動進行規劃，並以指標形式落實到每一計劃期間的過程。財務計劃主要通過指標和表格，以貨幣形式反映在一定的計劃期內企業生產經營活動所需要的資金及其來源、財務收入和支出、財務成果及其分配的情況。

確定財務計劃指標的方法一般有平衡法、因素法、比例法和定額法等。

(三) 財務預算

財務預算是根據財務戰略、財務計劃和各種預測信息，確定預算期內各種預算指標的過程。財務預算是財務戰略的具體化，是財務計劃的分解和落實。

財務預算的編制方法通常包括固定預算與彈性預算、增量預算與零基預算、定期預算與滾動預算等。

二、決策與控製

(一) 財務決策

財務決策是指按照財務戰略目標的總體要求，利用專門的方法對各種備選方案進行比較和分析，從中選出最佳方案的過程。財務決策是財務管理的核心，決策的成功與否直接關係到企業的興衰成敗。

財務決策的方法主要有兩類：一類是經驗判斷法，是根據決策者的經驗來判斷選擇，常用的方法有淘汰法、排隊法、歸類法等；另一類是定量分析方法，常用的方法有優選對比法、數學微分法、線性規劃法、概率決策法等。

(二) 財務控製

財務控製是指利用有關信息和特定手段，對企業的財務活動施加影響或調節，以便實現計劃規定的財務目標的過程。

財務控製的方法通常有前饋控製、過程控製、反饋控製幾種。財務控製措施一般包括預算控製、營運分析控製和績效考評控製等。

三、分析與考核

(一) 財務分析

財務分析是指根據企業財務報表等信息資料，採用專門方法，系統分析和評價企業財務狀況、經營成果以及未來趨勢的過程。

財務分析的方法通常有比較分析法、比率分析法和因素分析法等。

(二) 財務考核

財務考核是指將報告期實際完成數與規定的考核指標進行對比，確定有關責任單位和個人完成任務的過程。財務考核與獎懲緊密聯繫，是貫徹責任制原則的要求，也是構建激勵與約束機制的關鍵環節。

財務考核的形式多種多樣，可以用絕對指標、相對指標、完成百分比考核，也可採用多種財務指標進行綜合評價考核。

第四節　財務管理環境

財務管理環境是指對企業財務活動和財務管理產生影響作用的企業內外各種條件的統稱，主要包括技術環境、經濟環境、金融環境、法律環境等。

一、技術環境

財務管理的技術環境是指財務管理得以實現的技術手段和技術條件，決定著財務管理的效率和效果。目前，中國進行財務管理依據的會計信息是通過會計系統提供的，占企業經濟信息總量的60%~70%。在企業內部，會計信息主要是提供給管理層決策使用，而在企業外部，會計信息則主要是為企業的投資者、債權人等提供服務。

二、經濟環境

在影響財務管理的各種外部環境中，經濟環境是最為重要的。

經濟環境的內容十分廣泛，包括經濟體制、經濟週期、經濟發展水平、宏觀經濟政策以及通貨膨脹水平等。

（一）經濟體制

在計劃經濟體制下，國家統籌企業資本，統一投資，統負盈虧，企業利潤統一上繳、虧損全部由國家補貼，企業雖然是一個獨立的核算單位但是沒有獨立的理財權利。財務管理活動的內容比較單一，財務管理方法比較簡單。在市場經濟體制下，企業成為自主經營、自負盈虧的經濟實體，有獨立的經營權，同時也有獨立的理財權。企業可以從其自身需要出發，合理確定資本需要量，然後到市場上籌集資本，再把籌集到的資本投放到高效益的項目上獲取更多的收益，最後將收益根據需要和可能進行分配，保證企業財務活動自始至終根據自身條件和外部環境做出各種財務管理決策並組織實施。因此，財務管理活動的內容比較豐富，方法也複雜多樣。

（二）經濟週期

市場經濟條件下，經濟發展與運行帶有一定的波動性。大體上經歷復甦、繁榮、衰退和蕭條幾個階段的循環，這種循環稱為經濟週期。

在經濟週期的不同階段，企業應採用不同的財務管理戰略。西方財務學者探討了經濟週期中不同階段的財務管理戰略，要點如表1-1所示。

表1-1　　　　　　　　　　經濟週期中不同階段的財務管理戰略

復甦	繁榮	衰退	蕭條
①增加廠房設備	①擴充廠房設備	①停止擴張	①建立投資標準
②實行長期租賃	②繼續建立存貨	②出售多餘設備	②保持市場份額
③建立存貨儲備	③提高產品價格	③停產無利產品	③壓縮管理費用
④開發新產品	④開展營銷規劃	④停止長期採購	④放棄次要利益
⑤增加勞動力	⑤增加勞動力	⑤削減存貨	⑤削減存貨
		⑥停止擴招雇員	⑥裁減雇員

（三）經濟發展水平

財務管理的發展水平和經濟發展水平密切相關，經濟發展水平越高，財務管理水平也越高。財務管理水平的提高，將推動企業降低成本、改進效率、提高效益，從而

促進經濟發展水平的提高；而經濟發展水平的提高，將改變企業的財務戰略、財務理念、財務管理模式和財務管理的方法手段，從而促進企業財務管理水平的提高。財務管理應當以經濟發展水平為基礎，以宏觀經濟發展目標為導向，從業務角度保證企業經營目標和經營戰略的實現。

(四) 宏觀經濟政策

不同的宏觀經濟政策對企業財務管理影響不同。金融政策中的貨幣發行量、信貸規模會影響企業投資的資金來源和投資的預期收益；財稅政策會影響企業的資金結構和投資項目的選擇等；價格政策會影響資金的投向和投資的回收期及預期收益；會計制度的改革會影響會計要素的確認和計量，進而對企業財務活動的事前預測、決策及事後的評價產生影響；等等。

(五) 通貨膨脹水平

通貨膨脹水平對企業財務活動的影響是多方面的。其主要表現如下：
(1) 引起資金占用的大量增加，從而增加企業的資金需求。
(2) 引起企業利潤虛增，造成企業資金由於利潤分配而流失。
(3) 引起利潤上升，加大企業的權益資金成本。
(4) 引起有價證券價格下降，增加企業的籌資難度。
(5) 引起資金供應緊張，增加企業的籌資困難。

為了減輕通貨膨脹對企業造成的不利影響，企業應當採取措施予以防範。在通貨膨脹初期，貨幣面臨著貶值的風險，這時企業進行投資可以避免風險，實現資本保值；與客戶應簽訂長期購貨合同，以減少物價上漲造成的損失；取得長期負債，保持資本成本的穩定。在通貨膨脹持續期，企業可以採用比較嚴格的信用條件，減少企業債權；調整財務政策，防止和減少企業資本流失；等等。

三、金融環境

(一) 金融機構

金融機構主要是指銀行和非銀行金融機構。銀行是指經營存款、放款、匯兌、儲蓄等金融業務，承擔信用仲介的金融機構，包括各種商業銀行和政策性銀行，如中國工商銀行、中國農業銀行、中國銀行、中國建設銀行、國家開發銀行、中國農業發展銀行。非銀行金融機構主要包括保險公司、信託投資公司、證券公司、財務公司、金融資產管理公司、金融租賃公司等機構。

(二) 金融工具

金融工具是指融通資金雙方在金融市場上進行資金交易、轉讓的工具，借助金融工具，資金從供給方轉移到需求方。金融工具分為基本金融工具和衍生金融工具兩大類。常見的基本金融工具有貨幣、票據、債券、股票等。衍生金融工具又稱派生金融工具，是在基本金融工具的基礎上通過特定技術設計形成的新的融資工具，如各種遠期合約、互換、掉期、資產支持證券等，種類非常複雜、繁多，具有高風險、高槓桿效應的特點。

一般認為，金融工具具有流動性、風險性和收益性等特徵。
(1) 流動性。流動性是指金融工具在必要時迅速轉變為現金而不致遭受損失的

能力。

(2) 風險性。風險性是購買金融工具的本金和預定收益遭受損失的可能性，一般包括信用風險和市場風險。

(3) 收益性。收益性是指金融工具能定期或不定期給持有人帶來收益。

(三) 金融市場

金融市場是指資金供應者和資金需求者雙方通過一定的金融工具進行交易進而融通資金的場所。金融市場的構成要素包括資金供應者（或稱資金剩餘者）和資金需求者（或稱資金不足者）、金融工具、交易價格、組織方式等。金融市場的主要功能就是把社會各個單位和個人的剩餘資金有條件地轉讓給社會各個缺乏資金的單位和個人，使財盡其用，促進社會發展。資金供應者為了取得利息或利潤，期望在最高利率條件下貸出；資金需求者則期望在最低利率條件下借入。因為利率、時間、安全性等條件不會使借貸雙方都十分滿意，於是就出現了金融機構和金融市場從中協調，使之各得其所。

在金融市場上，資金的轉移方式有兩種：直接轉移，即需要資金的企業或其他資金不足者直接將股票或債券出售給資金供應者，從而實現資金轉移的一種方式；間接轉移，即需要資金的企業或其他資金不足者，通過金融仲介機構，將股票或債券出售給資金供應者；或者以他們自身所發行的證券來交換資金供應者手中的資金，再將資金轉移到各種股票或債券的發行者（即資金需求者）手中，從而實現資金轉移的一種方式。

1. 金融市場的分類

(1) 貨幣市場和資本市場。以期限為標準，金融市場可分為貨幣市場和資本市場。貨幣市場又稱短期金融市場，是指以期限在1年以內的金融工具為媒介，進行短期資金融通的市場，包括同業拆借市場、票據市場、大額定期存單市場和短期債券市場。資本市場又稱長期金融市場，是指以期限在1年以上的金融工具為媒介，進行長期資金交易活動的市場，包括股票市場、債券市場和融資租賃市場等。

(2) 發行市場和流通市場。以功能為標準，金融市場可分為發行市場和流通市場。發行市場又稱一級市場，主要處理金融工具的發行與最初購買者之間的交易；流通市場又稱二級市場，主要處理現有金融工具轉讓和變現的交易。

(3) 資本市場、外匯市場和黃金市場。以融資對象為標準，金融市場可分為資本市場、外匯市場和黃金市場。資本市場以貨幣和資本為交易對象；外匯市場以各種外匯金融工具為交易對象；黃金市場則是集中進行黃金買賣和金幣兌換的交易市場。

(4) 基礎性金融市場和金融衍生品市場。按所交易金融工具的屬性，金融市場可分為基礎性金融市場與金融衍生品市場。基礎性金融市場是指以基礎性金融產品為交易對象的金融市場，如商業票據、企業債券、企業股票的交易市場；金融衍生品交易市場是指以金融衍生產品為交易對象的金融市場，如遠期、期貨、掉期（互換）、期權的交易市場以及有遠期、期貨、掉期（互換）、期權中一種或多種特徵的結構化金融工具的交易市場。

(5) 地方性金融市場、全國性金融市場和國際性金融市場。以地理範圍為標準，金融市場可分為地方性金融市場、全國性金融市場和國際性金融市場。

2. 貨幣市場

貨幣市場的主要功能是調節短期資金融通。其主要特點如下：

（1）期限短。一般為 3~6 個月，最長不超過 1 年。

（2）交易目的是解決短期資金週轉。其資金來源主要是資金所有者暫時閒置的資金，融通資金的用途一般是彌補短期資金的不足。

（3）貨幣市場上的金融工具有較強的「貨幣性」，具有流動性強、價格平穩、風險較小等特性。

貨幣市場主要有拆借市場、票據市場、大額定期存單市場和短期債券市場等。拆借市場是指銀行（包括非銀行金融機構）同業之間短期性資本的借貸活動。這種交易一般沒有固定的場所，主要通過電信手段成交，期限按日計算，一般不超過 1 個月。票據市場包括票據承兌市場和票據貼現市場。票據承兌市場是票據流通轉讓的基礎。票據貼現市場是對未到期票據進行貼現，為客戶提供短期資本融通，包括貼現、再貼現和轉貼現。大額定期存單市場是一種買賣銀行發行的可轉讓大額定期存單的市場。短期債券市場主要買賣 1 年期以內的短期企業債券和政府債券，尤其是國債。短期債券的轉讓可以通過貼現或買賣的方式進行。短期債券以其信譽好、期限短、利率優惠等優點，成為貨幣市場中的重要金融工具之一。

3. 資本市場

資本市場的主要功能是實現長期資本融通。其主要特點如下：

（1）融資期限長。融資期限至少 1 年以上，最長可達 10 年甚至 10 年以上。

（2）融資目的是解決長期投資性資本的需要，用於補充長期資本，擴大生產能力。

（3）資本借貸量大。

（4）收益較高但風險也較大。

資本市場主要包括債券市場、股票市場和融資租賃市場等。

債券市場和股票市場由證券（債券和股票）發行和證券流通構成。有價證券的發行是一項複雜的金融活動，一般要經過以下幾個重要環節：

（1）證券種類的選擇。

（2）償還期限的確定。

（3）發行方式的選擇。

在證券流通中，參與者除了買賣雙方外，仲介也非常活躍。這些仲介主要有證券經紀人、證券商，其在流通市場中起著不同的作用。

融資租賃市場是通過資產租賃實現長期資金融通的市場，它具有融資與融物相結合的特點，融資期限一般與資產租賃期限一致。

四、法律環境

（一）法律環境的範疇

法律環境是指企業與外部發生經濟關係時應遵守的有關法律、法規和規章制度，主要包括公司法、證券法、金融法、證券交易法、經濟合同法、稅法、企業財務通則、內部控制基本規範等。市場經濟是法制經濟，企業的一些經濟活動總是在一定法律規範內進行的。法律既約束企業的非法經濟行為，也為企業從事各種合法經濟活動提供

保護。

國家相關法律法規按照對財務管理內容的影響情況可以分如下幾類：

（1）影響企業籌資的各種法規。其主要有公司法、證券法、金融法、證券交易法、合同法等。這些法規可以從不同方面規範或制約企業的籌資活動。

（2）影響企業投資的各種法規。其主要有證券交易法、公司法、企業財務通則等。這些法規從不同角度規範企業的投資活動。

（3）影響企業收益分配的各種法規。其主要有稅法、公司法、企業財務通則等。這些法規從不同方面對企業收益分配進行了規範。

（二）法律環境對企業財務管理的影響

法律環境對企業的影響是多方面的，影響範圍包括企業組織形式、公司治理結構、投融資活動、日常經營、收益分配等。例如，《公司法》規定，企業可以採用獨資、合夥、公司制等企業組織形式。企業組織形式不同，業主（股東）的權利和責任、企業投融資、收益分配、納稅、信息披露等不同，公司治理結構也不同。上述不同種類的法律、法規，分別從不同方面約束企業的經濟行為，對企業財務管理產生影響。

第五節　財務管理體制

企業財務管理體制是明確企業各財務層次財務權限、責任和利益的制度，其核心問題是如何配置財務管理權限，企業財務管理體制決定著企業財務管理的運行機制和實施模式。

一、企業財務管理體制的一般模式

（一）集權型財務管理體制

集權型財務管理體制是指企業對各所屬單位的所有財務管理決策都進行集中統一，各所屬單位沒有財務決策權，企業總部財務部門不但參與決策和執行決策，在特殊情況下還直接參與各所屬單位的執行過程。

集權型財務管理體制下企業內部的主要管理權限集中於企業總部，各所屬單位執行企業總部的各項指令。其優點在於企業內部的各項決策均由企業總部制定和部署，企業內部可充分展現其一體化管理的優勢，利用企業的人才、智力、信息資源，努力降低資金成本和風險損失，使決策的統一性、制度化得到有力的保障。採用集權型財務管理體制，有利於在整個企業內部優化配置資源，有利於實行內部調撥價格，有利於內部採取避稅措施以及防範匯率風險，等等。其缺點在於集權過度會使各所屬單位缺乏主動性、積極性、喪失活力，也可能因為決策程序相對複雜而失去適應市場的彈性，喪失市場機會。

（二）分權型財務管理體制

分權型財務管理體制是指企業將財務決策權與管理權完全下放到各所屬單位，各所屬單位只需對一些決策結果報請企業總部備案即可。

分權型財務管理體制下企業內部的管理權限分散於各所屬單位，各所屬單位在人、

財、物、供、產、銷等方面有決定權。其優點在於由於各所屬單位負責人有權對影響經營成果的因素進行控製，加之身在基層而瞭解情況，有利於針對本單位存在的問題及時做出有效決策，因地制宜地搞好各項業務，也有利於分散經營風險，促進所屬單位管理人員及財務人員的成長。其缺點在於各所屬單位大都從本單位利益出發安排財務活動，缺乏全局觀念和整體意識，從而可能導致資金管理分散、資金成本增大、費用失控、利潤分配無序。

(三) 集權與分權相結合型財務管理體制

集權與分權相結合型財務管理體制的實質就是集權下的分權，企業對各所屬單位在所有重大問題的決策與處理上實行高度集權，各所屬單位則對日常經營活動具有較大的自主權。

集權與分權相結合型財務管理體制意在以企業發展戰略和經營目標為核心，將企業內重大決策權集中於企業總部，而賦予各所屬單位自主經營權。其主要特點如下：

(1) 在制度上，應制定統一的內部管理制度，明確財務權限及收益分配方法，各所屬單位應遵照執行，並根據自身的特點加以補充。

(2) 在管理上，利用企業的各項優勢，對部分權限集中管理。

(3) 在經營上，充分調動各所屬單位的生產經營積極性。各所屬單位圍繞企業發展戰略和經營目標，在遵守企業統一制度的前提下，可自主制定生產經營的各項決策。為避免配合失誤，明確責任，凡需要由企業總部決定的事項，在規定時間內，企業總部應明確答覆，否則各所屬單位有權自行處置。

正因為具有以上特點，所以集權與分權相結合型財務管理體制吸收了集權型和分權型財務管理體制各自的優點，避免了兩者各自的缺點，從而具有較強的優越性。

二、集權與分權的選擇

企業的財務特徵決定了分權的必然性，而企業的規模效益、風險防範又要求集權。集權和分權各有特點，各有利弊。集權與分權的選擇、分權程度的把握歷來是企業財務管理的一個難點。

從聚合資源優勢及貫徹實施企業發展戰略和經營目標的角度而言，集權型財務管理體制顯然是最具保障力的。但是，企業若要採用集權型財務管理體制，除了企業管理高層必須具備相當高的素質和能力外，在企業內部還必須有一個能及時、準確地傳遞信息的網路系統，並通過信息傳遞過程的嚴格控制以保障信息的質量。如果這些要求能夠達到的話，集權型財務管理體制的優勢便有了充分發揮的可能性。但信息傳遞及過程控制有關的成本問題也會隨之產生。此外，隨著集權程度的提高，集權型財務管理體制的複合優勢可能會不斷強化，但各所屬單位或組織機構的積極性、創造性與應變能力卻可能在不斷削弱。

分權型財務管理體制實質上是把決策管理權在不同程度上下放到比較接近信息源的各所屬單位或組織機構，這樣便可以在相當程度上縮短信息傳遞的時間，減小信息傳遞過程中的控制問題，從而使信息傳遞與過程控制等的相關成本得以節約，並能大大提高信息的決策價值與利用效率。但隨著權力的分散，會產生企業管理目標換位問題，這是採用分權型財務管理體制通常無法完全避免的一種成本或代價。

集權型或分權型財務管理體制的選擇,本質上體現著企業的管理政策,是企業基於環境約束與發展戰略考慮順勢而定的權變性策略。

財務決策權的集中與分散沒有固定的模式,同時選擇的模式也不是一成不變的。財務管理體制的集權和分權,需要考慮企業與各所屬單位之間的資本關係和業務關係的具體特徵以及集權與分權的「成本」和「利益」。作為經濟實體的企業,各所屬單位之間往往具有某種業務上的聯繫,特別是那些實施縱向一體化戰略的企業,要求各所屬單位保持密切的業務聯繫。各所屬單位之間業務聯繫越密切,就越有必要採用相對集中的財務管理體制;反之,則相反。如果說各所屬單位之間業務聯繫的必要程度是企業有無必要實施相對集中的財務管理體制的一個基本因素,那麼企業與各所屬單位之間的資本關係特徵則是企業能否採取相對集中的財務管理體制的一個基本條件。只有當企業掌握了各所屬單位一定比例有表決權的股份(如50%以上)之後,企業才有可能通過指派較多董事去有效地影響各所屬單位的財務決策,也只有這樣,各所屬單位的財務決策才有可能相對集中於企業總部。

事實上,考慮財務管理體制的集中與分散,除了受制於以上兩點外,還取決於集中與分散的「成本」和「利益」差異。集中的「成本」主要是各所屬單位積極性的損失和財務決策效率的下降,分散的「成本」主要是可能發生的各所屬單位財務決策目標及財務行為與企業整體財務目標的背離以及財務資源利用效率的下降。集中的「利益」主要是容易使企業財務目標協調和提高財務資源的利用效率,分散的「利益」主要是提高財務決策效率和調動各所屬單位的積極性。

此外,集權和分權應該考慮的因素還包括環境、規模和管理者的管理水平。由管理者的素質、管理方法和管理手段等因素決定的企業及各所屬單位的管理水平,對財權的集中和分散也具有重要影響。較高的管理水平,有助於企業更多地集中財權,否則,財權過於集中只會導致決策效率的低下。

三、企業財務管理體制的設計原則

一個企業如何選擇適應自身需要的財務管理體制,如何在不同的發展階段更新財務管理模式,在企業管理中占據重要地位。從企業的角度出發,其財務管理體制的設定或變更應當遵循如下四項原則:

(一)與現代企業制度要求相適應的原則

現代企業制度是一種產權制度,是以產權為依託,對各種經濟主體在產權關係中的權利、責任、義務進行合理有效的組織、調節與制度安排,具有產權清晰、責任明確、政企分開、管理科學的特徵。

企業內部相互間關係的處理應以產權制度安排為基本依據。企業作為各所屬單位的股東,根據產權關係享有作為終極股東的基本權利,特別是對所屬單位資產的收益權、管理者的選擇權、重大事項的決策權等。但是,企業各所屬單位往往不是企業的分支機構或分公司,其經營權是其行使民事責任的基本保障,其以自己的經營與資產對其盈虧負責。

企業與各所屬單位之間的產權關係確認了兩個不同主體的存在,這是現代企業制度特別是現代企業產權制度的根本要求。在西方,在處理母子公司關係時,法律明確

要求保護子公司權益。其制度安排大致如下：
(1) 確定董事的誠信義務與法律責任，實現對子公司的保護。
(2) 保護子公司不受母公司不利指示的損害，從而保護子公司的權益。
(3) 規定子公司有權向母公司起訴，從而保護自身的權益與權利。

按照現代企業制度的要求，企業財務管理體制必須以產權管理為核心、以財務管理為主線、以財務制度為依據，體現現代企業制度特別是現代企業產權制度管理的思想。

(二) 明確決策權、執行權、監督權三權分立的原則

現代企業要做到管理科學，必須首先要求從決策與管理程序上做到科學、民主，因此決策權、執行權與監督權三權分立制度必不可少。這一管理原則的作用就在於加強決策的科學性與民主性，強化決策執行的剛性和可考核性，強化監督的獨立性和公正性，從而形成良性循環。

(三) 明確財務綜合管理與分層管理的原則

現代企業制度要求管理是一種綜合管理、戰略管理。因此，企業財務管理不是也不可能是企業總部財務部門單一職能部門的財務管理，當然也不是各所屬單位財務部門的財務管理，而是一種戰略管理。這種管理的要求如下：
(1) 從企業整體角度對企業的財務戰略進行定位。
(2) 對企業的財務管理行為進行統一規範，做到高層的決策結果能被低層戰略經營單位完全執行。
(3) 以制度管理代替個人的行為管理，從而保證企業管理的連續性。
(4) 以現代企業財務分層管理思想指導具體的管理實踐。

(四) 與企業組織體制相適應的原則

企業組織體制主要有 U 形組織、H 形組織和 M 形組織三種基本形式。U 形組織產生於現代企業的早期階段，是現代企業最為基本的一種組織結構形式。U 形組織以職能化管理為核心，最典型的特徵是在管理分工下實行集權控製，沒有中間管理層，依靠總部的採購、營銷、財務等職能部門直接控制各業務單元，子公司的自主權較小。H 形組織，即控股公司體制，集團總部下設若干子公司，每家子公司擁有獨立的法人地位和比較完整的職能部門。集團總部，即控股公司，利用股權關係以出資者身分行使對子公司的管理權。其典型特徵是過度分權，各子公司保持了較強的獨立性，總部缺乏有效的監控約束力度。M 形組織，即事業部制，是按照企業經營的事業，包括按產品、按地區、按顧客（市場）等來劃分部門，設立若干事業部。事業部是總部設置的中間管理組織，不是獨立法人，不能夠獨立對外從事生產經營活動。因此，從這個意義上說，M 形組織比 H 形組織集權程度更高。

但是，隨著企業管理實踐的深入，H 形組織的財務管理體制也在不斷演化。總部作為子公司的出資人對子公司的重大事項擁有最后的決定權，因此也就擁有了對子公司「集權」的法律基礎。現代意義上的 H 形組織既可以分權管理，也可以集權管理。同時，M 形組織下的事業部在企業統一領導下，可以擁有一定的經營自主權，實行獨立經營、獨立核算，甚至可以在總部授權下進行兼併、收購和增加新的生產線等重大事項決策。

本章小結

1. 財務管理目標評價（見表 1-2）

表 1-2　　　　　　　　　　　　財務管理目標評價

序號	財務管理目標	優點	缺點
1	利潤最大化	（1）利潤可以直接反映企業創造的剩餘產品的多少。 （2）有利於企業資源的合理配置，有利於企業整體經濟效益的提高。	（1）沒有考慮利潤實現時間和資金時間價值。 （2）沒有考慮風險問題。 （3）沒有反映創造的利潤與投入資本之間的關係。 （4）可能導致企業短期財務決策傾向，影響企業長遠發展。
2	股東財富最大化	（1）考慮了風險因素。 （2）在一定程度上能避免企業短期行為。 （3）對上市公司而言，股東財富最大化目標比較容易量化，便於考核和獎懲。	（1）非上市公司難以應用。 （2）股價受眾多因素的影響，股價不能完全準確反映企業財務管理狀況。 （3）過分強調股東利益，而對其他相關者的利益重視不夠。
3	企業價值最大化	（1）考慮了取得報酬的時間，並用時間價值的原理進行了計量。 （2）考慮了風險與報酬的關係。 （3）能克服企業在追求利潤上的短期行為。 （4）用價值代替價格，克服了過多受外界市場因素的干擾，有效地規避了企業的短期行為。	過於理論化，不易操作。
4	相關者利益最大化	（1）有利於企業長期穩定發展。 （2）體現了合作共贏的價值理念。 （3）本身是一個多元化、多層次的目標體系，較好地兼顧了各利益主體的利益。 （4）體現了前瞻性和現實性的統一。	

2. 利益衝突與協調（見表1-3）

表1-3　　　　　　　　　　　　　　利益衝突與協調

序號	相關關係人	利益衝突的表現	協調方式
1	所有者與經營者	（1）經營者希望在創造財富的同時，能獲得更多的報酬、更多的享受，並避免各種風險。 （2）所有者希望以較小的代價（支付較少報酬）實現更多的財富。	（1）解聘：通過所有者約束經營者。 （2）接收：通過市場約束經營者。 （3）激勵：將經營者的報酬與績效掛鉤。激勵通常有兩種方式：股票期權和績效股。
2	所有者與債權人	（1）所有者未經債權人同意，要求經營者投資於比債權人預計風險高的項目。 （2）未經現有債權人同意，舉借新債，致使原有債權的價值降低。	（1）限制性借債。 （2）收回借款或停止借款。

3. 金融環境的分類（見表1-4）

表1-4　　　　　　　　　　　　　　金融環境的分類

序號	分類標準	分類	內容
1	期限	貨幣市場（短期金融市場）	種類：同業拆借市場、票據市場、大額定期存單市場和短期債券市場。
			特點： （1）期限短。 （2）交易目的是解決短期資金週轉。 （3）金融工具有較強的「貨幣性」，具有流動性強、價格平穩、風險較小等特性。
		資本市場（長期金融市場）	種類：債券市場、股票市場和融資租賃市場。
			特點： （1）融資期限長。 （2）融資目的是解決長期投資性資本的需要。 （3）資本借貸量大。 （4）收益較高但風險也較大。
2	功能	發行市場（一級市場）	主要處理金融工具的發行與最初購買者之間的交易。
		流通市場（二級市場）	主要處理現有金融工具轉讓和變現的交易。
3	融資對象	資本市場	以貨幣和資本為交易對象。
		外匯市場	以各種外匯金融工具為交易對象。
		黃金市場	集中進行黃金買賣和金幣兌換的交易市場。

表1-4(續)

序號	分類標準	分類	內容
4	金融工具的屬性	基礎性金融市場	以基礎性金融產品為交易對象的金融市場,如商業票據、企業債券、企業股票的交易市場。
		金融衍生品市場	以金融衍生產品為交易對象的金融市場,如遠期、期貨、掉期(互換)、期權以及具有遠期、期貨、掉期(互換)、期權中一種或多種特徵的結構化金融工具的交易市場。

4. 集權型和分權型財務管理體制比較(見表1-5)

表1-5　　　　　　　　集權型和分權型財務管理體制比較

序號	模式	含義	優點	缺點
1	集權型	集權型財務管理體制是指企業對各所屬單位的所有財務管理決策都進行集中統一,各所屬單位沒有財務決策權,企業總部財務部門不但參與決策和執行決策,在特定情況下還直接參與各所屬單位的執行過程。	(1)企業內部的各項決策均由企業總部制定和部署,企業內部可充分展現其一體化管理的優勢,利用企業的人才、智力、信息資源,努力降低資本成本和風險損失,使決策的統一化、制度化得到有力的保障。 (2)採用集權型財務管理體制,有利於在整個企業內部優化配置資源,有利於實行內部調撥價格,有利於內部採取避稅措施及防範匯率風險等。	(1)集權過度會使各所屬單位缺乏主動性、積極性,喪失活力。 (2)決策程序相對複雜而失去適應市場的彈性,喪失市場機會。
2	分權型	分權型財務管理體制是指企業將財務決策權與管理權完全下放到各所屬單位,各所屬單位只需對一些決策結果報請企業總部備案即可。	(1)由於各所屬單位負責人有權對影響經營成果的因素進行控制,加之身在基層,瞭解情況,有利於針對本單位存在的問題及時做出有效決策,因地制宜地搞好各項業務。 (2)有利於分散經營風險,促進所屬單位管理人員及財務人員的成長。	(1)各所屬單位大都從本單位利益出發安排財務活動,缺乏全局觀念和整體意識。 (2)可能導致資金管理分散、資本成本增大、費用失控、利潤分配無序。

第二章　財務管理價值觀念

案例導入

「玫瑰花諾言案」①

「玫瑰花諾言」發生在 1797 年 3 月 17 日。法國皇帝拿破侖到盧森堡大公國訪問，在參觀盧森堡第一國立小學時，說了這樣一番話：「為了答謝貴校對我，尤其是對我夫人約瑟芬的盛情款待，我不僅今天呈上一束玫瑰花，並且在未來的日子裡，只要我們法蘭西存在一天，每年的今天我都將親自派人送給貴校一束價值相等的玫瑰花，作為法蘭西與盧森堡友誼的象徵。」但此話說過之後，拿破侖因窮於應付連綿的戰爭和此起彼伏的政治事件並最終慘敗被流放到聖赫勒拿島，而將在盧森堡的諾言忘得一干二淨。可盧森堡對「這位歐洲巨人與盧森堡孩子親切、和諧相處的一刻」念念不忘，並將其載入了自己的史冊。1894 年，盧森堡大法官薩巴·歐白里鄭重地向法蘭西共和國提出「玫瑰花諾言」問題，要求法國政府在拿破侖的聲譽和 1,374,864.76 法國法郎之間做出選擇。

儘管當年接受了法國人的道歉，但這卻延續成了一種外交慣例：每年的 3 月 17 日，盧森堡都要重提此事，以至於法國歷任總統在訪問盧森堡時，也都要在談完正事後，順便提一下「玫瑰花諾言」之事，以示沒有忘記。直到 1977 年 4 月 22 日，法國時任總統德斯坦將一張價值 4,936,784.68 法國法郎的支票交到了盧森堡第五任大公讓·帕爾瑪的手上，才最終了卻了這宗持續達 180 年之久的「玫瑰花諾言案」。

思考：什麼是貨幣時間價值？它產生的原因是什麼？

第一節　貨幣時間價值

一、貨幣時間價值的含義

貨幣時間價值是指一定量貨幣資本在不同時點上的價值量差額。貨幣時間價值來源於貨幣進入社會再生產過程后的價值增值。通常情況下，貨幣時間價值是指沒有風險也沒有通貨膨脹情況下的社會平均資金利潤率。根據貨幣具有時間價值理論，可以將某一時點的貨幣價值金額折算為其他時點的價值金額。

---

① 玫瑰花諾言 [EB/OL]．(2014-08-16) [2017-07-24]．http://www.xiaozongshi.com/article/1725116-1/1/．

二、一次性收付款項的終值與現值

在某一特定時點上一次性支付（或收取），經過一段時間後再相應地一次性收取（或支付）的款項，即為一次性收付款項。這種性質的款項在日常生活中十分常見。例如，存入銀行現金 100 元，年利率為 10%（複利計息），經過 5 年後一次性取出本利和 161.05 元，這裡涉及的收付款項就屬於一次性收付款項。

終值（Future Value）又稱將來值，是現在一定量的現金在未來某一時點上的價值，俗稱本利和。在上例中，5 年後的本利和 161.05 元便為終值。

現值（Present Value）又稱本金，是指未來某一時點上的一定量的現金折算為現在的價值。在上例中，5 年後的 161.05 元折算為現在的價值為 100 元，這 100 元便為現值。

終值與現值的計算涉及利息計算方式的選擇。目前有兩種利息計算方式，即單利和複利。單利方式下，每期都按初始本金計算利息，當期利息不計入下期本金，計算基礎不變。複利方式下，以當期期末本利和為計息基礎計算下期利息，即利上加利。現代財務管理中一般用複利方式計算終值與現值，因此一次性收付款的終值和現值常被稱為複利終值和複利現值。

（一）單利的終值與現值

為便於同後面介紹的複利計算方式相比較，加深對複利的理解，這裡先介紹單利的有關計算方法。為計算方便，我們先設定如下符號：

I——利息；

P——現值；

F——終值；

i——每一計息期的利率（折現率）；

n——計算利息的期數。

【例 2-1】某人持有一張帶息票據，面額為 2,000 元，票面利率為 5%，出票日期為 7 月 12 日，到期日為 10 月 9 日（90 天），求該持有者到期可獲得的利息。

解答：

$$I = 2{,}000 \times 5\% \times \frac{90}{300} = 25(元)$$

除非特別指明，在計算利息時，給出的利率均為年利率，對於不足一年的利息，以一年等於 360 天來折算。

單利終值的計算可依照如下公式：

$F = P + P \times i \times n = P \times (1 + i \times n)$

【例 2-2】某人將 100 元存入銀行，年利率為 10%，單利計息，求 5 年後的終值。

解答：

$F = 100 \times (1 + 10\% \times 5) = 150(元)$

單利現值的計算同單利終值的計算是互逆的，由終值計算現值稱為折現。將單利終值計算公式變形，即可得到單利現值的計算公式如下：

$P = F/(1 + i \times n)$

【例 2-3】某人希望在 5 年後取得本利和 1,000 元，用以支付一筆款項，則在利率為 5%，單利方式計算條件下，此人現在需存入銀行多少錢？

解答：

$P = 1,000 / (1 + 5\% \times 5) = 800(元)$

(二) 複利的終值與現值

複利計算方法是指每經過一個計息期，按一定利率將本金所生利息加入本金再計利息，逐期滾動計算，即「利滾利」。計息期是指相鄰兩次計息的時間間隔，如年、月、日等，除非特別說明，計息期一般為一年。

1. 複利終值的計算

複利終值是指一定量的貨幣按複利計算的若干期後的本利和。複利終值的計算公式如下：

$F = P \times (1 + i)^n$

式中，$(1 + i)^n$ 為複利終值係數，記為 $(F/P, i, n)$；n 為計算利息的期數。

例如，$(F/P, 10\%, 5)$ 表示利率為 10%、5 期的複利終值係數。複利終值係數可以通過查閱「複利終值係數表」（見附錄）直接獲得。「複利終值係數表」的第一行是利率 i，第一列是計息期數 $(1 + i)^n$。通過該表可查出 $(F/P, 10\%, 5) = 1.610,5$，即在資金時間價值（利率）為 10%的情況下，現在的 1 元和 5 年後的 1.610,5 元在經濟上是等效的。根據這個係數可以把現值換算成終值。

【例 2-4】某人將 100 元存放於銀行，年存款利率為 2%，求 5 年後的本利和。

解答：

$F = 100 \times (1 + 2\%)^5 = 100 \times 1.104,1 = 110.41(元)$

2. 複利現值的計算

複利現值是複利終值的逆運算。複利現值是指今後某一特定時間收到或付出的一筆款項，按一定的折現率計算的現在時點價值。其計算公式為：

$P = \dfrac{F}{(1 + i)^n} = F \times (1 + i)^{-n}$

式中，$(1 + i)^{-n}$ 通常稱為一次性收付款項現值係數，記為 $(P/F, i, n)$，可以通過查閱「複利現值係數表」（見附錄）直接獲得。上式也可寫為：

$P = F \times (P/F, i, n)$

【例 2-5】某投資項目預計 6 年後可獲得收益 800 萬元，按年利率（折現率）12%計算，這筆收益現在的價值是多少？

解答：

$P = 800 \times (P/F, 12\%, 6) = 800 \times 0.506,6 = 405.28(萬元)$

三、普通年金的終值與現值

年金（Annuity）是指一定時期內每次等額收付的系列款項。年金形式多樣，如保險費、折舊、租金、等額分期收款、等額分期付款以及零存整取或整存零取儲蓄等，都存在年金問題。年金按其每次收付發生的時點不同，可分為普通年金、預付年金、遞延年金、永續年金等。

（一）普通年金終值的計算

普通年金是指一定時期內每期期末等額收付的系列款項，又稱后付年金。普通年金終值猶如零存整取的本利和，是一定時期內每期期末收付款項的複利終值之和。其計算方法如圖2-1所示。

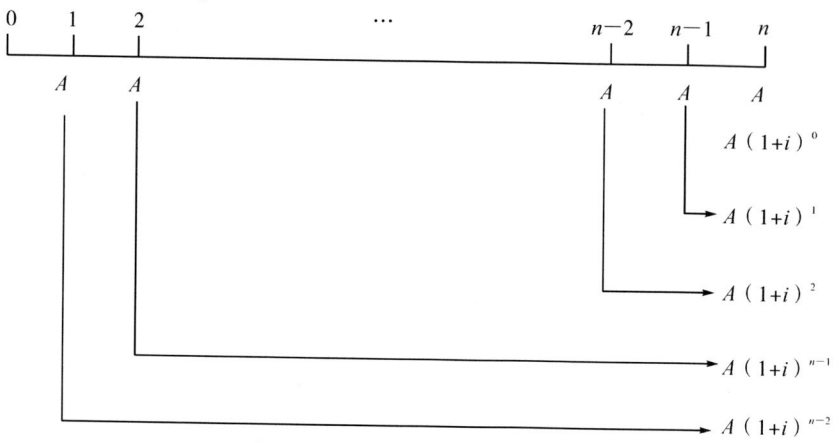

圖2-1　普通年金終值計算示意圖

由圖2-1可知，普通年金終值的計算公式為：

$$F = A \times (1+i)^0 + A \times (1+i)^1 + A \times (1+i)^2 + \cdots + A \times (1+i)^1 + A \times (1+i)^{n-1} \quad (2-1)$$

將式（2-1）兩邊同時乘上$(1+i)$得：

$$F(1+i) = A \times (1+i)^1 + A \times (1+i)^2 + \cdots + A \times (1+i)^n \quad (2-2)$$

將式（2-2）減去式（2-1）得：

$$F \times i = A \times (1+i)^n - A = A \times [(1+i)^n - 1]$$

$$F = A \times \frac{(1+i)^n - 1}{i}$$

式中，$\frac{(1+i)^n - 1}{i}$稱為「年金終值系數」，記為$(F/A, i, n)$，可直接查閱「年金終值系數表」（見附錄）。上式也可寫為：

$$F = A \times (F/A, i, n)$$

【例2-6】某企業連續5年每年年末存入銀行100萬元，若利率為10%，5年后能得到的本利和是多少？

解答：

$$F = 100 \times \frac{(1+10\%)^5 - 1}{10\%} = 100 \times (F/A, 10\%, 5) = 100 \times 6.1051 = 610.51 \text{（萬元）}$$

（二）年償債基金的計算

償債基金是指為了在約定的未來某一時點清償某筆債務或積聚一定數額的資金而必須分次等額提取的存款準備金。由於每次提取的等額準備金類似年金存款，因此同樣可以獲得按複利計算的利息，故債務實際上等於年金終值，每年提取的償債基金等於年金A。也就是說，償債基金的計算實際上是年金終值的逆運算。其計算公式為：

$$A = F \times \frac{i}{(1+i)^n - 1}$$

式中，$\dfrac{i}{(1+i)^n - 1}$ 稱為「償債基金系數」，記為 $(A/F, i, n)$。

上式也可寫為：

$A = F \times (A/F, i, n)$。

【例 2-7】假設某企業有一筆 4 年后到期的借款，數額為 1,000 萬元，為此設置償債基金，年利率為 10%，到期一次還清借款，每年年末應存入的金額是多少？

解答：

$A = 1{,}000 \times (A/F, 10\%, 4) = 1{,}000 \times \dfrac{1}{4.641,0} = 1{,}000 \times 0.215,5 = 215.5 (萬元)$

(三) 普通年金現值的計算

普通年金現值是指一定時期內每期期末收付款項的複利現值之和。其計算方法如圖 2-2 所示。

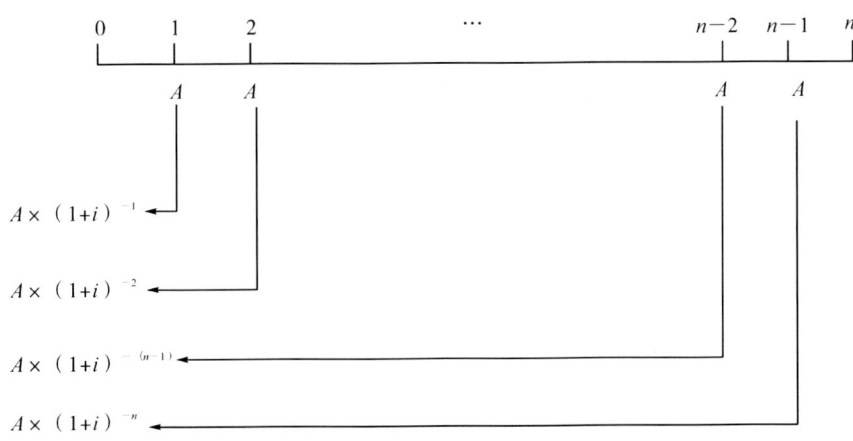

圖 2-2　普通年金現值計算示意圖

由圖 2-2 可知，普通年金現值的計算公式為：

$P = A \times (1+i)^{-1} + A \times (1+i)^{-2} + \cdots + A \times (1+i)^{-(n-1)} + A \times (1+i)^{-n}$ （2-3）

將式 (2-3) 兩邊同乘 $(1+i)$ 得：

$P \times (1+i) = A + A \times (1+i)^{-1} + \cdots + A \times (1+i)^{-(n-1)}$ （2-4）

將式 (2-4) 減去式 (2-3) 得：

$P \times i = A - A \times (1+i)^{-n} = A \times [1 - (1+i)^{-n}]$

$$P = A \times \left[\frac{1 - (1+i)^{-n}}{i}\right]$$

式中，$\left[\dfrac{1 - (1+i)^{-n}}{i}\right]$ 稱為「年金現值系數」，記為 $(P/A, i, n)$，可直接查閱「年金現值系數表」(見附錄)。上式也可以寫為：

$P = A \times (P/A, i, n)$

【例2-8】某投資項目於2017年年初動工，假設當年投產，壽命期10年，預計從投產之日起每年年末可得收益為40,000元。按年利率6%計算，計算預期收益的現值。

解答：

$P = 40,000 \times (P/A, 6\%, 10) = 40,000 \times 7.360,1 = 294,404(元)$

(四) 年投資回收額的計算

投資回收是指在給定的年限內等額回收或清償初始投入的資本或所欠的債務。其中未收回部分要按複利計息構成償債的內容。年投資回收額是年金現值的逆運算。其計算公式為：

$$A = P \times \left[\frac{i}{1-(1+i)^{-n}} \right]$$

式中，$\left[\dfrac{i}{1-(1+i)^{-n}} \right]$ 稱為「資本回收系數」，記為$(A/P, i, n)$，可利用年金現值系數的倒數求得。上式也可寫為：

$$A = P \times (A/P, i, n) \text{ 或 } A = P \times \frac{1}{(P/A, i, n)}$$

【例2-9】某企業借得1,000萬元的貸款，在10年內以年利率12%等額償還，則每年應付的金額為多少？

解答：

$A = 1,000 \times (A/P, 12\%, 10) = 1,000 \times \dfrac{1}{5.650,2} = 1,000 \times 0.177,0 = 177(萬元)$

四、預付年金的終值與現值

預付年金是指一定時期內每期期初等額收付的系列款項，又稱先付年金。預付年金與普通年金的區別僅在於付款時間的不同。由於普通年金（后付年金）是最常見的，因此年金終值系數表和年金現值系數表是按照普通年金編制的。利用普通（后付）年金系數表計算預付年金的終值和現值時，可在普通（后付）年金的基礎上用終值和現值的計算公式進行調整。

(一) 預付年金終值的計算

n期預付年金終值與n期普通年金終值之間的關係可用圖2-3加以說明。

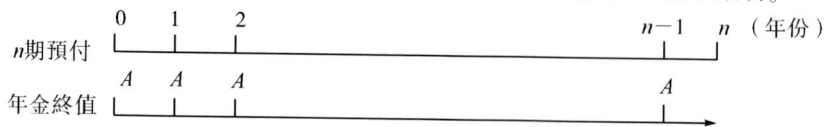

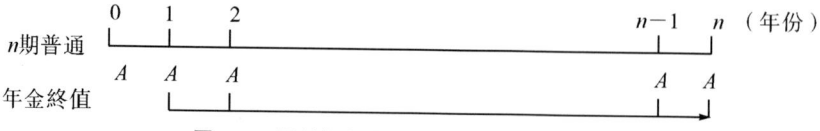

圖2-3　預付年金終值與普通年金終值的關係

從圖 2-3 可以看出，n 期預付年金與 n 期普通年金的付款次數相同，但由於付款時間不同，n 期預付年金終值比 n 期普通年金終值多計算一期利息。因此，可以先求出 n 期普通年金終值，然後乘以 $(1 + i)$，便可以求出 n 期預付年金的終值。其計算公式為：

$$F = A \times \frac{(1+i)^n - 1}{i} \times (1+i) = A \times \left[\frac{(1+i)^{n+1} - (1+i)}{i}\right] = A \times \left[\frac{(1+i)^{n+1} - 1}{i} - 1\right]$$

式中，$\left[\frac{(1+i)^{n+1} - 1}{i} - 1\right]$ 稱為「預付年金終值系數」，是在普通年金終值系數的基礎上，期數加 1、系數減 1 所得的結果，通常記為 $[(F/A, i, n+1) - 1]$。這樣，通過查閱「年金終值系數表」可得 $(n+1)$ 期的值，然後減去 1 便可得對應的預付年金系數的值。這時可用如下公式計算預付年金的終值：

$$F = A \times [(F/A, i, n+1) - 1]$$

【例 2-10】某公司決定連續 5 年於每年年初存入 100 萬元作為住房基金，銀行存款利率為 10%，該公司在第五年年末能一次取出的本利和是多少？

解答：

$F = 100 \times [(F/A, 10\%, 6) - 1] = 100 \times (7.715, 6 - 1) = 100 \times 6.715, 6 = 671.56(萬元)$

(二) 預付年金現值的計算

n 期預付年金現值與 n 期普通年金現值之間的關係可用圖 2-4 加以說明。

圖 2-4　預付年金現值與普通年金現值的關係

從圖 2-4 可以看出，n 期預付年金現值與 n 期普通年金現值的期限相同，但由於其付款時間不同，在計算現值時，n 期預付年金現值比 n 期普通年金現值少折現一期。因此，可以先求出 n 期普通年金現值，然後乘以 $(1 + i)$，便可求出 n 期預付年金的現值。其計算公式為：

$$P = A \times \left[\frac{1 - (1+i)^{-n}}{i}\right] + (1+i)$$

$$= A \times \left[\frac{(1+i) - (1+i)^{-(n-1)}}{i}\right]$$

$$= A \times \left[\frac{1 - (1+i)^{-(n-1)}}{i} + 1\right]$$

式中，$\left[\dfrac{1-(1+i)^{-(n-1)}}{i}+1\right]$ 稱為「預付年金現值系數」，是在普通年金系數的基礎上，期數減1、系數加1所得的結果，通常記為 $[(P/A, i, n-1)+1]$。這樣，通過查閱「年金現值系數表」可得 $(n-1)$ 期的值，然後加1，便可得出對應的預付年金現值系數的值。這時可用如下公式計算預付年金的現值：

$$P = A \times [(P/A, i, n-1)+1]$$

五、遞延年金的終值與現值

（一）遞延年金終值的計算

遞延年金終值的計算與普通年金終值的計算相同，計算公式如下：

$$F_A = A \times (F/A, i, n)$$

式中 n 表示的是 A 的個數，與遞延期無關。

（二）遞延年金現值的計算

遞延年金現值是指間隔一定時期後每期期末或期初收付的系列等額款項，按照複利計息方式折算的現時價值，即間隔一定時期後每期期末或期初等額收付資金的複利現值之和。遞延年金的計算方法有以下三種：

計算方法一：現將遞延年金視為 n 期普通年金，求出在遞延期期末的普通年金現值，然後再折算到現在，即第 0 期的價值。其計算公式如下：

$$P_A = A \times (P/A, i, n) \times (P/F, i, m)$$

式中，m 為遞延期，n 為連續收支期數，即年金期。

計算方法二：先計算 $(m+n)$ 期的年金現值，再減去 m 期的年金現值。其計算公式如下：

$$P_A = A \times [(P/A, i, m+n) - (P/A, i, m)]$$

計算方法三：先求遞延年金終值，再折現為現值。其計算公式如下：

$$P_A = A \times (F/A, i, n) \times (P/F, i, m+n)$$

【例2-11】某企業向銀行借入一筆款項，銀行貸款的年利率為10%，每年計算複利一次。銀行規定前10年不用還本金和利息，但從第11年到第20年每年年末償還本息 5,000 元。

要求：用上述前兩種計算方法計算這筆款項的現值。

解答：

計算方法一：

$P_A = 5,000 \times (P/A, 10\%, 10) \times (P/F, 10\%, 10)$

$\quad = 5,000 \times 6.144\,6 \times 0.385\,5$

$\quad = 11,843.72(元)$

計算方法二：

$P_A = 5,000 \times (P/A, 10\%, 20) \times (P/A, 10\%, 10)$

$\quad = 5,000 \times (8.513\,6 - 6.144\,6) = 5,000 \times 2.369$

$\quad = 11,845(元)$

兩種計算方法得出的結果相差 1.28 元，是因貨幣時間價值系數的小數點位數保留

六、永續年金的現值

永續年金現值可以看成一個 n 為無窮大時的普通年金現值。當 n 趨向無窮大時，由於 A 和 i 都是有界量，$(1+i)^{-n}$ 趨向無窮小，因此永續年金現值計算如下：

$$P_A(n \to \infty) = A \times \frac{1-(1+i)^{-n}}{i} = \frac{A}{i}$$

【例2-12】歸國華僑吳先生想支持家鄉教育事業，特地在其祖籍所在縣設立獎學金。獎學金每年發放一次，獎勵每年高考的文理科狀元各 10,000 元。獎學金的基金保存在中國銀行該縣支行。銀行一年的定期存款利率為 2%。請問吳先生要投資多少錢作為獎勵基金？

解答：
由於每年都要拿出 20,000 元，因此獎學金的性質是一項永續年金，其現值應為：

$$P_A = \frac{10,000+10,000}{2\%} = 1,000,000 (元)$$

七、貨幣時間價值計算的應用

（一）折現率的計算

若已知 P、A、n，計算折現率 i 的基本步驟如下：

（1）計算出 P/A 的值，假設 $P/A = \alpha$。

（2）查普通年金現值系數表，沿著已知 n 所在的行橫向查找，若恰好能找到某一系數值等於 α，則該系數值所在的行相對應的利率即為所求的 i 值。

（3）若無法找到恰好等於 α 的系數值，就在表中 n 行上找與 α 最接近的兩個臨界系數值，設為 β_1、β_2，$(\beta_1 > \alpha > \beta_2$ 或 $\beta_1 < \alpha < \beta_2)$，讀出 β_1、β_1 對應的臨界利率，然后進一步運用內插法。

（4）在內插法下，假定利率 i 同相關的系數在較小範圍內線性相關，則可根據臨界系數 β_1、β_2 和臨界利率 i_1、i_2，計算出 i。其計算公式為：

$$i = i_1 + \frac{\beta_1 - \alpha}{\beta_1 - \beta_2}(i_2 - i_1)$$

【例2-13】某公司於第一年年初借款 40,000 元，每年年末還本付息額均為 8,000 元，連續 9 年還清。請問借款利率為多少？

解答：
根據題意，已知 $P=40,000$，$A=8,000$，$n=9$，則：
$P/A = 40,000/8,000 = 5 = \alpha$
$\alpha = 5 = (P/A, i, 9)$
查 $n=9$ 的普通年金現值系數表。
在 $n=9$ 這一行上無法找到恰好為 α ($\alpha=5$) 的系數值。
於是，查找大於和小於 5 的臨界系數值，分別為：
$\beta_1 = 5.328,2 > 5$，$\beta_2 = 4.946,4 < 5$，

它們對應的臨界利率分別為：

$i_1 = 12\%$，$i_2 = 14\%$，

則利用內插法可得：

$$i = i_1 + \frac{\beta_1 - \alpha}{\beta_1 - \beta_2} \times (i_2 - i_1) = 12\% + \frac{5.328,2-5}{5.328,2-4.946,4} \times (14\% - 12\%) = 13.72\%$$

（二）期間的計算

期間 n 的推算，其原理和步驟與折現率（利息率）i 的推算相同。

現以普通年金為例，說明在 P、A 和 i 已知的情況下，推算期間 n 的基本步驟：

（1）計算出 P/A，設為 $P/A = \alpha$。

（2）查普通年金現值係數表，沿著已知 i 所在列縱向查找，若能找到恰好等於 α 的係數值，其對應的 n 值即為所求的期間值。

（3）若找不到恰好為 α 的係數值，則查找最為接近 α 值的臨界係數 β_1、β_2 以及對應的臨界期間 n_1、n_2，然後應用內插法求 n。其計算公式為：

$$n = n_1 + \frac{\beta_1 - \alpha}{\beta_1 - \beta_2} \times (n_2 - n_1)$$

【例2-14】某企業擬購買一臺柴油機，以更新目前正在使用的汽油機。柴油機價格較汽油機高出 5,000 元，但每年可節約燃料費用 1,250 元。若利率為 10%，則柴油機至少應使用多少年對企業而言才有利可圖？

解答：

根據題意，已知 $P = 5,000$，$A = 1,250$，$i = 10\%$，則：

$P/A = 5,000/1,250 = 4 = \alpha$

$(P/A, 10\%, n) = \alpha = 4$

查普通年金現值係數表，在 $i = 10\%$ 這一系列縱向查找，無法找到恰好為 α（$\alpha = 4$）的係數值。

於是，查找大於和小於 4 的臨界係數值：

$\beta_1 = 4.355,3 > 4$，$\beta_2 = 3.790,8 < 4$

它們對應的臨界期間為：

$n_1 = 6$，$n_2 = 5$

則：

$$n = n_1 + \frac{\beta_1 - \alpha}{\beta_1 - \beta_2} \times (n_2 - n_1) = 6 + \frac{4.355,3-4}{4.355,3-3.790,8} \times (5-6) = 5.4$$

（三）名義利率與實際利率的換算

名義利率是指票面利率，實際利率是指投資者得到利息回報的真實利率。

1. 一年多次計息時的名義利率與實際利率

如果以「年」作為基本計息期，每年計算一次複利，這種情況下的實際利率等於名義利率。如果按照短於一年的計息期計算複利，這種情況下的實際利率高於名義利率。名義利率與實際利率的換算關係如下：

$$i = \left(1 + \frac{r}{m}\right)^m - 1$$

式中，i 實際利率，r 為名義利率，m 為每年複利計息次數。

【例 2-15】某企業於年初存入 200 萬元，在年利率為 10%、半年複利一次的情況下，到第 10 年年末，該企業能得本利和為多少？

解答：

計算方法一：將名義利率調整為實際利率，按實際利率計算時間價值。

根據題意，$P=200$，$r=10\%$，$m=2$，$n=10$，則：

$$i = \left(1+\frac{10\%}{2}\right)^2 - 1 = 10.25\%$$

$F = 200 \times (1 + 10.25\%) = 200 \times 2.653,3 = 530.66$（萬元）

計算方法二：不計算實際利率，相應調整有關指標，即利率變為 $\frac{r}{m}$，期數相應變為 $m \times n$，則：

$$F = 200 \times \left(1+\frac{10\%}{2}\right)^{10 \times 2} = 200 \times 2.653,3 = 530.66 \text{（萬元）}$$

2. 通貨膨脹下的名義利率與實際利率

名義利率是央行或其他提供資金借貸的機構公布的未調整通貨膨脹因素的利率，即利息（報酬）的貨幣額與本金的貨幣額的比率，是包括補償通貨膨脹風險的利率。實際利率是指剔除通貨膨脹后儲戶或投資者得到利息回報的真實利率。兩者之間的關係如下：

1+名義利率＝(1+實際利率)×(1+通貨膨脹率)

$$實際利率 = \frac{1+名義利率}{1+通貨膨脹率} - 1$$

【例 2-16】2016 年，中國某商業銀行一年期存款年利率為 3%，假設通貨膨脹率為 2%，則實際利率為多少？

解答：

$$i = \frac{1+3\%}{1+2\%} - 1 = 0.98\%$$

第二節　收益與風險

一、資產收益與資產收益率

(一) 資產收益的含義與計算

資產收益是指資產的價值在一定時期的增值。一般情況下，有以下兩種表述資產收益的方式：

第一種方式是以金額表示的，稱為資產的收益額，通常以資產價值在一定期限內的增值量來表示。該增值量來源於兩部分：一是期限內資產的現金淨收入；二是期末資產的價值（或市場價格）相對於期初價值（價格）的升值。前者多為利息、紅利或

股息收益，后者稱為資本利得。

第二種方式是以百分比表示的，稱為資產的收益率或報酬率，是資產增值量與期初資產價值（價格）的比值。該收益率也包括兩部分：一是利息（股息）的收益率；二是資本利得的收益率。顯然，以金額表示的收益與期初資產的價值（價格）相關，不利於不同規模資產之間收益的比較，而以百分數表示的收益則是一個相對指標，便於不同規模下資產收益的比較和分析。因此，通常情況下，我們都是用收益率的方式來表示資產的收益。

另外，由於收益率是相對於特定期限的，其大小要受計算期限的影響，但是計算期限常常不一定是一年，為了便於比較和分析，對於計算期限短於或長於一年的資產，在計算收益率時一般要將不同期限的收益率轉化成年收益率。因此，如果不加以特殊說明的話，資產收益指的就是資產的年收益率，又稱資產的報酬率。

$$資產收益率 = \frac{資產價值（價格）的增值}{期初資產價值（價格）}$$

$$= \frac{[利息（股息）收益 + 資本利得]}{期初資產價值（價格）}$$

$$= 利息（股息）收益率 + 資本利得收益率$$

【例 2-17】某股票一年前的價格為 10 元，一年中的稅後股息為 0.25 元，現在的市價為 12 元。那麼，在不考慮交易費用的情況下，一年內該股票的收益率是多少？

解答：

（1）股票的收益 = 0.25 + (12 − 10) = 0.25 + 2 = 2.25（元）

（2）股票的收益率 = (0.25 + 12 − 10) ÷ 10 = 2.5% + 20% = 22.5%

(二) 資產收益率的類型

1. 實際收益率

實際收益率表示已經實現或者確定可以實現的資產收益率，表述為已實現或確定可以實現的利息（股息）率與資本利得收益率之和。當存在通貨膨脹時，還應當扣除通貨膨脹率的影響，才是真實的收益率。

2. 預期收益率

預期收益率也稱為期望收益率，是指在不確定的條件下，預測的某資產未來可能實現的收益率。期望收益率估算步驟如下：

首先，描述影響預期收益率的各種可能情況；其次，預測各種可能發生的概以及在各種可能情況下收益率的大小。那麼，預期收益率就是各種情況下收益率的加權平均，權數是各種可能情況發生的概率。

預期收益率計算公式如下：

$$E(R) = \sum_{i=1}^{n}(P_i \times R_i)$$

式中：

$E(R)$——預期收益率；

P_i——第 i 種情況可能出現的概率；

R_i——第 i 種情況出現時的收益率；

3. 必要收益率

必要收益率也稱最低必要報酬率或最低要求的收益率，表示投資者對某資產合理要求的最低收益率。這裡所說的投資者可以是每個個體，但如果不加以特殊說明的話，通常指全體投資者。每個人對某特定資產都會要求不同的收益率，如果某股票的預期收益率超過大多數人對該股票要求的至少應得到的收益率時，實際的投資行為就會發生。也就是說，只有人們認為至少能夠獲得其要求的必要收益率時，人們才會購買該股票。

必要收益率與認識到的風險有關，人們對資產的安全性有不同的看法。如果某公司陷入財務困難的可能性很大，也就是說投資該公司股票產生損失的可能性很大，那麼投資該公司股票將會要求一個較高的收益率，因此該股票的必要收益率就會較高。相反，如果某項資產的風險較小，那麼對這項資產要求的必要收益率也就較低。因此，必要收益率由無風險收益率和風險收益率兩部分構成。

（1）無風險收益率。無風險收益率也稱無風險利率，是指無風險資產的收益率，其大小由純粹利率（資金的時間價值）和通貨膨脹補貼兩部分組成。無風險資產一般滿足兩個條件：一是不存在違約風險；二是不存在再投資收益率的不確定性。實際上，滿足這兩個條件的資產幾乎是不存在的，一般用與所分析資產的現金流量期限相同的國債來表示。因此，通常用國債的利率表示無風險利率，該國債應與所分析資產的現金流量有相同的期限。一般情況下，為了方便起見，通常用短期國債的利率近似地代替無風險收益率。

（2）風險收益率。風險收益率是指某資產持有者因承擔該資產的風險而要求的超過無風險利率的額外收益。風險收益率衡量了投資者將資金從無風險資產轉移到風險資產而要求得到的「額外補償」。其大小取決於以下兩個因素：一是風險的大小；二是投資者對風險的偏好。

二、資產的風險及其衡量

（一）風險的概念

風險是指收益的不確定性。雖然風險的存在可能意味著收益的增加，但人們考慮更多的則是損失發生的可能性。從財務管理的角度看，風險就是企業在各項財務活動過程中，由於各種難以預料或無法控制的因素的作用，使企業的實際收益與預計收益發生背離，從而蒙受經濟損失的可能性。

（二）風險衡量

資產的風險是資產收益率的不確定性，其大小可用資產收益率的離散程度來衡量。離散程度是指資產收益率的各種可能結果與預期收益率的偏差。衡量風險的指標主要有收益率的方差、標準差和標準離差率等。

1. 概率分佈

某一事件在完全相同的條件下可能發生也可能不發生，既可能出現這種結果也可能出現那種結果，我們稱這類事件為隨機事件。概率就是用百分數或小數來表示隨機事件發生可能性及出現某種結果可能性大小的數值。用 X 表示隨機事件，X_i 表示隨機事

件的第 i 種結果，P_i 為出現該種結果的相應概率。若 X_i 出現，則 $\sum_{i=1}^{n} P_i = 1$；若 X_i 不出現，則 $\sum_{i=1}^{n} P_i = 0$，同時所有可能結果出現的概率之和必定為1。因此，概率必須符合下列兩個要求：

(1) $0 \leq P_i \leq 1$

(2) $\sum_{i=1}^{n} P_i = 1$

將隨機事件各種可能的結果按一定的規則進行排列，同時列出各結果出現的相應概率，這一完整的描述稱為概率分佈。

分佈有兩種類型，一種是離散型分佈，也稱不連續的概率分佈，其特點是概率分佈在各個特定的點（指 X 值）上；另一種是連續型分佈，其特點是概率分佈在連續圖像的兩點之間的區間上。兩者的區別在於，離散型分佈中的概率是可數的，而連續型分佈中的概率是不可數的。

2. 期望值

期望值是一個概率分佈中的所有可能結果，以各自相應的概率為權數計算的加權平均值，是加權平均的中心值，通常用符號 $\bar{E}$ 表示。期望收益反映預計收益的平均化，在各種不確定因素影響下，它代表著投資者的合理預期，期望值可以按預期收益率的計算方法計算。期望值常用計算公式如下：

$$\bar{E} = \sum_{i=1}^{n} (X_i P_i)$$

【例 2-18】某企業有 A、B 兩個投資項目，兩個投資項目的收益率及其概率分佈情況如表 2-1 所示，試計算兩個項目的期望投資收益率。

表 2-1　　　　　　　A 項目和 B 項目投資收益率的概率分佈

項目實施情況	該種情況出現的概率		投資收益率	
	項目 A	項目 B	項目 A	目 B
好	0.20	0.30	15%	20%
一般	0.60	0.40	10%	15%
差	0.20	0.30	0	-10%

解答：

項目 A 的期望投資收益率 $\bar{E}_A = 0.20 \times 15\% + 0.60 \times 10\% + 0.20 \times 0 = 9\%$

項目 B 的期望投資收益率 $\bar{E}_B = 0.30 \times 20\% + 0.40 \times 15\% + 0.30 \times (-10\%) = 9\%$

從計算結果可以看出，兩個項目的期望投資收益率都是 9%。是否可以就此認為兩個項目是等同的呢？我們還需要瞭解概率分佈的離散情況，即計算標準離差和標準離差率。

3. 離散程度

離散程度是用以衡量風險大小的統計指標。一般說來，離散程度越大，風險越大；

離散程度越小，風險越小。反映隨機變量離散程度的指標包括平均差、方差、標準離差、標準離差率和全距等。本書主要介紹方差、標準離差和標準離差率三項指標。

（1）方差。方差是用來表示隨機變量與期望值之間的離散程度的一個數值。其計算公式為：

$$\sigma^2 = \sum_{i=1}^{n}(X_i - \overline{E})^2 \times P_i$$

（2）標準離差。標準離差也叫均方差，是方差的平方根。其計算公式為：

$$\sigma = \sqrt{\sum_{i=1}^{n}(X_i - \overline{E})^2 \times P_i}$$

標準離差以絕對數衡量決策方案的風險，在期望值相同的情況下，標準離差越大，風險越大；反之，標準離差越小，則風險越小。

【例2-19】以【例2-18】中的數據為例，分別計算上例中A、B兩個項目投資收益率的方差和標準離差。

解答：

項目A的方差 $\sigma_A^2 = (15\% - 9\%)^2 \times 0.20 + (10\% - 9\%)^2 \times 0.60 + (0 - 9\%)^2 \times 0.20$
$= 0.002,4$

項目A的標準離差 σ_A
$= \sqrt{(15\% - 9\%)^2 \times 0.20 + (10\% - 9\%)^2 \times 0.60 + (0 - 9\%)^2 \times 0.20}$
$= \sqrt{0.002,4} = 0.049$

項目B的方差 σ_B^2
$= (20\% - 9\%)^2 \times 0.30 + (15\% - 9\%)^2 \times 0.40 + (-10\% - 9\%)^2 \times 0.30$
$= 0.015,9$

項目B的標準離差 σ_B
$= \sqrt{(20\% - 9\%)^2 \times 0.30 + (15\% - 9\%)^2 \times 0.40 + (-10\% - 9\%)^2 \times 0.30}$
$= \sqrt{0.015,9} = 0.126$

（3）標準離差率。標準離差率是標準離差同期望值之比，通常用符號V表示。其計算公式為：

$$V = \frac{\sigma}{E} \times 100\%$$

標準離差率是一個相對指標，以相對數反映決策方案的風險程度。方差和標準離差作為絕對數，只適用於期望值相同的決策方案風險程度的比較。對於期望值不同的決策方案，評價和比較其各自的風險程度只能借助於標準離差率這一相對數值。在期望值不同的情況下，標準離差率越大，風險越大；反之，標準離差率越小，風險越小。

【例2-20】仍以【例2-18】中的有關數據為依據，分別計算項目A和項目B的標準離差率。

解答：

項目A的標準離差率 $V_A = \frac{\sigma_A}{E_A} \times 100\% = \frac{0.049}{9\%} = 54.4\%$

項目 B 的標準離差率 $V_B = \dfrac{\sigma_B}{\overline{E}_B} \times 100\% = \dfrac{0.126}{9\%} = 140\%$

　　當然，在此例中項目 A 和項目 B 的期望投資收益率是相等的，可以直接根據標準離差來比較兩個項目的風險水平。如比較項目的期望收益率不同，則一定要計算標準離差率才能進行比較。

　　需要說明的是，資產的風險儘管可以用歷史數據去估算，但由於資產的風險受其資產特性的影響較大，另外由於環境因素的多變、管理人員估計技術的限制等，均造成估計的結果往往不夠可靠、不夠準確。因此，在估計某項資產風險大小時，通常會綜合採用各種定量方法，並結合管理人員的經驗等判斷得出。

　　通過上述方法將決策方案的風險加以量化後，決策者便可據此做出決策。對於單個方案，決策者可根據其標準離差（率）的大小，並將其同設定的可接受的此項指標最高限值對比，看前者是否低於后者，然后做出取舍。對於多方案擇優，決策者的行動準則應是選擇低風險、高收益的方案，即選擇標準離差率最低、期望收益最高的方案。然而高收益往往伴有高風險，低收益方案的風險程度往往也較低，究竟選擇何種方案，要權衡期望收益與風險，而且還要視決策者對風險的態度而定。對風險比較反感的人可能會選擇期望收益較低同時風險也較低的方案，喜冒風險的人則可能選擇風險高同時收益也高的方案。

（三）風險偏好

　　風險偏好是指為了實現目標，企業或個體投資者在承擔風險的種類、大小等方面的基本態度。風險就是一種不確定性，投資者面對這種不確定性表現出的態度、傾向便是其風險偏好的具體體現。

　　根據人們效用函數的不同，可以按照其對風險的偏好將人們分為風險迴避者、風險追求者和風險中立者。

1. 風險迴避者

　　當預期收益率相同時，風險迴避者都會偏好於具有低風險的資產而對於同樣風險的資產，他們則會鐘情於具有高預期收益的資產。但當面臨以下這樣兩種資產時，他們的選擇就要取決於他們對待風險的不同態度：一項資產具有較高的預期收益率同時也具有較高的風險，而另一項資產雖然預期收益率低，但風險水平也低。風險迴避者在承擔風險時，就會因承擔風險而要求額外收益，額外收益要求的多少不僅與所承擔風險的大小有關（風險越高，要求的風險收益就越多），還取決於他們的風險偏好。對風險迴避的願望越強烈，要求的風險收益就越多。一般的投資者和企業管理幹部是風險迴避者，因此財務管理的理論框架和實務方法都是針對風險迴避者的，並不涉及風險追求者和風險中立者的行為。

2. 風險追求者

　　風險追求者主動追求風險，喜歡收益的波動勝於喜歡收益的穩定。他們選擇資產的原則是當預期收益相同時，選擇風險大的，因為這會給他們帶來更大的效用。

3. 風險中立者

　　風險中立者既不迴避風險，也不主動追求風險，他們選擇資產的唯一標準是預期

收益的大小，而不管風險狀況如何，這是因為所有預期收益相同的資產將給他們帶來同樣的效用。

(四) 風險對策

1. 規避風險

當風險造成的損失不能由該項目可能獲得的利潤予以抵消時，避免風險是最可行的簡單方法。避免風險的例子包括拒絕與不守信用的廠商的業務往來；放棄可能明顯導致虧損的投資項目；新產品在試製階段發現諸多問題而果斷停止試製。

2. 減少風險

減少風險主要表現為兩個方面：一是控製風險因素，減少風險的發生；二是控製風險發生的頻率和降低風險損害的程度。減少風險的常用方法有：進行準確的預測，如對匯率進行預測、對利率進行預測、對債務人進行信用評估等；對決策進行多方案優選和相機替代；及時與政府部門溝通獲取政策信息；在研發新產品前，充分進行市場調研；實行設備預防檢修制度以減少設備事故；選擇有彈性的、抗風險能力強的技術方案，進行預先的技術模擬試驗，採用可靠的保護和安全措施；採用多領域、多地域、多項目、多品種的投資以分散風險。

3. 轉移風險

轉移風險企業以一定代價（如保險費、盈利機會、擔保費和利息等），採取某種方式（如參加保險、信用擔保、租賃經營、套期交易、票據貼現等），將風險損失轉嫁給他人承擔，以避免可能給企業帶來災難性損失。例如，向專業性保險公司投保；採取合資、聯營、增發新股、發行債券、聯合開發等措施實現風險共擔；通過技術轉讓、特許經營、戰略聯盟、租賃經營和業務外包等實現風險轉移。

4. 接受風險

接受風險包括風險自擔和風險自保兩種。風險自擔是指風險損失發生時，直接將損失攤入成本或費用，或者沖減利潤；風險自保是指企業預留一筆風險金或隨著生產經營的進行，有計劃地計提資產減值準備等。

三、證券資產組合的風險與收益

資產組合是指兩項或兩項以上資產構成的集合。如果資產組合中的資產均為有價證券，則該資產組合也稱為證券資產組合或證券組合。證券資產組合的風險與收益具有與單個資產不同的特徵。儘管方差、標準離差、標準離差率是衡量風險的有效工具，但當某項資產或證券成為投資組合的一部分時，這些指標就可能不再是衡量風險的有效工具。以下先討論證券資產組合的預期收益率的計算，再進一步討論組合風險及其衡量。

(一) 證券資產組合的預期收益率

證券資產組合的預期收益率就是組成證券資產組合的各種資產收益率的加權平均數，其權數為各種資產在組合中的價值比例。

證券資產組合的預期收益率 $E(R_p) = \sum_{i=1}^{n} W_i \times E(R_i)$

式中：

$E(R_p)$ ——證券資產組合的預期收益率；

$E(R_i)$ ——組合內第 i 項資產的預期收益率；

W_i ——第 i 項資產在整個組合中所占的價值比例。

【例2-21】某投資公司的一項投資組合中包含 A、B 和 C 三種股票，權重分別為 40%、40%和 20%，三種股票的預期收益率分別為 20%、25%、10%。計算該投資組合的預期收益率。

解答：

該投資組合的預期收益率 $E(R_p)$ = 40%×20%+40%×25%+20%×10% = 20%

(二) 證券資產組合的風險及其衡量

1. 證券資產組合的風險分散功能

兩項證券資產組合的收益率的方差滿足以下關係式：

$$\sigma_p^2 = w_1^2\sigma_1^2 + w_2^2\sigma_2^2 + 2w_1w_2\rho_{1,2}\sigma_1\sigma_2$$

式中：

σ_p ——證券資產組合的標準差，衡量資產組合的風險；

σ_1 ——組合中第 1 項資產的標準差；

σ_2 ——組合中第 2 項資產的標準差；

w_1 ——組合中第 1 項資產所占的價值比例；

w_2 ——組合中第 2 項資產所占的價值比例；

$\rho_{1,2}$ ——組合中兩項資產收益率的相關程度，即相關係數，介於 [−1, 1] 區間內。

當 $\rho_{1,2} = 1$ 時，表明兩項資產的收益率具有完全正相關的關係，即它們的收益率變化方向和變化幅度完全相同。這時，$\sigma_p^2 = (w_1\sigma_1 + w_2\sigma_2)^2$，即 σ_p^2 達到最大。由此表明，組合的風險等於組合中各項資產風險的加權平均值。換句話說，當兩項資產的收益率完全正相關時，兩項資產的風險完全不能相互抵消，這樣的組合不能降低任何風險。

當 $\rho_{1,2} = 1$ 時，表明兩項資產的收益率具有完全負相關的關係，即它們的收益率變化方向和變化幅度完全相反。這時，$\sigma_p^2 = (w_1\sigma_1 + w_2\sigma_2)^2$，即 σ_p^2 達到最小，甚至可能是零。因此，當兩項資產的收益率完全負相關時，兩項資產的風險可以充分地相互抵消，甚至完全消除。這樣的組合能夠最大限度地降低風險。

在實務中，兩項資產的收益率具有完全正相關和完全負相關的情況幾乎是不可能的。絕大多數資產兩兩之間都具有不完全的相關關係，即相關係數小於 1 而大於−1（大多數情況下大於零）。因此，會有 $0 < \sigma_p < (w_1\sigma_1 + w_2\sigma_2)$，即證券資產組合收益率的標準差小於組合中各資產收益率標準差的加權平均值，也即證券資產組合的風險小於組合中各項資產風險的加權平均值。大多數情況，證券資產組合能夠分散風險，但不能完全消除風險。

一般來講，隨著證券資產組合中資產個數的增加，證券資產組合的風險會逐漸降低，當資產的個數增加到一定程度時，證券資產組合的風險程度將趨於平穩，這時組合風險的降低將非常緩慢直到不再降低。

在證券資產組合中，能夠隨著資產種類增加而降低直至消除的風險被稱為非系統性風險；不能隨著資產種類增加而分散的風險被稱為系統性風險。下面對這兩類風險

進行詳細論述。

2. 非系統性風險

非系統性風險又被稱為公司風險或可分散風險，是可以通過證券資產組合而分散掉的風險。非系統性風險是指由於某種特定原因對某特定資產收益率造成影響的可能性。非系統性風險是特定企業或特定行業所特有的，與政治、經濟和其他影響所有資產的市場因素無關。對於特定企業而言，公司風險可進一步分為經營風險和財務風險。

經營風險是指因生產經營方面的原因給企業目標帶來不利影響的可能性，如由於原材料供應地的政治經濟情況變動、新材料的出現等因素帶來的供應方面的風險；由於生產組織不合理而帶來的生產方面的風險；由於銷售決策失誤而帶來的銷售方面的風險。

財務風險又稱籌資風險，是指由於舉債而給企業目標帶來的可能影響。企業舉債經營，全部資金中除自有資金外還有一部分借入資金，這會對自有資金的獲利能力造成影響；同時，借入資金需還本付息，一旦無力償付到期債務，企業便會陷入財務困境甚至破產。當企業息稅前資金利潤率高於借入資金利息率時，使用借入資金獲得的利潤除了補償利息外還有剩餘，因而使自有資金利潤率提高。但是，若企業息稅前資金利潤率低於借入資金利息率時，使用借入資金獲得的利潤還不夠支付利息，需動用自有資金的一部分來支付利息，從而使自有資金利潤率降低。用自有資金來支付利息，可能使企業發生虧損。若企業虧損嚴重，財務狀況惡化，喪失支付能力，就會出現無法還本付息甚至破產的危險。

值得注意的是，在風險分散的過程中，不應當過分誇大資產多樣性和資產個數的作用。實際上，在證券資產組合中資產組合數目較低時，增加資產的個數，分散風險的效應會比較明顯。但資產數目增加到一定程度時，風險分散的效應就會逐漸減弱。經驗數據表明，組合中不同資產的數目達到20個時，絕大多數非系統性風險均已被取消，此時如果繼續增加資產數目，對分散風險已經沒有多大的實際意義，只會增加管理成本。另外，不能指望通過資產的多樣化達到完全消除風險的目的，因為系統性風險是不能夠通過風險的分散來消除的。

3. 系統性風險及其衡量

系統性風險又被稱為市場風險或不可分散風險，是影響所有資產的、不能通過資產組合而消除的風險。這部分風險是由那些影響整個市場的風險因素所引起的。這些因素包括宏觀經濟形勢的變動、世界能源狀況、政治因素等。

儘管絕大部分企業和資產都不可避免地受到系統性風險的影響，但並不意味著系統性風險對所有資產或所有企業都有相同的影響，有些資產受系統性風險的影響大一些，而有些資產受系統性風險的影響較小。單項資產或證券資產組合受系統性風險影響的程度，可以通過系統風險係數（β係數）來衡量。

（1）單項資產的系統性風險係數（β係數）。單項資產的β係數是指可以反映單項資產收益率與市場平均收益率之間變動關係的一個量化指標，它表示單項資產收益率的變動受市場平均收益率變動的影響程度。換句話說，就是相對於市場組合的平均風險而言，單項資產所含的系統性風險的大小。

系統性風險係數（β係數）的定義式如下：

$$\beta_i = \frac{COV(R_i, R_m)}{\sigma_m^2} = \frac{\rho_{i,m}\sigma_i\sigma_m}{\sigma_m^2} = \rho_{i,m} \times \frac{\sigma_i}{\sigma_m}$$

式中，$\rho_{i,m}$表示第 i 項資產的收益率與市場組合收益率的相關係數，σ_i表示資產收益率的標準差，反映該資產的風險大小；σ_m表示市場組合收益率的標準差，反映市場組合的風險；三個指標的乘積表示該資產收益率與市場組合收益率的協方差。

（2）市場組合。市場組合是指由市場上所有資產構成的組合。其收益率就是市場平均收益率，實務中通常用股票價格指數的收益率來代替。而市場組合收益率的方差則代表了市場整體的風險。由於包含了所有的資產，因此市場組合中的非系統性風險已經被消除，市場組合的風險就是市場風險或系統性風險。

根據上述 β 系數的定義可知，當某資產的 β 系數等於 1 時，說明該資產的收益率與市場平均收益率呈同方向、同比例的變化，即如果市場平均收益率增加（或減少）1%，那麼該資產的收益率也相應地增加（或減少）1%。也就是說，該資產所含的系統性風險與市場組合的風險一致。當某資產的 β 系數小於 1 時，說明該資產收益率的變動幅度小於市場組合收益率的變動幅度，因此其所含的系統性風險小於市場組合的風險。當某資產的 β 系數大於 1 時，說明該資產收益率的變動幅度大於市場組合收益率的變動幅度，因此其所含的系統性風險大於市場組合的風險。絕大多數資產的 β 系數是大於零的，也就是說，它們收益率的變化方向與市場平均收益率的變化方向是一致的，只是變化幅度不同導致 β 系數的不同。

實際上，要想利用定義式去計算 β 系數，是非常困難的。β 系數的計算常常利用收益率的歷史數據，採用線性迴歸的方法取得。在實務中，一些證券諮詢機構會定期公布大量交易過的證券的 β 系數。

（3）證券資產組合的系統性風險系數。對於證券資產組合來說，其所含的系統性風險的大小可以用證券資產組合的 β 系數來衡量。證券資產組合的 β 系數是所有單項資產 β 系數的加權平均數，權數為各種資產在證券資產組合中所占的價值比例。其計算公式為：

$$\beta_p = \sum_{i=1}^{n}(W_i \times \beta_i)$$

式中：

β_p——證券資產組合的風險系數；
W_i——第 i 項資產在組合中所占的價值比重；
β_i——第 i 項資產的 β 系數。

由於單項資產的 β 系數不盡相同，因此通過替換資產組合中的資產或改變不同資產在組合中的價值比例，可以改變組合的風險特性。

【例 2-22】某證券資產組合中有三種股票，相關的信息如表 2-2 所示，要求計算證券資產組合的 β 系數。

表 2-2　　　　　　　　　某證券資產組合的相關信息

股票	β 系數	股票的每股市價（元）	股票的數量（股）
A	0.7	4	200
B	1.1	2	100
C	1.7	10	100

解答：

（1）計算 A、B、C 三種股票所占的價值比例如下：

$$W_A = \frac{4 \times 200}{4 \times 200 + 2 \times 100 + 10 \times 100} = \frac{800}{2,000} = 40\%$$

$$W_B = \frac{2 \times 200}{4 \times 200 + 2 \times 100 + 10 \times 100} = \frac{200}{2,000} = 10\%$$

$$W_C = \frac{10 \times 1,000}{4 \times 200 + 2 \times 100 + 10 \times 100} = \frac{1,000}{2,000} = 50\%$$

（2）計算證券資產組合的 β 系數如下：

$\beta_p = 40\% \times 0.7 + 10\% \times 1.1 + 50\% \times 1.7 = 1.24$

四、資本資產定價模型

（一）資本資產定價模型的基本原理

資本資產主要指的是股票資產，定價則試圖解釋資本市場如何決定股票收益率，進而決定股票價格。根據風險與收益的一般關係，某資產的必要收益率是由無風險收益率和資產的風險收益率決定的。

必要收益率＝無風險收益率＋風險收益率

資本資產定價模型解釋了風險收益率的決定因素和度量方法。其核心關係式為：

$R = R_f + \beta \times (R_m - R_f)$

式中：

R——某資產的必要收益率；

β——該資產的系統性風險系數；

R_f——無風險收益率，通常以短期國債利率來近似代替；

R_m——市場組合的收益率，通常用股票價格指數收益率的平均值或所有股票的平均收益率來代替。

$R_m - R_f$——市場風險溢酬。

市場風險溢酬是附加在無風險收益率之上的，由於承擔了市場平均風險所要求獲得的補償，反映的是市場作為整體對風險的平均「容忍」程度，也就是市場整體對風險的厭惡程度。對風險越是厭惡和迴避，要求的補償就越高，因此市場風險溢酬的數值就越大；反之，如果市場的抗風險能力越強，則對風險的厭惡和迴避就不是很強烈，因此要求的補償就越低，市場風險溢酬的數值就越小。不難看出，某項資產的風險收益率是該資產系統性風險系數與市場風險溢酬的乘積，即：

風險收益率 = $\beta \times (R_m - R_f)$

(二) 證券市場線 (SML)

如果把資本資產定價模型中的 β 看成自變量（橫坐標），必要收益率 R 作為因變量（縱坐標），無風險利率 R_f 和市場風險溢酬 $(R_m - R_f)$ 作為已知系數，那麼這個關係式在數學上就是一個直線方程，稱為證券市場線，簡稱 SML，即以下關係式代表的直線：

$$R = R_f + \beta \times (R_m - R_f)。$$

證券市場線與不可分散風險 β 系數之間的關係如圖 2-5 所示。

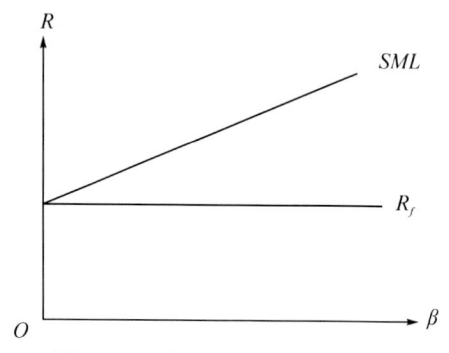

圖 2-5　證券市場線與 β 系數的關係

證券市場線對任何公司、任何資產都是適合的。只要將該公司或資產的 β 系數代入到上述直線方程中，就能得到該公司或資產的必要收益率。證券市場線上每個點的橫、縱坐標值分別代表每一項資產（或證券資產組合）的系統性風險系數和必要收益率。因此，證券市場上任意一項資產或證券資產組合的系統性風險系數和必要收益率都可以在證券市場線上找到對應的點。

【例 2-23】陽光公司股票的 β 系數為 2.0，無風險收益率為 6%，市場上所有股票的平均報酬率為 10%。求陽光公司股票的必要收益率。

解答：

$R = 6\% + 2.0 \times (10\% - 6\%) = 6\% + 2.0 \times 4\% = 6\% + 8\% = 14\%$

(三) 證券資產組合的必要收益率

證券資產組合的必要收益率也可以通過證券市場線來描述。

證券資產組合的必要收益率 = $R_f + \beta_p \times (R_m - R_f)$

此公式與前面的資產資本定價模型公式非常相似，它們的右側唯一不同的是 β 系數的主體，前面的 β 系數是單項資產或個別公司的 β 系數；而這裡的 β_p 則是證券資產組合的 β 系數。

【例 2-24】假設當前短期國債收益率為 3%，股票價格指數平均收益率為 12%，利用【例 2-22】中的有關信息和求出的 β 系數，計算 A、B、C 三種股票組合的必要收益率。

解答：

三種股票組合的必要收益率 $R = 3\% + 1.24 \times (12\% - 3\%)$

　　　　　　　　　　　　　　 $= 14.16\%$

【例 2-25】 某公司持有由甲、乙、丙三種股票組成的證券組合,三種股票的 β 系數分別是 2.0、1.3 和 0.7,它們的投資額分別是 60 萬元、30 萬元和 10 萬元。股票市場平均收益率為 10%,無風險收益率為 5%。假定資本資產定價模型成立,求證券組合的必要收益率。

解答:
(1) 計算各股票在組合中的比例。

甲股票的比例 $=\dfrac{60}{60+30+10}=\dfrac{60}{100}=60\%$

乙股票的比例 $=\dfrac{30}{60+30+10}=\dfrac{30}{100}=30\%$

丙股票的比例 $=\dfrac{10}{60+30+10}=\dfrac{10}{100}=10\%$

(2) 計算證券組合的 β 系數:
$\beta_P = 2.0 \times 60\% + 1.3 \times 30\% + 0.7 \times 10\% = 1.66$
(3) 計算證券組合的風險收益率。
$R_r = 1.66 \times (10\% - 5\%) = 1.66 \times 5\% = 8.3\%$
(4) 計算證券組合的必要收益率。
$R = 5\% + 8.3\% = 13.3\%$

【例 2-26】 某公司現有兩個投資項目可供選擇,有關資料如表 2-3 所示。

表 2-3　　　　　　　　甲、乙投資項目的預測信息

市場銷售情況	概率	甲項目的收益率	乙項目的收益率
很好	0.2	30%	25%
一般	0.4	15%	10%
很差	0.4	-5%	5%

要求:
(1) 計算甲、乙兩項目的預期收益率、標準差和標準離差率。
(2) 假設資本資產定價模型成立,證券市場平均收益率為 12%,政府短期債券收益率為 4%,市場組合的標準差為 6%,分別計算兩項目的 β 系數以及它們與市場組合的相關係數。

解答:
(1) 甲項目的預期收益率 $R_甲 = 0.2 \times 30\% + 0.4 \times 15\% + 0.4 \times (-5\%) = 10\%$
乙項目的預期收益率 $R_乙 = 0.2 \times 25\% + 0.4 \times 10\% + 0.4 \times 5\% = 11\%$
甲項目的標準差 $\sigma_甲$
$= \sqrt{(30\%-10\%)^2 \times 0.2 + (15\%-10\%)^2 \times 0.4 + (-5\%-10\%)^2 \times 0.4} = 13.42\%$
乙項目的標準差 $\sigma_乙$
$= \sqrt{(25\%-11\%)^2 \times 0.2 + (10\%-11\%)^2 \times 0.4 + (5\%-10\%)^2 \times 0.4} = 7.35\%$

甲項目的標準離差率 $V_甲 = \dfrac{13.42\%}{10\%} = 1.34$

乙項目的標準離差率 $V_乙 = \dfrac{7.35\%}{11\%} = 0.67$

（2）根據資本資產定價模型：

預期收益率 $R = 4\% + \beta \times (12\% - 4\%)$

由 $R_甲 = 10\%$，可知 $\beta_甲 = 0.75$

由 $R_乙 = 11\%$，可知 $\beta_乙 = 0.875$

根據 β 係數的定義式：

$$\beta_i = \rho_{i,m} \times \dfrac{\sigma_i}{\sigma_m}$$

由 $\beta_甲 = 0.75$，$\sigma_甲 = 13.42\%$，$\sigma_m = 6\%$，可知 $\rho_{甲,m} = 0.34$

由 $\beta_乙 = 0.875$，$\sigma_乙 = 7.35\%$，$\sigma_m = 6\%$，可知 $\rho_{乙,m} = 0.71$

本章小結

1. 終值與現值的計算（見表 2-4）

表 2-4　　　　　　　　　　　終值與現值的計算

序號	項目	基本公式
1	一次性款項終值	$F = P \times (1+i)^n = P \times (F/P, i, n)$
2	一次性款項現值	$P = F \times (1+i)^{-n} = F \times (P/F, i, n)$
3	普通年金終值	$F = A \times \dfrac{(1+i)^n - 1}{i} = A \times (F/A, i, n)$
4	普通年金現值	$P = F \times \dfrac{1 - (1+i)^{-n}}{i} = A \times (P/A, i, n)$
5	預付年金終值	$F_{預付年金} = A \times \dfrac{(1+i)^n - 1}{i}(1+i) = A \times (F/A, i, n) \times (1+i)$
6	預付年金現值	$F_{預付年金} = A \times \dfrac{1 - (1+i)^{-n}}{i} \times (1+i) = A \times (P/A, i, n) \times (1+i)$
7	遞延年金現值	終值與遞延期無關，只與 A 的個數有關 $P_{遞延年金} = A \times (P/A, i, n-m) \times (P/F, i, m)$ 或 $P_{遞延年金} = A \times (P/A, i, n) - A \times (P/A, i, m)$
8	永續年金	終值不存在 $P_{遞延年金} = \dfrac{A}{i}$

48

2. 系數間的關係（見表2-5）

表2-5　　　　　　　　　　　　　　系數間的關係

互為倒數關係	期數、系數變動關係
（1）複利終值系數與複利現值系數 （2）年金終值系數與償債基金系數 （3）年金現值系數與資本回收系數	預付年金系數＝同期普通年金系數×(1+i) 預付年金終值系數＝普通年金終值系數期數加1係數減1 預付年金現值系數＝普通年金現值系數期數減1係數加1

3. 資產收益率的類型（見表2-6）

表2-6　　　　　　　　　　　　　　資產收益率的類型

序號	種類	含義
1	實際收益率	已經實現或確定可以實現的資產收益率。當存在通貨膨脹時，還應當扣除通貨膨脹率的影響，才是真實的收益率
2	預期收益率 （期望收益率）	在不確定條件下，預測的某種資產未來可能實現的收益率
3	必要收益率 （最低必要報酬率 或最低要求的收益率）	投資者對某資產合理要求的最低收益率 必要收益率＝無風險收益率＋風險收益率

4. 單項資產風險衡量指標的計算與結論（見表2-7）

表2-7　　　　　　　　　　　單項資產風險衡量指標的計算與結論

序號	指標	計算公式	結論
1	期望值 $\bar{E}$	$\bar{E} = \sum_{i=1}^{n} X_i P_i$	反映預計收益的平均化，不能直接用來衡量風險
2	方差 σ^2	$\sigma^2 = \sum (X_i - \bar{E})^2 \times P_i$	期望值相同的情況下，方差越大，風險越大
3	標準差 σ	$\sigma = \sqrt{\sum (X_i - \bar{E})^2 \times P_i}$	期望值相同的情況下，標準差越大，風險越大
4	標準離差率 V	$V = \dfrac{\sigma}{\bar{E}}$	期望值不同的情況下，標準離差率越大，風險越大

5. 風險的控制對策（見表2-8）

表2-8　　　　　　　　　　　　　　風險的控制對策

序號	風險對策	含義	方法舉例
1	規避風險	當資產風險造成的損失不能由該資產可能獲得的收益予以抵消時，應當放棄該資產，以規避風險。	拒絕與不守信用的廠商的業務往來。放棄可能明顯導致虧損的投資項目。新產品在試製階段發現諸多問題而果斷停止試製。

表2-8(續)

序號	風險對策	含義	方法舉例
2	減少風險	控製風險因素，減少風險的發生。控製風險發生的頻率和降低風險損害程度。	進行準確的預測。對決策進行多方案優選和替代。及時與政府部門溝通獲取政策信息。在開發新產品前，充分進行市場調研。採用多領域、多地域、多項、多品種的經營或投資以分散風險。
3	轉移風險	對可能給企業帶來災難性損失的資產，企業應以一定代價，採取某種方式轉移風險。	向保險公司投保。採取合資、聯營、聯合開發等措施實現風險共擔。通過技術轉讓、租賃經營和業務外包等實現風險轉移。
4	接受風險	風險自擔和風險自保。	風險自擔是指風險損失發生時，直接將損失攤入成本或費用，或衝減利潤。風險自保是指企業預留一筆風險金或隨著生產經營的進行，有計劃地計提資產減值準備等。

6. 相關係數與組合風險之間的關係（見表2-9）

表 2-9　　　　　　　　　相關係數與組合風險之間的關係

序號	相關係數	兩項資產收益率的相關程度	組合風險	風險分散的結論
1	$\rho = 1$	完全正相關（即它們的收益率變化方向和變化幅度完全相同）	組合風險最大：$\sigma_P = \lvert W_1\sigma_1 + W_2\sigma_2 \rvert$ =加權平均標準差	組合不能降低任何風險
2	$\rho = -1$	完全負相關（即它們的收益率變化方向和變化幅度完全相反）	組合風險最小：$\sigma_P = \lvert W_1\sigma_1 - W_2\sigma_2 \rvert$	兩者之間的風險可以充分地相互抵消
3	在實際中：$-1<\rho<1$ 在多數情況下：$0<\rho<1$	不完全的相關關係	$\sigma_P<$加權平均標準差	資產組合可以分散風險，但不能完全分散風險

7. 系統性風險與非系統性風險（見表2-10）

表 2-10　　　　　　　　　系統性風險與非系統性風險

序號	種類	含義	致險因素	與組合資產數量之間的關係
1	非系統性風險	由於某種特定原因對某特定資產收益率造成影響的可能性，它是可以通過有效的資產組合來消除掉的風險。	特定企業或特定行業所特有的，包括經營風險和財務風險兩種。	當組合中資產的個數足夠大時，這部分風險可以被完全消除。（多樣化投資可以分散）

表2-10(續)

序號	種類	含義	致險因素	與組合資產數量之間的關係
2	系統性風險	影響所有資產的,並且不能通過資產組合來消除的風險。	影響整個市場的風險因素	不能隨著組合中資產數目的增加而消失,是始終存在的。(多樣化投資不可以分散)

第三章　籌資管理

案例導入

華為公司籌資之道①

1988—1992 年，華為公司主要代理香港的交換機，對資金的需求量並不是很大，主要依靠創業初期的點滴累積。

1992 年前後，華為公司把全部資金投入到 C&C08 機的研發中，但貨款回收慢（電信設備市場的特徵：投入資金量大、銷售週期長、資金回籠慢、拖欠嚴重），現金流出現嚴重問題。華為公司全體員工連續幾個月沒有發工資，員工士氣低落，部分員工開始打退堂鼓，這是華為公司歷史上第一次資金危機。最後是華為公司突然收到一筆貨款救命。但 C&C08 機的研發資金至少需要 1 億元的投入，任正非多方借貸未果，被逼無奈向大企業拆借，利息高達 20%。那時候，華為公司因民營企業的身分，主要靠自有資金週轉，從銀行基本貸不到款項，這實際上把任正非逼上了絕路。任正非於 C&C08 機動員大會上發出了「失敗了，我只有跳樓」的誓言。

1993 年 C&C08 機研製成功，開始大規模銷售。1993 年年底，華為公司籌建北京研究所。華為公司進入迅速膨脹期，資金週轉的壓力也越來越大。多次貸款計劃被擱置後，華為公司甚至到了揭不開鍋的境地，華為公司迫不得已再次向一些大型國有企業或民營企業籌借利息高達 30% 的拆借貸款，以解燃眉之急。

1996 年 6 月 1 日，時任國務院副總理的朱鎔基視察華為公司，隨行的有包括招商銀行在內的幾家銀行的行長。當時華為公司的年銷售額達 26 億元，已躋身國內電信設備「四巨頭」之列。朱鎔基得知華為公司資金上的困難後，當即說：「只要是中國的程控交換機打入國際市場，一定提供買方信貸，在國內市場與外國公司競爭，一律給予支持，同樣給予買方信貸。」1996 年下半年，招商銀行開始與華為公司全面合作。當時很多省、市電信部門的資金也很短缺，以現金購買設備很困難。招商銀行為華為公司推出了買方信貸業務，讓電信部門從招商銀行貸款購買華為公司的設備，華為公司再從招商銀行提取貨款（這種在今天已經廣泛用於房屋按揭等各個領域的金融工具，在當時卻是開了先河）。

1999 年前後，由於國家金融政策放開，國內銀行業也逐步開始商業化運作，由於華為公司資信好、業務發展迅猛，各家銀行也開始給華為公司大規模放貸。

僅僅招商銀行一家的買方信貸，根本不可能完全滿足進入迅速擴張期（1996 年華為公司從國內市場走向國際市場，在東歐、中亞、西非、東南亞等地區開拓了市場，

---

① 華為籌資案例分析［EB/OL］.（2013-12-06）［2017-07-24］. http://www.doc88.com/p-7058078682035.html.

1996年年底，又斥巨資引入美國HAY諮詢公司建立任職資格評價體系）的華為公司在戰略和戰術上的需要。1997年，華為公司雖然實現銷售額41億元，但負債高達20億元。通過銀行的間接融資，華為公司仍然解決不了資金瓶頸問題。這就促使華為公司想方設法成立了瀋陽華為、山東華為、安徽華為等27個合資公司，遍布全國。這樣可以緩解資金緊張的壓力和鞏固已有的市場。這些合資公司自誕生起就是個空殼，華為公司從來沒有把特別有技術含量的產品放到這些所謂的合資公司，這些合資公司僅僅是銷售代理公司。這些合資公司除了能起到增加銷售量、佔有市場的作用外，還具有融資的重要作用。在華為公司的合資企業工作指導書中，對合資公司的功能做了如下描述：合資企業要在當地解決貸款和融資問題。合資企業註冊后，要把自己的註冊資金存到有可能提供貸款的銀行，並抓緊解決貸款問題，必要時，可以向兩家以上的銀行存、貸，爭取合資對象出具擔保或由華為母公司擔保。資金短缺的局面從此才真正得以緩解。但華為公司較高的負債率就是從這個時候開始的。這種高負債經營策略也引起了國內外媒體的關注，一些專家甚至開始憂慮華為公司面臨的金融風險。

除了以有政府背景的合資公司爭取貸款外，華為公司還通過合資公司，採取在各省、市成立郵電職工持股會，吸納幹部職工入股，給予豐厚的紅利，並許諾將來可隨華為公司的股票一起上市，先後有100多家地方郵電部門成為華為公司的股東。據透露，1999年前後，深圳華為又面向全國各省、市電信局的老股東和各類企業法人進行增資擴股，發行新股2.5億~3億股，每股面值1元人民幣，擴股價格每股人民幣2.2元。究竟有多少郵電職工成了華為公司的股東，華為公司因此融回了多少資金，是華為公司的核心機密之一，外人無從得知，但可以肯定不是筆小數目。華為公司的這一做法遭到了一些社會人士的非議，有人甚至認為這類似於非法集資、不正當競爭。例如，這種利益關係是否會在一定程度上促使營運商利用國家的資金、手中的權力，人為地高價採購華為公司的設備？華為公司是否會以豐厚的紅利、可觀的送股及配股回報營運商企業的個人？

員工持股不僅開中國企業內部管理機制之先河，同時也是華為公司重要的融資渠道之一。在華為公司資金匱乏甚至出現經營困境的時候，員工持股調動了華為人不屈不撓的韌勁，使華為公司走過了最脆弱的階段。

為了解決資金緊張問題，1990年前後華為公司就建立了職工內部股制度。這種內部股一般面值都是1元人民幣。每個營業年度，華為公司有關部門都按員工在公司工作的年限、級別、業績表現、勞動態度等指標確定符合條件的員工可以購買的股權數（新員工工作滿一年后才有資格購買），員工可以選擇購買、套現或放棄。要是選擇放棄購買股權，部門領導就會逐個找員工談話，員工就很可能被認為對公司不忠，就會喪失在公司發展和提升的機會，也就別想再在華為公司呆下去了。想有所發展的員工自然不敢不購買公司股權。與此同時，華為公司的員工還被要求在一份保密承諾書上簽字，如違反這個承諾書，股權兌現時就要做相應扣除。一般情況下，員工都是選擇購買內部股。購買時員工拿著現金到資金事業部登記購買，也可以用獎金購買，或通過公司無息貸款購買。2002年以前（2002年以後停止配股），華為公司的獎金也是通過配股實現的，員工的所有獎金轉為公司的內部股，內部股一年發放一次股利，自動滾入本金。持股員工在離開公司時可以隨時套現，若華為公司上市，這些股份可在市

場上流通。華為公司內部股制度頗為複雜。

1998年以前，誰在任正非面前提上市的事情，他就跟誰急。他認為股票純粹是不務正業。南方基金某人士認為，華為公司在早期發展的關鍵時期曾出現過嚴重的方向性錯誤。他說的「方向性錯誤」是指華為公司沒有抓住機會上市，錯過了一次快速發展的大好時機，使對手中興公司占得了上市先機，成為日後業內強勁的競爭對手。

2002年，華為公司借力資本市場，籌備上市。華為公司想在海外上市，但2001年以來內地電信業出現蕭條，並且2002年美國納斯達克股市呈一路下滑態勢。華為公司上市計劃擱淺。2003年1月至4月，全球資本市場低迷，美國對伊拉克的戰爭也給國際經濟和國際資本市場的復甦增加了相當大的困難。

思考：華為公司在不同階段分別採用了哪些籌資方式？這些籌資方式有什麼優缺點？

第一節　籌資管理概述

一、企業籌資的動機

企業籌資是指企業為了滿足經營活動、投資活動、資本結構管理和其他需要，運用一定的籌資方式，通過一定的籌資渠道，籌措和獲取所需資金的一種財務行為。

企業籌資最基本的目的是為了企業經營的維持和發展，為企業的經營活動提供資金保障，但每次具體的籌資行為往往受特定動機的驅動。例如，為提高技術水平購置新設備而籌資；為對外投資活動而籌資；為產品研發而籌資；為解決資金週轉臨時需要而籌資；等等。各種具體的籌資原因，歸納起來表現為四類籌資動機：創立性籌資動機、支付性籌資動機、擴張性籌資動機和調整性籌資動機。

（一）創立性籌資動機

創立性籌資動機是指企業設立時，為取得資本金並形成開展經營活動的基本條件而產生的籌資動機。資金是設立企業的第一道門檻。根據《公司法》《中華人民共和國合夥企業法》《中華人民共和國個人獨資企業法》等相關法律的規定，任何一個企業或公司在設立時都要求有符合企業章程或公司章程規定的全體股東認繳的出資額。企業創建時，要按照企業經營規模核定長期資本需要量和流動資金需要量，購建廠房設備等，安排鋪底流動資金，形成企業的經營能力。這樣就需要籌措註冊資本和資本公積等股權資金，股權資金不足部分需要籌集銀行借款等債務資金。

（二）支付性籌資動機

支付性籌資動機是指為了滿足經營業務活動的正常波動所形成的支付需要而產生的籌資動機。企業在開展經營活動過程中，經常會出現超出維持正常經營活動資金需求的季節性、臨時性的交易支付需要，如原材料購買的大額支付、員工工資的集中發放、銀行借款的提前償還、股東股利的發放等。這些情況要求除了正常經營活動的資金投入以外，還需要通過經常的臨時性籌資來滿足經營活動的正常波動需求，維持企

業的支付能力。

(三) 擴張性籌資動機

擴張性籌資動機是指企業因擴大經營規模或對外投資需要而產生的籌資動機。企業維持簡單再生產所需要的資金是穩定的，通常不需要或很少追加籌資。一旦企業擴大再生產，經營規模擴張，開展對外投資，就需要大量追加籌資。具有良好發展前景、處於成長期的企業，往往會產生擴張性籌資動機。擴張性的籌資活動，在籌資的時間和數量上都要服從於投資決策和投資計劃的安排，避免資金的閒置和投資時機的貽誤。擴張性籌資的直接結果往往是企業資產總規模的增加和資本結構的明顯變化。

(四) 調整性籌資動機

調整性籌資動機是指企業因調整資本結構而產生的籌資動機。資本結構調整的目的在於降低資本成本，控制財務風險，提升企業價值。企業產生調整性籌資動機的具體原因大致有以下兩個：

第一，優化資本結構，合理利用財務槓桿效應。企業現有資本結構不盡合理的原因包括：債務資本比例過高，有較大的財務風險；股權資本比例較大，企業的資本成本負擔較重。調整性籌資可以通過籌資增加股權或債務資金，達到調整、優化資本結構的目的。

第二，償還到期債務，進行債務結構內部調整。例如，流動負債比例過高，使得企業近期償還債務的壓力較大，可以舉借長期債務來償還部分短期債務。又如，一些債務即將到期，企業雖然有足夠的償債能力，但為了保持現有的資本結構，可以舉借新債以償還舊債。

調整性籌資的目的是為了調整資本結構，而不是為企業經營活動追加資金，這類籌資通常不會增加企業的資本總額。

在實務中，企業籌資的目的可能不是單純和唯一的，通過追加籌資，既滿足了經營活動、投資活動的資金需要，又達到了調整資本結構的目的。這類情況很多，可以歸納稱之為混合性籌資動機。例如，企業對外產權投資需要大額資金，其資金來源通過增加長期貸款或發行公司債券解決，這種情況既擴張了企業規模，又使得企業的資本結構有較大的變化。混合性籌資動機一般是基於企業規模擴張和調整資本結構兩種目的，兼具擴張性籌資動機和調整性籌資動機的特性，同時增加了企業的資產總額和資本總額，也導致企業的資產結構和資本結構同時變化。

二、籌資管理的內容

籌資活動是企業資金流轉運動的起點，籌資管理要求解決企業為什麼要籌資、需要籌集多少資金、從什麼渠道以什麼方式籌集以及如何協調財務風險和資本成本、合理安排資本結構等問題。

(一) 科學預計資金需要量

資金是企業的血液，是企業設立、生存和發展的財務保障，是企業開展生產經營業務活動的基本前提。任何一個企業，為了形成生產經營能力、保證生產經營正常運行，必須持有一定數量的資金。在正常情況下，企業資金的需求來源於兩個基本目的：滿足經營運轉的資金需要和滿足投資發展的資金需要。企業創立時，要按照規劃的生

產經營規模，核定長期資本需要量和流動資金需要量；企業正常營運時，要根據年度經營計劃和資金週轉水平，核定維持營業活動的日常資金需求量；企業擴張發展時，要根據擴張規模或對外投資對大額資金的需求，安排專項的資金。

(二) 合理安排籌資渠道

有了資金需求後，企業要解決的問題是資金從哪裡來、以什麼方式取得，這就是籌資渠道的安排和籌資方式的選擇問題。

籌資渠道是指企業籌集資金的來源方向與通道。一般來說，企業最基本的籌資渠道有兩條：直接籌資和間接籌資。

直接籌資是企業與投資者協議或通過發行股票、債券等方式直接從社會取得資金。

間接籌資是企業通過銀行等金融機構以信貸關係間接從社會取得資金。

具體來說，企業的籌資渠道主要有國家財政投資和財政補貼、銀行與非銀行金融機構信貸、資本市場籌集、其他法人單位與自然人投入、企業自身累積等。

對於不同渠道的資金，企業可以通過不同的籌資方式來取得。籌資方式是企業籌集資金所採取的具體方式。總體來說，企業籌資是從企業外部和內部取得的。外部籌資是指從企業外部籌措資金，內部籌資主要依靠企業的利潤留存累積。外部籌資主要有兩種方式：股權籌資和債務籌資。股權籌資是企業通過吸收直接投資、發行股票等方式從股東投資者那裡取得資金；債務籌資是企業通過向銀行借款、發行債券、利用商業信用、融資租賃等方式從債權人那裡取得資金。

安排籌資渠道和選擇籌資方式是一項重要的財務工作，直接關係到企業所能籌措資金的數量、成本和風險。因此，企業需要深刻認識各種籌資渠道和籌資方式的特徵、性質以及與企業融資要求的適應性。在權衡不同性質資金的數量、成本和風險的基礎上，企業應按照不同的籌資渠道合理選擇籌資方式，有效籌集資金。

(三) 恰當選擇籌資方式

籌資方式是企業籌資決策的重要部分，外部的籌資環境和企業的籌資能力共同決定了籌資方式。在籌資活動中，企業需要考慮的因素是多種多樣的，但最基本的因素是成本和風險。每種籌資方式的成本和風險都是不同的，企業的資金結構會直接影響到企業的綜合資金成本和財務風險水平。企業在籌資管理中，要權衡債務清償的財務風險，合理利用資本成本較低的資金種類，努力降低企業的資本成本率。

企業應充分利用有利的籌資條件，綜合考慮籌資成本、籌資風險、籌資結構、資本市場狀況等，從企業的資本來源和資本結構出發，在不同階段選擇不同的籌資方式，以滿足其健康發展的需要。同時，隨著各種法規制度的不斷完善，企業對籌資方式的選擇必將日益趨於理性化，籌資結構也將朝著低風險、高穩定性的市場化方向不斷發展。企業必須認清籌資的成本和風險，籌資方式與籌資渠道更值得企業進行研究，從而將籌資做得更好。

(四) 努力降低資本成本

資本成本是資金使用者向資金所有者和仲介機構支付的費用，是資金所有權和使用權分離的結果，包括資金籌集費用和使用費用。在資金籌集過程中，企業要發生股票發行費、借款手續費、證券印刷費、公證費、律師費等費用，這些屬於資金籌集費用。在企業生產經營和對外投資活動中，企業要發生利息支出、股利支出、融資租賃

的資金利息等費用，這些屬於資金使用費用。資本成本作為一種耗費，最終要通過收益來補償，體現了一種利益分配關係。企業籌集和使用資金，不論是短期的還是長期的，都存在一定的資本成本。不同的籌資方式的資本成本差別較大，同時不同的籌資方式的稅負輕重程度也存在差異，因此資本成本的高低決定著企業的籌資方式，資本成本是選擇籌資方式、進行資本結構決策的依據。

按不同方式取得的資金，其資本成本是不同的。一般來說，債務資本比股權資本的資本成本要低，而且資本成本在簽訂債務合同時就已確定，與企業的經營業績和盈虧狀況無關。即使同是債務資本，由於借款、債券和租賃的性質不同，其資本成本也有差異。企業籌資的資本成本需要通過資金使用所取得的收益與報酬來補償，資本成本的高低，決定了企業資金使用的最低投資報酬率要求。

（五）積極防範財務風險

財務風險是指企業由於籌資原因引起的資金來源結構的變化所造成的股東收益的可變性和償債能力的不確定性。財務風險不是企業本身固有的，當企業全部資金均為自有資金時，企業的財務風險就為零。因此，財務風險是企業能夠加以控製的。財務風險是一柄「雙刃劍」，運用得當，可以為企業帶來利益；運用不當，則會給企業造成損失。財務風險的大小與各種具體資金來源的比重密切相關，調控財務風險就是要調節各種具體資金來源的比重。

三、籌資方式

籌資方式是指企業籌集資金所採取的具體形式，它受到法律環境、經濟體制、融資市場等籌資環境的制約，特別是受國家對金融市場和融資行為方面的法律法規的制約。

一般來說，企業最基本的籌資方式就是兩種：股權籌資和債務籌資。股權籌資形成企業的股權資金，通過吸收直接投資、公開發行股票等方式取得；債務籌資形成企業的債務資金，通過向銀行借款、發行公司債券、利用商業信用等方式取得。至於發行可轉換債券等籌集資金的方式，屬於兼有股權籌資和債務籌資性質的混合籌資方式。

（一）吸收直接投資

吸收直接投資是指企業以投資合同、協議等形式定向地吸收國家、法人單位、自然人等投資主體資金的籌資方式。這種籌資方式不以股票這種融資工具為載體，通過簽訂投資合同或投資協議規定雙方的權利和義務，主要適用於非股份制公司籌集股權資本。吸收直接投資是一種股權籌資方式。

（二）發行股票

發行股票是指企業以發售股票的方式取得資金的籌資方式，只有股份有限公司才能發行股票。股票是股份有限公司發行的，表明股東按其持有的股份享有權益和承擔義務的可轉讓的書面投資憑證。股票的發售對象，可以是社會公眾，也可以是定向的特定投資主體。這種籌資方式只適用於股份有限公司，而且必須以股票作為載體。發行股票是一種股權籌資方式。

（三）發行債券

發行債券是指企業以發售公司債券的方式取得資金的籌資方式。按照中國證券監

督管理委員會出抬的《公司債券發行與交易管理辦法》的規定，除了地方政府融資平臺公司以外，所有公司制法人，均可以發行公司債券。公司債券是公司依照法定程序發行、約定還本付息期限、標明債權債務關係的有價證券。發行公司債券，適用於向法人單位和自然人兩種渠道籌資。發行債券是一種債務籌資方式。

（四）向金融機構借款

向金融機構借款是指企業根據借款合同從銀行或非銀行金融機構取得資金的籌資方式。這種籌資方式廣泛適用於各類企業，既可以籌集長期資金，也可以用於短期融通資金，具有靈活、方便的特點。向金融機構借款是一種債務籌資方式。

（五）融資租賃

融資租賃也稱為資本租賃或財務租賃，是指企業與租賃公司簽訂租賃合同，從租賃公司取得租賃物資產，通過對租賃物的佔有、使用取得資金的籌資方式。融資租賃方式不直接取得貨幣性資金，通過租賃信用關係，直接取得實物資產，快速形成生產經營能力，然後通過向出租人分期交付租金方式償還資產的價款。融資租賃是一種債務籌資方式。

（六）商業信用

商業信用是指企業之間在商品或勞務交易中，由於延期付款或延期交貨所形成的借貸信用關係。商業信用是由於業務供銷活動而形成的，是企業短期資金的一種重要的和經常性的來源。商業信用是一種債務籌資方式。

（七）留存收益

留存收益是指企業從稅後淨利潤中提取的盈餘公積金以及從企業可供分配利潤中留存的未分配利潤。留存收益是企業將當年利潤轉化為股東對企業追加投資的過程，是一種股權籌資方式。

需要說明的是，籌資渠道與籌資方式兩者既有聯繫又有區別。籌資渠道解決的是資金來源問題，籌資方式解決的是通過何種方式取得資金的問題。一定的籌資方式可能只適用於某一特定的資金來源渠道，但同一渠道的資金大多可以採用不同的方式取得。它們之間的對應關係如表 3-1 所示。

表 3-1　　　　　　　籌資渠道與籌資方式的對應關係

	吸收直接投資	發行股票	發行債券	向金融機構借款	融資租賃	商業信用
國家財政資金	√	√				
銀行信貸資金				√		
非銀行金融機構資金	√	√	√	√	√	
其他企業資金	√	√	√		√	√
居民個人資金						
企業自留資金	√					

四、籌資的分類

企業採用不同方式籌集的資金，按照不同的分類標準，可分為不同的籌資類別。

(一) 股權籌資、債務籌資與混合籌資

按企業取得資金的權益特性不同，企業籌資分為股權籌資、債務籌資與混合籌資三類。

股權資本是股東投入的、企業依法長期擁有的、能夠自主調配運用的資本。股權資本在企業持續經營期間內，投資者不得抽回，因而也稱之為企業的自有資本、主權資本或權益資本。股權資本是企業從事生產經營活動和償還債務的基本保證，是代表企業基本資信狀況的一個主要指標。企業的股權資本通過吸收直接投資、發行股票、內部累積等方式取得。股權資本一般不用償還本金，形成了企業的永久性資本，因而財務風險小，但付出的資本成本相對較高。

股權資本包括實收資本（股本）、資本公積、盈餘公積和未分配利潤。其中，實收資本（股本）及其溢價部分形成的資本公積是外部投資者原始投入的；盈餘公積、未分配利潤和部分資本公積，是原始投入資本在企業持續經營中形成的經營累積。通常，盈餘公積、未分配利潤統稱為留存收益。股權資本在經濟意義上形成了企業的所有者權益。所有者權益是指投資者在企業資產中享有的經濟利益，其金額等於企業資產總額減去負債后的餘額。

債務資本是企業按合同向債權人取得的、在規定期限內需要清償的債務。企業通過債務籌資形成債務資金，債務資金通過向金融機構借款、發行債券、融資租賃等方式取得。由於債務資金到期要歸還本金和支付利息，債權人對企業的經營狀況不承擔責任，因而債務資金具有較大的財務風險，但付出的資本成本相對較低。從經濟意義上來說，債務資金是債權人對企業的一種投資，債權人依法享有企業使用債務資金所取得的經濟利益，因而債務資金形成了企業的債權人權益。

混合籌資兼具股權籌資與債務籌資性質。中國上市公司目前最常見的混合籌資方式是發行可轉換債券和發行認股權證。

(二) 直接籌資與間接籌資

按是否借助於金融機構為媒介來獲取社會資金，企業籌資分為直接籌資和間接籌資兩種類型。

直接籌資是企業直接與資金供應者協商融通資金的籌資活動。直接籌資不需要通過金融機構來籌措資金，是企業直接從社會取得資金的方式。直接籌資方式主要有發行股票、發行債券、吸收直接投資等。直接籌資方式既可以籌集股權資金，也可以籌集債務資金。相對來說，直接籌資的籌資手續比較複雜，籌資費用較高但籌資領域廣闊，能夠直接利用社會資金，有利於提高企業的知名度和資信度。

間接籌資是企業借助於銀行和非銀行金融機構而籌集資金。在間接籌資方式下，銀行等金融機構發揮仲介作用，預先集聚資金，然后提供給企業。間接籌資的基本方式是銀行借款，此外還有融資租賃等方式。間接籌資形成的主要是債務資金，主要用於滿足企業資金週轉的需要。間接籌資手續相對比較簡便，籌資效率高，籌資費用較低，但容易受金融政策的制約和影響。

（三）內部籌資與外部籌資

按資金的來源範圍不同，企業籌資分為內部籌資和外部籌資兩種類型。

內部籌資是指企業通過利潤留存而形成的籌資來源。內部籌資數額大小主要取決於企業可分配利潤的多少和利潤分配政策，一般無需花費籌資費用，從而降低了資本成本。

外部籌資是指企業向外部籌措資金而形成的籌資來源。處於初創期的企業，內部籌資的可能性是有限的；處於成長期的企業，內部籌資往往難以滿足需要，這就需要企業廣泛地開展外部籌資，如發行股票、債券，取得商業信用、銀行借款等。企業向外部籌資大多需要花費一定的籌資費用，從而提高了籌資成本。

（四）長期籌資與短期籌資

按所籌集資金的使用期限不同，企業籌資分為長期籌資和短期籌資兩種類型。

長期籌資是指企業籌集使用期限在 1 年以上的資金。長期籌資的目的主要在於形成和更新企業的生產和經營能力，或擴大企業生產經營規模，或為對外投資籌集資金。長期籌資通常採取吸收直接投資、發行股票、發行債券、長期借款、融資租賃等方式，所形成的長期資金主要用於購建固定資產、形成無形資產、進行對外長期投資、墊支鋪底流動資金、產品和技術研發等。從資金權益性質來看，長期資金可以是股權資金，也可以是債務資金。

短期籌資是指企業籌集使用期限在 1 年以內（含 1 年）的資金。短期資金主要用於企業的流動資產和資金日常週轉，一般在短期內需要償還。短期籌資經常利用商業信用、短期借款等方式來籌集。

五、籌資管理的原則

企業籌資管理的基本要求是要在嚴格遵守國家法律法規的基礎上，分析影響籌資的各種因素，權衡資金的性質、數量、成本和風險，合理選擇籌資方式，提高籌資效果。

（一）籌措合法

籌措合法原則是指企業籌資要遵循國家法律法規，合法籌措資金。不論是直接籌資還是間接籌資，企業最終都通過籌資行為向社會獲取了資金。企業的籌資活動不僅為自身的生產經營提供了資金來源，也會影響投資者的經濟利益，影響著社會經濟秩序。企業的籌資行為和籌資活動必須遵循國家的相關法律法規，依法履行法律法規和投資合同約定的責任，合法合規籌資，依法披露信息，維護各方的合法權益。

（二）規模適當

規模適當原則是指要根據生產經營及其發展的需要，合理安排資金需求。企業籌集資金要合理預測確定資金的需要量。籌資規模與資金需要量應當匹配，既要避免因籌資不足影響生產經營的正常進行，又要防止籌資過多造成資金閒置。

（三）取得及時

取得及時原則是指要合理安排籌資時間，適時取得資金。企業籌集資金，要合理預測確定資金需要的時間；要根據資金需求的具體情況，合理安排資金的籌集到位時間，使籌資與用資在時間上相銜接。企業既要避免過早籌集資金形成的資金投放前的

閒置，又要防止取得資金的時間滯后，錯過資金投放的最佳時間。

(四) 來源經濟

來源經濟原則是指要充分利用各種籌資渠道，選擇經濟、可行的資金來源。企業籌集的資金都要付出資本成本的代價，進而給企業的資金使用提出了最低報酬要求。不同籌資渠道和方式所取得的資金，其資本成本各有差異。企業應當在考慮籌資難易程度的基礎上，針對不同來源資金的成本，認真選擇籌資渠道，並選擇經濟、可行的籌資方式，力求降低籌資成本。

(五) 結構合理

結構合理原則是指籌資管理要綜合考慮各種籌資方式，優化資本結構。企業籌資要綜合考慮權益資金與債務資金的關係、長期資金與短期資金的關係、內部籌資與外部籌資的關係，合理安排資本結構，保持適當的償債能力，防範企業的財務危機。

第二節　債務籌資

一、銀行借款

銀行借款是指企業向銀行或其他非銀行金融機構借入的、需要還本付息的款項，包括償還期限超過1年的長期借款和不足1年（含1年）的短期借款，主要用於企業購建固定資產和滿足流動資金週轉的需要。

(一) 銀行借款的種類

1. 按提供貸款的機構不同，銀行借款分為政策性銀行貸款、商業銀行貸款和其他金融機構貸款

政策性銀行貸款是指執行國家政策貸款業務的銀行向企業發放的貸款，通常為長期貸款。例如，國家開發銀行貸款，主要滿足企業承建國家重點建設項目的資金需要；中國進出口銀行貸款，主要為大型設備的進出口提供買方信貸或賣方信貸；中國農業發展銀行貸款，主要用於確保國家對糧、棉、油等政策性收購資金的供應。

商業銀行貸款是指由各商業銀行，如中國工商銀行、中國建設銀行、中國農業銀行、中國銀行等，向工商企業提供的貸款，用以滿足企業生產經營的資金需要，包括短期貸款和長期貸款。

其他金融機構貸款，如從信託投資公司取得實物或貨幣形式的信託投資貸款，從財務公司取得的各種中長期貸款，從保險公司取得的貸款等。其他金融機構貸款一般較商業銀行貸款的期限要長，要求的利率較高，對借款企業的信用要求和擔保的選擇比較嚴格。

2. 按機構對貸款有無擔保要求，銀行借款分為信用貸款和擔保貸款

信用貸款是指以借款人的信譽或保證人的信用為依據而獲得的貸款。企業取得這種貸款，無需以財產做抵押。對於這種貸款，由於風險較高，銀行通常要收取較高的利息，往往還附加一定的限制條件。

擔保貸款是指由借款人或第三方依法提供擔保而獲得的貸款。擔保包括保證責任、

財產抵押、財產質押，因此擔保貸款包括保證貸款、抵押貸款和質押貸款三種基本類型。

保證貸款是指按《中華人民共和國擔保法》（以下簡稱《擔保法》）規定的保證方式，以第三方作為保證人承諾在借款人不能償還借款時，按約定承擔一定保證責任或連帶責任而取得的貸款。

抵押貸款是指按《擔保法》規定的抵押方式，以借款人或第三方的財產作為抵押物而取得的貸款。抵押是指債務人或第三方並不轉移對財產的佔有，只將該財產作為對債權人的擔保。債務人不能履行債務時，債權人有權將該財產折價或者以拍賣、變賣的價款優先受償。作為貸款擔保的抵押品，可以是不動產、機器設備、交通運輸工具等實物資產，可以是依法有權處分的土地使用權，可以是股票、債券等有價證券等，它們必須是能夠變現的資產。如果貸款到期借款企業不能或不願償還貸款，銀行可取消企業對抵押品的贖回權。抵押貸款有利於降低銀行貸款的風險，提高貸款的安全性。

質押貸款是指按《擔保法》規定的質押方式，以借款人或第三方的動產或財產權利作為質押物而取得的貸款。質押是指債務人或第三方將其動產或財產權利移交給債權人佔有，將該動產或財產權利作為債權的擔保。債務人不履行債務時，債權人有權以該動產或財產權利折價或者以拍賣、變賣的價款優先受償。作為貸款擔保的質押品，可以是匯票、支票、債券、存款單、提單等信用憑證，可以是依法可以轉讓的股份、股票等有價證券，可以是依法可以轉讓的商標專用權、專利權、著作權中的財產權等。

3. 按企業取得貸款的用途不同，銀行借款分為基本建設貸款、專項貸款和流動資金貸款

基本建設貸款是指企業因從事新建、改建、擴建等基本建設項目需要資金而向銀行申請借入的款項。

專項貸款是指企業因為專門用途而向銀行申請借入的款項，包括更新改造技改貸款、大修理貸款、研發和新產品研製貸款、小型技術措施貸款、出口專項貸款、引進技術轉讓費週轉金貸款、進口設備外匯貸款、進口設備人民幣貸款以及國內配套設備貸款等。

流動資金貸款是指企業為滿足流動資金的需求而向銀行申請借入的款項，包括流動資金借款、生產週轉借款、臨時借款、結算借款和賣方信貸。

(二) 銀行借款的程序

1. 提出申請，銀行審批

企業根據籌資需求向銀行提出書面申請，按銀行要求的條件和內容填報借款申請書。銀行按照有關政策和貸款條件，對借款企業進行信用審查，核准企業申請的借款金額和用款計劃。銀行審查的主要內容包括企業的財務狀況、信用情況、盈利的穩定性、發展前景、借款投資項目的可行性、抵押品和擔保情況。

2. 簽訂合同，取得借款

借款申請獲批准后，銀行與企業進一步協商貸款的具體條件，簽訂正式的借款合同，規定貸款的數額、利率、期限和一些約束性條款。借款合同簽訂後，企業在核定的貸款指標範圍內，根據用款計劃和實際需要，一次或分次將貸款轉入存款結算戶，以便使用。

（三）銀行借款的保護性條款

長期借款的金額高、期限長、風險大，除借款合同的基本條款之外，債權人通常還在借款合同中附加各種保護性條款，以確保企業按要求使用借款和按時足額償還借款。保護性條款一般有以下三類：

1. 例行性保護性條款

這類條款作為例行常規，在大多數借款合同中都會出現。其主要包括：

（1）定期向提供貸款的金融機構提交企業財務報表，以使債權人隨時掌握企業的財務狀況和經營成果。

（2）保持存貨儲備量，不準在正常情況下出售較多的非產成品存貨，以保持企業正常生產經營能力。

（3）及時清償債務，包括到期清償應繳納稅金和其他債務，以防被罰款而造成不必要的現金流失。

（4）不準以資產進行其他承諾的擔保或抵押。

（5）不準貼現應收票據或出售應收帳款，以避免或有負債等。

2. 一般性保護性條款

一般性保護條款是對企業資產的流動性及償債能力等方面的要求條款，這類條款應用於大多數借款合同。其主要包括：

（1）保持企業的資產流動性，要求企業持有一定最低額度的貨幣資金及其他流動資產，以保持企業資產的流動性和償債能力，一般規定了企業必須保持的最低營運資金數額和最低流動比率數值。

（2）限制企業非經營性支出，如限制支付現金股利、購入股票和職工加薪的數額與規模，以減少企業資金的過度外流。

（3）限制企業資本支出的規模，控製企業資產結構中的長期性資產的比例，以減少企業日後不得不變賣固定資產以償還貸款的可能性。

（4）限制企業再舉債規模，目的是防止其他債權人取得對企業資產的優先索償權。

（5）限制企業的長期投資，如規定企業不準投資於短期內不能收回資金的項目，不能未經銀行等債權人同意而與其他企業合併等。

3. 特殊性保護性條款

這類條款是針對某些特殊情況而出現在部分借款合同中的條款，只有在特殊情況下才能生效。其主要包括要求公司的主要領導人購買人身保險；借款的用途不得改變；違約懲罰條款；等等。

上述各項條款結合使用，將有利於全面保護銀行等債權人的權益。但借款合同是經雙方充分協商後確定的，其最終結果取決於雙方談判能力的大小，而不是完全取決於銀行等債權人的主觀願望。

（四）銀行借款的籌資特點

1. 籌資速度快

與發行公司債券、融資租賃等債務籌資其他方式相比，銀行借款的程序相對簡單，所花時間較短，企業可以迅速獲得所需資金。

2. 資本成本低

利用銀行借款籌資，一般都比發行債券和融資租賃的利息負擔要低，而且無需支付證券發行費用、租賃手續費用等籌資費用。

3. 籌資彈性大

在借款之前，企業根據當時的資本需求與銀行等貸款機構直接商定貸款的時間、數量和條件。在借款期間，若企業的財務狀況發生某些變化，也可與債權人再協商，變更借款數量、時間和條件，或提前償還本息。因此，借款籌資對企業具有較大的靈活性，特別是短期借款更是如此。

4. 限制條款多

與發行公司債券相比較，銀行借款合同對借款用途有明確規定，通過借款的保護性條款，對企業資本支出額度、再籌資、股利支付等行為有嚴格的約束，以後企業的生產經營活動和財務政策必將受到一定程度的影響。

5. 籌資數額有限

銀行借款的數額往往受到貸款機構資本實力的制約，難以像發行公司債券、股票那樣一次籌集到大筆資金，無法滿足企業大規模籌資的需要。

二、發行公司債券

(一) 公司債券的含義

公司債券又稱企業債券，是企業依照法定程序發行的、約定在一定期限內還本付息的有價證券。債券是持券人擁有企業債權的書面憑證，代表債券持有人與發債企業之間的債權債務關係。

(二) 公司債券的種類

1. 按是否記名，公司債券分為記名公司債券和無記名公司債券

記名公司債券應當在公司債券存根簿上載明債券持有人的姓名及住所、債券持有人取得債券的日期及債券的編號等信息。記名公司債券由債券持有人以背書方式或者法律、行政法規規定的其他方式轉讓；轉讓后由公司將受讓人的姓名或者名稱及住所記載於公司債券存根簿。

無記名公司債券應當在公司債券存根簿上載明債券總額、利率、償還期限和方式、發行日期及債券的編號。無記名公司債券的轉讓由債券持有人將該債券交付給受讓人后即發生轉讓的效力。

2. 按是否能夠轉換成公司股權，公司債券分為可轉換債券與不可轉換債券

可轉換債券是指債券持有者可以在規定的時間內按規定的價格轉換為發債公司股票的一種債券。這種債券在發行時，對債券轉換為股票的價格和比率等都做了詳細規定。根據《公司法》的規定，可轉換債券的發行主體是股份有限公司中的上市公司。

不可轉換債券是指不能轉換為發債公司股票的債券，大多數公司債券都屬於這種類型。

3. 按有無特定財產擔保，公司債券分為擔保債券和信用債券

擔保債券是指以抵押方式擔保發行人按期還本付息的債券，主要是指抵押債券。抵押債券按其抵押品的不同，又分為不動產抵押債券、動產抵押債券和證券信託抵押

債券。

信用債券是無擔保債券，是僅憑企業自身的信用發行的、沒有抵押品進行抵押擔保的債券。在企業清算時，信用債券的持有人因無特定的資產作為擔保品，只能作為一般債權人參與剩餘財產的分配。

(三) 發行公司債券的資格與條件

在中國，根據《公司法》的規定，股份有限公司和有限責任公司具有發行債券的資格。

根據《中華人民共和國證券法》（以下簡稱《證券法》）的規定，公開發行公司債券，應當符合下列條件：

(1) 股份有限公司的淨資產不低於人民幣3,000萬元，有限責任公司的淨資產不低於人民幣6,000萬元。

(2) 累計債券餘額不超過公司淨資產的40%。

(3) 最近3年平均可分配利潤足以支付公司債券1年的利息。

(4) 籌集的資金投向符合國家產業政策。

(5) 債券的利率不超過國務院限定的利率水平。

(6) 國務院規定的其他條件。

公開發行公司債券籌集的資金，必須用於核准的用途，不得用於彌補虧損和非生產性支出。根據《證券法》的規定，公司債券要上市交易，應當進一步符合下列條件：

(1) 公司債券的期限為1年以上。

(2) 公司債券實際發行額不少於人民幣5,000萬元。

(3) 公司債券申請上市時仍符合法定的公司債券發行條件。

(四) 公司債券的發行程序

1. 作出發債決議

擬發行公司債券的公司，需要由公司董事會制訂公司債券發行的方案，並由公司股東大會批准，作出決議。

2. 提出發債申請

根據《證券法》的規定，公司申請發行債券由國務院證券監督管理部門批准。公司申請應提交公司登記證明、公司章程、公司債券募集辦法、資產評估報告和驗資報告等正式文件。

3. 公告募集辦法

企業發行債券的申請經批准後，要向社會公告公司債券的募集辦法。公司債券募集分為私募發行和公募發行。私募發行是以特定的少數投資者為指定對象發行債券，公募發行是在證券市場上以非特定的廣大投資者為對象公開發行債券。

4. 委託證券經營機構發售

按照中國公司債券發行的相關法律規定，公司債券的公募發行採取間接發行方式。在這種發行方式下，發行公司與承銷團簽訂承銷協議。承銷團由數家證券公司或投資銀行組成，承銷方式有代銷和包銷兩種。代銷是指承銷機構代為推銷債券，在約定期限內未售出的餘額可退還發行公司，承銷機構不承擔發行風險。包銷是由承銷團先購入發行公司擬發行的全部債券，然後再售給社會上的投資者，如果約定期限內未能全

部售出，餘額要由承銷團負責認購。

5. 交付債券，收繳債券款

債券購買人向債券承銷機構付款購買債券，承銷機構向購買人交付債券。然後，債券發行公司向承銷機構收繳債券款，登記債券存根簿，並結算發行代理費。

(五) 債券的償還

債券償還時間按其實際發生與規定的到期日之間的關係，分為提前償還與到期償還兩類，其中後者又包括分批償還和一次償還兩種。

1. 提前償還

提前償還又稱提前贖回或收回，是指在債券尚未到期之前就予以償還。只有在公司發行債券的契約中明確規定了有關允許提前償還的條款，公司才可以進行此操作。提前償還支付的價格通常要高於債券的面值，並隨到期日的臨近而逐漸降低。具有提前償還條款的債券可使公司籌資有較大的彈性。當公司資金有結餘時可提前贖回債券；當預測利率下降時，也可提前贖回債券，而後以較低的利率來發行新債券。

2. 到期分批償還

如果一個公司在發行同一種債券的當時就為不同編號或不同發行對象的債券規定了不同的到期日，這種債券就是分批償還債券。因為各批債券的到期日不同，所以它們各自的發行價格和票面利率也可能不相同，從而導致發行費較高；但由於這種債券便於投資人挑選最合適的到期日，因此便於發行。

3. 到期一次償還

在多數情況下，發行債券的公司在債券到期日，一次性歸還債券本金，並結算債券利息。

(六) 債券發行價格的確定

雖然債券上標明了面值，但債券的發行價格不一定等於其面值。兩者產生差異的主要原因是債券印刷和發行時的市場利率有差異。債券發行價格應等於其未來支付的利息和償還的本金按發行時的市場利率計算的現值。對於一次還本、分期付息的債券而言，當票面利率和發行時的市場利率相等時，債券應按面值發行；當票面利率大於發行時的市場利率時，債券應溢價發行；當票面利率小於發行時的市場利率時，債券應折價發行。

1. 一次還本、分期付息的債券

一次還本、分期付息的債券，其發行價格可按下列公式計算：

$$P = F \times i \times (P/F, r, n) + F \times (P/F, r, n)$$

式中：

P——債券發行價格；

i——債券票面利率；

F——債券面值；

r——債券發行時的市場利率；

n——債券期限。

【例3-1】A企業發行面值為1,000元，期限5年的債券，票面利率為8%，每半年付息一次。當市場利率分別是8%、10%和6%時，試計算其發行價格。

解答：

（1）當市場利率是8%時。

$P = 1,000 \times (P/F, 4\%, 10) + 1,000 \times 4\% \times (P/A, 4\%, 10)$

$= 1,000 \times 0.675,6 + 40 \times 8.110,9 = 1,000(元)$

（2）當市場利率是10%時。

$P = 1,000 \times (P/F, 5\%, 10) + 1,000 \times 4\% \times (P/A, 5\%, 10)$

$= 1,000 \times 0.613,9 + 40 \times 7.721,7 = 922.77(元)$

（3）當市場利率是6%時

$P = 1,000 \times (P/F, 3\%, 10) + 1,000 \times 4\% \times (P/A, 3\%, 10)$

$= 1,000 \times 0.744,1 + 40 \times 8.530,2 = 1,085.31(元)$

2. 一次還本付息、不計複利的債券

一次還本付息、不計複利的債券發行價格可按下列公式計算：

$P = F \times (1 + i \times n) \times (P/F, r, n)$

式中：

P——債券發行價格；

i——債券票面利息率；

r——市場利率；

F——債券面值；

n——債券期限。

【例3-2】B企業發行面值為1,000元，期限5年的債券，票面利率為8%，到期一次還本付息、不計複利。當市場利率分別是8%、10%和6%時，試計算其發行價格。

解答：

（1）當市場利率是8%時

$P = 1,000 \times (1 + 5 \times 8\%) \times (P/F, 8\%, 5) = 1,400 \times 0.680,6 = 952.84(元)$

（2）當市場利率是10%時

$P = 1,000 \times (1 + 5 \times 8\%) \times (P/F, 10\%, 5) = 1,400 \times 0.620,9 = 869.26(元)$

（3）當市場利率是6%時

$P = 1,000 \times (1 + 5 \times 8\%) \times (P/F, 6\%, 5) = 1,400 \times 0.747,3 = 1,046.22(元)$

（七）債券的信用評級

債券的信用評級的最主要原因是方便投資者進行債券投資決策。投資者購買債券是要承擔一定風險的。如果發行者到期不能償還本息，投資者就會蒙受損失，這種風險稱為信用風險。債券的信用風險因發行後償還能力不同而有所差異，對廣大投資者尤其是中小投資者來說，事先瞭解債券的信用等級是非常重要的。由於受到時間、知識和信息的限制，無法對眾多債券進行分析和選擇，因此需要專業機構對準備發行的債券還本付息的可靠程度，進行客觀、公正和權威的評定，也就是進行債券信用評級，以方便投資者決策。

債券信用評級的另一個重要原因是減少信譽高的發行人的籌資成本。一般來說，資信等級越高的債券，越容易得到投資者的信任，越能夠以較低的利率出售；而資信等級低的債券，風險較大，只能以較高的利率發行。

（八）發行公司債券的籌資特點

1. 一次籌資數額大

利用發行公司債券籌資，能夠籌集大額的資金，滿足企業大規模籌資的需要。這是與銀行借款、融資租賃等債務籌資方式相比，企業選擇發行公司債券籌資的主要原因，大額籌資能夠適應大型企業經營的需要。

2. 募集資金的使用限制條件少

與銀行借款相比，發行債券募集的資金在使用上具有相對靈活性和自主性，特別是發行債券所籌集的大額資金，能夠用在流動性較差的公司長期資產上，從資金使用的性質來看，銀行借款一般期限短、額度小，主要用途為增加適量存貨或增加小型設備等。反之，期限較長、額度較大，用於規模擴長、增加大型固定資產和基本建設投資的需求多採用發行債券方式籌資。

3. 資本成本負擔較高

相對於銀行借款籌資，發行債券的利息負擔和籌資費用都比較高。而且債券不能像銀行借款一樣進行債務展期，加上大額的本金和較高的利息，在固定的到期日，將會對企業現金流量產生巨大的財務壓力。不過，儘管公司債券的利息比銀行借款高，但公司債券的期限長、利率相對固定。在預計市場利率持續上升的金融市場環境下，發行公司債券籌資，能夠鎖定資本成本。

4. 提高企業的社會聲譽

公司債券的發行主體，有嚴格的資格限制。發行公司債券，往往是股份有限公司和有實力的有限責任公司所為。通過發行公司債券，企業一方面籌集了大量資金，另一方面也擴大了企業的社會影響。

三、可轉換公司債券籌資

可轉換公司債券是一種被賦予了股票轉換權的公司債券，也稱可轉換債券。發行公司事先規定債權人可以選擇有利時機，按發行時規定的條件把其債券轉換成發行公司的等值股票（普通股票）。

（一）可轉換公司債券的性質

可轉換公司債券是一種公司債券，它賦予持有人在發債後一定時間內，可依據本身的自由意志，選擇是否依約定的條件將持有的債券轉換為發行公司的股票或者另外一家公司股票的權利。換言之，可轉換公司債券持有人可以選擇持有至債券到期，要求公司還本付息；也可以選擇在約定的時間內轉換成股票，享受股利分配或資本增值。

從可轉換公司債券的概念可以看出，普通可轉換公司債券具有債權和期權雙重屬性。

1. 債權性質

可轉換公司債券首先是一種公司債券，是固定收益證券，具有確定的債券期限和定期息率，並為可轉換公司債券投資者提供了穩定利息收入和還本保證，因此可轉換公司債券具有較充分的債權性質。

這意味著可轉換公司債券持有人雖然可以享有還本付息的保障，但與股票投資者不同，其不是企業的擁有者，不能獲取股票紅利，不能參與企業決策。在企業資產負

債表上，可轉換公司債券屬於企業「或有負債」，在轉換成股票之前，可轉換公司債券仍然屬於企業的負債資產，只有在可轉換公司債券轉換成股票以後，投資可轉換公司債券才等同於投資股票。一般而言，可轉換公司債券的票面利率總是低於同等條件和同等資信的公司債券，這是因為可轉換公司債券賦予投資人轉換股票的權利，作為補償，投資人所得利息就低。

2. 股票期權性質

可轉換公司債券為投資者提供了轉換成股票的權利，這種權利具有選擇權的含義，也就是投資者既可以行使轉換權，將可轉換公司債券轉換成股票，也可以放棄這種轉換權，持有債券到期。也就是說，可轉換公司債券包含了股票買入期權的特徵，投資者通過持有可轉換公司債券可以獲得股票上漲的收益。因此，可轉換公司債券是股票期權的衍生，往往將其看成期權類的二級金融衍生產品。

實際上，由於可轉換債券一般還具有贖回和回售等特徵，其屬性較為複雜，但以上兩個性質是可轉換債券最基本的屬性。

(二) 可轉換公司債券的基本要素

可轉換公司債券的基本要素是構成可轉換公司債券基本特徵的必要因素，它們代表了可轉換債券與一般債券的區別。可轉換公司債券的基本要素包括標的股票、票面利率、轉股價格、轉換比率、轉換期、贖回條款、回售條款、強制性轉換調整條款等。

(1) 標的股票：一般是發行公司本身的股票，也可以是其他公司的股票，如該公司的上市子公司的股票。

(2) 票面利率：一般會低於普通債券的票面利率，有時甚至低於同期銀行存款利率。

(3) 轉股價格（轉換價格）：在轉換期內據以轉換為普通股的折算價格。

(4) 轉換比率：每一份可轉換公司債券在既定的價格下能轉換為普通股股票的數量。

轉換比率＝債券面值÷轉換價格。

(5) 轉換期：可轉換公司債券持有人能夠行使轉換權的有效期限，通常短於或等於債券期限。由於轉換價格高於公司發債時股價，投資者一般不會在發行後立即行使轉換權。

(6) 贖回條款：發債公司按事先約定的價格買回未轉股債券的條件規定。贖回一般發生在公司股票價格在一段時期內連續高於轉股價格達到某一幅度時。設置贖回條款最主要的功能是強制債券持有者積極行使轉股權，因此又被稱為加速條款；同時，也能使發債公司避免在市場利率下降後，繼續向債券持有人支付較高的債券利率而蒙受損失。

(7) 回售條款：債券持有人有權按照事先約定的價格將債券賣回給發債公司的條件規定。回售一般發生在公司股票價格在一段時期內連續低於轉股價格達到某一幅度時。回售有利於降低投資者的持券風險。

(8) 強制性轉換調整條款：在某些基本條件具備之后，債券持有人必須將可轉換公司債券轉換為公司股票，無權要求償還債券本金的條件規定。

（三）可轉換公司債券的發行條件

可轉換公司債券的發行條件如下：

（1）最近3年連續盈利，並且最近3年淨資產收益率平均在10%以上；屬於能源、原材料、基礎設施類的公司可以略低，但是不得低於7%。

（2）可轉換債券發行后，公司資產負債率不高於70%。

（3）累計債券餘額不超過公司淨資產額的40%。

（4）上市公司發行可轉換債券，還應當符合關於公開發行股票的條件。

發行分離交易的可轉換公司債券，除符合公開發行證券的一般條件外，還應當符合的規定包括：公司最近一期末經審計的淨資產不低於人民幣15億元；最近3個會計年度實現的年均可分配利潤不少於公司債券1年的利息；最近3個會計年度經營活動產生的現金流量淨額平均不少於公司債券1年的利息；本次發行后累計公司債券餘額不超過最近一期期末淨資產額的40%，預計所附認股權全部行權後募集的資金總量不超過擬發行公司債券金額等。分離交易的可轉換公司債券募集說明書應當約定，上市公司改變公告的募集資金用途的，賦予債券持有人一次回售的權利。

所附認股權證的行權價格應不低於公告募集說明書日前20個交易日公司股票均價和前1個交易日的均價；認股權證的存續期間不超過公司債券的期限，自發行結束之日起不少於6個月；募集說明書公告的權證存續期限不得調整；認股權證自發行結束至少已滿6個月起方可行權，行權期間為存續期限屆滿前的一段期間，或者是存續期限內的特定交易日。

（四）可轉換公司債券的籌資特點

1. 債權性

與其他債券一樣，可轉換債券也有規定的利率和期限，投資者可以選擇持有債券到期，收取本息。

2. 股權性

可轉換債券在轉換成股票之前是純粹的債券，但在轉換成股票之后，原債券持有人就由債權人變成了公司的股東，可參與企業的經營決策和紅利分配，這也在一定程度上會影響公司的股本結構。

3. 可轉換性

可轉換性是可轉換債券的重要標誌，債券持有人可以按約定的條件將債券轉換成股票。轉股權是投資者享有的、一般債券所沒有的選擇權。可轉換債券在發行時就明確約定，債券持有人可按照發行時約定的價格將債券轉換成公司的普通股票。如果債券持有人不想轉換，則可以繼續持有債券，直到償還期滿時收取本金和利息，或者在流通市場出售變現。如果持有人看好發債公司股票增值潛力，在寬限期之后可以行使轉換權，按照預定轉換價格將債券轉換成為股票，發債公司不得拒絕。正因為具有可轉換性，可轉換債券利率一般低於普通公司債券利率，企業發行可轉換債券可以降低籌資成本。

四、融資租賃

(一) 租賃的含義

租賃是指通過簽訂資產出讓合同的方式，使用資產的一方（承租方）通過支付租金，向出讓資產的一方（出租方）取得資產使用權的一種交易行為。在這項交易中，承租方通過得到所需資產的使用權，完成了籌集資金的行為。

(二) 租賃的分類

租賃分為經營租賃和融資租賃。

1. 經營租賃

經營租賃是由租賃公司向承租單位在短期內提供設備，並提供維修、保養、人員培訓等的一種服務性業務，又稱服務性租賃。經營租賃的特點主要如下：

（1）出租的設備一般由租賃公司根據市場需要選定，然後再尋找承租企業。

（2）租賃期較短，短於資產的有效使用期，在合理的限制條件內承租企業可以中途解約。

（3）租賃設備的維修、保養由租賃公司負責。

（4）租賃期滿或合同中止以後，出租資產由租賃公司收回。經營租賃比較適用於租用技術過時較快的生產設備。

2. 融資租賃

融資租賃是由租賃公司按承租單位要求出資購買設備，在較長的合同期內提供給承租單位使用的融資信用業務，它是以融通資金為主要目的的租賃。融資租賃的主要特點如下：

（1）出租的設備根據承租企業提出的要求購買，或者由承租企業直接從製造商或銷售商那裡選定。

（2）租賃期較長，接近於資產的有效使用期，在租賃期間雙方無權取消合同。

（3）由承租企業負責設備的維修、保養。

（4）租賃期滿，按事先約定的方法處理設備，包括退還租賃公司，或繼續租賃，或企業留購。通常採用企業留購辦法，即以很少的「名義價格」（相當於設備殘值）買下設備。

融資租賃和經營租賃兩者的區別如表 3-2 所示。

表 3-2　　　　　　　融資租賃與經營租賃的區別

項目	融資租賃	經營租賃
業務原理	融資融物一體	無融資特徵，只是一種融物方式
租賃目的	融通資金，增添設備	暫時性使用，預防無形損耗風險
租期	較長，相當於設備經濟壽命的大部分	較短
租金	包括設備價款	只是設備使用費
契約法律效力	不可撤銷合同	經雙方同意可中途撤銷合同
租賃標的	一般為專用設備，也可為通用設備	通用設備居多

表3-2(續)

項目	融資租賃	經營租賃
維修與保養	專用設備多為承租人負責，通用設備多為出租人負責	全部為出租人負責
承租人	一般為一個	設備經濟壽命期內輪流租給多個承租人
靈活方便	不明顯	明顯

（三）融資租賃租金的確定

1. 融資租賃租金的構成

通常情況下，出租人消耗在租賃物上的價值構成租金。融資租賃租金主要包括以下三部分：

（1）租賃物的成本。它包含租賃物的買價、運輸費、保險費、調試安裝費等。

（2）利息。出租人為購買租賃物向銀行貸款而支付的利息，該利息按銀行貸款利率的複利計算。

（3）手續費用和利潤。手續費用是指出租方在經營租賃過程中開支的費用，包括業務人員工資、辦公費、差旅費等，因手續費用通常較小，一般均不計利息。

2. 融資租賃租金支付方式的分類

（1）按支付間隔期的長短，融資租賃租金支付方式分為年付、半年付、季付和月付等方式。

（2）按在期初和期末支付，融資租賃租金支付方式分為先付租金和后付租金兩種方式。

（3）按每次支付額不同，融資租賃租金支付方式分為等額支付和不等額支付兩種方式。實務中，承租企業與租賃公司商定的租金支付方式大多為后付等額年金。

3. 融資租賃租金的計算

融資租賃租金的計算可分為兩種情況：第一種情況不考慮資金時間價值；第二種情況要考慮資金時間價值。

（1）不考慮資金時間價值。採用平均分攤法，就是先以商定的利息率和手續費率計算租賃期間的利息和手續費，然後連同設備成本按支付次數進行平均，作為每期等額租金。

$$每次支付租金 = \frac{\left(租賃設備購置成本 - 租賃設備的預計淨殘值\right) + 租賃期間的利息 + 租賃期間的手續費}{租期}$$

【例3-3】某企業以融資租賃方式租入設備一臺，租賃期為5年，設備價值為100萬元，年利率按8%計算，租賃手續費為設備價值的2%，租金每年年末支付一次，租賃期滿設備歸承租企業，採用平均分攤法計算每期租金。

解答：

租賃期內每年等額還本金額 = 100÷5 = 20（萬元）

租賃期每年年末本金餘額依次為80萬元、60萬元、40萬元、20萬元、0元。

租賃期每年年末應付利息依次為 8 萬元、6.4 萬元、4.8 萬元、3.2 萬元、1.6 萬元。
租賃期內的利息總額＝8+6.4+4.8+3.2+1.6＝24（萬元）

每次支付的租金＝$\dfrac{100+24+100\times 2\%}{5}$＝25.2（萬元）

（2）考慮資金時間價值。採用等額年金法，就是利用年金現值的計算公式經變換後計算每期支付租金的方法。每期支付的租金折現應等於設備的價值與租賃手續費之和。

【例3-4】沿用【例3-3】的資料，假定折現率為10%，試計算每期期末支付的租金。

解答：

$$\dfrac{100+100\times 2\%}{(P/A,10\%,5)}=\dfrac{102}{3.790,8}=26.91（萬元）$$

若租金在每期期初支付，則可按先付租金的方法計算各年租金：

$$\dfrac{102}{(P/A,10\%,4)+1}=\dfrac{102}{3.166,9+1}=24.48（萬元）$$

（四）融資租賃的籌資特點

1. 無需大量資金就能迅速獲得資產

融資租賃集「融資」與「融物」於一身，融資租賃使企業在資金短缺的情況下引進設備成為可能，特別是針對中小企業、新創企業而言，融資租賃是一條重要的融資途徑。有時大型企業對於大型設備、工具等固定資產，也需要融資租賃解決巨額資金的需要。例如，商業航空公司的飛機大多是通過融資租賃取得的。

2. 融資租賃籌資的限制條件較少

企業運用股票、債券、長期借款等籌資方式，都受到相當多的資格條件的限制，如足夠的抵押品、銀行貸款的信用標準、發行債券的政府管制等。相比之下，租賃籌資的限制條件很少。

3. 財務風險小，財務優勢明顯

融資租賃與購買的一次性支出相比，能夠避免一次性支付的負擔，而且租金支出是未來的、分期的，企業無需一次籌集大量資金償還。還款時，租金可以通過項目本身產生的收益來支付，是一種基於未來的「借雞生蛋，賣蛋還錢」的籌資方式。

4. 能延長資金融通的期限

通常為設備而貸款的借款期限比該資產的物理壽命要短得多，而租賃的融資期限卻可接近其全部使用壽命期限，並且其金額隨設備價款金額而定，無融資額度的限制。

5. 資本成本負擔較高

融資租賃的租金通常比舉借銀行借款或發行債券所負擔的利息高得多，租金總額通常要高於設備價值的30%。儘管與借款方式比，融資租賃能夠避免到期一次性集中償還的財務壓力，但高額的固定租金也給各期的經營帶來了負擔。

第三節　股權籌資

股權籌資形成企業的股權資金，是企業最基本的籌資方式。吸收直接投資、發行股票（發行普通股股票和發行優先股）和利用留存收益，是股權籌資的三種基本形式。

一、吸收直接投資

吸收直接投資是指企業按照共同投資、共同經營、共擔風險、共享收益的原則，直接吸收國家、法人、個人和外商投入資金的一種籌資方式。吸收直接投資是非股份制企業籌集權益資本的基本方式，採用吸收直接投資的企業，資本不分為等額股份，無需公開發行股票。吸收直接投資的實際出資額中，註冊資本部分，形成實收資本；超過註冊資本的部分，屬於資本溢價，形成資本公積。

（一）吸收直接投資的種類

1. 吸收國家投資

國家投資是指有權代表國家投資的政府部門或機構以國有資產投入公司，這種情況下形成的資本叫國有資本。根據《企業國有資本與財務管理暫行辦法》的規定，在公司持續經營期間，公司以盈餘公積、資本公積轉增實收資本的，國有公司和國有獨資公司由公司董事會或經理辦公會決定，並報主管財政機關備案；股份有限公司和有限責任公司由董事會決定，並經股東大會審議通過。吸收國家投資一般具有以下特點：第一，產權歸屬國家；第二，資金的運用和處置受國家約束較大；第三，在國有企業中採用比較廣泛。

2. 吸收法人投資

法人投資是指法人單位以其依法可支配的資產投入公司，這種情況下形成的資本叫法人資本。吸收法人投資一般具有以下特點：第一，發生在法人單位之間；第二，以參與公司利潤分配或控制為目的；第三，出資方式靈活多樣。

3. 合資經營

合資經營是指兩個或者兩個以上的不同國家的投資者共同投資，創辦企業，並且共同經營、共擔風險、共負盈虧、共享利益的一種直接投資方式。在中國，中外合資經營企業亦稱股權式合營企業，它是外國公司、企業和其他經濟組織或個人同中國的公司、企業或其他經濟組織在中國境內共同投資舉辦的企業。中外合資經營一般具有如下特點：第一，合資經營企業在中國境內，按中國法律規定取得法人資格，為中國法人；第二，合資經營企業為有限責任公司；第三，註冊資本中，外方合營者的出資比例一般不低於25%；第四，合資經營期限，遵循《中華人民共和國中外合資經營企業法》等相關法律規定；第五，合資經營企業的註冊資本與投資總額之間應依法保持適當比例關係，投資總額是指按照合營企業合同和章程規定的生產規模需要投入的基本建設資金與生產流動資金的總和。

中外合資經營企業（合資企業）和中外合作經營企業（合作企業）都是中外雙方共同出資、共同經營、共擔風險和共負盈虧的企業。兩者的主要區別在於：第一，合

作企業可以依法取得中國法人資格，也可以辦成不具備法人條件的企業，而合資企業必須是法人。第二，合作企業屬於契約式的合營，它不以合營各方投入的資本數額、股權作為利潤分配的依據，而是通過簽訂合同具體規定各方的權利和義務，而合資企業屬於股權式企業，即以投資比例來作為確定合營各方權利和義務的依據。第三，合作企業在遵守國家法律的前提下，可以通過合作合同來約定收益或產品的分配以及風險和虧損的分擔，而合資企業則是根據各方註冊資本的比例進行分配的。

4. 吸收社會公眾投資

社會公眾投資是指社會個人或本公司職工以個人合法財產投入公司，這種情況下形成的資本稱為個人資本。吸收社會公眾投資一般具有以下特點：第一，參加投資的人員較多；第二，每人投資的數額相對較少；第三，以參與公司利潤分配為目的。

(二) 吸收直接投資的出資方式

1. 以貨幣資產出資

以貨幣資產出資是吸收直接投資中最重要的出資方式。企業有了貨幣資產，便可以獲取其他物質資源，支付各種費用，滿足企業創建開支和隨後的日常週轉需要。

2. 以實物資產出資

以實物出資是指投資者以房屋、建築物、設備等固定資產和材料、燃料、商品產品等流動資產所進行的投資。實物投資應符合以下條件：第一，適合企業生產、經營、研發等活動的需要；第二，技術性能良好；第三，作價公平合理。

實物出資中實物的作價，可以由出資各方協商確定，也可以聘請專業資產評估機構評估確定。國有及國有控股企業接受其他企業的非貨幣資產出資，必須委託有資格的資產評估機構進行資產評估。

3. 以土地使用權出資

土地使用權是指土地經營者對依法取得的土地在一定期限內有進行建築、生產經營或其他活動的權利。土地使用權具有相對的獨立性，在土地使用權存續期間，包括土地所有者在內的其他任何人和單位，不能任意收回土地和非法干預使用權人。

(三) 吸收直接投資的程序

1. 確定籌資數量

企業在新建或擴大經營時，要先確定資金的需要量。資金的需要量根據企業的生產經營規模和供銷條件等來核定，籌資數量與資金需要量應當相適應。

2. 尋找投資單位

企業既要廣泛瞭解有關投資者的資信、財力和投資意向，又要通過信息交流和宣傳，使出資方瞭解企業的經營能力、財務狀況以及未來預期，以便於公司從中尋找最適合的合作夥伴。

3. 協商和簽署投資協議

找到合適的投資夥伴後，雙方進行具體協商，確定出資數額和出資方式及出資時間。企業應盡可能吸收貨幣投資，如果投資方確有先進而適合需要的固定資產和無形資產，亦可採取非貨幣投資方式。對實物投資、工業產權投資、土地使用權投資等非貨幣資產投資，雙方應按公平合理的原則協商定價。當出資數額、資產作價確定後，雙方簽署投資的協議或合同，以明確雙方的權利和責任。

4. 取得所籌集的資金

簽署投資協議後，企業應按規定或計劃取得資金。如果採取現金投資方式，通常還要編制撥款計劃，確定撥款期限、每期數額以及劃撥方式，有時投資者還要規定撥款的用途，如把撥款區分為固定資產投資撥款、流動資金撥款、專項撥款等。這裡有一個重要的問題就是核實財產。財產數量是否準確，特別是價格有無高估或低估情況，關係到投資各方的經濟利益，必須認真處理，必要時可聘請資產評估機構來評定，然後辦理產權的轉移手續取得資產。

(四) 吸收直接投資的籌資特點

1. 能夠盡快形成生產能力

吸收直接投資不僅可以取得一部分貨幣資金，而且能夠直接獲得所需的先進設備和技術，盡快形成生產經營能力。

2. 容易進行信息溝通

吸收直接投資的投資者比較單一，股權沒有社會化、分散化，投資者直接擔任公司管理層職務，公司與投資者便於溝通。

3. 資本成本較高

相對於股票籌資方式來說，吸收直接投資的資本成本較高。當企業經營較好、盈利較多時，投資者往往要求將大部分盈餘作為紅利分配，因為向投資者支付的報酬是按其出資數額和企業實現利潤的比率來計算的。不過，吸收投資的手續相對比較簡便，籌資費用較低。

4. 公司控製權集中，不利於公司治理

採用吸收直接投資方式籌資，投資者一般都要求獲得與投資數額相適應的經營管理權。如果某個投資者的投資額比例較高，則該投資者對企業的經營管理就會有相當大的控製權，容易損害其他投資者的利益。

5. 不利於進行產權交易

吸收投入資本由於沒有證券為媒介，不利於產權交易，難以進行產權轉讓。

二、發行普通股股票

(一) 股票的含義與特徵

股票是股份有限公司為籌措股權資本而發行的有價證券，是公司簽發的證明股東持有公司股份的憑證。股票作為一種所有權憑證，代表著對發行公司淨資產的所有權。股票只能由股份有限公司發行。

1. 永久性

公司發行股票籌集的資金屬於公司的長期自有資金，沒有期限，無需歸還。換言之，股東在購買股票之后，一般情況下不能要求發行企業退還股金。

2. 流通性

股票作為一種有價證券，在資本市場上可以自由流通，也可以繼承、贈送或作為抵押品。股票特別是上市公司發行的股票具有很強的變現能力，流通性很強。

3. 風險性

由於股票的永久性，股東成了企業風險的主要承擔者。風險的表現形式有股票價

格的波動性、紅利的不確定性、破產清算時股東處於剩餘財產分配的最后順序等。

4. 參與性

股東作為股份公司的所有者，擁有參與企業管理的權利，包括重大決策權、經營者選擇權、財務監控權、公司經營的建議和質詢權等。此外，股東還有承擔有限責任、遵守公司章程等義務。

(二) 股票的分類

1. 按股東權利和義務，股票分為普通股股票和優先股股票

普通股股票簡稱普通股，是公司發行的代表著股東享有平等的權利、義務，不加特別限制的、股利不固定的股票。普通股是最基本的股票，股份有限公司通常情況下只發行普通股。優先股股票簡稱優先股，是公司發行的相對於普通股具有一定優先權的股票。其優先權利主要表現在股利分配優先權和獲取剩餘財產優先權上。優先股股東在股東大會上無表決權，在參與公司經營管理上受到一定限制，僅對涉及優先股權利的問題有表決權。

2. 按票面是否記名，股票分為記名股票和無記名股票

記名股票是在股票票面上記載有股東姓名或將名稱記入公司股東名冊的股票，無記名股票不登記股東名稱，公司只記載股票數量、編號以及發行日期。中國《公司法》規定，公司向發起人、國家授權投資機構、法人發行的股票，為記名股票；向社會公眾發行的股票，可以為記名股票，也可以為無記名股票。

3. 按發行對象和上市地點，股票分為 A 股、B 股、H 股、N 股和 S 股等

A 股是指人民幣普通股票，由中國境內公司發行，在境內上市交易，以人民幣標明面值，以人民幣認購和交易。

B 股是指人民幣特種股票，由中國境內公司發行，在境內上市交易，以人民幣標明面值，以外幣認購和交易。

H 股是指公司註冊地在內地、在中國香港上市的股票。依此類推，在紐約和新加坡上市的股票，就分別稱為 N 股和 S 股。

(三) 股票的發行方式

1. 公開間接發行

公開間接發行股票是指股份公司通過仲介機構向社會公眾公開發行股票。採用募集設立方式成立的股份有限公司，向社會公開發行股票時，必須由有資格的證券經營仲介機構，如證券公司、信託投資公司等承銷。這種發行方式的發行範圍廣、發行對象多、易於足額籌集資本。公開發行股票，同時還有利於提高公司的知名度，擴大其影響力，但公開發行方式審批手續複雜嚴格，發行成本高。

2. 非公開直接發行

非公開直接發行股票是指股份公司只向少數特定對象直接發行股票，不需要仲介機構承銷。用發起設立方式成立和向特定對象募集方式發行新股的股份有限公司，向發起人和特定對象發行股票，採用直接將股票銷售給認購者的自銷方式。這種發行方式彈性較大，企業能控制股票的發行過程，節省發行費用。但這種發行方式發行範圍小，不易及時足額籌集資本，發行后股票的變現性差。

（四）股票的上市交易

1. 股票上市的目的

（1）便於籌措新資金。證券市場是一個資本商品的買賣市場，證券市場上有眾多的資金供應者。同時，股票上市經過了政府機構的審查批准並接受嚴格的管理，執行股票上市和信息披露的規定，容易吸引社會資本投資者。另外，公司上市後，還可以通過增發、配股、發行可轉換債券等方式進行再融資。

（2）促進股權流通和轉讓。股票上市後便於投資者購買，提高了股權的流動性和股票的變現力，便於投資者認購和交易。

（3）便於確定公司價值。股票上市後，公司股價有市價可循，便於確定公司的價值。對於上市公司來說，即時的股票交易行情，就是對公司價值的市場評價。同時，市場行情也能夠為公司收購兼併等資本運作提供詢價基礎。

但股票上市也有對公司不利影響的一面，這主要有上市成本較高，手續複雜嚴格；公司將負擔較高的信息披露成本；信息公開的要求可能會暴露公司商業機密；股價有時會歪曲公司的實際情況，影響公司聲譽；可能會分散公司的控制權，造成管理上的困難。

2. 股票上市的條件

公司公開發行的股票進入證券交易所交易，必須受嚴格的條件限制。中國《證券法》規定，股份有限公司申請股票上市，應當符合下列條件：

（1）股票經國務院證券監督管理機構核准已公開發行。

（2）公司股本總額不少於人民幣 3,000 萬元。

（3）公開發行的股份達到公司股份總數的 25% 以上；公司股本總額超過人民幣 4 億元的，公開發行股份的比例為 10% 以上。

（4）公司最近 3 年無重大違法行為，財務會計報告無虛假記載。

（五）發行普通股股票的籌資特點

1. 兩權分離，有利於公司自主經營管理

公司通過對外發行股票籌資，公司的所有權與經營權相分離，分散了公司控制權，有利於公司自主管理、自主經營。普通股籌資的股東眾多，公司日常經營管理事務主要由公司的董事會和經理層負責。但公司的控制權分散，公司容易被經理人控制。

2. 資本成本較高

由於股票投資的風險較高，收益具有不確定性，投資者就會要求較高的風險補償。因此，股票籌資的資本成本較高。

3. 能增強公司的社會聲譽，促進股權流通和轉讓

普通股籌資，股東的大眾化為公司帶來了廣泛的社會影響。特別是上市公司，其股票的流通性強，有利於市場確認公司的價值。普通股籌資以股票作為媒介，便於股權的流通和轉讓，便於吸收新的投資者。但是，流通性強的股票交易，也容易在資本市場上被惡意收購。

4. 不利於及時形成生產能力

普通股籌資吸收的一般都是貨幣資金，還需要通過購置和建造形成生產經營能力。

三、發行優先股

優先股是指股份有限公司發行的具有優先權利、相對優先於一般普通股的股份種類。在利潤分配及剩餘財產清償分配的權利方面，優先股持有人優先於普通股股東；但在參與公司決策管理等方面，優先股的權利受到限制。

(一) 優先股的性質

1. 約定股息

相對於普通股而言，優先股的股利收益是事先約定的，也是相對固定的。由於優先股的股息率事先已經做了規定，因此優先股的股息一般不會根據公司經營情況而變化，而且優先股一般也不再參與公司普通股的利潤分紅。但優先股的固定股息率各年可以不同，另外優先股也可以採用浮動股息率分配利潤。公司章程中規定優先股採用固定股息率的，可以在優先股存續期內採取相同的固定股息率，或明確每年的固定股息率，各年度的股息率可以不同；公司章程中規定優先股採用浮動股息率的，應當明確優先股存續期內票面股息率的計算方法。

2. 權利優先

優先股在年度利潤分配和剩餘財產清償分配方面，具有比普通股股東優先的權利。優先股可以先於普通股獲得股息，公司的可分配利潤先分給優先股，剩餘部分再分給普通股。在剩餘財產方面，優先股的清償順序先於普通股而次於債權人。一旦公司處於清算，剩餘財產先分給債權人，再分給優先股股東，最后分給普通股股東。

優先股的優先權利是相對於普通股而言的，與公司債權人不同，優先股股東不可以要求經營成果不佳而無法分配股利的公司支付固定股息，優先股股東也不可以要求無法支付股息的公司進入破產程序，不能向人民法院提出企業重整或者破產清算申請。

3. 權利範圍小

優先股股東一般沒有選舉權和被選舉權，對股份公司的重大經營事項無表決權。優先股股東僅在股東大會表決與優先股股東自身利益直接相關的特定事項時，具有有限表決權。例如，修改公司章程中與優先股股東利益相關的事項條款時，優先股股東有表決權。

(二) 優先股的分類

1. 固定股息率優先股和浮動股息率優先股

優先股股息率在股權存續期內不進行調整的，稱為固定股息率優先股；優先股股息率根據約定的計算方法進行調整的，稱為浮動股息率優先股。優先股採用浮動股息率的，在優先股存續期內票面股息率的計算方法在公司章程中要事先明確。

2. 強制分紅優先股和非強制分紅優先股

公司在章程中規定，在有可分配稅后利潤時必須向優先股股東分配利潤的，稱之為強制分紅優先股，否則即為非強制分紅優先股。

3. 累積優先股和非累積優先股

根據公司因當年可分配利潤不足而未向優先股股東足額派發股息，差額部分是否累積到下一會計年度，優先股可分為累積優先股和非累積優先股。累積優先股是指公司在某一時期所獲盈利不足，導致當年可分配利潤不足以支付優先股股息時，則將應

付股息累積到次年或以后某一年盈利時，在普通股的股息發放之前，連同本年優先股股息一併發放。非累積優先股則是指公司不足以支付優先股的全部股息時，對所欠股息部分，優先股股東不能要求公司在以后年度補發。

4. 參與優先股和非參與優先股

根據優先股股東按照確定的股息率分配股息后，是否有權同普通股股東一起參加剩餘稅后利潤分配，優先股可分為參與優先股和非參與優先股。持有人只能獲取一定股息但不能參與公司額外分紅的優先股，稱為非參與優先股。持有人除可按規定的股息率優先獲得股息外，還可與普通股股東分享公司的剩餘收益的優先股，稱為參與優先股。對於有權同普通股股東一起參加剩餘利潤分配的參與優先股，公司章程應明確優先股股東參與剩餘利潤分配的比例、條件等事項。

5. 可轉換優先股和不可轉換優先股

根據優先股是否可以轉換成普通股，優先股可分為可轉換優先股和不可轉換優先股。可轉換優先股是指在規定的時間內，優先股股東或發行人可以按照一定的轉換比率把優先股換成該公司普通股。否則便是不可轉換優先股。

6. 可回購優先股和不可回購優先股

根據發行人或優先股股東是否享有要求公司回購優先股的權利，優先股可分為可回購優先股和不可回購優先股。可回購優先股是指允許發行公司按發行價加上一定比例的補償收益回購的優先股。公司通常在認為可以用較低股息率發行新的優先股時，用此方法回購已發行的優先股股票。不附有回購條款的優先股，則被稱為不可回購優先股。回購優先股包括發行人要求贖回優先股和投資者要求回售優先股兩種情況，應在公司章程和招股文件中規定回購條件。發行人要求贖回優先股的，必須完全支付所欠股息。

根據中國2014年起實行的《優先股試點管理辦法》的規定，第一，優先股每股票面金額為100元。第二，上市公司不得發行可轉換為普通股的優先股。第三，上市公司公開發行的優先股，應當在公司章程中規定以下事項：

（1）採取固定股息率。

（2）在有可分配稅后利潤的情況下必須向優先股股東分配股息。

（3）未向優先股股東足額派發股息的差額部分應當累積到下一會計年度。

（4）優先股股東按照約定的股息率分配股息后，不再同普通股股東一起參加剩餘利潤分配。

(三) 優先股的籌資特點

優先股既像公司債券，又像公司股票，因此優先股籌資屬於混合籌資，其籌資特點兼有債務籌資和股權籌資性質。

1. 有利於豐富資本市場的投資結構

優先股有利於為投資者提供多元化投資渠道，增加固定收益型產品。看重現金紅利的投資者可投資優先股，而希望分享公司經營成果的投資者則可以選擇普通股。

2. 有利於股份公司股權資本結構的調整

發行優先股是股份公司股權資本結構調整的重要方式。公司資本結構調整中，既包括債務資本和股權資本的結構調整，也包括股權資本的內部結構調整。

3. 有利於保障普通股收益和控制權

優先股的每股收益是固定的，只要淨利潤增加並且高於優先股股息，普通股的每股收益就會上升。另外，優先股股東無表決權，因此不影響普通股股東對企業的控制權，也基本上不會稀釋原普通股的權益。

4. 有利於降低公司財務風險

優先股股利不是公司必須償付的一項法定債務，如果公司財務狀況惡化、經營成果不佳，這種股利可以不支付，從而相對避免了企業的財務負擔。由於優先股沒有規定最終到期日，其實質上是一種永續性借款。優先股的收回由企業決定，企業可在有利條件下收回優先股，具有較強的靈活性。發行優先股，增加了權益資本，從而改善了公司的財務狀況。對於高成長企業來說，承諾給優先股的股息與其成長性相比而言是比較低的。同時，由於發行優先股相當於發行無限期的債券，可以獲得長期的低成本資金，但優先股又不是負債而是權益資本，能夠提高公司的資產質量。總之，從財務角度上看，優先股屬於股債連接產品。作為資本，可以降低企業整體負債率；作為負債，可以增加長期資金來源，有利於公司的長久發展。

5. 可能給股份公司帶來一定的財務壓力

首先是資本成本相對於債務較高，主要是由於優先股股息不能抵減所得稅，而債務利息可以抵減所得稅。這是利用優先股籌資的最大不利因素。其次是股利支付相對於普通股具有固定性，對固定股息率優先股、強制分紅優先股、可累計優先股而言，股利支付的固定性可能成為企業的一項財務負擔。

四、利用留存收益

（一）留存收益的性質

從性質上看，企業通過合法有效地經營所實現的稅後淨利潤，都屬於企業的所有者。因此，屬於所有者的利潤包括分配給所有者的利潤和尚未分配留存於企業的利潤。企業將本年度的利潤部分乃至全部留存下來的原因很多，主要包括：第一，收益的確認和計量是建立在權責發生制基礎上的，企業有利潤，但企業不一定有相應的現金淨流量增加，因而企業不一定有足夠的現金將利潤全部或部分派給所有者。第二，法律法規從保護債權人利益和要求企業可持續發展等角度出發，限制企業將利潤全部分配出去。根據《公司法》的規定，企業每年的稅後利潤，必須提取10%的法定盈餘公積金。第三，企業基於自身的擴大再生產和籌資需求，也會將一部分利潤留存下來。

（二）留存收益的籌資途徑

1. 提取盈餘公積金

盈餘公積金是指有指定用途的留存淨利潤，其提取基數是抵減年初累計虧損後的本年度淨利潤。盈餘公積金主要用於企業未來的經營發展，經投資者審議後也可以用於轉增股本（實收資本）和彌補以前年度經營虧損。盈餘公積金不得用於以後年度的對外利潤分配。

2. 未分配利潤

未分配利潤是指未限定用途的留存淨利潤。未分配利潤有兩層含義：第一，這部分淨利潤本年沒有分配給公司的股東投資者；第二，這部分淨利潤未指定用途，可以

用於企業未來經營發展、轉增股本（實收資本）、彌補以前年度經營虧損、用於以後年度利潤分配。

3. 留存收益的籌資特點

（1）不用發生籌資費用。與普通股籌資等從外界籌集長期資本的方式相比較，留存收益籌資不需要發生籌資費用，資本成本較低。

（2）維持公司的控制權分佈。利用留存收益籌資，不用對外發行新股或吸收新投資者，由此增加的權益資本不會改變公司的股權結構，不會稀釋原有股東的控制權。

（3）籌資數額有限。當期留存收益的最大數額是當期的淨利潤，不像外部籌資可以一次性籌集大量資金。如果企業發生虧損，當年沒有利潤留存；另外，股東和投資者從自身期望出發，往往希望企業每年發放一定股利，保持一定的利潤分配比例，這都會影響籌資數額。

五、債務籌資與股權籌資的比較

債務籌資與股權籌資的比較如表 3-3 所示。

表 3-3　　　　　　　　　　債務籌資與股權籌資的比較

債務籌資特點	股權籌資特點
籌資速度快（銀行借款、融資租賃）	籌資速度慢（發行股票）
籌資彈性大	籌資彈性小
資本成本低	資本成本高
可以利用財務槓桿	不可以利用財務槓桿
穩定公司的控制權	控制權容易變更
不能形成穩定的資本基礎	能穩定企業的資本基礎
財務風險較大	財務風險較小

第四節　資金需要量的預測

資金需要量是籌資的數量依據，應當科學合理地進行預測。籌資數量預測的基本目的是既保證籌集的資金能滿足生產經營的需要，又不會產生資金多餘而閒置。

一、定性預測法

定性預測法是根據調查研究所掌握的情況和數據資料，憑藉預測人員的知識和經驗，對資金需要量所進行的判斷。這種方法一般不能提供有關事件確切的定量概念，而主要是定性地估計某一事件的發展趨勢、優劣程度和發生的概率。定性預測是否正確完全取決於預測者的知識和經驗。在進行定性預測時，雖然要匯總各方面人士的意見和綜合地說明財務問題，但也需要將定性的財務資料進行量化，這並不改變這種方

法的性質。定性預測主要是根據經濟理論和實際情況進行理性地、合乎邏輯地分析和論證，以定量方法作為輔助，一般在缺乏完整、準確的歷史資料時採用。

（一）德爾菲法

在進行銷售預測時，德爾菲法主要是通過向財務管理專家進行調查，利用專家的經驗和知識，對過去發生的財務活動、財務關係和有關資料進行分析綜合，從財務方面對未來經濟的發展作出判斷。預測一般分兩步進行：第一，由熟悉企業經營情況和財務情況的專家，根據其經驗對未來情況進行分析判斷，提出資金需要量的初步意見；第二，通過各種形式（如信函調查、開座談會等），在與本地區一些同類企業的情況進行對比的基礎上，對預測的初步意見加以修訂，最終得出預測結果。

（二）市場調查法

市場的主體是在市場上從事交易活動的組織和個人，客體是各種商品和服務，商品的品種、數量和質量、交貨期、金融工具和價格則是市場的配置資源。在中國，既有消費品和生產資料等商品市場，又有資本市場、勞動力市場、技術市場、信息市場以及房地產市場等要素市場。市場調查的主要內容是對各種與財務活動有關的市場主體、市場客體和市場要素的調查。

市場調查以統計抽樣原理為基礎，包括簡單隨機抽樣、分層抽樣、分群抽樣、規律性抽樣和非隨機抽樣等技術，主要採用詢問法、觀測法和實驗法等，以使定性預測準確、及時。

（三）相互影響預測方法

專家調查法和市場調查法獲得的資料只能說明某一事件的現狀發生的概率和發展的趨勢，而不能說明有關事件之間的相互關係。相互影響預測方法就是通過分析各個事件由於相互作用和聯繫引起概率發生變化的情況，研究各個事件在未來發生可能性的一種預測方法。

二、因素分析法

因素分析法又稱分析調整法，是以有關項目基期年度的平均資金需要量為基礎，根據預測年度的生產經營任務和資金週轉加速的要求，進行分析調整，來預測資金需要量的一種方法。這種方法計算簡便，容易掌握，但預測結果不太精確。因素分析法通常用於品種繁多、規格複雜、資金用量較小的項目。因素分析法的計算公式如下：

資金需要量＝（基期資金平均占用額－不合理資金占用額）×（1±預測期銷售增減率）×（1－預測期資金週轉速度增長率）

【例3-5】甲企業上年度資金平均占用額為2,200萬元，經分析，其中不合理部分200萬元，預計本年度銷售增長5%，資金週轉加速2%。試預測本年度資金需要量。

解答：

本年度資金需要量＝（2,200－200）×（1＋5%）×（1－2%）＝2,058（萬元）

三、資金習性預測法

資金習性預測法是指根據資金習性預測未來資金需要量的一種方法。所謂資金習性，是指資金的變動同產銷量變動之間的依存關係。按照資金同產銷量之間的依存關

係，可以把資金區分為不變資金、變動資金和半變動資金。

不變資金是指在一定的產銷量範圍內，不受產銷量變動的影響而保持固定不變的那部分資金。也就是說，產銷量在一定範圍內變動，這部分資金保持不變。這部分資金包括為維持營業而占用的最低數額的現金，原材料的保險儲備、必要的成品儲備以及廠房、機器設備等固定資產占用的資金。

變動資金是指隨產銷量的變動而同比例變動的那部分資金。變動資金一般包括直接構成產品實體的原材料、外購件等占用的資金。另外，在最低儲備以外的現金、存貨、應收帳款等也具有變動資金的性質。

半變動資金是指雖然受產銷量變化的影響，但不成同比例變動的資金，如一些輔助材料上占用的資金。半變動資金可採用一定的方法劃分為不變資金和變動資金兩部分。

(一) 根據資金占用總額與產銷量的關係預測

1. 高低點法

該方法是根據企業一定期間資金占用的歷史資料，選用最高收入期和最低收入期的資金占用量之差，同這兩個收入期的銷售額之差進行對比。設產銷量為自變量 X，資金占用量為因變量 Y，它們之間的關係可用下式表示：

$$Y = a + bX$$

式中：

a——不變資金；

b——單位產銷量所需變動資金。

先求 b 的值，然后代入原直線方程求出 a 的值，從而估計推測資金發展趨勢。計算公式為：

$$b = \frac{最高收入期資金占用量-最低收入期資金占用量}{最高銷售收入-最低銷售收入}$$

a = 最高收入期資金占用量 $-b \times$ 最高銷售收入

在企業的資金變動趨勢比較穩定的情況下較適合使用高低點法。

2. 迴歸直線法

該方法是根據歷史上企業資金占用總額與產銷量之間的關係，把資金分為不變資金和變動資金兩部分，然后結合預計的銷售量來預測資金需要量。設產銷量為自變量 X，資金占用為因變量 Y，它們之間關係可用下式表示：

$$Y = a + bX$$

式中：

a——不變資金；

b——單位產銷量所需變動資金。

可見，只要求出 a 和 b，並知道預測期的產銷量，就可以用上述公式測算資金需求情況。a 和 b 可用迴歸直線方程組求出。

【例 3-6】某企業 2011—2016 年歷年產銷量和資金變化情況如表 3-4 所示，若 2017 年預計銷售量為 1,500 萬件，試預計 2017 年的資金需要量。

表 3-4　　　　　　　　　　　產銷量與資金變化情況表

年度	產銷量 X（萬件）	資金占用 Y（萬元）
2011	1,200	1,000
2012	1,100	950
2013	1,000	900
2014	1,200	1,000
2015	1,300	1,050
2016	1,400	1,100

解答：
根據題意，整理得出按總額預測的資金需要量預測表如表 3-5 所示。

表 3-5　　　　　　　　資金需要量預測表（按總額預測）

年度	產銷量 X（萬件）	資金占用 Y（萬元）	XY	X^2
2011	1,200	1,000	1,200,000	1,440,000
2012	1,100	950	1,045,000	1,210,000
2013	1,000	900	900,000	1,000,000
2014	1,200	1,000	1,200,000	1,440,000
2015	1,300	1,050	1,365,000	1,690,000
2016	1,400	1,100	1,540,000	1,960,000
合計 n = 6	$\sum X = 7,200$	$\sum Y = 6,000$	$\sum XY = 7,250,000$	$\sum X^2 = 8,740,000$

由此可得：

$$a = \frac{\sum X^2 \cdot \sum Y - \sum X \cdot \sum XY}{n \sum X^2 - (\sum X)^2} = 400$$

$$b = \frac{n \sum XY - \sum X \cdot \sum Y}{n \sum X^2 - (\sum X)^2} = 0.5$$

解得：

$Y = 400 + 0.5X$

把 2017 年預計銷售量 1,500 萬件代入上式。

得到 2017 年預計資金需要量 = 400 + 0.5×1,500 = 1,150（萬元）

(二) 採用逐項分析法預測

　　這種方式是根據各資金占用項目（如現金、存貨、應收帳款、固定資產）和資金來源項目同產銷量之間的關係，把各項目的資金都分成變動資金和不變資金兩部分，然后匯總在一起，求出企業變動資金總額和不變資金總額，進而來預測資金需求量。

【例3-7】 某企業2011—2015年現金占用與銷售收入之間的關係如表3-6所示，需要根據兩者的關係，來計算現金占用項目中不變資金和變動資金的數額。

表3-6 　　　　　　　　　　現金與銷售額變化情況表　　　　　　　　　　單位：元

年度	銷售收入 X	現金占用 Y
2011	2,000,000	110,000
2012	2,400,000	130,000
2013	2,600,000	140,000
2014	2,800,000	150,000
2015	3,000,000	160,000

根據表3-6，試採用高低點法計算現金占用項目中不變資金和變動資金的數額。

解答：

$$b = \frac{最高收入期的資金占用量 - 最低收入期的資金占用量}{最高銷售收入 - 最低銷售收入}$$

$$= \frac{160,000 - 110,000}{3,000,000 - 2,000,000} = 0.05$$

將 $b = 0.05$ 代入 $Y = a + bX$，得：

$a = 160,000 - 0.05 \times 3,000,000 = 10,000$（元）

存貨、應收帳款、流動負債、固定資產等也可以根據歷史資料進行這樣的劃分，然后匯總列於表3-7中。

表3-7 　　　　　　　　資金需要量預測表（分項預測）　　　　　　　　單位：元

項目	年度不變資金（a）	每1元銷售收入所需變動資金（b）
流動資產		
現金	10,000	0.05
應收帳款	60,000	0.14
存貨	100,000	0.22
小計	170,000	0.41
減：流動負債		
應付帳款及應付費用	80,000	0.11
淨資金占用	90,000	0.30
固定資產		
廠房、設備	510,000	0
所需資金合計	600,000	0.30

根據表3-7的資料得出預測模型為：

$Y = 600,000 + 0.30X$

如果 2016 年的預計銷售額為 3,500,000 元，則：

2016 年的資金需要量 = 600,000+0.30×3,500,000 = 1,650,000（元）

進行資金習性分析，把資金劃分為變動資金和不變資金兩部分，從數量上掌握了資金同銷售量之間的規律性，對準確地預測資金需要量有很大幫助。實際上，銷售百分比法是資金習性分析法的具體運用。

運用線性迴歸法必須注意以下幾個問題：

（1）資金需要量與營業業務量之間線性關係的假定應符合實際情況。

（2）確定 a、b 數值，應利用連續若干年的歷史資料，一般要有 3 年以上的資料。

（3）應考慮價格等因素的變動情況。

四、銷售百分比法

（一）基本原理

銷售百分比法假設某些資產和負債與銷售收入存在穩定的百分比關係，根據這個假設預計外部資金需要量的方法。企業的銷售規模擴大時，要相應增加流動資產；如果銷售規模增加很多，還必須增加長期資產。為取得擴大銷售所需增加的資產，企業需要籌措資金。這些資金一部分來自隨銷售收入同比例增加的流動負債，一部分來自預測期的留存收益，一部分通過外部籌資取得。

銷售百分比法將反映生產經營規模的銷售因素與反映資金占用的資產因素連接起來，根據銷售與資產之間的數量比例關係，來預計企業的外部籌資需要量。銷售百分比法首先假設某些資產與銷售額存在穩定的百分比關係，根據銷售與資產的比例關係預計資產額，根據資產額預計相應的負債和所有者權益，進而確定籌資需求量。

（二）基本步驟

1. 確定隨銷售額而變動的資產和負債項目

隨著銷售額的變化，經營性資產項目將占用更多的資金。同時，隨著經營性資產的增加，相應的經營性短期債務也會增加，如存貨增加會導致應付帳款增加，此類債務稱之為「自動性債務」，可以為企業提供暫時性資金。經營性資產與經營性負債的差額通常與銷售額保持穩定的比例關係。這裡，經營性資產項目包括庫存現金、應收帳款、存貨等項目；而經營性負債項目包括應付票據、應付帳款等項目，不包括短期借款、短期融資融券、長期負債等籌資性負債。

2. 確定有關項目與銷售額的穩定比例關係

如果企業資金週轉的營運效率保持不變，經營性資產項目與經營性負債項目將會隨銷售額的變動而呈正比例變動，保持穩定的百分比關係。企業應當根據歷史資料和同業情況，剔除不合理的資金占用，尋找與銷售額的穩定百分比關係。

3. 確定需要增加的籌資數量

預計由於銷售增長而需要的資金需求增長額，扣除利潤留存後，即為所需要的外部籌資額。

外部融資需求量 $= \dfrac{A}{S_1} \times \Delta S - \dfrac{B}{S_1} \times \Delta S - P \times E \times S_1$

式中：

A——隨銷售而變化的敏感性資產；

B——隨銷售而變化的敏感性負債；

S_1——預測期銷售額；

ΔS——銷售變動額；

P——銷售淨利率；

E——利潤留存率；

$\dfrac{A}{S_1} \times \Delta S$——敏感性資產與銷售額的關係百分比；

$\dfrac{B}{S_1} \times \Delta S$——敏感性負債與銷售額的關係百分比。

需說明的是，如果非敏感性資產增加，則外部籌資需要量也相應增加。

【例3-8】假設甲公司上年的簡化資產負債表如表3-8所示，假定上年度銷售收入為3,000萬元，淨利潤為136萬元，股利支付率為30%，銷售淨利率為4.5%。預計下年度銷售收入為4,000萬元，股利支付率、銷售淨利率保持上年度水平不變。試採用銷售百分比法預測下年度的資金需要量。

表3-8　　　　　　　　　甲公司上年度的簡化資產負債表　　　　　　單位：萬元

資產	期末餘額	負債和所有者權益	期末餘額
流動資產		流動負債	
庫存現金	150	短期借款	50
應收帳款	240	應付票據	30
存貨	300	應付帳款	240
流動資產合計	690	長期負債	860
固定資產	1,350	負債合計	1,180
		實收資本	100
		資本公積	20
		留存收益	740
		所有者權益	860
資產合計	2,040	負債和所有者權益合計	2,040

解答：

（1）根據上年度有關數據確定銷售百分比如表3-9所示。

表3-9　　　　　　上年度各敏感性資產和敏感性負債的銷售百分比

資產	期末餘額	銷售百分比（%）	負債和所有者權益	期末餘額	銷售百分比（%）
流動資產			流動負債		

表3-9(續)

資產	期末餘額	銷售百分比(%)	負債和所有者權益	期末餘額	銷售百分比(%)
庫存現金	150	5	短期借款	50	
應收帳款	240	8	應付票據	30	
存貨	300	10	應付帳款	240	8
流動資產合計	690	23	長期負債	860	
固定資產	1,350	45	負債合計	1,180	
			實收資本	100	
			資本公積	20	
			留存收益	740	
			所有者權益	860	
資產合計	2,040		負債和所有者權益合計	2,040	

(2) 計算預計銷售額的資產和負債，如表3-10所示。

表3-10　　　　　　　　　預計銷售額下的資產和負債占用

資產	上年期末實際	銷售百分比(銷售額3,000萬元)(%)	下年計劃(銷售額4,000萬元)	負債和所有者權益	上年期末實際	銷售百分比(銷售額3,000萬元)(%)	下年計劃(銷售額4,000萬元)
流動資產				流動負債			
庫存現金	150	5	200	短期借款	50	N	50
應收帳款	240	8	320	應付票據	30	N	30
存貨	300	10	400	應付帳款	240	6	320
流動資產合計	690	23	920	長期負債	860	N	860
固定資產	1,350	45	1,800	負債合計	1,180		1,260
				實收資本	100	N	100
				資本公積	20	N	20
				留存收益	740	N	866
				所有者權益	860		986
資產合計	2,040		2,720	負債和所有者權益合計	2,040		2,720

(3) 計算預計留存收益增加額。

留存收益增加額 = 4,000 × 4.5% × (1 − 30%) = 126(萬元)

(4) 計算外部融資需求量。

外部融資需求量＝預計總資產－預計總負債－預計所有者權益
$$= 2,720 - 1,260 - (860 + 126) = 2,720 - 2,246 = 474(萬元)$$

或：

外部融資需求量＝$68\% \times 1,000 - 8\% \times 1,000 - 4,000 \times 4.5\% \times (1-30\%)$
$$= 680 - 80 - 126 = 474(萬元)$$

結論：甲公司為完成銷售額4,000萬元，需要增加資金680萬元（2,720-2,040），負債的自然增長提供80萬元（320-240），留存收益提供126萬元，應再融資474萬元（680-80-126）。

銷售百分比法的優點在於為籌資管理提供短期預計的財務報表，以適應外部籌資的需要，在有關因素發生變動的情況下，必須相應地調整原有的銷售百分比；同時，能為籌資管理提供短期預計的財務報表，以適應外部籌資的需要且易於使用。但是，在有關因素發生變動的情況下，必須相應地調整原有的銷售百分比。

第五節　資本成本與資本結構

企業的籌資管理，在選擇籌資方式的同時，還要合理安排資本結構。資本結構優化是企業籌資管理的基本目標，也會對企業的生產經營安排產生影響。資本成本是資本結構優化的標準，資本成本的固定性特性帶來了槓桿效應。

一、資本成本

資本成本是衡量資本結構優化程度的標準，也是對投資獲得經濟效益的最低要求，通常用資本成本率表示。企業所籌得的資本付諸使用以後，只有項目的投資報酬率高於資本成本率，才能表明所籌集的資本取得了較好的經濟效益。

(一) 資本成本的含義

資本成本是指企業為籌集和使用資本而付出的代價，包括籌資費用和占用費用。資本成本是資本所有權與資本使用權分離的結果。對出資者而言，由於讓渡了資本使用權，必須要求取得一定的補償，資本成本表現為讓渡資本使用權所帶來的投資報酬。對籌資者而言，由於取得了資本使用權，必須支付一定代價，資本成本表現為取得資本使用權所付出的代價。資本成本可以用絕對數表示，也可以用相對數表示。用絕對數表示的資本成本，主要由以下兩個部分構成：

1. 籌資費用

籌資費用是指企業在資本籌措過程中為獲取資本而付出的代價，如向銀行支付的借款手續費，因發行股票、公司債券而支付的發行費等。籌資費用通常在資本籌集時一次性發生，在資本使用過程中不再發生，因此視為籌資數額的一項扣除。

2. 占資費用

占資費用是指企業在資本使用過程中因占用資本而付出的代價，如向銀行等債權人支付的利息、向股東支付的股利等。占資費用是因為占用了他人資金而必須支付的，

是資本成本的主要內容。

(二) 資本成本的作用

1. 資本成本是比較籌資方式、選擇籌資方案的依據

各種資本的資本成本率，是比較、評價各種籌資方式的依據，在評價各種籌資方式時，一般會考慮的因素包括對企業控製權的影響、對投資者吸引力的大小、融資的難易和風險、資本成本的高低等，資本成本是其中的重要因素。在其他條件相同時，企業籌資應選擇資本成本率最低的方式。

2. 平均資本成本是衡量資本結構是否合理的重要依據

企業財務管理目標是企業價值最大化，企業價值是企業資產帶來的未來現金流量的貼現值。計算企業價值時，經常採用企業的平均資本成本作為貼現率，當平均資本成本最小時，企業價值最大，此時的資本結構是企業理想的資本結構。

3. 資本成本是評價投資項目可行性的主要標準

任何投資項目，如果其預期的投資報酬率超過該資金的資本成本率，則該項目在經濟上就是可行的。因此，資本成本率是企業用以確定項目要求達到的投資報酬率的最低標準。

4. 資本成本是評價企業整體業績的重要依據

一定時期企業資本成本率的高低，不僅反映企業籌資管理的水平，還可以作為評價企業整體經營業績的標準。企業的生產經營活動，實際上就是所籌集資本經過投放後形成資產的營運，企業的總資產稅後報酬率應高於其平均資本成本率，這樣才能帶來剩餘收益。

(三) 個別資本成本的計算

個別資本成本是指單一融資方式本身的資本成本，包括銀行借款資本成本、公司債券資本成本、融資租賃資本成本、普通股資本成本、優先股資本成本和留存收益資本成本等，其中前三類是債券資本成本，后三類是權益資本成本。個別資本成本的高低，用相對數即資本成本率表達。

1. 銀行借款資本成本

銀行借款資本成本包括借款利息和借款手續費用，手續費用是籌資費用的具體表現。利息費用在稅前支付，可以起抵稅的作用，一般計算稅後資本成本率，以便與權益資本成本率具有可比性。銀行借款資本成本率按一般模式計算為：

$$K_b = \frac{i(1-T)}{1-f} \times 100\%$$

式中：

K_b——銀行借款資本成本率；

i——銀行借款年利率；

f——籌資費用率；

T——企業所得稅稅率。

【例 3-9】某企業取得 5 年期長期借款 200 萬元，年利率為 10%，每年付息一次，到期一次還本，借款費用率為 0.2%，企業所得稅稅率為 25%。試計算該項借款的資本成本率。

解答：

$$K_b = \frac{10\% \times (1-25\%)}{1-0.2} = 7.52\%$$

2. 公司債券資本成本

公司債券資本成本包括債券利息和借款發行費用，債券可以溢價發行，也可以折價發行。其資本成本率按一般模式計算為：

$$K_b = \frac{L \times (1-T)}{L \times (1-f)} \times 100\%$$

式中：

L——公司債券籌資總額；

J——公司債券年利息。

【例 3-10】P 企業以 1,100 元的價格，溢價發行面值為 1,000 元、期限為 5 年、票面利率為 7% 的公司債券一批，每年付息一次，到期一次還本，發行費用率為 3%，企業所得稅稅率為 25%。試求該批債券的資本成本率。

解答：

$$K_b = \frac{1,000 \times 7\% \times (1-25\%)}{1,100 \times (1-3\%)} = 4.92\%$$

3. 融資租賃資本成本

融資租賃各期的租金中，包含本金每期的償還和各期手續費用（即租賃公司的各期利潤），其資本成本率只能按貼現模式計算。

【例 3-11】M 企業融資租賃一臺設備，設備價值 60 萬元，租期 6 年，租賃期滿時預計殘值 5 萬元，歸租賃公司所有，每年租金為 131,283 元。試計算 M 企業該項融資租賃的資本成本。

解答：

$$600,000 - 50,000 \times (P/F, K_b, 6) = 131,283 \times (P/A, K_b, 6)$$

$$K_b = 10\%$$

4. 普通股資本成本

普通股資本成本主要是向股東支付的各期股利。由於各期股利並不一定固定，隨企業各期收益波動，因此普通股的資本成本只能按貼現模式計算，並假定各期股利的變化呈一定規律性。如果是上市公司普通股，其資本成本還可以根據該公司股票收益率與市場收益率的相關性，按資本資產定價模型法估計。

（1）股利增長模型法。假定資本市場有效，股票市場價格與價值相等。假定某股票本期支付的股利為 D_0，未來各期股利按 g 速度增長，目前股票市場價格為 P_0，則普通股資本成本為：

$$K_S = \frac{D_0 \times (1+g)}{P_0 \times (1-f)} + g$$

$$= \frac{D_1}{P_0 \times (1-f)} + g$$

【例 3-12】N 公司普通股市價為 20 元，籌資費用率為 2%，本年發放的現金股利

為每股 1 元，預期股利年增長率為 20%。試求該公司普通股資本成本率。

解答：

$$K_S = \frac{1 \times (1+20\%)}{20 \times (1-2\%)} + 20\% = 26.12\%$$

（2）資本資產定價模型法。假定資本市場有效，股票市場價格與價值相等。假定無風險報酬率為 R_f，市場平均報酬率為 R_m，某股票貝塔系數 β，則普通股資本成本率為：

$$K_S = R_f + \beta \times (R_m - R_f)$$

【例 3-13】L 公司普通股 β 系數為 2，一年期國債利率為 5%，市場平均報酬率為 20%。試求該公司普通股的資本成本率。

解答：

$K_S = 5\% + 2 \times (20\% - 5\%) = 35\%$

5. 優先股資本成本

優先股資本成本主要是向優先股股東支付的各期股利。對於固定股息率優先股而言，如果各期股利是相等的，優先股資本成本率按一般模式計算為：

$$K_P = \frac{D_P}{P \times (1-f)}$$

式中：

K_P——優先股資本成本率；

D——優先股年固定股息；

P——優先股發行價格；

f——籌資費用率。

【例 3-14】C 上市公司發行面值為 200 元的優先股，規定的年股息率為 10%。該優先股溢價發行，發行價格為 150 元；發行時籌資費用率為發行價的 4%。試求該公司優先股的資本成本率。

解答：

$$K_P = \frac{200 \times 10\%}{150 \times (1-4\%)} = 13.89\%$$

如果是浮動股息率優先股，則優先股的浮動股息率將根據約定的方法計算，並在公司章程中事先明確。由於浮動優先股各期股利是波動的，因此其資本成本率只能按照貼現模式計算，並假定各期股利的變化呈一定的規律性。此類浮動股息率優先股的資本成本率計算，與普通股資本成本的股利增長模型法計算方式相同。

6. 留存收益資本成本

留存收益是由企業稅後淨利潤形成的，是一種所有者權益，其實質是所有者向企業的追加投資。企業利用留存收益籌資無需發生籌資費用。如果企業將留存收益用於再投資，所獲得的收益率低於股東自己進行一項風險相似的投資項目的收益率，企業就應該將其分配給股東。留存收益的資本成本率表現為股東追加投資要求的報酬率，其計算與普通股成本相同，也分為股利增長模型法和資本資產定價模型法，不同點在於不考慮籌資費用。

(四) 加權平均資本成本的計算

加權平均資本成本是指多元化融資方式下的綜合資本成本，反映著企業資本成本整體水平的高低。在衡量和評價單一融資方案時，需要計算個別資本成本；在衡量和評價企業籌資總體的經濟性時，需要計算企業的加權平均資本成本。加權平均資本成本用於衡量企業資本成本水平，確立企業理想的資本結構。

企業加權平均資本成本是以各項個別資本在企業總資本中的比重為權數，對各項個別資本成本率進行加權平均而得到的總資本成本率。其計算公式為：

$$K_W = \sum K_j W_j$$

式中：

K_W——加權平均資本成本；

K_j——第 j 種個別資本成本率；

W_j——第 j 種個別資本成本在全部資本中所占的比重。

加權平均資本成本率的計算，存在著權數價值的選擇問題。通常可供選擇的價值形式有帳面價值、市場價值、目標價值等。

1. 帳面價值權數

這是指以各項個別資本的會計報表帳面價值為基礎來計算資本權數，確定各類資本占總資本的比重，資料可以直接從資產負債表中得到，而且計算結果比較穩定。其缺點是當債券和股票的市價與帳面價值差距較大時，導致按帳面價值計算出來的資本成本不能反映目前從資本市場上籌集資本的現實機會成本，不適合評價現實的資本結構。

2. 市場價值權數

這是指以各項個別資本的現行市價為基礎來計算資本權數，確定各類資本占總資本的比重。其優點是能夠反映現時的資本成本水平，有利於進行資本結構決策。但現行市價處於經常變動之中，不容易取得，而且現行市價反映的只是現時的資本結構，不適用未來的籌資決策。

3. 目標價值權數

這是指以各項個別資本預計的未來價值為基礎來確定資本權數，確定各類資本占總資本的比重。目標價值指標是資本結構要求下的產物，是公司籌措和使用資金對資本結構的一種要求，對於公司籌措新資金、需要反映期望的資本結構來說，目標價值是有益的，適用於未來的籌資決策，但目標價值的確定難免具有主觀性。以目標價值為基礎計算資本權重，能體現決策的相關性，目標價值權數的確定，可以選擇未來的市場價值，也可以選擇未來的帳面價值。選擇未來的市場價值與資本市場現狀聯繫比較緊密，能夠與現時的資本市場環境狀況結合起來，目標價值權數的確定一般以現時市場價值為依據。但市場價值波動頻繁，可行方案是選用市場價值的歷史平均值，如30日、60日、120日均價等。總之，目標價值權數是主觀願望和預期的表現，依賴於財務經理的價值判斷和職業經驗。

【例3-15】B公司本年年末長期資本帳面總額為1,000萬元，其中銀行長期借款400萬元，占40%；長期債券150萬元，占15%；普通股450萬元（共200萬股，每股

面值 1 元，市價 8 元），占 45%。其個別資本成本率分別為 5%、6%、9%。試求 B 公司的加權平均資本成本。

解答：
（1）按帳面價值計算。
$K_W = 5\% \times 40\% + 6\% \times 15\% + 9\% \times 45\% = 6.95\%$
（2）按市場價值計算
$K_W = \dfrac{5\% \times 400 + 6\% \times 150 + 9\% \times 1,600}{400 + 150 + 1,600} = 8.05\%$

（五）邊際資本成本的計算

邊際資本成本是企業追加籌資的成本，企業的個別資本成本和加權平均資本成本是企業過去籌集的單項資本的成本或目前使用全部資本的成本。然而，企業在追加籌資時，不能僅僅考慮目前所使用資本的成本，還要考慮新籌集資金的成本，即邊際資本成本。邊際資本成本是企業進行追加籌資的決策依據。籌資方案組合時，邊際資本成本的權數採用目標價值權數。

【例 3-16】D 公司設定的目標資本結構為銀行借款 20%、公司債券 15%、股東權益 65%。現擬追加籌資 300 萬元，按此資本結構來籌資，個別資本成本率預計分別為銀行借款 7%，公司債券 12%，股東權益 15%，追加籌資 300 萬元的邊際資本成本如表 3-11 所示。

表 3-11　　　　　　　　　邊際資本成本計算表

資本種類	目標資本結構（%）	追加籌資額（萬元）	個別資本成本（%）	邊際資本成本（%）
銀行借款	20	60	7	1.4
公司債券	15	45	12	1.8
股東權益	65	195	15	9.75
合計	100	300	—	12.95

二、槓桿效應

財務管理中存在著槓桿效應，表現為由於特定固定支出或費用的存在，當某財務變量以較小幅度變動時，另一相關變量會以較大幅度變動。財務管理中的槓桿效應包括經營槓桿、財務槓桿和總槓桿三種效應形式。槓桿效應既可以產生槓桿利益，也可能帶來槓桿風險。

（一）經營槓桿效應

1. 經營槓桿

經營槓桿是指由於固定性經營成本的存在，而使得企業的資產報酬（息稅前利潤）變動率大於業務量變動率的現象。經營槓桿反映了資產報酬的波動性，用以評價企業的經營風險。用息稅前利潤表示資產總報酬，則：

$EBIT = S - V - F = (P - V_C) \times Q - F = M - F$

式中：

$EBIT$——息稅前利潤；
S——銷售額；
V——變動性經營成本；
F——固定性經營成本；
Q——產銷業務量；
P——銷售單價；
V_C——單位變動成本；
M——邊際貢獻。

上式中，影響息稅前利潤的因素包括產品售價、產品需求、產品成本等因素。當產品成本中存在固定成本時，如果其他條件不變，產銷業務量的增加雖然不會改變固定成本總額，但會降低單位產品分攤的固定成本，從而提高單位產品利潤，使息稅前利潤的增長率大於產銷業務量的增長率，進而產生經營槓桿效應。當不存在固定性經營成本時，所有成本都是變動性經營成本，邊際貢獻等於息稅前利潤，此時息稅前利潤變動率與產銷業務量的變動率完全一致。

2. 經營槓桿係數

只要企業存在固定性經營成本，就存在經營槓桿效應。以不同產銷業務量為基礎，其經營槓桿效應的大小程度是不一致的。測算經營槓桿效應程度，常用指標為經營槓桿係數。經營槓桿係數是息稅前利潤變動率與產銷業務量變動率的比值。其計算公式為：

$$DOL = \frac{\Delta EBIT/EBIT_0}{\Delta Q/Q_0} = \frac{息稅前利潤變動率}{產銷業務量變動率}$$

式中：

DOL——經營槓桿係數；
$\Delta EBIT$——息稅前利潤變動額；
ΔQ——產銷業務量變動值。

上式經整理后，經營槓桿係數的計算可以簡化為：

$$DOL = \frac{M_0}{M_0 - F_0} = \frac{EBIT_0 + F_0}{EBIT_0} = \frac{基期邊際貢獻}{基期息稅前利潤}$$

【例3-17】L公司產銷某種服裝，固定成本為500萬元，變動成本率為70%。年產銷額為5,000萬元時，變動成本為3,500萬元，固定成本為500萬元，息稅前利潤為1,000萬元；年產銷額7,000萬元時，變動成本為4,900萬元，固定成本為500萬元，息稅前利潤為1,600萬元。試求L公司的經營槓桿係數。

解答：

$$DOL = \frac{\Delta EBIT/EBIT_0}{\Delta Q/Q_0} = \frac{600/1,000}{2,000/5,000} = 1.5（倍）$$

或：

$$DOL = \frac{M_0}{EBIT_0} = \frac{5,000 \times 30\%}{1,000} = 1.5（倍）$$

3. 經營槓桿與經營風險

經營風險是指企業由於生產經營上的原因而導致的資產報酬波動的風險。引起企業經營風險的主要原因是市場需求和生產成本等因素的不確定性，經營槓桿本身並不是資產報酬不確定的根源，只是資產報酬波動的表現。但是，經營槓桿放大了市場和生產等因素變化對利潤波動的影響。經營槓桿系數越高，表明息稅前利潤受產銷量變動的影響程度越大，經營風險也就越大。根據經營槓桿系數的計算公式，有：

$$DOL = \frac{EBIT_0 + F_0}{EBIT_0} = 1 + \frac{基期固定成本}{基期息稅前利潤}$$

上式表明，在息稅前利潤留成為正的前提下，經營槓桿系數最低為1，不會為負數；只要有固定性經營成本存在，經營槓桿系數總是大於1。

由上式可知，影響經營槓桿的因素包括企業成本結構中的固定成本比重和息稅前利潤水平。其中，息稅前利潤水平又受產品銷售數量、銷售價格、成本水平（單位變動成本和固定成本總額）高低的影響。固定成本比重越高，成本水平越高，產品銷售數量和銷售價格水平越低，經營槓桿效應越大，反之亦然。

【例 3-18】X 企業生產 A 產品，固定成本為 200 萬元，變動成本率為 80%，試計算銷售額分別為 3,000 萬元、2,000 萬元、1,000 萬元時的經營槓桿系數。

解答：

$$DOL_{3,000} = \frac{3,000 \times (1 - 80\%)}{3,000 \times (1 - 80\%) - 200} = \frac{600}{600 - 200} = 1.5$$

$$DOL_{2,000} = \frac{2,000 \times (1 - 80\%)}{2,000 \times (1 - 80\%) - 200} = \frac{400}{400 - 200} = 2$$

$$DOL_{1,000} = \frac{1,000 \times (1 - 80\%)}{1,000 \times (1 - 80\%) - 200} \rightarrow \infty$$

由上面計算結果可知，在其他因素不變的情況下，銷售額越小，經營槓桿系數越大，經營風險也就越大，反之亦然。銷售額為 3,000 萬元時，經營槓桿系數為 1.5；銷售額為 2,000 萬元時，經營槓桿系數為 2，顯然後者的不穩定性大於前者，經營風險也大於前者。在銷售額處於盈虧臨界點 1,000 萬元時，經營槓桿系數趨於無窮大，此時企業銷售額稍有減少便會導致更大的虧損。

(二) 財務槓桿效應

1. 財務槓桿

財務槓桿是指由於固定性資本成本的存在，而使得企業的普通股收益（或每股收益）變動率大於息稅前利潤變動率的現象。財務槓桿反映了權益資本報酬的波動性，用以評價企業的財務風險。用普通股盈餘或每股盈餘表示普通股權益資本報酬，則：

$$TE = (EBIT - I) \times (1 - T) - D$$

$$EPS = \frac{(EBIT - I) \times (1 - T) - D}{N}$$

式中：

TE——普通股盈餘；

EPS——每股盈餘；

I——債務資金利息；

D——優先股股利；

T——企業所得稅稅率；

N——普通股股數。

上式中，影響普通股收益的因素包括資產報酬、資本成本、所得稅稅率等因素。當有利息費用等固定性資本成本存在時，如果其他條件不變，息稅前利潤的增加雖然不改變固定利息費用總額，但會降低每元息稅前利潤分攤的利息費用，從而提高每股盈餘，使得普通股盈餘的增長率大於息稅前利潤的增長率，進而產生財務槓桿效應。

當不存在固定利息、股息等資本成本時，息稅前利潤就是利潤總額，此時利潤總額變動率與息稅前利潤變動率完全一致。如果兩期所得稅稅率和普通股股數保持不變，每股盈餘的變動率與利潤總額變動率也完全一致，進而與息稅前利潤變動率一致。

2. 財務槓桿係數

只要企業融資方式中存在固定性資本成本，就存在財務槓桿效應。測算財務槓桿效應程度，常用指標為財務槓桿係數。財務槓桿係數是普通股盈餘變動率與息稅前利潤變動率的比值。其計算公式為：

$$DFL = \frac{普通股盈餘變動率}{息稅前利潤變動率} = \frac{EPS 變動率}{EBIT 變動率}$$

在不存在優先股股息的情況下，上式經整理後，財務槓桿係數的計算可以簡化為：

$$DFL = \frac{基期息稅前利潤}{基期利潤總額} = \frac{EBIT_0}{EBIT_0 - I_0}$$

如果企業既存在固定利息的債務，也存在固定股息的優先股，則財務槓桿係數的計算可以調整為：

$$DFL = \frac{EBIT_0}{EBIT_0 - I_0 - \dfrac{D_P}{1-T}}$$

式中：

D_P——優先股股利；

T——企業所得稅稅率。

【例3-19】有 X、Y、Z 三個公司，資本總額均為 1,000 萬元，所得稅稅率均為 30%，每股面值均為 1 元。X 公司資本全部由普通股組成；Y 公司債務資本 300 萬元（利率10%），普通股 700 萬元；Z 公司債務資本 500 萬元（利率 10.8%），普通股 500 萬元。三個公司 2015 年息稅前利潤均為 200 萬元，2016 年息稅前利潤均為 300 萬元，息稅前利潤均增長了 50%。有關財務指標如表 3-12 所示。

表 3-12　　　　　　　　　普通股每股盈餘及財務槓桿的計算

利潤項目	X 公司	Y 公司	Z 公司
普通股股數（萬股）	1,000	700	500

表3-12(續)

利潤項目		X公司	Y公司	Z公司
利潤總額	2015年（萬元）	200	170	146
	2016年（萬元）	300	270	246
	增長率（％）	50	58.82	68.49
淨利潤	2015年（萬元）	140	119	102.2
	2016年（萬元）	210	189	172.2
	增長率（％）	50	58.82	68.49
普通股盈餘	2015年（萬元）	140	119	102.2
	2016年（萬元）	210	189	172.2
	增長率（％）	50	58.82	68.49
每股收益	2015年（元）	0.14	0.17	0.20
	2016年（元）	0.21	0.27	0.34
	增長率（％）	50	58.82	68.49
財務槓桿系數		1	1.176	1.370

可見，資本成本固定型的資本所占比重越高，財務槓桿系數就越大。X公司由於不存在有固定資本成本的資本，沒有財務槓桿效應；Y公司存在債務資本，其普通股收益增長幅度是息稅前利潤增長幅度的1.176倍；Z公司不僅存在債務資本，而且債務資本的比重比Y公司高，其普通股收益增長幅度是息稅前利潤增長幅度的1.370倍。

3. 財務槓桿與財務風險

財務風險是指企業由於籌資原因產生的資本成本負擔而導致的普通股收益波動的風險。引起企業財務風險的主要原因是資產報酬的不利變化和資本成本的固定負擔。由於財務槓桿的作用，當企業的息稅前利潤下降時，企業仍然需要支付固定的資本成本，導致普通股剩餘收益以更快的速度下降。

財務槓桿放大了資產報酬變化對普通股收益的影響，財務槓桿系數越高，表明普通股收益的波動幅度越大，財務風險也就越大。在不存在優先股股息的情況下，根據財務槓桿系數的計算公式，有：

$$DFL = 1 + \frac{基期利息}{基期息稅前利潤 - 基期利息}$$

上式中，分子是企業籌資產生的固定性資本成本負擔，分母是歸屬於股東的收益。上式表明，在企業有正的稅後利潤的前提下，財務槓桿系數最低為1，不會為負數；只要有固定性資本成本存在，財務槓桿系數總是大於1。

由上式可知，影響財務槓桿的因素包括企業資本結構中債務資金比重、普通股盈餘水平、所得稅稅率水平。其中，普通股盈餘水平又受息稅前利潤、固定性資本成本高低的影響。債務成本比重越高，固定資本成本支付額越高，息稅前利潤水平越低，財務槓桿效應越大，反之亦然。

【例 3-20】在【例 3-19】中，三個公司 2015 年的財務槓桿系數分別為 X 公司 1、Y 公司 1.176、Z 公司 1.370。這意味著，如果息稅前利潤下降，X 公司的每股盈餘與之同步下降，而 Y 公司和 Z 公司的每股盈餘會以更大的幅度下降。導致各公司每股盈餘不為負數的息稅前利潤的最大降幅如表 3-13 所示。

表 3-13　　各公司每股盈餘不為負數的息稅前利潤的最大降幅

公司	財務槓桿系數	每股盈餘降低（%）	息稅前利潤降低（%）
X	1	100	100
Y	1.176	100	85.03
Z	1.370	100	72.99

上述結果表明，2016 年在 2015 年的基礎上，息稅前利潤只要降低 72.99%，Z 公司普通股盈餘就會出現虧損；息稅前利潤降低 85.03%，Y 公司普通股盈餘會出現虧損；息稅前利潤降低 100%，X 公司普通股盈餘會出現虧損。顯然，Z 公司不能支付利息、不能滿足普通股股利要求的財務風險遠高於其他公司。

(三) 總槓桿效應

1. 總槓桿

經營槓桿和財務槓桿可以獨自發揮作用，也可以綜合發揮作用，總槓桿是用來反映兩者之間共同作用結果的，即權益資本報酬與產銷業務量之間的變動關係。由於固定性經營成本的存在，產生經營槓桿效應，導致產銷業務量變動對息稅前利潤變動有放大作用；同樣，由於固定性資本成本的存在，產生財務槓桿效應，導致息稅前利潤變動對普通股每股收益變動有放大作用。兩種槓桿共同作用，將導致產銷業務量稍有變動，就會引起普通股每股收益更大的變動。總槓桿是指由於固定經營成本和固定資本成本的存在，導致普通股每股收益變動率大於產銷業務量的變動率的現象。

2. 總槓桿系數

只要企業同時存在固定性經營成本和固定性資本成本，就存在總槓桿效應。產銷量變動通過息稅前利潤的變動，傳導至普通股收益，使得每股收益發生更大的變動。通常用總槓桿系數表示總槓桿效應程度，總槓桿系數是經營槓桿系數和財務槓桿系數的乘積，是普通股盈餘變動率與產銷量變動率的倍數。其計算公式為：

$$總槓桿系數\ DTL = \frac{普通股利潤變動率}{產銷量變動率} = \frac{\Delta EPS/EPS_0}{\Delta S/S_0}$$

在不存在優先股股息的情況下，上式經整理，總槓桿系數的計算可以簡化為：

$$DTL = DOL \times DFL = \frac{基期邊際貢獻}{基期利潤總額} = \frac{基期稅後邊際貢獻}{基期稅後利潤}$$

【例 3-21】G 企業有關資料如表 3-14 所示，分別計算 G 公司 2016 年的經營槓桿系數、財務槓桿系數、總槓桿系數。

解答：經營槓桿系數、財務槓桿系數、總槓桿系數計算如表 3-14 所示。

表 3-14　　　　　　　　　　　槓桿效應計算表

項目	2015 年	2016 年	變動率
銷售額（售價 10 元）	1,000 萬元	1,200 萬元	+20%
邊際貢獻（單位 4 元）	400 萬元	480 萬元	+20%
固定成本	200 萬元	200 萬元	—
息稅前利潤	200 萬元	280 萬元	+40%
利息	50 萬元	50 萬元	—
利潤總額	150 萬元	230 萬元	+53.33%
淨利潤（稅率 20%）	120 萬元	184 萬元	+53.33%
每股收益（200 萬股，元）	0.6	0.92	+53.33%
經營槓桿			2
財務槓桿			1.33
總槓桿			2.67

3. 總槓桿與公司風險

公司風險包括企業的經營風險和財務風險，反映了企業的整體風險。總槓桿系數反映了經營槓桿和財務槓桿之間的關係，用以評價企業的整體風險水平。在總槓桿系數一定的情況下，經營槓桿系數與財務槓桿系數此消彼長。總槓桿效應的意義在於：第一，能夠說明產銷業務量變動對普通股收益的影響，可以預測未來的每股收益水平；第二，提示了財務管理的風險管理策略，即要保持一定的風險狀況水平，要維持一定的總槓桿系數，經營槓桿和財務槓桿可以有不同的組合。

一般來說，固定成本比重較大的資本密集型企業，經營槓桿系數高，經營風險大，企業籌資可以主要依靠權益資本，保持較小的財務槓桿系數和財務風險；變動成本比重較大的勞動密集型企業，經營槓桿系數低，經營風險小，企業籌資可以主要依靠債務資金，保持較大的財務槓桿系數和財務風險。

一般來說，在企業初創階段，產品市場佔有率低，產銷業務量小，經營槓桿系數大，此時企業籌資主要依靠權益資本，在較低程度上使用財務槓桿；在企業擴張成熟期，產品市場佔有率高，產銷業務量大，經營槓桿系數小，此時企業資本結構中可擴大債務資本比重，在較高程度上使用財務槓桿。

三、資本結構

資本結構及其管理是企業籌資管理的核心問題。如果企業現有資本結構不合理，應通過優化調整資本結構，使其趨於科學合理。

(一) 資本結構的含義

籌資管理中，資本結構有廣義和狹義之分。廣義的資本結構是指全部債務與股東權益的構成比例；狹義的資本結構則是指長期負債與股東權益的構成比例。就狹義的資本結構來說，短期債務作為營運資金來管理。本書使用狹義的資本結構的概念。

資本結構是在企業多種籌資方式下籌集資金形成的，各種籌資方式大小決定著企業資本結構及其變化。企業籌資方式雖然很多，但總體來看分為債務和權益資本兩大類。權益資本是企業必備的基礎資本，因此資本結構問題實際上就是債務資本的比例問題，即債務資本在企業全部資本中所占的比重。

不同的資本結構會給企業帶來不同的結果。企業利用債務資本進行舉債經營具有雙重作用，既可以發揮財務槓桿效應，也可能帶來財務風險，因此企業必須權衡財務風險和資本成本的關係，確定最佳的資本結構。評價企業資本結構最佳狀態的標準應該是能夠提高股權收益或降低資本成本，最終目的是提升企業價值。

股權收益表現為淨資產報酬率或普通股每股收益；資本成本表現為企業的加權平均資本成本率。根據資本結構理論，最佳資本結構是指在一定條件下使企業加權平均資本成本率最低、企業價值最大的資本結構。資本結構優化的目標是降低加權平均資本成本率或提高普通股每股收益。

從理論上講，最佳資本結構是存在的，但由於企業內部條件和外部環境的經常性變化，動態地保持最佳資本結構十分困難。因此，在實踐中，目標資本結構通常是根據滿意化原則確定的資本結構。

(二) 資本結構的影響因素

資本結構是一個產權結構問題，是社會資本在企業經濟組織形式中的資源配置結果。資本結構的變化將直接影響社會資本所有者的利益。

1. 企業經營狀況的穩定性和增長率

企業產銷業務的穩定程度對資本結構有重要影響。如果產銷業務穩定，企業可較多地負擔固定的財務費用。如果產銷業務量和盈餘有週期性，則要負擔固定的財務費用，將承擔較大的財務風險，經營發展能力表現為未來產銷業務量的增長率。如果產銷業務量能夠以較高的水平增長，企業可以採用高負債的資本結構，以提升權益資本的報酬。

2. 企業的財務狀況和信用等級

企業財務狀況良好，信用等級高，債權人願意向企業提供信用，企業容易獲得債務資金；相反，如果企業財務狀況欠佳，信用等級不高，債權人投資風險大，這樣會降低企業獲得信用的能力，加大債務資金籌資的資本成本。

3. 企業的資產結構

資產結構是企業籌集資本后進行資源配置和使用后的資金占用結構，包括長短期資產構成和比例以及長短期資產內部的構成和比例。資產結構對企業資本結構的影響主要包括：擁有大量固定資產的企業，主要通過長期負債和發行股票融通資金；擁有較多流動資產的企業，更多地依賴流動負債融通資金；資產適用於抵押貸款的企業負債較多，以技術研發為主的企業則負債較少。

4. 企業投資人和管理當局的態度

從企業所有者的角度看，如果企業股權分散，企業可能更多地採用權益資本籌資，以分散企業風險。如果企業為少數股東控製，股東通常重視企業控股權問題，為防止控股權稀釋，企業一般盡量避免普通股籌資，而是採用優先股或債務資金籌資。從企業管理當局的角度看，高負債資本結構的財務風險高，一旦經營失敗或出現財務危機，

管理當局將面臨市場接管的威脅或被董事會解聘。因此，穩健的管理當局偏好於選擇低負債比例的資本結構。

5. 行業特徵和企業發展週期

不同行業資本結構差異很大。產品市場穩定的成熟產業經營風險低，因此可提高債務資金比重，發揮財務槓桿作用。高新技術企業產品、技術、市場尚不成熟，經營風險高，因此可降低債務資金比重，控製財務槓桿風險。

同一企業在不同發展階段上，資本結構安排不同。企業初創階段，經營風險高，在資本結構安排上應控製負債比例；企業發展成熟階段，產品產銷業務量穩定和持續增長，經營風險低，可適度增加債務資金比重，發揮財務槓桿效應；企業收縮階段，產品市場佔有率下降，經營風險逐步加大，應逐步降低債務資金比重，保證經營現金流量能夠償付到期債務，保持企業持續經營能力，減少破產風險。

6. 經濟環境的稅務政策和貨幣政策

資本結構決策必然要研究理財環境因素，特別是宏觀經濟狀況。政府調控經濟的手段包括財政稅收政策和貨幣金融政策，當所得稅稅率較高時，債務資金的抵稅作用大，企業充分利用這種作用以提高企業價值。貨幣金融政策影響資本供給，從而影響利率水平的變動，當國家執行了緊縮的貨幣政策時，市場利率較高，企業債務資金成本增大。

(三) 資本結構的決策方法

資本結構決策就是要確定企業的最優資本結構。根據資本結構理論，最優資本結構是指加權平均資本成本最低、企業價值最大時的資本結構。資本結構決策的方法有比較資本成本法、每股收益無差別點分析法和企業價值比較法。

1. 比較資本成本法

比較資本成本法是通過計算不同籌資方案的加權平均資本成本，並從中選擇加權平均資本成本最小的融資方案，確定為相對最優的資本結構。

【例3-22】M企業現有三個資本結構方案可供選擇，有關資料如表3-15所示。根據表3-15中的資料，採用比較資本成本法，確定最佳資本結構。

表 3-15　　　　　　　　　　M 企業資本結構方案選擇資料

籌資方式	D 方案 資金額（萬元）	D 方案 資本成本（%）	E 方案 資金額（萬元）	E 方案 資本成本（%）	F 方案 資金額（萬元）	F 方案 資本成本（%）
長期借款	3,000	4	4,000	5	2,000	3
公司債券	4,000	6	3,000	6	3,000	5
普通股	3,000	10	3,000	10	5,000	8
合計	10,000		10,000		10,000	

解答：

$$K_D = 4\% \times \frac{3,000}{10,000} + 6\% \times \frac{4,000}{10,000} + 10\% \times \frac{3,000}{10,000} = 4\% \times 30\% + 6\% \times 40\% + 10\% \times 30\%$$

$$K_E = 5\% \times \frac{4,000}{10,000} + 6\% \times \frac{3,000}{10,000} + 10\% \times \frac{3,000}{10,000} = 5\% \times 40\% + 6\% \times 30\% + 10\% \times 30\%$$
$$= 6.8\%$$

$$K_F = 3\% \times \frac{2,000}{10,000} + 5\% \times \frac{3,000}{10,000} + 8\% \times \frac{5,000}{10,000} = 3\% \times 20\% + 5\% \times 30\% + 8\% \times 50\% = 6.1\%$$

由於 $K_F<K_D<K_E$，因此 F 方案的資本結構為最佳資本結構。

2. 每股收益無差別點分析法

每股收益無差別點分析法是通過比較每股收益進行資本結構決策的方法。每股收益無差別點是指能使兩個籌資方案每股收益相等的息稅前利潤。例如，使用普通股資金或債務資金，其息稅前利潤每股收益的關係如圖 3-1 所示。

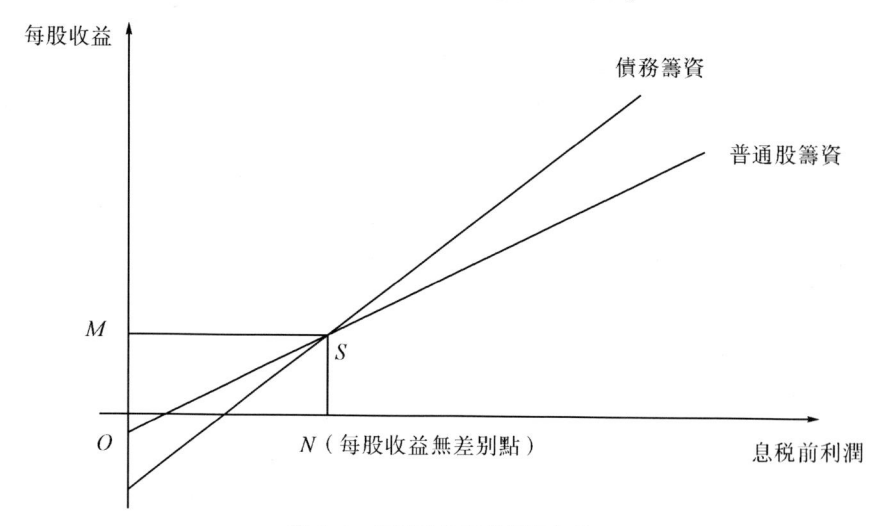

圖 3-1 每股收益無差別點分析

從圖 3-1 中可以看出，當息稅前利潤達到 N 點時，利用債務籌資和利用普通股籌資的每股收益相同，均為 M，則 N 點為每股收益無差別點。在息稅前利潤達到每股收益無差別點前，利用普通股籌資的每股收益大於利用負債籌資的每股收益；在息稅前利潤達到每股收益無差別點后，利用負債籌資的每股收益大於利用普通股籌資的每股收益。

每股收益的計算公式為：

$$EPS = \frac{(EBIT-I) \times (1-T)}{N}$$

式中：

EPS——每股收益；

EBIT——息稅前利潤；

I——負債的利息；

T——企業所得稅稅率；

N——普通股股數。

如果公司還存在優先股，則每股收益的計算公式可調整為：

$$EPS = \frac{(EBIT - I) \times (1 - T) - D}{N}$$

【例3-23】Y企業目前的資本總額為10,000萬元，其中公司債券4,000萬元，利率6%；其餘為普通股資金，普通股股數為5,000萬股。由於擴張的需要，企業擬籌資3,000萬元。兩種方案如下：

（1）增發普通股1,000萬股，每股市價3元。

（2）發行債券3,000萬元，債券利率7%，如果企業的年息稅前利潤預計可以達到1,800萬元。

要求：按照每股收益無差別點分析法確定該企業的最佳籌資方案。

解答：

$$\frac{(\overline{EBIT}-4,000\times6\%)\times(1-25\%)}{6,000} = \frac{(\overline{EBIT}-4,000\times6\%-3,000\times7\%)\times(1-25\%)}{5,000}$$

$\overline{EBIT} = 1,500$（萬元）

$EPS_1 = EPS_2 = 0.157,5$（元/股）

比較預期息稅前利潤與每股收益無差別點的息稅前利潤。

由於預期息稅前利潤（1,800萬元）>每股收益無差別點的息稅前利潤（1,500萬元），因此採用負債籌資方式較好。

計算預期息稅前利潤為1,800萬元時的每股收益。

採用普通股籌資時的每股收益計算如下：

$$EPS_1 = \frac{(1,800-4,000\times6\%)\times(1-25\%)}{6,000} = 0.195（元/股）$$

採用公司債籌資時的每股收益計算如下：

$$EPS_2 = \frac{(1,800-4,000\times6\%-3,000\times7\%)\times(1-25\%)}{5,000} = 0.202,5（元/股）$$

由$EPS_1<EPS_2$，進一步證明當息稅前利潤為1,800萬元時，應當採用債務方式籌資。

3. 企業價值比較法

以上兩種方法都是從帳面價值的角度進行資本結構優化分析，沒有考慮市場反應，也即沒有考慮風險因素。企業價值比較法是在考慮市場風險基礎上，以企業市場價值為標準，進行資本結構優化，即能夠提升企業價值的資本結構，就是合理的資本結構。這種方法主要用於對現有資本結構進行調整，適用於資本規模較大的上市公司資本結構優化分析。同時，在企業價值最大的資本結構下，企業的加權平均資本成本率也是最低的。

假設公司只有股票和債券兩種籌資方式，企業價值（V）由股票價值（S）和債券價值（B）兩部分構成，即：

$V = S + B$

為了計算方便，設長期債務（長期借款和長期債券）的現值等於其面值；股票的

現值則等於其未來淨收益按照股東要求的報酬率貼現。

假設企業的經營利潤永續，股東要求的回報率（權益資本成本）不變，則股票的市場價值為：

$$S = \frac{(EBIT - I) \times (1 - T)}{K_C}$$

式中：

$EBIT$——息稅前利潤；

I——債務利息；

T——企業所得稅稅率；

K_C——股票資產的資本成本。

K_C 可以按照資本資產定價模型確定：

$$K_C = R_f + \beta \times (R_m - R_f)$$

式中：

R_f——無風險報酬率；

R_m——市場平均報酬率；

β——股票的風險程度。

公司的加權平均資本成本 K_w 可以按照下式計算：

$$K_W = K_B \times \left(\frac{B}{V}\right) \times (1 - T) + K_C \times \left(\frac{S}{V}\right)$$

式中：

K_B——債務的稅前資本成本。

【例3-24】P公司是一家上市公司，2016年年末資產總計為10,000萬元，其中負債合計為2,000萬元。該公司適用的企業所得稅稅率為25%。相關資料如下：

資料一：預計P公司淨利潤持續增長，股利也隨之相應增長。相關資料如表3-16所示。

表3-16　　　　　　　　　　P公司相關資料

2016年末股票每股市價	8.75元
2016年股票的β係數	1.25
2016年無風險收益率	4%
2016年市場組合的收益率	10%
預計股利年增長率	6.5%
預計2017年每股現金股利（D_1）	0.5元

資料二：P公司認為2016年的資本結構不合理，準備發行債券募集資金用於投資，並利用自有資金回購相應價值的股票，優化資本結構，降低資本成本。假設發行債券不考慮籌資費用，並且債券的市場價值等於其面值，股票回購後P公司總資產帳面價值不變。經測算，不同資本結構下的債務利率和運用資本資產定價模型確定的權益資本成本如表3-17所示。

106

表 3-17　　　　　　　　　不同資本結構下的債務利率與權益資本成本

方案	負債 (萬元)	債務利率	稅後債務 資本成本	按資本資產 定價模型確定的 權益資本成本	以帳面價值 為權重確定的 平均資本成本
原資本結構	2,000	(A)	4.5%	×	(C)
新資本結構	4,000	7%	(B)	13%	(D)

註：表中「×」表示省略的數據。

要求：

（1）根據資料一，利用資本資產定價模型計算 P 公司股東要求的必要收益率。

（2）根據資料一，利用股票估價模型，計算 P 公司 2016 年年末股票的內在價值。

（3）根據上述計算結果，判斷投資者 2016 年年末是否應該以當時的市場價格買入 P 公司股票，並說明理由。

（4）確定表 3-17 中英文字母代表的數值。

（5）根據（4）的計算結果，判斷這兩種資本結構中哪種資本結構較優，並說明理由。

（6）預計 2017 年 P 公司的息稅前利潤為 1,400 萬元，假設 2017 年 P 公司選擇債務為 4,000 萬元的資本結構，2017 年的經營槓桿系數（DOL）為 2，計算 P 公司 2017 年的財務槓桿系數（DFL）和總槓桿系數（DTL）。

解答：

（1）必要收益率=4%+1.25×(10%-4%)=4%+7.5%=11.5%

（2）股票內在價值=$\dfrac{0.5}{11.5\%-6.5\%}$=10（元）

（3）由於內在價值 10 元高於市價 8.75 元，因此投資者應該購入該股票。

（4）$A=\dfrac{4.5\%}{1-25\%}=6\%$

$B=7\%×(1-25\%)=5.25\%$

$C=4.5\%×\dfrac{2,000}{10,000}+11.5\%×\dfrac{80,000}{10,000}=10.1\%$

$D=5.25\%×\dfrac{4,000}{10,000}+13\%×\dfrac{6,000}{10,000}=9.9\%$

（5）新資本結構更優，因為新資本結構下的加權平均資本成本更低。

（6）2016 年稅前利潤=1,400-4,000×7%=1,120（元）

2017 年財務槓桿系數=$\dfrac{2016\ 年息稅前利潤}{2016\ 年稅前利潤}=\dfrac{1,400}{1,120}=1.25$

2017 年總槓桿系數=經營槓桿系數×財務槓桿系數=2×1.25=2.5

本章小結

1. 籌資的分類（見表 3-18）

表 3-18　　　　　　　　　　　　籌資的分類

序號	分類標準	類型	舉例
1	按企業所取得資金的權益特性不同	股權籌資	吸收直接投資、發行股票、利用留存收益
		債務籌資	發行債券、借款、融資租賃、利用商業信用等方式取得資金
		混合籌資	可轉換債券、認股權證
2	按是否借助於金融機構為媒介	直接籌資	發行股票、發行債券、吸收直接投資
		間接籌資	銀行借款、融資租賃等
3	按資金的來源範圍不同	內部籌資	利用留存收益
		外部籌資	吸收直接投資、發行股票、發行債券、向銀行借款、融資租賃、利用商業信用
4	按所籌集資金的使用期限不同	長期籌資	吸收直接投資、發行股票、發行債券、取得長期借款、融資租賃
		短期籌資	商業信用、短期借款、保理業務

2. 各種長期負債資金籌集方式的比較（見表 3-19）

表 3-19　　　　　　各種長期負債資金籌集方式的比較

序號	項目	銀行借款	發行公司債券	融資租賃
1	籌資速度	快	慢	快
2	籌資的限制條件	最多	較少	最少
3	籌資彈性	大	小	—
4	籌資數量	有限	大	有限
5	社會聲譽	—	提高	—
6	資本成本	較低	居中	最高

3. 各種權益籌資方式的比較（見表 3-20）

表 3-20　　　　　　　各種權益籌資方式的比較

序號	項目	吸收直接投資	發行普通股	留存收益
1	生產能力形成	能夠盡快形成	不易盡快形成生產能力	—

表3-20(續)

序號	項目	吸收直接投資	發行普通股	留存收益
2	資本成本	最高（投資者往往要求將大部分盈餘作為紅利分配）	居中	最低
3	籌資費用	手續相對比較簡便，籌資費用較低	手續複雜，籌資費用高	沒有籌資費用
4	產權交易	不利於產權交易	促進股權流通和轉讓	—
5	公司控制權	公司控制權集中，不利於公司治理	公司控制權分散，公司容易被經理人控製	不影響
6	公司與投資者的溝通	公司與投資者容易進行信息溝通	公司與投資者不容易進行信息溝通	—
7	籌資數額	籌資數額較大	籌資數額較大	籌資額有限

4. 債務籌資與股權籌資的比較（見表3-21）

表3-21　　　　　　　　　**債務籌資與股權籌資的比較**

序號	債務籌資特點	股權籌資特點
1	籌資速度快（銀行借款、融資租賃）	籌資速度慢（發行股票）
2	籌資彈性大	籌資彈性小
3	資本成本低	資本成本高
4	可以利用財務槓桿	不可以利用財務槓桿
5	穩定公司的控製權	控製權容易變更
6	不能形成穩定的資本基礎	能穩定企業的資本基礎
7	財務風險較大	財務風險較小

5. 資本成本（見表3-22）

表 3-22　　　　　　　　　　　　　　資本成本

序號	類別	內容	
1	個別資本成本	（1）銀行借款的資本成本	$K_b = \dfrac{\text{年利率} \times (1-\text{所得稅稅率})}{1-\text{手續費費率}} \times 100\%$
		（2）發行公司債券的資本成本	$K_b = \dfrac{\text{年利息} \times (1-\text{所得稅稅率})}{\text{債券籌資總額}(1-\text{手續費費率})} \times 100\%$
		（3）融資租賃的資本成本	融資租賃各期的租金中，包含有本金每期的償還和各期手續費用（即租賃公司的各期利潤），其資本成本率只能按貼現模式計算
		（4）普通股的資本成本	①股利增長模型法：$K_S = \dfrac{D_0 \times (1+g)}{P_0 \times (1-f)} + g$ $= \dfrac{D_1}{P_0 \times (1-f)} + g$ ②資本資產定價模型法：$K_S = R_f + \beta(R_m - R_f)$
		（5）優先股的資本成本	$K_S = \dfrac{D}{P_n \times (1-f)}$
		（6）留存收益的資本成本	留存收益的資本成本率，表現為股東追加投資要求的報酬率
2	加權平均資本成本	$K_W = \sum K_J W_J$	帳面價值形式
			市場價值形式
			目標價值形式
3	邊際資本成本	企業在追加籌資時，不能僅僅考慮目前所使用資本的成本，還要考慮新籌集資金的成本，即邊際資本成本	

6. 槓桿效應（見表3-23）

表 3-23　　　　　　　　　　　　　　槓桿效應

序號	類別	內容
1	經營槓桿效應	$DOL = \dfrac{M_0}{M_0 - F_0} = \dfrac{EBIT_0 + F_0}{EBIT_0} = \dfrac{\text{基期邊際貢獻}}{\text{基期息稅前利潤}}$
2	財務槓桿效應	$DFL = \dfrac{\text{基期息稅前利潤}}{\text{基期利潤總額}} = \dfrac{EBIT_0}{EBIT_0 - I_0}$
3	總槓桿效應	$DTL = DOL \times DFL = \dfrac{\text{基期邊際貢獻}}{\text{基期利潤總額}} = \dfrac{\text{基期稅後邊際貢獻}}{\text{基期稅後利潤}}$

7. 資本結構的決策方法（見表3-24）

表 3-24　　　　　　　　　　　　資本結構的決策方法

序號	類別	內容
1	比較資本成本法	比較資本成本法是通過計算不同籌資方案的加權平均資本成本，並從中選擇加權平均資本成本最小的融資方案，確定為相對最優的資本結構
2	每股收益 無差別點分析法	$\dfrac{(\overline{EBIT}-I_1)\times(1-T)-D_1}{N_1}=\dfrac{(\overline{EBIT}-I_2)\times(1-T)-D_2}{N_2}$
3	企業價值比較法	$V=S+B$ $S=\dfrac{(EBIT-I)\times(1-T)}{K_S}$ $K_S=R_f+\beta(R_m-R_f)$

第四章　項目投資管理

案例導入

最佳項目　最佳時機——梅雁集團的投資選擇①

　　廣東梅雁集團在企業發展中科學合理地使用資金，進行最佳投資選擇，使企業經營業績穩定持續增長。梅雁集團在進行決策時，以利潤為中心，同時將眼前利益與長遠利益相結合，從而確定投資方向。投資已成為梅雁集團追求經濟利益的經營行為，也正是一次次最佳的投資選擇帶來了梅雁集團的成功。梅雁集團的投資選擇具有以下特點：

　　一、選準項目

　　對計劃投資的項目，梅雁集團的經營機構本著有利於公司產業結構的調整，著重於高新技術發展的原則，進行嚴謹的、科學的可行性論證，然後交董事會決策。梅雁集團於1992年改制為股份有限公司，募集了5,000多萬元資金後，怎樣使其盡快發揮出較大的效益，給股東以較高的回報率，是梅雁集團的決策者面臨的問題。經過科學分析和慎重考慮，董事會決定，堅持按公司招股說明書的規定，把資金投到早已瞄準的高科技產業上。在充分的可行性論證基礎上，梅雁集團成立了南海汽車配件有限公司，引進國內外先進設備，生產汽車液壓頂杆、免維修蓄電池等高質量的出口汽車配件；同時，向外拓展，先後到珠海等地辦實業。梅雁集團緊扣決策和經營管理各個環節，努力使這些科技含量高、前景廣泛、效益好的項目陸續上馬。通過這樣的投資選擇，梅雁集團成功地避免了因投資房地產從而積滯資金的局面，確保了新項目有足夠的資金按期完成投資，從而建成投產，發揮效益。

　　二、巧用資金

　　梅雁集團在把握好資金投向後，決策者們精打細算努力做到了資金活用，從而獲取最大的經濟效益。梅雁集團在同外商合作興辦南華汽車配件有限公司和珠海力佳液壓件有限公司時，抓住外匯市場開放前夕的有利時機，用募集的股金調劑了一筆美元，用於兩家公司的投資，巧妙地運用了資金。

　　梅雁集團在珠海興建客都賓館，按計劃需投資5,000萬元，但其沒有按常規去投資建設，而是在短期內集中了3,000多萬元，在完成土建工程以後，先完善第一層6,600多平方米的客房、餐廳和營業門市裝修，然後將第一層的門市租賃出去，把回收的資金再用來裝修其他部分，做到邊基建、邊裝修、邊回收資金，使賓館建得快、收效快，少占用1,000多萬元的投資資金。由於梅雁集團的精打細算，原需要1億多元投

---

①　財務管理案例 [EB/OL]．(2012-11-24) [2017-07-26]．http://www.dosin.com/p-536047595.html．

資的南華汽車配件公司、珠海客都賓館、液壓頂杆廠等主要項目只用了近 5,000 萬元。

三、把握時機

回顧梅雁集團 10 多年的發展歷史可以看到這樣的現象，即梅雁集團在經濟發展過程中，每一次向新臺階跨越都發生在全國經濟發展的降溫時期，人們將之稱為「梅雁現象」。對這種「梅雁現象」的解釋可以概括為善察經濟風雲，敢於逆流搏擊，選準最佳投資時機。

梅雁集團認識到，國家實行經濟宏觀調控是根據國情而定，梅雁集團不能隨大流束縛自身發展的步伐，應加速發展自己，做到「冷時不冷，熱時不熱」。據此，梅雁集團十分注重觀察國內外經濟風雲的變化，抓住各次經濟潮落時機，避實就虛，逆風前進，創造了投入越快越好的小氣候和經濟跳躍發展的機會。在 1989 年和 1990 年治理整頓期間，梅雁集團組建起企業集團公司，統一調配使用集團公司內部資金，通過向社會發行公司債券和向銀行租賃等方式，多方籌集資金，趁建材價格下降之機，興建起 2 萬多平方米的賓館、廠房、辦公樓和住宅樓宇；同時，新辦起灰砂磚廠、大型現代化養殖場、客都商場等企業，增購順風客運公司的車輛，擴展了營業線路，為集團公司打下了堅實的發展基礎，積聚了強大的后勁。1991 年，梅雁集團又趁人們的發展注意力集中在深圳的股市和地產之機，在珠海西區以較低價格，購買了 1 萬平方米的土地使用權。根據會計師事務所評估，梅雁集團在三年經濟治理整頓時期，興建的房屋和購置的土地使用權，價值總額達 2,900 多萬元。所有這些成功的投資決策，都是梅雁集團善於把握良好時機的碩果。

思考：企業如何做出最佳投資決策？

第一節　項目投資概述

一、投資的含義與特點

在市場經濟條件下，企業能否把籌集到的資金投放到收益高、回收快、風險小的項目上，對企業的生存和發展是十分重要的。企業投資是指企業為了在未來可預見的時期內獲得資金或使資金增值，在一定時期向一定領域的標的物投放足夠數額的資金或實物等貨幣等價物的經濟活動。財務管理中的投資與會計中的投資的含義不完全一致，通常，會計上的投資是指對外投資，而財務管理中的投資既包括對外投資，也包括對內投資。本章所指的投資是對內投資，主要是項目投資。

二、投資的特點

企業的投資活動與經營活動是不相同的，投資活動的結果對企業在經濟利益上有較長期的影響。企業投資涉及的資金多、經歷的時間長，對企業未來的財務狀況和經營活動都有較大的影響。與日常經營活動相比，投資的主要特點表現如下：

（一）屬於企業的戰略性決策

企業的投資活動一般涉及企業未來的經營發展方向、生產能力規模等問題，如廠

房設備的新建與更新、新產品的研製與開發、對其他企業的股權控製等。

勞動力、勞動資料和勞動對象是企業的生產要素，是企業進行經營活動的前提條件。企業投資主要涉及勞動資料要素方面，包括生產經營所需的固定資產的購建、無形資產的獲取等。企業投資的對象也可能是生產要素綜合體，即對另一個企業股權的取得和控製。這些投資活動直接影響本企業未來的經營發展規模和方向，是企業簡單再生產得以順利進行並實現擴大再生產的前提條件。企業的投資活動先於經營活動，這些投資活動往往需要一次性地投入大量的資金，並在一段較長的時期內發生作用，對企業經營活動的方向產生重大影響。

(二) 屬於企業的非程序化管理

企業有些經濟活動是日常重複性進行的，如原材料的購買、人工的雇用、產品的生產製造、產成品的銷售等，稱為日常的例行性活動。這類活動經常性地重複發生，有一定的規律，可以按既定的程序和步驟進行。對這類重複性日常經營活動進行的管理，稱為程序化管理。企業有些經濟活動往往不會經常性地重複出現，如新產品的開發、設備的更新、企業兼併等，稱為非例行性活動。非例行性活動只能針對具體問題，按特定的影響因素、相關條件和具體要求來進行審查和抉擇。對這類非重複性特定經濟活動進行的管理，稱為非程序化管理。

企業的投資項目涉及的資金數額較大。這些項目的管理，不僅是一個投資問題，也是一個資金籌集問題。特別是對於設備和生產能力的購建、對其他關聯企業的併購等，需要大量的資金。對於一個產品製造或商品流通的實體性企業來說，這種籌資和投資不會經常發生。

企業的投資項目影響的時間較長。這些投資項目實施后，將形成企業的生產條件和生產能力，這些生產條件和生產能力的使用期限長，將在企業多個經營週期內直接發揮作用，也將間接影響日常經營活動中流動資產的配置與分佈。

企業的投資活動涉及企業的未來經營發展方向和規模等重大問題，是不經常發生的。投資經濟活動具有一次性和獨特性的特點，投資管理屬於非程序化管理。每一次投資的背景、特點、要求等都不一樣，無明顯的規律性可遵循，管理時更需要周密思考，慎重考慮。

(三) 投資價值的波動性大

投資項目的價值是由投資的標的物資產的內在獲利能力決定的。這些標的物資產的形態是不斷轉換的，未來收益的獲得具有較強的不確定性，其價值也具有較強的波動性。同時，各種外部因素，如市場利率、物價等的變化，也時刻影響著投資標的物的資產價值。因此，企業投資管理決策時，要充分考慮投資項目的時間價值和風險價值。

企業投資項目的變現能力是不強的，因為其投放的標的物大多是機器設備等變現能力較差的長期資產，這些資產的持有目的也不是為了變現，並不準備在一年或超過一年的一個營業週期內變現。因此，投資項目的價值也是不易確定的。

二、企業投資的分類

將企業投資的類型進行科學分類，有利於分清投資的性質，按不同的特點和要求

進行投資決策，加強投資管理。

(一) 直接投資和間接投資

按投資活動與企業本身生產經營活動的關係，企業投資可以劃分為直接投資和間接投資。

直接投資是將資金直接投放於形成生產經營能力的實體性資產，直接謀取經營利潤的企業投資。企業通過直接投資，可以購買並配置勞動力、勞動資料和勞動對象等具體生產要素，開展生產經營活動。

間接投資是將資金投放於股票、債券等權益性資產上的企業投資。之所以稱為間接投資，是因為股票、債券的發行方，在籌集到資金後，再把這些資金投放於形成生產經營能力的實體性資產，獲取經營利潤。而間接投資方不直接介入具體生產經營過程，而是通過股票、債券約定的收益獲取股利或利息收入，分享直接投資的經營利潤。

(二) 項目投資與證券投資

按投資對象的存在形態和性質，企業投資可以劃分為項目投資和證券投資。

企業可以通過投資，購買具有實質內涵的經營資產，包括有形資產和無形資產，形成具體的生產經營能力，開展實質性的生產經營活動，謀取經營利潤。這類投資稱為項目投資。項目投資的目的在於改善生產條件、擴大生產能力，以獲取更多的經營利潤。項目投資屬於直接投資。

企業可以通過投資，購買具有權益性的證券資產，通過證券資產賦予的權利間接控製被投資企業的生產經營活動，獲取投資收益。這類投資稱為證券投資，即購買屬於綜合生產要素的權益性權利資產的企業投資。

證券是一種金融資產，即以經濟合同契約為基本內容，以憑證票據等書面文件為存在形式的權利性資產。例如，債券投資代表的是未來按契約規定收取債券利息和收回本金的權利，股票投資代表的是對發行股票企業的經營控製權、財務控製權、收益分配權、剩餘財產追索權等股東權利。證券投資的目的在於通過持有權益性證券，獲取投資收益，或控製其他企業的財務或經營政策，並不直接從事具體生產經營過程。因此，證券投資屬於間接投資。

直接投資與間接投資、項目投資與證券投資，兩種投資分類方式的內涵和範圍是一致的，只是分類角度不同。直接投資與間接投資強調的是投資的方式性，項目投資與證券投資強調的是投資的對象性。

(三) 發展性投資與維持性投資

按投資活動對企業未來生產經營前景的影響，企業投資可以劃分為發展性投資和維持性投資。

發展性投資是指對企業未來的生產經營發展全局有重大影響的企業投資。發展性投資也可以稱為戰略性投資，如企業間兼併或合併的投資、轉換新行業和開發新產品的投資、大幅度擴大生產規模的投資等。發展性投資項目實施後，往往可以改變企業的經營方向和經營領域，或者明顯地擴大企業的生產經營能力，或者實現企業的戰略重組。

維持性投資是為了維持企業現有的生產經營正常順利進行，不會改變企業本來生產經營發展全局的企業投資。維持性投資也可以稱為戰術性投資，如更新替換舊設備

的投資、配套流動資金的投資、生產技術革新的投資等。維持性投資項目需要的資金不多，對企業生產經營的前景影響不大，投資風險相對也較小。

（四）對內投資與對外投資

按投資活動資金投出的方向，企業投資可以劃分為對內投資和對外投資。

對內投資是指在本企業範圍內部的資金投放，用於購買和配置各種生產經營所需的經營性資產。

對外投資是指向本企業範圍以外的其他單位的資金投放。對外投資多以現金、有形資產、無形資產等資產形式，通過聯合投資、合作經營、換取股權、購買證券資產等投資方式，向企業外部其他單位投放資金。

對內投資都是直接投資，對外投資主要是間接投資，也可能是直接投資。

（五）獨立投資與互斥投資

按投資項目之間的相互關聯關係，企業投資可以劃分為獨立投資和互斥投資。

獨立投資是相容性投資，各個投資項目之間互不關聯、互不影響，可以同時並存。例如，建造一個飲料廠和建造一個紡織廠，它們之間並不衝突，可以同時進行。對於一個獨立投資項目而言，其他投資項目是否被採納或放棄，對本項目的決策並無顯著影響。因此，獨立投資項目決策考慮的是方案本身是否滿足某種決策標準。例如，可以規定凡提交決策的投資方案，其預期投資報酬率都要求達到20%才能被採納。這裡預期投資報酬率達到20%，就是一種預期的決策標準。

互斥投資是非相容性投資，各個投資項目之間相互關聯、相互替代，不能同時並存。例如，對企業現有設備進行更新，購買新設備就必須處置舊設備，它們之間是互斥的。對於一個互斥投資項目而言，其他投資項目是否被採納或放棄，直接影響本項目的決策，其他項目被採納，本項目就不能被採納。因此，互斥投資項目決策考慮的是各方案之間的排斥性，也許每個方案都是可行方案，但互斥決策需從中選擇最優方案。

三、投資的意義

企業需要通過投資配置資產，才能形成生產能力，取得未來的經濟利益。

（一）投資是企業生存與發展的基本前提

企業的生產經營，就是企業資產的運用和資產形態的轉換過程。投資是一種資本性支出的行為，通過投資支出，企業購建流動資產和長期資產，形成生產條件和生產能力。實際上，不論是新建一個企業，還是建造一條生產流水線，都是一種投資行為。通過投資，確立企業的經營方向，配置企業的各類資產，並將它們有機地結合起來，形成企業的綜合生產經營能力。如果企業想要進軍一個新興行業，或者開發一種新產品，都需要先行進行投資。因此，投資決策的正確與否，直接關係到企業的興衰成敗。

（二）投資是獲取利潤的基本前提

企業投資的目的是要通過預先墊付一定數量的貨幣或實物形態的資本，購建和配置形成企業的各類資產，從事某類經營活動，獲取未來的經濟利益。通過投資形成了生產經營能力，企業才能開展具體的經營活動，獲取經營利潤。那些以購買股票、債券等有價證券方式向其他單位的投資，可以通過取得股利或債務利息來獲取投資收益，

也可以通過轉讓證券來獲取資本利得。
(三) 投資是企業風險控製的重要手段

　　企業經營面臨各種風險，有來自市場競爭的風險，有資金週轉的風險，還有原材料漲價、成本費用居高不下的風險。投資是企業風險控製的重要手段。通過投資，企業可以將資金投向企業生產經營的薄弱環節，使企業的生產經營能力配套、平衡、協調。通過投資，企業可以實現多元化經營，將資金投放於經營相關程度較低的不同產品或不同行業，分散風險，穩定收益來源，降低資產的流動性風險、變現風險，增強資產的安全性。

四、投資決策程序

　　企業的投資決策都會面臨一定的風險，為了保證投資決策的正確有效，必須按照科學的投資決策程序，認真進行投資項目的可行性分析。
(一) 確定決策目標

　　決策目標是投資決策的出發點和歸宿。確定決策目標就是弄清這項決策究竟要解決什麼問題。例如，在產品生產方面，有新產品的研製和開發的問題、生產效率如何提高的問題、生產設備如何充分利用的問題、生產的工藝技術如何革新的問題等；在固定資產投資方面，有固定資產的新建、擴建、更新等問題，但不論如何，決策目標應具體、明確，並力求目標數量化。
(二) 搜集有關信息

　　搜集信息就是針對決策目標，廣泛搜集盡可能多的、對決策目標有影響的各種可計量和不可計量的信息資料，作為今後決策的根據。對於搜集的各種信息，特別是預計現金流量的數據，還要善於鑑別，進行必要的加工延伸。應當指出，信息的搜集工作，往往要反覆進行，貫穿於各步驟之間。
(三) 提出備選方案

　　提出備選方案就是針對決策目標提出若干可行性的方案。提出可行性的備選方案是投資決策的重要環節，是做出科學決策的基礎和保證。可行是指政策上的合理性、技術上的先進性、市場上的適用性和資金上的可能性。各個備選方案都要注意實事求是，量力而行，保證企業現有的人力、物力和財力資源都能得到合理、有效的配置和使用。
(四) 通過定量分析對備選方案做出初步評價

　　該步驟是把各個備選方案的可計量資料先分別歸類，系統排列，選擇適當的專門方法，建立數學模型對各方案的現金流量進行計算、比較和分析，再根據經濟效益的大小對備選方案做出初步的判斷和評價。
(五) 考慮其他因素的影響，確定最優方案

　　根據上一步驟定量分析的初步評價，企業應進一步考慮各種非計量因素的影響。例如，針對國際、國內政治經濟形勢的變動以及人們心理、習慣、風俗等因素的改變，進行定性分析。企業應把定量分析和定性分析結合起來綜合考慮，權衡利弊，並根據各方案提供的經濟效益和社會效益的高低進行綜合判斷，最後篩選出最優方案。

（六）評估決策的執行和信息反饋

決策的執行是決策的目的，也是檢驗過去所做出的決策是否正確的客觀依據。當上一階段篩選出的最優方案付諸實施以後，企業還需要對決策的執行情況進行跟蹤評估，借以發現過去決策中存在的問題，然后再通過信息反饋，糾正偏差，以保證決策目標的最終實現。

五、投資管理的原則

為了適應投資項目的特點和要求，實現投資管理的目標，做出合理的投資決策，企業需要制定投資管理的基本原則，據以保證投資活動的順利進行。

（一）可行性分析原則

投資項目的金額大，資金占用時間長，一旦投資后具有不可逆轉性，對企業的財務狀況和經營前景影響重大。因此，在進行投資決策之時，企業必須建立嚴密的投資決策程序，進行科學的可行性分析。

投資項目可行性分析是投資管理的重要組成部分，其主要任務是對投資項目實施的可行性進行科學的論證，主要包括環境可行性、技術可行性、市場可行性、財務可行性等方面。項目可行性分析將對項目實施后未來的運行和發展前景進行預測，通過定性分析和定量分析比較項目的優劣，為投資決策提供參考。

環境可行性要求投資項目對環境的不利影響最小，並能帶來有利影響，包括對自然環境、社會環境和生態環境的影響。

技術可行性要求投資項目形成的生產經營能力具有技術上的適應性和先進性，包括工藝、裝備、地址等。

市場可行性要求投資項目形成的產品能夠被市場接受，取得市場佔有率，進而才能帶來財務上的可行性。

財務可行性要求投資項目在經濟上具有效益性，這種效益性是明顯的和長期的。財務可行性是在相關的環境、技術、市場可行性完成的前提下，著重圍繞技術可行性和市場可行性而開展的專門的經濟性評價。同時，財務可行性一般也包含資金籌集的可行性。

財務可行性分析是投資項目可行性分析的主要內容，因為投資項目的根本目的是經濟效益，市場和技術可行性分析的落腳點是經濟的效益性，項目實施後的業績絕大部分表現在價值化的財務指標上。財務可行性分析的主要方面和內容包括收入、費用和利潤等經營成果指標的分析；資產、負債、所有者權益等財務狀況指標的分析；資金籌集和配置的分析；資金流轉和回收等資金運行過程的分析；項目現金流量、淨現值、內含報酬率等項目經濟性效益指標的分析；項目收益與風險關係的分析；等等。

（二）結構平衡原則

由於投資往往是一個綜合性的項目，不僅涉及固定資產等生產能力和生產條件的購建，還涉及使生產能力和生產條件正常發揮作用所需要的流動資產的配置。同時，由於受資金來源的限制，投資也常常會遇到資金需求超過資金供應的矛盾。如何合理配置資源，使有限的資金發揮最大的效用，是投資管理中資金投放面臨的重要問題。

可以說，一個投資項目的管理就是綜合管理。資金既要投放於主要生產設備，又

要投放於輔助設備；既要滿足長期資產的需要，又要滿足流動資產的需要。投資項目在資金投放時，要遵循結構平衡的原則，合理分佈資金，具體包括固定資金上流動資金的配套關係、生產能力與經營規模的平衡關係、資金來源與資金運用的匹配關係、投資進度和資金供應的協調關係、流動資產內部的資產結構關係、發展性投資與維持性投資的配合關係、對內投資與對外投資的順序關係、直接投資與間接投資的分佈關係等。

投資項目在實施后，資金就較長期地固化在具體項目上，退出和轉向都不太容易。只有遵循結構平衡的原則，投資項目實施后才能正常順利地運行，才能避免資源的閒置和浪費。

(三) 動態監控原則

投資的動態監控是指對投資項目實施過程中的進程控製。特別是對於那些工程量大、工期長的建造項目來說，其有一個具體的投資過程，需要按工程預算實施有效的動態投資控製。

投資項目的工程預算是對總投資中各工程項目及其包含的分步工程和單位工程造價規劃的財務計劃。建設性投資項目應當按工程進度，對分項工程、分步工程、單位工程的完成情況，逐步進行資金撥付和資金結算，控制工程的資金耗費，防止資金浪費。在項目建設完工后，企業應通過工程決算，全面清點所建造的資產數額和種類，分析工程造價的合理性，合理確定工程資產的帳面價值。

對於間接投資特別是證券投資而言，投資前首先要認真分析投資對象的投資價值，根據風險與收益均衡的原則合理選擇投資對象。在持有金融資產過程中，企業要廣泛獲取投資對象和資本市場的相關信息，全面瞭解被投資單位的財務狀況和經營成果，保護自身的投資權益。有價證券類的金融資產投資的投資價值不僅由被投資對象的經營業績決定，還受資本市場的制約。這就需要分析資本市場上資本的供求關係狀況，預計市場利率的波動和變化趨勢，動態地估算投資價值，尋找轉讓證券資產和收回投資的最佳時機。

第二節　現金流量分析

一、現金流量的構成

現金流量是投資項目財務可行性分析的主要分析對象，淨現值內含報酬率、回收期等財務評價指標，均是以現金流量為對象進行可行性評價的。利潤只是期間財務報告的結果，對於投資方案財務可行性來說，項目的現金流量狀況比會計期間盈虧狀況更為重要。一個投資項目能否順利進行，有無經濟上的效益，不一定取決於有無會計期間利潤，而在於能否帶來正現金流量，即整個項目能否獲得超過項目投資的現金回收。

由一項長期投資方案引起的在未來一定期間發生的現金收支，稱為現金流量 (Cash Flow)。其中，現金收入稱為現金流入量，現金支出稱為現金流出量，現金流入量與現金流出量相抵后的餘額，稱為現金淨流量 (Net Cash Flow, NCF)。

在一般情況下，投資決策中的現金流量通常指現金淨流量（NCF）。這裡，所謂的現金，既可以指庫存現金、銀行存款等貨幣性資產，也可以指相關非貨幣性資產（如原材料、設備等）的變現價值。投資項目從整個經濟壽命週期來看，大致可以分為三個階段：建設期、營運期、終結點，現金流量的各個項目也可歸屬於各階段之中。

（一）建設期現金流量

建設期現金流量主要是現金流出量，即在投資項目上的原始投資，包括在長期資產上的投資和墊支的營運資金。如果該項目的籌建費、開辦費較高，也可作為建設期的現金流出量計入遞延資產。在一般情況下，建設期固定資產的原始投資通常在年內一次性投入（如購買設備），如果原始投資不是一次性投入（如工程建造），則應把投資歸屬於不同投入年份之中。

1. 長期資產投資

長期資產投資包括在固定資產、無形資產、遞延資產等長期資產上的購入、建造、運輸、安裝、試運行等方面所需的現金支出，如購置成本、運輸費、安裝費等。對於投資實施后導致固定資產性能改進而發生的改良支出，屬於固定資產的后期投資。

2. 營運資金墊支

營運資金墊支是指投資項目形成了生產能力，需要在流動資產上追加的投資。由於擴大了企業生產能力，原材料、在產品、產成品等流動資產規模也隨之擴大，需要追加投入日常營運資金。同時，企業營業規模擴充后，應付帳款等結算性流動負債也隨之增加，自動補充了一部分日常營運資金的需要。因此，為該投資墊支的營運資金是追加的流動資產擴大量與結算性流動負債擴大量的淨差額。

（二）營運期現金流量

營運期是投資項目的主要階段，該期間既有現金流入量也有現金流出量。現金流入量主要是營運各年的營業收入，現金流出量主要是營運各年的付現營運成本。

另外，營運期內某一年發生的大修理支出，如果會計處理在本年內一次性作為收益性支出，則直接作為該年付現成本；如果跨年攤銷處理，則本年作為投資性的現金流出量，攤銷年份以非付現成本形式處理。營運期內某一年發生的改良支出是一種投資，應作為該年的現金流出量，以后年份通過折舊收回。

在正常營運期內，由於營運各年的營業收入和付現成本數額比較穩定，因此營運期各年現金流量一般為：

營業現金淨流量（NCF）＝營業收入－付現成本＝營業利潤＋非付現成本

上式中，非付現成本主要是固定資產年折舊費用、長期資產攤銷費用、資產減值準備等。其中，長期資產攤銷費用主要有跨年的大修理攤銷費用、改良工程折舊攤銷費用、籌建開辦費攤銷費用等。

所得稅是投資項目的現金支出，即現金流出量，考慮所得稅對投資項目現金流量的影響，投資項目正常營運階段所獲得的營業現金流量，可按下列公式進行測算：

營業現金淨流量(NCF)＝營業收入－付現成本－所得稅

　　　　　　　　　　＝稅后營業利潤＋非付現成本

　　　　　　　　　　＝收入×(1－所得稅稅率)－付現成本×(1－所得稅稅率)

　　　　　　　　　　　＋非付現成本×所得稅稅率

（三）終結點現金流量

終結點現金流量主要是現金流入量，包括固定資產變價淨收入、固定資產變現淨損益的影響和墊支營運資金的收回。

1. 固定資產變價淨收入

投資項目在終結階段，原有固定資產將退出生產經營，企業對固定資產進行清理處置。固定資產變價淨收入是指固定資產出售或報廢時的出售價款或殘值收入扣除清理費用後的淨額。

2. 固定資產變現淨損益

固定資產變現淨損益對現金淨流量的影響用公式表示如下：

固定資產變現淨損益對現金淨流量的影響＝(帳面價值−變價淨收入)×所得稅稅率

如果帳面價值−變價淨收入>0，則意味著發生了變現淨損失，可以抵稅，減少現金流出，增加現金淨流量。

如果帳面價值−變價淨收入<0，則意味著實現了變現淨收益，應該納稅，增加現金流出，減少現金淨流量。

變現時固定資產帳面價值指的是固定資產帳面原值與變現時按照稅法規定計提的累計折舊的差額。如果變現時，按照稅法的規定，折舊已經全部計提，則變現時固定資產帳面價值等於稅法規定的淨殘值；如果變現時，按照稅法的規定，折舊沒有全部計提，則變現時固定資產帳面價值等於稅法規定的淨殘值與剩餘的未計提折舊之和。

3. 墊支營運資金的收回

伴隨著固定資產的出售或報廢，投資項目的經濟壽命結束，企業將與該項目相關的存貨出售，應收帳款收回，應付帳款也隨之償付。營運資金恢復到原有水平，項目開始墊支的營運資金在項目結束時得以回收。

投資項目在整個經濟壽命週期內現金流量如圖4-1所示。

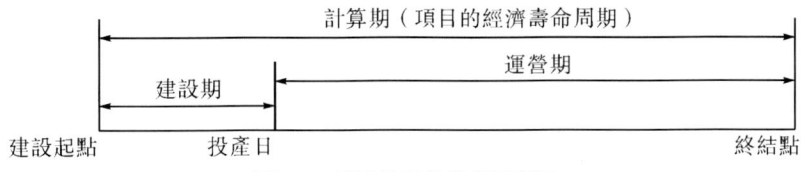

圖4-1　現金流量的構成示意圖

二、現金流量假設

由於項目投資現金流量的確定是一項複雜的工作，為了便於確定現金流量的具體內容，簡化現金流量的計算過程，特做以下假設：

（一）全投資假設

假設在確定項目的現金流量時，只考慮全部投資的運動情況，不論是自有資金還是借入資金等形成的現金流量，都將其視為自有資金。

（二）建設期投入全部資金假設

項目的原始總投資不論是一次投入還是分次投入，均假設它們是在建設期內投

入的。
（三）項目投資的營運期與折舊年限一致假設
　　假設項目主要固定資產的折舊年限與營運期相同。
（四）時點指標假設
　　現金流量的具體內容涉及的價值指標，不論是時點指標還是時期指標，均假設按照年初或年末的時點處理，即均假設為時點指標。其中，建設投資在建設期內有關年度的年初發生；墊支的流動資金在建設期的最後一年年末，即營運期的第一年年初發生；營運期內各年的營業收入、付現成本、折舊（攤銷等）、利潤、所得稅等項目均在年末發生；項目最終報廢或清理（中途出售項目除外），回收流動資金均發生在營運期最後一年年末。
（五）確定性假設
　　假設與項目現金流量估算有關的價格、產銷量、成本水平、所得稅稅率等因素均為已知常數。

三、確定現金流量時應考慮的問題

　　在確定項目的現金流量時，應遵循的基本原則是只有增量現金流量才是與投資項目相關的現金流量。所謂增量現金流量，是指由於接受或放棄某個投資項目所引起的現金變動部分。只有某個投資方案引起的現金流入增加額，才是該方案的現金流入；同理，某個投資方案引起的現金流出增加額，才是該方案的現金流出。為了正確計算投資項目的增量現金流量，要注意以下四個問題：
（一）區分相關成本與無關成本
　　相關成本是指與特定投資決策有關的、在分析評價時必須加以考慮的成本。例如，差額成本、未來成本、重置成本、機會成本等都屬於相關成本。與此相反，無關成本是與特定投資決策無關、在分析評價必加以考慮的成本。例如，沉沒成本、過去成本、帳面成本等往往是無關成本。
　　沉沒成本是過去發生的支出，而不是新增成本。這一成本是由過去的決策所引起的、對企業當前的投資決策不會產生任何影響，是決策的無關成本。例如，某企業在兩年前購置的某項設備原價80萬元，無殘值，按直線法計提折舊，目前帳面淨值為60萬元。由於科學技術的進步，該設備已被淘汰，在這種情況下，帳面淨值60萬元就屬於沉沒成本。因此，企業在進行投資決策時要考慮的是當前的投資是否有利可圖，而不是過去已花掉了多少錢。如果將無關成本納入投資方案的總成本，則一個有利的方案可能因此變得不利，一個較好的方案可能變成較差的方案，從而造成決策失誤。
　　在投資決策中，如果選擇了某一投資項目，就會放棄其他投資項目，其他投資項目所能獲取的收益就是本項目的機會成本。機會成本不是我們通常意義上的成本，不是實際發生的支出或費用，而是一種潛在的、放棄的收益。例如，一筆現金用來購買股票就不能存入銀行，那麼存入銀行的利息收入就是股票投資的機會成本。例如，某企業現有新產品投資決策，需興建一個車間，新建車間需要使用企業已經擁有的一塊土地。在進行投資分析時，因為企業不必運用資金去購置土地，可否不將土地的成本考慮在內呢？不行。因為企業若不利用這塊土地來興建車間，則可將這塊土地出售或

出租，就可得到一筆收入，則這筆收入就是興建車間的機會成本。假設這塊土地出售可獲得淨收入 100 萬元，而土地的帳面價值為 30 萬元，興建車間的機會成本應為 100 萬元，而不是 30 萬元。機會成本作為喪失的收益，離開被放棄的投資機會就無從計量。在投資項目決策中考慮機會成本，有利於全面分析評價所面臨的各個投資機會，以便選擇經濟上最為有利的投資項目。

(二) 要考慮投資方案對公司其他部門的交叉影響

當企業採納一個新的投資項目後，該項目可能對公司的其他部門造成有利或不利的影響。例如，當新建車間生產的產品上市後，原有其他產品的銷路可能減少，而且整個企業的銷售額也許不增加甚至減少。因此，企業在進行投資分析時，不應將新車間的銷售收入作為增量收入來處理，而應扣除其他部門因此減少的銷售收入。當然也可能發生相反的情況，新產品上市後將促進其他部門的銷售增長。這要看新項目和原有部門是競爭關係還是互補關係。

(三) 對淨營運資金的影響

在一般情況下，當企業開辦一個新業務並使銷售額擴大後，對於存貨和應收帳款等流動資產的需求也會增加，企業必須籌措新的資金以滿足這種額外需求。同時，企業擴充的結果是應付帳款與一些應付費用等流動負債也會同時增加，從而降低企業流動資金的實際需要。所謂淨營運資金的需要，指的是增加的流動資產與增加的流動負債之間的差額。

(四) 考慮所得稅因素的影響

投資決策中現金流量的計算一定是建立在稅後的基礎之上的。因為只有扣除稅收因素後的現金流入才是企業增加的淨收益，只有扣除稅收因素之後的現金流出才是企業增加的淨支出。凡是由投資決策引起的計入當期收入或當期費用、損失的項目都應考慮其對所得稅的影響。

四、現金流量的計算

在實務中，對某一投資項目在不同時點上現金流量數額的測算，通常通過編制「投資項目現金流量表」進行。通過該表，能測算出投資項目相關現金流量的時間和數額，以便進一步進行投資項目可行性分析。

【例 4-1】Y 投資項目需要 3 年建成，每年年初投入建設資金 90 萬元，共投入 270 萬元。建成投產之時，企業需投入營運資金 140 萬元，以滿足日常經營活動需要，項目投產後，估計每年可獲稅後營業利潤 60 萬元。固定資產使用年限為 7 年，使用後第 5 年預計進行一次改良，估計改良支出 80 萬元，分兩年平均攤銷，資產使用期滿後，估計有殘值淨收入 11 萬元，採用使用年限法折舊。項目期滿時，墊支營運資金全額收回。

要求：根據以上資料，編制投資項目現金流量表。

解答：投資項目現金流量表如表 4-1 所示。

表 4-1　　　　　　　　　　　投資項目現金流量表　　　　　　　　　　單位：萬元

項目	0	1	2	3	4	5	6	7	8	9	10	總計
固定資產價值	(90)	(90)	(90)									(270)
固定資產折扣					37	37	37	37	37	37	37	259
改良支出									(80)			(80)
改良支出攤銷										40	40	80
稅後營業利潤					60	60	60	60	60	60	60	420
殘值淨收入											11	11
營運資金				(140)							140	0
總計	(90)	(90)	(90)	(140)	97	97	97	97	17	137	288	420

註：表 4-1 中的數字，帶有括號的為現金流出量，表示負值；沒有帶括號的為現金流入量，表示正值。

【例 4-2】A 公司計劃增添一條生產流水線，以擴充生產能力。現有甲、乙兩個方案可供選擇。甲方案需要投資 500,000 元，乙方案需要投資 750,000 元。兩方案的預計使用壽命均為 5 年，折舊均採用直線法，甲方案預計殘值為 20,000 元，乙方案預計殘值為 30,000 元。甲方案預計年銷售收入為 1,000,000 元，第 1 年付現成本為 660,000 元，以後在此基礎上每年增加維修費 10,000 元。乙方案預計年銷售收入為 1,400,000 元，年付現成本為 1,050,000 元。項目投入營運時，甲方案需墊支營運資金 200,000 元，乙方案需墊支營運資金 250,000 元。A 公司適用的企業所得稅稅率為 20%。

要求：根據上述資料，編制甲、乙兩個方案的現金流量計算表。

解答：甲、乙兩個方案的現金流量計算表如下表 4-2 和表 4-3 所示。其中，表 4-2 列示的是甲方案營運期間現金流量的具體測算過程，乙方案營運期間的現金流量的測算也可以用公式直接計算。

表 4-2　　　　　　　　　　營運期間現金流量計算表　　　　　　　　　　單位：元

甲方案	第 1 年	第 2 年	第 3 年	第 4 年	第 5 年
銷售收入（1）	1,000,000	1,000,000	1,000,000	1,000,000	100,000
付現成本（2）	660,000	670,000	680,000	690,000	700,000
折舊（3）	96,000	96,000	96,000	96,000	96,000
營業利潤（4）＝（1）－（2）－（3）	244,000	234,000	224,000	214,000	204,000
所得稅（5）＝（4）×20%	48,800	46,800	44,800	42,800	40,800
稅後營業利潤（6）＝（4）－（5）	195,200	187,200	179,200	171,200	163,200
營業現金淨流量（7）＝（3）＋（6）	291,200	283,200	275,200	267,200	259,200

表 4-3　　　　　　　　　　投資項目現金流量計算表　　　　　　　　　　單位：元

	期初	第 1 年	第 2 年	第 3 年	第 4 年	第 5 年
甲方案：						

表4-3(續)

	期初	第1年	第2年	第3年	第4年	第5年
固定資產投資	-500,000					
營運資金墊支	-200,000					
營業現金流量		291,200	283,200	275,200	267,200	259,200
固定資產殘值						20,000
營運資金回收						200,000
現金流量合計	-700,000	291,200	283,200	275,200	267,200	479,200
乙方案：						
固定資產投資	-750,000					
營運資金墊支	-250,000					
營業現金流量		308,800	308,800	308,800	308,800	308,800
固定資產殘值						30,000
營運資金回收						250,000
現金流量合計	-1,000,000	308,800	308,800	308,800	308,800	588,800

五、投資決策中使用現金流量的原因

會計上按權責發生制計算企業的收入和成本，並以收入減去成本後的利潤作為收益，用來評價企業的經濟效益。在長期投資決策中則不能按這種方法計算的收入和支出作為評價項目經濟效益高低的基礎，而應以現金流入作為項目的效益。投資決策之所以要以按收付實現制計算的現金流量作為評價項目經濟效益的基礎，主要有以下兩個方面的原因：

(一) 採用現金流量有利於科學地考慮時間價值因素

科學的投資決策必須認真考慮資金的時間價值，這就要求在決策時一定要弄清每筆預期收入款項和支出款項的具體時間，因為不同時間的資金具有不同的價值。在衡量方案優劣時，應根據各投資項目壽命週期內各年的現金流量，按照資本成本，結合資金的時間價值來確定。而利潤的計算，並不考慮資金收付的時間，而是以權責發生制為基礎的。利潤與現金流量的差異主要表現在以下幾個方面：

(1) 購置固定資產付出大量現金結算時不計入成本。
(2) 將固定資產的價值以折舊或折耗的形式逐期計入成本時，不需要付出現金。
(3) 計算時不考慮墊支的流動資產的數量和回收的時間。
(4) 只要銷售行為已經確定，就計算為當期的銷售收入，儘管其中有一部分並未收到現金。

可見，要在投資決策中考慮時間價值的因素，就不能利用利潤來衡量項目的優劣，而必須採用現金流量。

(二) 採用現金流量才能使投資決策更符合客觀實際情況

在長期投資決策中，應用現金流量能科學、客觀地評價投資方案的優劣，而利潤則明顯存在不科學、不客觀的成分。其原因如下：

（1）利潤的計算沒有一個統一的標準，在一定程度上要受存貨估價、費用分配和折舊計提的不同方法的影響，因此淨利潤的計算成本比現金流量的計算有更強的主觀隨意性，作為決策的主要依據不太可靠。

（2）利潤反映的是某一會計期間的「應計」的現金流量，而不是實際的現金流量。若以未實際收到現金的收入作為收益，具有較大風險，容易高估投資項目的經濟效益，存在不科學、不合理的成分。

【例4-3】X投資項目的投資總額為2,000萬元，一次性支付，當年投產，壽命期為5年，期滿無殘值。投產開始時墊付流動資金800萬元，項目結束時收回，每年銷售收入2,000萬元，付現成本800萬元。假設X項目不考慮企業所得稅因素。

要求：計算X投資項目各年的利潤和現金流量。

解答：

X投資項目各年的利潤和現金流量的計算如表4-4所示。

表4-4　　　　　　　　X投資項目的利潤與現金流量計算表　　　　　　　單位：萬元

年份	期初	第1年	第2年	第3年	第4年	第5年	合計
固定資產投資	-2,000						-2,000
流動資金墊支	-800						-800
銷售收入		2,000	2,000	2,000	2,000	2,000	10,000
付現成本		800	800	800	800	800	4,000
直接法折舊時							
折舊		400	400	400	400	400	2,000
利潤		800	800	800	800	800	4,000
營業現金流量		1,200	1,200	1,200	1,200	1,200	6,000
雙倍餘額遞減法折舊時							
折舊		800	480	288	216	216	2,000
利潤		400	720	912	984	984	4,000
營業現金流量		1,200	1,200	1,200	1,200	1,200	6,000
回收流動資金						800	800
現金淨流量	-2,800	1,200	1,200	1,200	1,200	2,000	4,000

第三節　現金流量指標

現金流量指標分為折現現金流量指標和非折現現金流量指標兩大類。其中，折現現金流量指標也稱為動態指標，即考慮了資金時間價值因素的指標，主要包括淨現值、現值指數、內含報酬率等指標；非折現現金流量指標也稱為靜態指標，即沒有考慮資金時間價值因素的指標，主要包括投資回收期、平均報酬率等指標。

一、淨現值（Net Present Value，NPV）

（一）基本原理

淨現值是一個投資項目的未來現金淨流量現值與原始投資額現值之間的差額。其計算公式為：

$$NPV = \left[\frac{NCF_1}{(1+i)^1} + \frac{NCF_2}{(1+i)^2} + \frac{NCF_3}{(1+i)^3} + \cdots + \frac{NCF_n}{(1+i)^n}\right] - C = \sum_{i=1}^{n}\frac{NCF_t}{(1+i)^t} - C$$

式中：

NPV——淨現值；

NCF_t——第 t 年的淨現金流量；

i——折現率（資本成本率或投資者要求的報酬率）；

n——項目預計使用年限；

C——項目原始投資額。

計算淨現值時，要按預定的折現率對投資項目的未來現金流量和原始投資額進行折現。預定折現率是投資者期望的最低投資報酬率。淨現值為正，方案可行，說明方案的實際報酬率高於所要求的報酬率；淨現值為負，方案不可取，說明方案的實際投資報酬率低於所要求的報酬率。

當淨現值為零時，說明方案的投資報酬剛好達到所要求的投資報酬，方案也可行。因此，淨現值的經濟含義是投資方案報酬超過基本報酬后的剩餘收益。其他條件相同時，淨現值越大，方案越好。採用淨現值法來評價投資方案，一般有以下步驟：

（1）測定投資方案各年的現金流量，包括現金流出量和現金流入量。

（2）設定投資方案採用的折現率。

確定折現率的參考標準如下：

①以市場利率為標準。資本市場的市場利率是整個社會投資報酬率的最低水平，可以視為一般最低報酬率要求。

②以投資者希望獲得的預期最低投資報酬率為標準。這就考慮了投資項目的風險補償因素以及通貨膨脹因素。

③以企業平均資本成本率為標準。企業投資所需要的資金，都或多或少地具有資本成本，企業籌資承擔的資本成本率水平，給投資項目提出了最低報酬率要求。

（3）按設定的折現率，分別將各年的現金流出量和現金流入量折算成現值。

（4）將未來的現金淨流量現值與原始投資額現值進行比較，若前者大於或等於後者，方案可行；若前者小於後者，方案不可行，說明方案達不到投資者的預期投資報酬率。

【例4-4】沿用【例4-2】的資料，假設折現率為10%，試評價甲、乙兩個方案是否可行。

解答：

① $NPV_甲 = 291,200 \times (P/F,10\%,1) + 283,200 \times (P/F,10\%,2) + 275,200$
$\times (P/F,10\%,3) + 267,200 \times (P/F,10\%,4) + 479,200 \times (P/F,10\%,5)$
$-700,000$

$= 291,200 \times 0.909,1 + 283,200 \times 0.826,4 + 275,200 \times 0.751,3 + 267,200$
$\times 0.683,0$
$+ 479,200 \times 0.620,9 - 700,000 = 485,557.04（元）$

② $NPV_乙 = 308,800 \times (P/A,10\%,4) + 588,800 \times (P/F,10\%,5) - 1,000,000$
$= 308,800 \times 3.169,9 + 588,800 \times 0.620,9 - 1,000,000 = 344,451.04（元）$

③ 由於 $NPV_甲 > 0, NPV_乙 > 0$，因此甲、乙兩個方案都可行。

【例4-5】甲公司擬投資100萬元購置一臺新設備，年初購入時支付20%的款項，剩餘80%的款項於下年年初付清。新設備購入後可立即投入使用，使用年限為5年，預計淨殘值為5萬元（與稅法規定的淨殘值相同），按直線法計提折舊。新設備投產時甲公司需墊支營運資金10萬元，設備使用期滿時全額收回。新設備投入使用後，甲公司每年新增淨利潤11萬元。該項投資要求的必要報酬率為12%。相關貨幣時間價值系數如表4-5所示。

表4-5　　　　　　　　　　貨幣時間價值系數表

年份（n）	1年	2年	3年	4年	5年
(P/F,12%,n)	0.892,9	0.797,2	0.711,8	0.635,5	0.567,4
(P/A,12%,n)	0.892,9	1.690,1	2.401,8	3.037,3	3.604,8

要求：
① 計算新設備每年折舊額。
② 計算新設備投入使用後第1~4年營業現金淨流量（$NCF_{1\sim4}$）。
③ 計算新設備投入使用後第5年現金淨流量（NCF_5）。
④ 計算原始投資額。
⑤ 計算新設備購置項目的淨現值（NPV）。

解答：
① 年折舊額 = (100-5)/5 = 19（萬元）
② $NCF_{1\sim4} = 11 + 19 = 30$（萬元）
③ $NCF_5 = 30 + 5 + 10 = 45$（萬元）
④ 原始投資額 = 100 + 10 = 110（萬元）
⑤ 淨現值 = $30 \times (P/A,12\%,4) + 45 \times (P/F,12\%,5) - 100 \times 20\% - 10 - 100 \times 80\% \times (P/F,$

12%,1)
= 30×3.037,3+45×0.567,4-20-10-80×0.892,9＝15.22（萬元）

(二) 對淨現值法的評價

淨現值法簡便易行，主要優點如下：

(1) 適用性強，能基本滿足項目年限相同的互斥投資方案的決策。例如，有 A、B 兩個項目，資本成本率為 10%，A 項目投資 50,000 元，可獲得淨現值 10,000 元；B 項目投資 20,000 元，可獲得淨現值 8,000 元。儘管 A 項目投資額大，但在計算淨現值時已經考慮了實施該項目所承擔的還本付息負擔，因此淨現值大的 A 項目優於 B 項目。

(2) 能靈活地考慮投資風險。淨現值法在所設定的折現率中包括投資風險報酬率要求，就能有效地考慮投資風險。例如，C 投資項目期限為 15 年，資本成本率為 18%，由於投資項目時間長、風險也較大，因此投資者認定，在投資項目的有效使用期限 15 年中，第一個 5 年期內以 18% 折現，第二個 5 年期內以 20% 折現，第三個 5 年期內以 25% 折現，以此來體現投資風險。

淨現值法也有明顯的缺陷，主要表現如下：

(1) 所採用的折現率不易確定。如果兩個方案採用不同的折現率折現，採用淨現值法不能夠得出正確結論。同一方案中，如果要考慮投資風險，要求的風險報酬率不易確定。

(2) 不適宜獨立投資方案的比較決策。如果各方案的原始投資額現值不相等，有時無法做出正確決策。獨立投資方案是指兩個以上投資項目互不依賴，可以同時並存。例如，對外投資購買 A 股票或購買 B 股票，它們之間並不衝突。在獨立投資方案比較中，儘管某項目淨現值大於其他項目，但所需投資額大，獲利能力可能低於其他項目，而該項目與其他項目又是非互斥的，因此只憑淨現值大小無法決策。

(3) 淨現值有時也不能對壽命期不同的互斥投資方案進行直接決策。某項目儘管淨現值小，但其壽命期短；另一項目儘管淨現值大，但其是在較長的壽命期內取得的。兩個項目由於壽命期不同，因而淨現值是不可比的。要採用淨現值法對壽命期不同的投資方案進行決策，需要將各方案均轉化為相等壽命期進行比較。

二、現值指數（Present Index，PI）

現值指數是投資項目的未來現金淨流量現值與原始投資額現值之比。其計算公式為：

$$PI = \frac{\sum_{i=1}^{n} \frac{NCF_t}{(1+i)^t}}{C}$$

式中：

PI——現值指數；

NCF_t——第 t 年的淨現金流量；

i——折現率（資本成本率或投資者要求的報酬率）；

n——項目預計使用年限；

C——項目原始投資額。

從現值指數的計算公式可見，現值指數的計算結果有三種：大於1，等於1，小於1。若現值指數大於或等於1，方案可行，說明方案實施後的投資報酬率高於或等於必要報酬率；若現值指數小於1，方案不可行，說明方案實施後的投資報酬率低於必要報酬率。現值指數越大，方案越好。

【例4-6】有兩個獨立投資方案，有關資料如表4-6所示。

表4-6　　　　　　　　　　　　淨現值計算表　　　　　　　　　　單位：元

項目	方案 A	方案 B
原始投資額現值	30,000	3,000
未來現金淨流量現值	31,500	4,200
淨現值	1,500	1,200

從淨現值的絕對數來看，方案A大於方案B，似乎應採用方案A；但從投資額來看，方案A的原始投資額現值大大超過了方案B。因此，在這種情況下，如果僅用淨現值來判斷方案的優劣，就難以做出正確的比較和評價。按現值指數法計算如下：

$$PI_A = \frac{31,500}{30,000} = 1.05$$

$$PI_B = \frac{4,200}{3,000} = 1.40$$

由於 $PI_B > PI_A$，所以應當選擇方案B。

現值指數法也是淨現值法的輔助方法，在各方案原始投資額現值相同時，實質上就是淨現值法。由於現值指數是未來現金淨流量現值與所需投資額現值之比，是一個相對數指標，反映了投資效率，因此用現值指數指標來評價獨立投資方案，可以克服淨現值指標不便於對原始投資額現值不同的獨立投資方案進行比較和評價的缺點，從而使對方案的分析評價更加合理、客觀。

三、內含報酬率（Internal Rate of Return，IRR）

(一) 基本原理

內含報酬率是指對投資方案未來的每年現金淨流量進行折現，使所得的現值恰好與原始投資額現值相等，從而使淨現值等於零時的折現率。

內含報酬率實際上反映了投資項目的真實報酬，目前越來越多的企業使用該項指標對投資項目進行評價。內含報酬率的計算公式為：

$$\left[\frac{NCF_1}{(1+k)^1} + \frac{NCF_2}{(1+k)^2} + \frac{NCF_3}{(1+k)^3} + \cdots + \frac{NCF_n}{(1+k)^n}\right] - C = 0$$

即：$\sum_{i=1}^{n} \frac{NCF_t}{(1+k)^i} - C = 0$

式中：

NCF_i——第 t 年的淨現金流量；

k——內含報酬率；

n——項目預計使用年限；

C——項目原始投資額。

內含報酬率法的基本原理是在計算方案的淨現值時，以必要投資報酬率作為折現率計算，淨現值的結果往往是大於零或小於零，這就說明方案實際可能達到的投資報酬率大於或小於必要投資報酬率；而當淨現值為零時，說明兩種報酬率相等。根據這個原理，內含報酬率法就是要計算出使淨現值等於零時的折現率，這個折現率就是投資方案的實際可能達到的投資報酬率。

1. 未來每年現金淨流量相等時

每年現金淨流量相等是一種年金形式，通過查年金現值系數表，可計算出未來現金淨流量現值，並令其淨現值為零，即：

未來每年現金淨流量×年金現值系數-原始投資額現值＝0

計算出淨現值為零時的年金現值系數後，通過查年金現值系數表，找出與上述年金現值系數相鄰近的較大和較小的兩個折現率，可以確定內含報酬率的範圍。

根據上述相鄰近的折現率和已求得的年金現值系數，採用插值法求出投資項目的內含報酬率。

【例4-7】M公司擬購入一臺新型設備，購價為160萬元，使用年限為10年，無殘值。該方案的最低投資報酬率要求為12%（以此作為折現率）。使用新設備後，估計每年產生現金淨流量30萬元。

要求：用內含報酬率指標評價該方案是否可行。

解答：

300,000×年金現值系數-1,600,000＝0

年金現值系數＝5.333,3

由於已知方案的使用年限n＝10年，查年金現值系數表，可得

n＝10，系數為5.333,3所對應的貼現率為12%～14%。

採用插值法可得：該方案的內含報酬率IRR＝13.46%，高於最低投資報酬率12%，方案可行。

2. 未來每年現金淨流量不相等時

如果投資方案的未來每年現金淨流量不相等，各年現金淨流量的分佈就不是年金形式，不能採用直接查年金現值系數表的方法來計算內含報酬率，而需要採用逐次測試法。

逐次測試法的具體做法是根據已知的有關資料，先估計一次折現率，來試算未來現金淨流量的現值，並將這個現值與原始投資額現值相比較，如淨現值大於零，為正數，表示估計的折現率低於方案實際可能達到的投資報酬率，需要重估一個較高的折現率進行試算；如果淨現值小於零，為負數，表示估計的折現率高於方案實際可能達到的投資報酬率，需要重估一個較低的折現率進行試算。如此反覆試算，直到淨現值等於零或基本接近於零，這時估計的折現率就是希望求得的內含報酬率。

【例4-8】N公司有一個投資方案，需一次性投資120,000元，使用年限為4年，每年現金淨流量分別為30,000元、40,000元、50,000元、35,000元。

要求：計算該投資方案的內含報酬率，並據以評價該方案是否可行。

解答：

(1) 根據題意，內含報酬率是使得下式成立的折現率：

$30,000 \times (P/F, i, 1) + 40,000 \times (P/F, i, 2) + 50,000 \times (P/F, i, 3) + 35,000 \times (P/F, i, 4) - 120,000 = 0$

(2) 令 $i = 10\%$，上式左邊 $= 30,000 \times 0.909, 1 + 40,000 \times 0.826, 4 + 50,000 \times 0.751, 3 + 35,000 \times 0.683, 0 - 120,000 = 1,799 > 0$

(3) 需進一步提高折現率，再進行測試。

令 $i = 11\%$，上式左邊 $= 30,000 \times 0.900, 9 + 40,000 \times 0.811, 6 + 50,000 \times 07, 312 + 35,000 \times 0.658, 7 - 120,000 = -894.5 < 0$

(4) 結合內插法，求得：$i = 10.67\%$，上式左邊 $= 0$，此時的 i，即為該投資方案的內含報酬率。

(二) 對內含報酬率法的評價

內含報酬率法的主要優點如下：

(1) 內含報酬率反映了投資項目可能達到的報酬率，易於被高層決策人員理解。

(2) 對於獨立投資方案的比較決策，如果各方案原始投資額現值不同，可以通過計算各方案的內含報酬率，反映各獨立投資方案的獲利水平。

內含報酬率法的主要缺點如下：

(1) 計算複雜，不易直接考慮投資風險大小。

(2) 在互斥投資方案決策時，如果各方案的原始投資額現值不相等，有時無法做出正確的決策。某一方案原始投資額低、淨現值小，但內含報酬率可能較高；而另一方案原始投資額高、淨現值大，但內含報酬率可能較低。

四、投資回收期（Payback Period，PP）

(一) 基本原理

投資回收期是指投資項目的未來現金淨流量與原始投資額相等時所經歷的時間，即原始投資額通過未來現金流量回收所需要的時間，投資者希望投入的資本能以某種方式盡快地收回來，收回的時間越長，所擔風險就越大。因此，投資方案回收期的長短是投資者十分關心的問題，也是評價方案優劣的標準之一。用投資回收期指標評價方案時，回收期越短越好。

1. 未來每年現金淨流量相等時

$$投資回收期 = \frac{原始投資額}{每年營業現金淨流量}$$

【例 4-9】B 公司準備從甲、乙兩種機床中選購一種。甲機床購價為 35,000 元，投入使用後，每年現金淨流量為 7,000 元；乙機床購價為 36,000 元，投入使用後，每年現金流量為 8,000 元。

要求：用投資回收期指標決策 B 公司應選購哪種機床？

解答：

(1) 甲機床投資回收期 $PP_甲 = 35,000 / 7,000 = 5$（年）

(2) 乙機床投資回收期 $PP_乙 = 36,000 / 8,000 = 4.5$（年）

（3）由於 $PP_乙 < PP_甲$，B 公司應當選擇乙機床。

2. 未來每年現金淨流量不相等時

如果每年的現金淨流量不相等，則需計算逐年累計的現金淨流量，然后用插入法計算出投資回收期。

$$投資回收期 = (n-1) + \frac{第(n-1)年累計尚未收回的投資額}{第 n 年的現金淨流量}$$

式中：

n——第一次收回全部原始投資的當年。

【例 4-10】Y 公司欲進行一項投資，原始投資額 100,000 元，項目為期 5 年，每年淨現金流量有關資料如表 4-7 所示。

表 4-7　　　　　　　　Y 公司每年淨現金流量　　　　　　　單位：元

年份	每年現金淨流量	年末尚未收回的投資額
1	20,000	80,000
2	30,000	50,000
3	40,000	10,000
4	50,000	0
5	30,000	—

要求：計算該方案的投資回收期。

解答：

$$PP = 3 + \frac{|-10,000|}{50,000} = 3.2（年）$$

（二）對投資回收期法的評價

投資回收期法的優點是能夠直觀地反映項目原始投資額的返本期限，計算簡便、易於理解，可以直接利用投資回收期之前的現金流量信息。其缺點是忽視了貨幣的時間價值，而且沒有考慮回收期滿后的現金流量狀況，因此不能正確反映投資方式不同對項目的影響。事實上，有戰略意義的長期投資往往早期收益較少，而中后期收益較多。投資回收期法優先考慮「急功近利」的項目，是過去評價投資方案最常用的方法，目前作為輔助方法使用，主要用來測定投資方案的流動性而非盈利性。

五、平均報酬率（Average Rate of Return，ARR）

平均報酬率是指投資項目壽命週期內平均的年投資報酬率，也稱為平均投資報酬率。平均報酬率的計算公式為：

$$平均報酬率 = \frac{年平均現金流量}{原始投資額} \times 100\%$$

【例 4-11】根據【例 4-2】的資料，計算甲、乙兩個方案的平均報酬率。

解答：

(1) $ARR_{甲} = \dfrac{(291,200+283,200+275,200+267,200+479,200)/5}{500,000+200,000} \times 100\%$

$= \dfrac{319,200}{700,000} \times 100\%$

$= 45.60\%$

(2) $ARR_{乙} = \dfrac{(308,800 \times 4 + 588,800)/5}{750,000+250,000} \times 100\% = \dfrac{364,800}{1,000,000} \times 100\% = 36.48\%$

採用平均報酬率這一指標時，應事先確定一個企業要求達到的平均報酬率，或稱必要平均報酬率。在進行決策時，只有高於必要平均報酬率的方案才能入選，低於必要平均報酬率的方案則拒絕；而在有多個方案的互斥選擇中，應在平均報酬率高於必要平均報酬率的方案中選擇最高者。

平均報酬率法的優點是簡明、易懂、計算簡便。其主要缺點是跨期對現金流量進行平均，沒有考慮資金的時間價值，對現金流量的發生的時間不予考慮，將前期的現金流量等同於后期的現金流量；此外，平均報酬率只考慮到每一期的平均現金流量，並沒有考慮項目存續期的現金流量合計。例如，某項目的原始投資額為40萬元，在以后的5年經營壽命中每年有6萬元的現金淨流入量，則該項目的平均報酬率為：

平均報酬率$(ARR) = \dfrac{60,000}{400,000} = 15\%$

很顯然，該項目不能收回其原始投資（30萬元<40萬元），所以得出的15%的平均報酬率實際上毫無經濟意義。

六、現金流量指標的比較

(一) 折現現金流量指標廣泛應用的原因

(1) 非折現現金流量指標把不同時點上的現金收入和支出毫無差別地進行對比，忽略了貨幣的時間價值因素，這顯然是不科學的。而折現現金流量指標把不同時點的收入和支出按統一的折現率折算到同一時點上，使不同時期的現金具有可比性，這樣才能做出正確的投資決策。

(2) 非折現現金流量指標中的投資回收期法只能反映投資的回收速度，不能反映投資的主要目標——淨現值的多少。同時，由於投資回收期沒有考慮時間價值因素，實際上誇大了投資的回收速度。

(3) 投資回收期、平均報酬率等非折現現金流量指標對壽命不同、資金投入的時間和提供收益的時間不同的投資方案缺乏鑑別能力，而折現現金流量指標則可以通過淨現值、現值指數、內含報酬率等指標，有時還可以通過淨現值的年均化方法進行綜合分析，從而做出正確合理的決策。

(4) 在運用投資回收期這一指標時，標準回收期是方案取捨的依據。但標準回收期一般都是以經驗或主觀判斷為基礎來確定的，缺乏客觀依據。而折現現金流量指標中的淨現值和內含報酬率等指標實際上都是以企業的資本成本為取捨依據的，任何企業的資本成本都可以通過計算得到。因此，這一取捨標準符合客觀實際。

(5) 非折現現金流量指標的平均報酬率指標，由於沒有考慮資金的時間價值，因

此實際上是誇大了項目的盈利水平。而折現現金流量指標中的內含報酬率是以預計的現金流量為基礎，考慮了資金的時間價值以後計算出的真實報酬率。

(6) 管理人員水平的不斷提高和電子計算機的廣泛應用，加速了折現指標的使用。在 20 世紀五六十年代，只有很少企業的財務人員能真正瞭解折現現金流量指標的真正含義，而在今天，幾乎所有大企業的高級財務人員都懂得這一方法的科學性和正確性。電子計算機的應用使折現現金流量指標中的複雜計算變得非常容易，從而也加速了折現現金流量指標的推廣。

(二) 淨現值和內含報酬率的比較

在多數情況下，運用淨現值和內含報酬率這兩種方法得出的結論是相同的。但在如下兩種情況下，有時會產生差異。

1. 互斥項目

對於常規的獨立項目，淨現值法和內含報酬率法的結論是完全一致的，但對於互斥項目，有時就會不一致。不一致的原因主要有兩個：投資規模不同和現金流量發生的時間不同。

(1) 投資規模不同。當一個項目的投資規模大於另一個項目時，規模較小的項目的內含報酬率可能較大，但淨現值可能較小。例如，假設項目 A 的內含報酬率為 30%，淨現值為 100 萬元；而項目 B 的內含報酬率為 20%，淨現值為 200 萬元。在這兩個互斥項目之間進行選擇，實際上就是在更多的財富和更高的內含報酬率之間的選擇，很顯然，決策者將選擇財富。因此，當互斥項目投資規模不同時，淨現值決策規則優於內含報酬率決策規則。

(2) 現金流量發生的時間不同。有的項目早期現金流入量比較大，而有的項目早期現金流入量比較小。之所以會產生現金流量發生的時間不同的問題，是因為「再投資率假設」，即兩種方法假定投資項目使用過程中產生的現金流量進行再投資時，會產生不同的報酬率。淨現值法假定產生的現金流入量重新投資會產生相當於企業資金成本的利潤率，而內含報酬率法假定現金流入量重新投資產生的利潤率與此項目特定的內含報酬率相同。下面舉例說明。

【例 4-12】假設有項目 A 和 B，它們的原始投資不一致，詳細情況如 4-8 所示。

表 4-8　　　　　　　　　　　項目 A 和 B 數據表

指標	年	項目 A	項目 B
原始投資	0	110,000 元	10,000 元
	2	50,000 元	5,050 元
	3	50,000 元	5,050 元
IRR		17.28%	24.03%
PI		1.06	1.17
資金成本		14%	14%

要求：計算在不同折現率情況下 A、B 兩個項目的淨現值。

解答：不同折現率情況下 A、B 兩個項目的淨現值計算如表 4-9 所示。

表 4-9　　　　　不同折現率情況下 A、B 兩個項目的淨現值計算表　　　　　單位：元

折現率（%）	NPV_A	NPV_B
0	40,000	5,150
5	26,150	3,751
10	14,350	2,559
15	4,150	1,529
20	-4,700	635
25	-12,400	-142

下面將表 4-9 中不同折現率情況下算出的淨現值繪入圖 4-2 中。

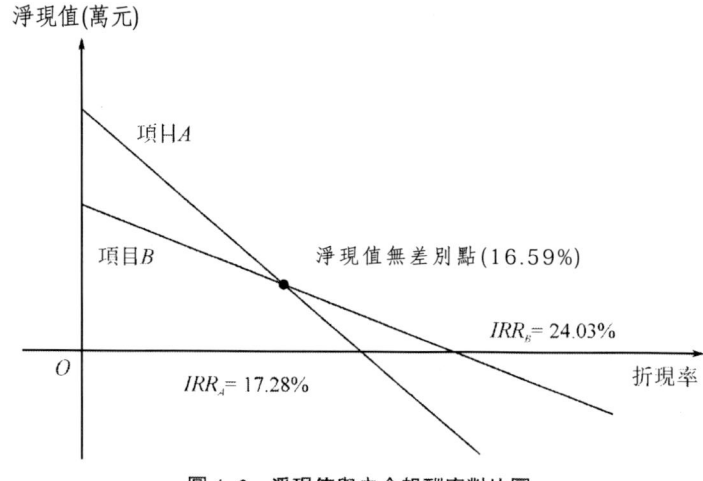

圖 4-2　淨現值與內含報酬率對比圖

從表 4-8 中可以看出，如果按內含報酬率法應拒絕項目 A 而採納項目 B，如果應用淨現值法則應採納項目 A 而拒絕項目 B。產生上述差異的根本原因是內含報酬率法假定項目 A 前兩期的現金流量（第 1 年和第 2 年的 50,000 元）若進行再投資，則會產生與 17.28% 相等的報酬率，而項目 B 前兩期的現金流量（第 1 年和第 2 年的 5,050 元）若進行再投資，則會得到 24.03% 的報酬率。與此相反，淨現值法假定前兩期產生的現金流量若進行再投資，報酬率應當相等，在本例中是 14%，即資本成本。如圖 4-2 所示，本例中兩個項目的淨現值曲線相交於 16.59% 處，我們把這一點稱為淨現值無差異點。如果資本成本小於 16.59%，從圖 4-2 可以看出，則項目 A 的淨現值要大於項目 B，即項目 A 優於項目 B；如果資本成本大於 16.59%，從圖 4-2 可以看出，項目 B 的淨現值要大於項目 A，即項目 B 優於項目 A。因此，在資本成本為 14% 時，並且沒有資本限量的情況下，A 投資較多，但淨現值也較高，可為企業帶來較多的財富，是較優的項目；而當資本成本大於 16.59% 時，不論用淨現值法還是用內含報酬率法，都會得出項目 B 優於項目 A 的結論。也就是說，淨現值法總是正確的，而內含報酬率法有時卻會得出錯誤的結論。因此，在無資本限量的情況下，淨現值法是一個比較好的

方法。

2. 非常規項目

非常規項目是指在生產經營期的期中或期末，要求有大量現金流出的投資項目。應用內含報酬率法對投資項目進行評價，需要解決三個問題：第一，內含報酬率可能導致不適當決策；第二，非常規項目可能會沒有真實的內含報酬率；第三，最常見的問題是投資項目有多個內含報酬率。

【例4-13】L公司正在考慮支出1.6億元開發一個露天礦，該礦將在第一年產生現金流量10億元，然后在第二年年末需要支出10億元將其復原。

要求：計算該投資項目的內含報酬率。

解答：

令 $NPV = 10 \times (1+IRR)^{-1} + 10 \times (1+IRR)^{-2} - 1.6 = 0$

得：$IRR_1 = 25\%$，$IRR_2 = 400\%$

上例說明，該項投資方案有兩個內含報酬率。多個內含報酬率問題使運用內含報酬率法評價和分析投資方案處於兩難境地，在這種情況下，內含報酬率法顯然不適用。

因此，當存在多重內含報酬率的投資時，計算器和現有的計算機程序通常也不能進行識別，它們只能給出碰到的第一個解。確定是否存在多重內含報酬率問題的最好辦法或許就是計算項目在不同折現率下的淨現值，並畫出淨現值曲線圖。因為這種方法也要進行淨現值的計算並依賴淨現值做出判斷，所以淨現值決策規則優於其他規則。

(三) 淨現值和現值指數的比較

由於淨現值法和現值指數法使用的是相同的信息，在評價投資項目的優劣時，它們常常是一致的，但有時也會產生分歧。例如，表4-8中的項目A和項目B（這兩個項目的原始投資不一致），在資金成本為14%時，項目A有淨現值6,080元，現值指數為1.06。項目B有淨現值1,724元，現值指數為1.17。如果用淨現值法，則應選擇項目A；如果利用現值指數法，則應選擇項目B。

只有當原始投資不同時，淨現值法和現值指數法才會產生差異。由於淨現值是用各期現金流量現值減去原始投資額，是一個絕對數，代表投資的效益或者說是給企業帶來的財富，而現值指數是用現金流量現值除以原始投資額，是一個相對數，代表投資的效率或者說是投資回收程度，因此評價的結果可能會產生不一致。

最高的淨現值符合企業的最大利益，也就是說，淨現值越高，企業收益越大。而現值指數只反映投資回收程度，而不反映投資回收的多少，在沒有資金限量情況下的互斥選擇決策中，應選用淨現值較大的投資項目。當現值指數法與淨現值法做出不同結論時，應以淨現值法為準。

總之，在無資金限量的情況下，利用淨現值法在所有的投資評價中都能做出正確的決策。而利用現值指數法或內含報酬率法在採納與否的決策中也能做出正確的決策，但在互斥選擇決策或非常規項目中，有時會得出錯誤的結論。因此，在這三種評價方法中，淨現值法仍然是最好的評價方法。

第四節　無風險項目投資決策

假設各投資項目未來各期的現金流量是已知的，沒有任何不確定性因素的影響，項目投資壽命、投資支出金額和未來預期收益都能事先通過預測出來並且只有一種可能結果，這樣的投資決策屬於無風險項目投資決策問題，如固定資產更新問題、資本限量問題、投資開發時機問題、是否要縮短投資期問題等。

一、固定資產更新決策

科學技術的迅速發展，使固定資產的更新週期大大縮短。在企業財務決策中經常遇到固定資產的更新問題。固定資產更新是指對技術上或經濟上不宜繼續使用的舊資產應該用新的資產來替換。

固定資產更新決策不同於一般投資決策。固定資產更新後，可能會提高企業的生產能力，提高企業的現金流入；也可能並不改變企業的生產能力，但會節約企業的付現成本。同時，所得稅因素的存在，也會給更新決策的現金流量的估計帶來一定的影響。在分析固定資產更新決策的現金流量時，應注意以下幾個問題：

第一，更新決策的沉沒成本問題。對固定資產更新決策的評價，應將舊固定資產可能取代它的新固定資產放在同等地位，有關數據要用相同的方法進行處理，即無論是舊固定資產還是可能取代它的新固定資產，都要重點考慮其未來的有關數據，過去發生的沉沒成本不予考慮。因此，在固定資產更新決策中，舊固定資產的價值應以其變現價值計算，而不是按原始成本進行計量。

第二，要有正確比較的局外觀。進行固定資產更新決策分析時要有正確的局外觀，即從「局外」的角度來考慮，把繼續使用舊設備和購置新設備看成兩個互斥的方案，而不是一個更新設備的特定方案。因此，舊設備的變價收入應視為繼續使用舊設備的機會成本，也可以看成其初始現金流量。

第三，考慮所得稅因素對現金流量的影響。企業出售舊設備的變現價值與其出售時的計稅基礎（帳面淨值或折餘價值）有可能相同，也有可能不相同。如不相同時，便要考慮納稅影響額。例如，某公司3年前以50,000元購入一臺設備，按稅法規定，每年計提10,000元折舊費，當前該設備的帳面淨值為20,000元。若現在以高於20,000元的價格出售設備，那麼企業則提取了「過多」的折舊，這樣政府將對售價高於帳面淨值的部分徵稅。若現在以低於20,000元的價格出售該設備，那麼企業則提取了「過少」的折舊，這樣企業會要求對未提取部分給予補償，企業把售價低於帳面淨值的部分作為費用，從而能得到稅額減免。因此，舊設備變價收入所產生的現金流量為：

舊設備變價收入的現金流量＝售價－(售價－帳面淨值)×所得稅稅率

同樣，設備的最終殘值若與稅法規定的殘值不同時，也要考慮所得稅的影響。

第四，營業現金流量的計算。在固定資產的更新決策中，營業現金流量通常採用以下公式計算：

營業現金流量=收入×(1-所得稅稅率)-付現成本×(1-所得稅稅率)+折舊×所得稅稅率

下面對新舊設備使用壽命是否相同的情況予以考慮。

(一) 新舊設備使用壽命相同的情況

在新舊設備尚可使用年限相同的情況下，可以採用差量分析法來計算一個方案比另一個方案增減的現金流量。

【例4-14】B公司有一臺購於3年前的設備，現正考慮是否要更新。該公司適用的企業所得稅稅率為25%，折現率為10%。新、舊設備均採用直線法計提折舊。其他資料如表4-10所示。

表4-10　　　　　　　　　　　設備更新的相關數據

項目	舊設備	新設備
原始價值（元）	40,000	60,000
稅法規定殘值（10%）（元）	4,000	6,000
稅法規定使用年限（年）	8	5
已使用年限（年）	3	0
尚可使用年限（年）	5	5
每年銷售收入（元）	30,000	50,000
每年付現成本（元）	15,000	20,000
最終報廢殘值（元）	5,000	8,000
目前變現價值（元）	18,000	60,000

要求：採用差量分析法，分析是否要對舊設備進行更新。

解答：

（1）計算兩個方案現金流量的差量，如表4-11所示。

表4-11　　　　　　　　新舊設備現金流量計算表　　　　　　　　單位：元

項目	期初	第1年	第2年	第3年	第4年	第5年
新設備：						
購置成本	-60,000					
銷售收入		50,000	50,000	50,000	50,000	50,000
付現成本		20,000	20,000	20,000	20,000	20,000
折舊		10,800	10,800	10,800	10,800	10,800
稅前利潤		19,200	19,200	19,200	19,200	19,200
所得稅		4,800	4,800	4,800	4,800	4,800
稅後利潤		14,400	14,400	14,400	14,400	14,400
營業現金流量		25,200	25,200	25,200	25,200	25,200

表4-11(續)

項目	期初	第1年	第2年	第3年	第4年	第5年
最終殘值						8,000
殘值收入納稅						−500
現金流量合計	−60,000	25,200	25,200	25,200	25,200	32,700
舊設備：						
目前變現價值	−18,000					
變現損失抵稅額	−2,125					
銷售收入		30,000	30,000	30,000	30,000	30,000
付現成本		15,000	15,000	15,000	15,000	15,000
折舊		4,500	4,500	4,500	4,500	4,500
稅前利潤		10,500	10,500	10,500	10,500	10,500
所得稅		2,625	2,625	2,625	2,625	2,625
稅後利潤		7,875	7,875	7,875	7,875	7,875
營業現金流量		12,375	12,375	12,375	12,375	12,375
最終殘值						5,000
殘值收入納稅						−250
現金流量合計	−20,125	12,375	12,375	12,375	12,375	17,125
Δ現金流量	−39,875	12,825	12,825	12,825	12,825	15,575

(2) 計算兩個方案淨現值的差量。

$\Delta NPV = 12,825 \times (P/A, 10\%, 4) + 15,575 \times (P/F, 10\%, 5) - 39,875$

$= 12,825 \times 3.169\,9 + 15,575 \times 0.620\,9 - 39,875 = 10,449.49$ (元)

(3) 因為 $\Delta NPV > 0$，所以B公司應當更新設備。

上例也可以採用傳統方法計算分析，即分別計算兩個方案的淨現值，然後比較淨現值的大小。

(1) $NPV_{新} = 25,200 \times (P/A, 10\%, 4) + 32,700 \times (P/F, 10\%, 5) - 60,000$

$= 25,200 \times 3.169\,9 + 32,700 \times 0.620\,9 - 6,000 = 40,184.91$ (元)

(2) $NPV_{舊} = 12,375 \times (P/A, 10\%, 4) + 17,125 \times (P/F, 10\%, 5) - 20,125$

$= 12,375 \times 3.169\,9 + 17,125 \times 0.620\,9 - 20,125 = 29,735.43$ (元)

(3) 因為 $NPV_{新} > NPV_{舊}$，所以B公司應當更新設備。

上例中，固定資產更新後提高了公司的生產能力，使得公司的銷售收入比更新前有大幅度增加，因此用淨現值法進行分析。但有時固定資產更新後並不能改變公司的生產能力，也就是說，不增加公司的銷售收入，只能節約付現成本，減少現金流出。這時由於沒有增加現金流入，不能用淨現值規則進行分析，比較普遍的分析方法是運用現金流出總現值或平均年成本來分析。在收入相同時，一般認為現金流出總現值或

平均年成本較低的方案較好。

【例4-15】X企業有一臺3年前購置的設備，現在考慮是否需要更新。假定新、舊設備生產能力相同，均採用直線法計提折舊，企業所得稅稅率為30%，折現率為10%，其他有關資料如表4-12所示。

要求：判斷設備是否需要更新。

表4-12　　　　　　　　　　　新舊設備資料表

項目	舊設備	新設備
原價（元）	80,000	60,000
稅法規定殘值（10%）（元）	8,000	6,000
稅法規定使用年限（年）	8	5
已使用年限（年）	3	0
尚可使用年限（年）	5	5
每年付現成本（元）	10,000	8,000
3年後大修理費用（元）	20,000	0
最終報廢殘值（元）	6,000	7,000
舊設備目前變現價值（元）	30,000	60,000

解答：

（1）計算新舊設備的年折舊額。

舊設備年折舊額 $= \dfrac{80,000-8,000}{8} = 9,000$（元）

新設備年折舊額 $= \dfrac{60,000-6,000}{5} = 10,800$（元）

（2）新舊設備的現金流量分析如表4-13所示。

表4-13　　　　　　　　新舊設備的現金流量分析　　　　　　　　單位：元

項目	期初	第1年	第2年	第3年	第4年	第5年
舊設備：						
變現價值	-30,000					
變現損失抵稅	-6,900					
稅后付現成本		-7,000	-7,000	-7,000	-7,000	-7,000
折舊抵稅		2,700	2,700	2,700	2,700	2,700
兩年後大修理成本				-14,000		
殘值變現收入						6,000
殘值變現淨損失抵稅						600
現金流量合計	-36,900	-4,300	-4,300	-18,300	-4,300	2,300

表4-13(續)

項目	期初	第1年	第2年	第3年	第4年	第5年
新設備：						
設備投資	-60,000					
稅後付現成本		-5,600	-5,600	-5,600	-5,600	-5,600
折舊抵稅		3,240	3,240	3,240	3,240	3,240
殘值變現收入						7,000
殘值變現淨收入納稅						-300
現金流量合計	-60,000	-2,360	-2,360	-2,360	-2,360	4,340

（3）新舊設備的現金流出總現值計算如下：

舊設備現金流出總現值 = 36,900+4,300×(P/A,10%,2)+18,300×(P/F,10%,3)+4,300×(P/F,10%,4)-2,300×(P/F,10%,5) = 59,620.27(元)

新設備現金流出總現值 = 60,000+2,360×(P/A,10%,4)-4,340×(P/F,10%,5)
= 64,786.26(元)

（4）因為繼續使用舊設備現金流出總現值低於使用新設備現金流出總現值，所以X公司不應當更新設備。

（二）新舊設備使用壽命不同的情況

上面例子中，新舊設備尚可使用年限相同。然而，大多數情況下，新設備的使用年限要長於舊設備，此時固定資產更新問題就演變為兩個或兩個以上壽命不同的投資項目選擇問題。

對於壽命不同的投資項目，不能對它們的淨現值、現值指數和內含報酬率進行直接比較。為了使投資項目的各項指標具有可比性，需要消除項目壽命不等的因素，要設法使其在相同的壽命期內進行比較。此時可採用的方法有最小公倍壽命法和年均淨現值法。

【例4-16】D公司用一臺效率更高的新設備來代替舊設備，以減少成本，增加收益。新、舊設備採用直線法折舊，企業所得稅稅率為25%，資金成本率為10%，其他資料如表4-14所示。

表4-14　　　　　　　　　　新舊設備資料表

項目	舊設備	新設備
原價（元）	50,000	70,000
可使用年限（年）	10	8
已使用年限（年）	6	0
尚可使用年限（年）	4	8
稅法規定殘值（元）	0	0
目前變現價值（元）	20,000	70,000

表4-14(續)

項目	舊設備	新設備
每年可獲得的收入（元）	40,000	45,000
每年付現成本（元）	20,000	18,000
每年折舊額（元）	5,000	8,750

要求：做出 D 公司是繼續使用舊設備還是對其進行更新的決策。

解答（直接使用淨現值法）

（1）計算新舊設備的營業現金流量，如表 4-15 所示。

表 4-15　　　　　新舊設備的營業現金流量　　　　　單位：元

項目	舊設備	新設備
銷售收入（1）	40,000	45,000
付現成本（2）	20,000	18,000
折舊額（3）	5,000	8,750
稅前利潤（4）＝（1）－（2）－（3）	15,000	18,250
所得稅（5）＝（4）×25%	3,750	4,562.5
稅后淨利潤（6）＝（4）－（5）	11,250	13,687.5
營業現金淨流量（7）＝（6）＋（3）	16,250	22,437.5

（2）計算新舊設備的現金流量，如表 4-16 所示。

表 4-16　　　　　新、舊設備的現金流量　　　　　單位：元

項目	舊設備 期初	舊設備 第1~4年	新設備 期初	新設備 第1~8年
原始投資	－20,000		－70,000	
營業現金流量		16,250		22,437.5
終結現金流量		0		0
現金流量	－20,000	16,250	－70,000	22,437.5

（3）計算新舊設備的淨現值。

$NPV_{舊}=16,250×(P/A，10\%，4)-20,000=16,250×3.169,9-20,000$
　　$=31,510.88（元）$

$NPV_{新}=22,437.5×(P/A，10\%，8)-70,000=22,437.5×5.334,9-70,000$
　　$=497,010.82（元）$

（4）因為 $NPV_{新}>NPV_{舊}$，所以 D 公司應當更新設備。

以上結論是錯誤的。因為新舊設備的使用壽命不同，不能進行直接比較。若使用最小公倍壽命法，則可以將兩個方案放到同一個壽命期內進行比較，使各種指標具有

可比性。

最小公倍壽命法又稱為項目複製法，是將兩個方案使用壽命的最小公倍數作為比較期間，並假設兩個方案在這個比較區間內進行多次重複投資，將各自多次投資的淨現值進行比較的分析方法。

【例4-17】承【例4-16】的資料。

要求：採用最小公倍壽命法，做出D公司是繼續使用舊設備還是對其進行更新的決策。

解答：

（1）新舊設備的最小公倍壽命是8年，在這個共同期間內，繼續使用舊設備的投資方案可以進行兩次，使用新設備的投資方案可以進行一次。

（2）因為繼續使用舊設備的投資方案可以進行兩次，相當於4年後按照現行變現價值重新購置一臺同樣的舊設備進行第二次投資，獲得與當前繼續使用舊設備同樣的淨現值（如圖4-3所示）。

```
0                    4                    8
NPV=31 510.88        NPV=31 510.88
```

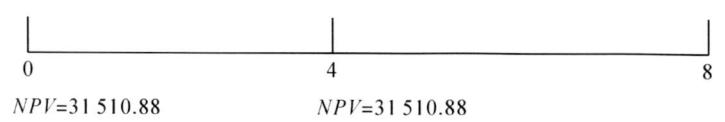

圖4-3　繼續使用舊設備的現金流量圖

（3）因此，8年內，繼續使用舊設備的淨現值計算如下：
$NPV_{舊} = 31,510.88 + 31,510.88 \times (P/F, 10\%, 4) = 53,032.81(元)$

（4）若使用新設備，根據前面的計算結果，淨現值為：
$NPV_{新} = 22,437.5 \times (P/A, 10\%, 8) - 70,000 = 49,701.82(元)$

（5）結論：繼續使用舊設備的淨現值比使用新設備的淨現值高出3,330.99元，因此目前不應當進行固定資產更新。

最小公倍壽命法的優點是易於理解，缺點是有時計算比較麻煩。例如，一個投資項目的壽命是8年，另一個投資項目的壽命是11年，那麼最小公倍壽命就是88年，需要將第一個投資項目重複11次，第二個投資項目重複8次，計算非常複雜。此時，可以使用年均淨現值法。

年均淨現值法是把投資項目在壽命期內總的淨現值轉化為每年的平均淨現值並進行比較分析的方法。

年均淨現值法的計算公式為：

$$ANPV = \frac{NPV}{(P/A, i, n)}$$

式中：

ANPV——年均淨現值；

NPV——淨現值；

$(P/A, i, n)$——建立在企業資本成本和項目壽命期基礎上的年金現值系數。

【例4-18】承【例4-16】的資料。

要求：計算兩個方案的年均淨現值。

$$ANPV_{舊} = \frac{31,510.88}{(P/A, 10\%, 4)} = \frac{31,510.88}{3.169,9} = 9,940.65 （元）$$

$$ANPV_{新} = \frac{49,701.82}{(P/A, 10\%, 8)} = \frac{31,510.88}{5.334,9} = 9,316.35 （元）$$

從上面的計算結果可以看出，繼續使用舊設備的年均淨現值比使用新設備的年均淨現值高，因此 D 公司應當繼續使用舊設備。用年均淨現值法得到的結論與最小公倍壽命法得到的結論一致。

二、資本限量決策

資本限量是指企業資金有一定限度，不能投資於所有可接受的項目。也就是說，有很多獲利項目可供投資，但無法籌集到足夠的資金。這種情況在許多公司都存在，特別是那些以內部融資為經營策略或外部融資受到限制的企業。

在資金有限量的情況下，什麼樣的項目將被採用呢？為了使企業獲得最大的價值，應投資於一組使淨現值最大的項目。要做到這一點，就不能簡單地運用淨現值法，還需要分析資本數額的限制。實現企業價值最大的一組項目必須用適當的方法進行選擇，有兩種方法可供採用——現值指數法和淨現值法。

(一) 使用現值指數法的步驟

(1) 計算所有項目的現值指數，不能略掉任何項目，並列出每一個項目的原始投資。

(2) 接受現值指數≥1 的項目，如果所有可接受的項目都有足夠的資金，則說明資本沒有限量，這一過程即可完成。

(3) 如果資金不能滿足所有現值指數≥1 的項目，那麼就要對上一步驟進行修正。這一修正的過程是對所有項目在資本限量內進行各種可能的組合，然后計算出各種組合的加權平均現值指數。

(4) 接受加權平均現值指數最大的一組項目。

(二) 使用淨現值法的步驟

(1) 計算所有項目的淨現值，不能忽略掉任何項目，並列出每一個項目的原始投資。

(2) 接受淨現值≥0 的項目，如果所有可接受的項目都有足夠的資金，則說明資本沒有限量，這一過程即可完成。

(3) 如果資金不能滿足所有淨現值≥0 的項目，那麼就要對上一步驟進行修正。這一修正的過程是對所有項目在資本限量內進行各種可能的組合，然后計算出各種組合的淨現值總額。

(4) 接受淨現值的合計數最大的組合。

(三) 資本限量決策舉例

【例 4-19】假設某公司有五個可供選擇的項目 A、B、C、D、E，其中 B 和 C、D 和 E 是互斥項目，該公司資本的最大限量是 400,000 元，具體情況如表 4-17 所示。

表 4-17　　　　　　　　　　　　可供選擇項目資料

投資項目	原始投資（元）	現值指數	淨現值（元）
A	120,000	1.56	67,000
B	150,000	1.53	79,500
C	300,000	1.37	111,000
D	125,000	1.17	21,000
E	100,000	1.18	18,000

　　如果該公司想選取現值指數最大的項目，那麼它將選用 A 項目（現值指數為 1.56）、B 項目（現值指數為 1.53）和 E 項目（現值指數為 1.18）；如該公司按每一項目的淨現值大小來選取，那麼它將首先選用 C 項目，另外可選擇的只有 E 項目。

　　然而，以上兩種選擇方法都是錯誤的，因為它們選擇的是都不是使企業淨現值最大的項目組合。

　　為了選出最優的項目組合，必須列出在資本限量內的所有可能的項目組合。

　　為此，可以通過表 4-18 來計算所有可能的項目組合的加權平均現值指數和淨現值合計數。

表 4-18　　　　　　　　　　　　項目組合資料

投資項目	原始投資（元）	現值指數	淨現值（元）
A、B、D	395,000	1.42	167,500
A、B、E	370,000	1.41	164,500
A、B	270,000	1.37	146,500
A、D	245,000	1.22	88,000
A、E	220,000	1.21	85,000
B、D	275,000	1.25	100,500
C、E	400,000	1.32	129,000

　　表 4-18 中 A、B、D 組合中有 5,000 元資金沒有用完，假設這 5,000 元可投資於有價證券，現值指數為 1（以下其他組合也如此），則 A、B、D 組合的加權平均現值指數可按以下方法計算：

$$\frac{120,000}{400,000}\times 1.56+\frac{150,000}{400,000}\times 1.53+\frac{125,000}{400,000}\times 1.17+\frac{5,000}{400,000}\times 1=1.42$$

　　從表 4-18 可以看出，該公司應選用 A、B、D 三個項目組合的投資組合，其淨現值為 167,500 元。

　　當存在多個備選投資項目時，列出所有投資項目組合併計算出它們的淨現值是比較麻煩的。在資本限量的約束條件下，雖然淨現值仍為最好的指標，但企業應盡量選擇現值指數最大的項目。現值指數是在資本限量下辨別最佳項目組合的有力工具，因為無論項目的規模如何，現值指數可以測量每一元投資的總現值。我們可以先按各項

目的現值指數大小排序，然后選擇一組在資本限量內能使累計淨現值最大的項目組合。

【例4-20】假設某公司有 A、B、C、D、E、F、G 七個互相獨立的投資項目，其原始投資、現值指數等情況如表4-19所示，該公司資本的最大限量是850,000元。

要求：計算該公司應選擇哪些項目進行投資？

表 4-19　　　　　　　　　　可供選擇項目資料

項目	A	B	C	D	E	F	G
原始投資（元）	225,000	152,000	176,000	100,000	162,000	128,000	192,000
淨現值（元）	70,000	16,000	30,000	20,000	15,800	17,800	48,000
現值指數	1.31	1.11	1.17	1.20	1.10	1.14	1.25

上述七個項目的淨現值均大於0，現值指數均大於1，根據淨現值法和現值指數法的決策規則，這些項目在經濟上都是可行的，投資總額為113.5萬元。但由於該公司的投資規模在850,000元以內，則必須放棄一些項目，哪些項目會被放棄，哪些項目又會被選中呢？

分析時，可以把項目的現值指數大小排序如下：A>G>D>C>F>B>E。在資本限量850,000元以內，可按照現值指數下降的順序選擇投資項目直到資本限額用完或得到最大限度利用為止。因此，該公司可以接受 A、G、D、C、F 五個項目，其投資總額為821,000元，獲得累計淨現值185,800元，剩下的29,000元資金可投資於有價證券，其現值指數假定為1。

三、投資開發時機決策

企業擁有的某些自然資源，如採礦企業的礦藏、油田企業的油田等，大多是不可再生資源，它們的儲量隨著開採而逐漸減少，其價格也將隨著儲量下降而上升。在這種情況下，一方面，由於價格不斷上升，早開發的收入少，而晚開發的收入多；另一方面，由於時間價值和風險因素的影響，必須研究開發時機問題。

在進行此類投資決策時，決策的基本規則也是尋求使淨現值最大的方案，但由於兩個方案的開發時間不一樣，不能把淨現值簡單對比，而必須把晚開發所獲得的淨現值換算為早開發的第1年年初時的現值，然後進行對比。

【例4-21】M公司擁有一座稀有礦藏。根據預測，該礦產品的價格在最近6年中保持相對穩定，每噸售價為0.1萬元，6年後價格將一次性上升30%。因此，M公司要研究現在開發還是6年後開發，原始投資均為100萬元，建設期均為1年，從第2年開始投產，投產后5年就把礦藏全部開採完。假設年開採量為2,000噸，年付現成本為60萬元，企業所得稅稅率為30%，資本成本率為10%，項目結束時無殘值，固定資產按直線法計提折舊。

要求：試決定何時開發為好？

（一）計算現在開發的淨現值

固定資產年折舊額=100/5=20（萬元）

（1）計算現在開發的營業現金流量，如表4-20所示。

表 4-20　　　　　　　　　現在開發的營業現金流量計算表　　　　　　單位：萬元

項目	第 2 年	第 3 年	第 4 年	第 5 年	第 6 年
銷售收入（1）	200	200	200	200	200
付現成本（2）	60	60	60	60	60
折舊（3）	20	20	20	20	20
稅前利潤（4）	120	120	120	120	120
所得稅（5）	36	36	36	36	36
稅后利潤（6）	84	84	84	84	84
營業現金流量（7）	104	104	104	104	104

（2）根據營業現金流量、原始投資和終結現金流量編制現金流量表，如表 4-21 所示。

表 4-21　　　　　　　　　　現在開發的現金流量表　　　　　　　　單位：萬元

項目	第 0 年	第 1 年	第 2~5 年	第 6 年
固定資產投資	-100			
營運資金墊支		-10		
營業現金流量			104	104
營運資金回收				10
現金淨流量	-100			114

（3）計算現在開發的淨現值如下：

$NPV = [104 \times (P/A, 10\%, 4) \times (P/F, 10\%, 1) + 114 \times (P/F, 10\%, 6)]$
　　　$-[100 + 10 \times (P/F, 10\%, 1)]$
　　$= (104 \times 3.169, 9 \times 0.909, 1 + 114 \times 0.564, 5) - (100 + 10 \times 0.909, 1)$
　　$= 364.055, 6 - 190.91$
　　$= 173.15(萬元)$

(二) 計算 6 年后開發的淨現值

（1）計算 6 年后開發的營業現金流量，如表 4-22 所示。

表 4-22　　　　　　　　　6 年后開發的營業現金流量計算表　　　　　單位：萬元

項目	第 2 年	第 3 年	第 4 年	第 5 年	第 6 年
銷售收入（1）	260	260	260	260	260
付現成本（2）	60	60	60	60	60
折舊（3）	20	20	20	20	20
稅前利潤（4）	180	180	180	180	180
所得稅（5）	54	54	54	54	54

表4-22(續)

項目	第2年	第3年	第4年	第5年	第6年
稅後利潤（6）	126	126	126	126	126
營業現金流量（7）	146	146	146	146	146

（2）根據營業現金流量、原始投資和終結現金流量編制現金流量表，如表4-23所示。

表4-23　　　　　　　　　6年后開發的現金流量表　　　　　　　　單位：萬元

項目	期初	第1年	第2年	第3年	第4年	第5年	第6年
固定資產投資	-100						
營運資金墊支		-10					
營業現金流量			146	146	146	146	146
營運資金回收							10
現金淨流量	-100	-10	146	146	146	146	156

（3）計算6年后開發的到開發年度初的淨現值如下：

$NPV = [146 \times (P/A, 10\%, 4) \times (P/F, 10\%, 1) + 156 \times (P/F, 10\%, 6)]$
$\quad - [100 + 10 \times (P/F, 10\%, 1)]$
$= (146 \times 3.169,9 \times 0.909,1 + 156 \times 0.564,5) - (100 - 10 \times 0.909,1)$
$= 317.90(萬元)$

（4）將6年后開發的淨現值折算為立即開發的現值。

6年后開發的淨現值的現值 $= 317.90 \times (P/F, 10\%, 6)$
$\qquad\qquad\qquad\qquad = 317.90 \times 0.564,5 = 179.45(萬元)$

結論：早開發的淨現值為173.15萬元，6年后開發的淨現值為179.45萬元，因此該公司應當選擇6年后開發。

第五節　風險項目投資決策

一、風險項目投資決策方法

（一）調整現金流量法

調整現金流量法是把不確定的現金流量調整為確定的現金流量，然后用無風險報酬率作為折現率計算淨現值。

$$風險調整后淨現值 = \sum_{t=0}^{n} \frac{a_t \times 現金流量期望值}{1 + 無風險報酬率}$$

式中：

a_t——第t年現金流量的肯定當量系數，在0~1之間。

肯定當量系數是指不肯定的一元現金流量期望值相當於使投資者滿意的肯定金額的系數。它可以把各年不肯定的現金流量換算為肯定的現金流量。由於去掉了現金流量中有風險的部分，使之成為「安全」的現金流。去除的部分包含了全部風險，既有特殊風險也有系統風險，既有經營風險，也有財務風險，剩下的是無風險的現金流量。由於現金流中已經消除了全部風險，相應地，折現率應當為無風險報酬率。

【例 4-22】假設當前的無風險報酬率為 4%。A 公司有兩個投資機會，有關資料如表 4-24 和表 4-25 所示。

表 4-24　　　　　　　　　　A 項目現金流量相關資料　　　　　　　　　　單位：元

年份	現金流入量	肯定當量系數	肯定現金流入量	現值系數 (4%)	未調整現值	調整後現值
期初	-40,000	1	-40,000	1	-40,000	-40,000
第 1 年	13,000	0.9	11,700	0.961,5	12,499.5	11,249.55
第 2 年	13,000	0.8	10,400	0.924,6	12,019.8	9,615.84
第 3 年	13,000	0.7	9,100	0.889,0	11,557	8,089.9
第 4 年	13,000	0.6	7,800	0.854,8	11,112.4	6,667.44
第 5 年	13,000	0.5	6,500	0.821,9	10,684.7	5,342.35
淨現值					17,873.4	965.08

表 4-25　　　　　　　　　　B 項目現金流量相關資料　　　　　　　　　　單位：元

年份	現金流入量	肯定當量系數	肯定現金流入量	現值系數 (4%)	未調整現值	調整後現值
期初	-47,000	1	-47,000	1	-47,000	-47,000
第 1 年	14,000	0.9	12,600	0.961,5	13,461	12,114.9
第 2 年	14,000	0.8	11,200	0.924,6	12,944.4	10,355.52
第 3 年	14,000	0.8	11,200	0.889,0	12,446	9,956.8
第 4 年	14,000	0.7	9,800	0.854,8	11,967.2	8,377.04
第 5 年	14,000	0.7	9,800	0.821,9	11,506.6	8,054.62
淨現值					15,325.5	1,858.88

調整前，A 項目的淨現值較大，調整後 B 項目的淨現值較大。因此，如不進行調整，就可能導致錯誤的判斷。

肯定當量系數是一個經驗數據，它與標準離差率（衡量風險大小的指標）之間存在經驗對照關係，如表 4-26 所示。

表4-26　　　　　　　風險程度系數與肯定當量系數的經驗關係表

風險程度系數 V（標準離差率）	肯定當量系數 a_t
$0<V\leq 0.07$	1
$0.07<V\leq 0.15$	0.9
$0.15<V\leq 0.23$	0.8
$0.23<V\leq 0.32$	0.7
$0.32<V\leq 0.42$	0.6
$0.42<V\leq 0.54$	0.5
$0.54<V\leq 0.70$	0.4
……	……

(二) 風險調整折現率法

風險調整折現率法是更為實際和常用的風險處置方法，這種方法的基本思路是對高風險的項目，應當採用較高的折現率計算淨現值。

$$風險調整后淨現值 = \sum_{t=0}^{n} \frac{預期現金流量}{(1 + 風險調整折現率)^t}$$

1. 資本資產定價模型法

風險調整折現率是風險項目應當滿足的投資人要求的報酬率。項目的風險越大，要求的報酬率就越高。這種方法的理論根據是資本資產定價模型。

投資者要求的收益率＝無風險報酬率＋β×（市場平均報酬率－無風險報酬率）

根據 β 值計算的風險報酬率只包含系統風險，而非全部風險。市場只承認系統風險，只有系統風險才能得到補償。

資本資產定價模型是在有效證券市場中建立的，實物資本市場不可能像證券市場那樣有效，但是邏輯關係是一樣的。因此，上面的公式可改寫為：

項目要求的收益率＝無風險報酬率＋項目的 β 系數×（市場平均報酬率－無風險報酬率）

【例4-23】假設當前無風險報酬率為4%，市場平均報酬率為12%，A項目的預期股權現金流量風險大，其 β 值為1.5；B項目的預期股權現金流量風險小，其 β 值為0.75。

A項目的風險調整折現率 ＝ 4% + 1.5 ×（12% － 4%）＝ 16%

B項目的風險調整折現率 ＝ 4% + 0.75 ×（12% － 4%）＝ 10%

其他有關數據如表4-27和表4-28所示。

表 4-27　　　　　　　　　　A 項目現金流量相關資料　　　　　　　　　單位：元

年份	現金流入量	現值系數（4%）	未調整現值	現值系數（16%）	調整後現值
期初	-40,000	1	-40,000	1	-40,000
第 1 年	13,000	0.961,5	12,499.5	0.862,1	11,207.3
第 2 年	13,000	0.924,6	12,019.8	0.743,2	9,661.6
第 3 年	13,000	0.889,0	11,557	0.640,7	8,329.1
第 4 年	13,000	0.854,8	11,112.4	0.552,3	7,179.9
第 5 年	13,000	0.821,9	10,684.7	0.476,2	6,190.6
淨現值			17,873.4		2,568.5

表 4-28　　　　　　　　　　B 項目現金流量相關資料　　　　　　　　　單位：元

年份	現金流入量	現值系數（4%）	未調整現值	現值系數（10%）	調整後現值
期初	-47,000	1	-47,000	1	-40,000
第 1 年	14,000	0.961,5	13,461	0.909,1	12,727.4
第 2 年	14,000	0.924,6	12,944.4	0.826,4	11,569.6
第 3 年	14,000	0.889,0	12,446	0.751,3	10,518.2
第 4 年	14,000	0.854,8	11,967.2	0.683,0	9,562
第 5 年	14,000	0.821,9	11,506.6	0.620,9	8,692.6
淨現值			15,325.5		13,069.8

　　如果不進行折現率調整，兩個項目差不多，A 項目比較好；調整以後，兩個項目有明顯差別，B 項目要好得多。

　　調整現金流量法在理論上受到好評。該方法對時間價值和風險價值分別進行調整，先調整風險，然后把肯定現金流量用無風險報酬率進行折現。對不同年份的現金流量，可以根據風險的差別使用不同的肯定當量系數進行調整。

　　風險調整折現率法在理論上受到好評，因其用單一的折現率同時完成風險調整和時間調整。這種做法意味著風險隨時間推移而加大，可能與事實不符，誇大遠期現金流量的風險。

　　從實務上看，經常應用的是風險調整折現率法，主要原因是風險調整折現率比肯定當量系數容易估計。此外，大部分財務決策都使用報酬率來決策，調整折現率更符合人們的習慣。

　　2. 按投資項目的類別調整折現率法

　　這種方法首先將投資項目分成若干類別，然后根據經驗對每一類投資項目的折現率進行調整。

　　例如，假設某企業的資本成本率是 10%，按投資項目的類別調整折現率的具體方

法可參考表 4-29。

表 4-29　　　　　　　　按投資項目的類別調整折現率　　　　　　　單位：%

類別	投資項目分類	調整率	按風險調整的折現率
A	擴充		
1	新機器和設備，生產與目前相同的產品	1	11
2	新機器和設備，可生產與目前的產品相互補充的產品	2	12
3	新機器和設備，生產與目前的產品無關的產品	3	13
B	更新		
1	用新設備來更新與其性能基本相同的舊設備	-1	9
2	用新設備來更新與其性能相差較大的舊設備	1	11
3	用新設備來更新目前的現代化設備	3	13

3. 按投資項目的風險等級調整折現率法

按投資項目的風險等級來調整折現率的方法是指對影響投資項目風險的各因素進行分析，根據評分來確定風險等級，並根據風險等級來調整折現率的一種方法。表 4-30、表 4-31 是按投資項目的風險等級來調整折現率的一個簡例。

表 4-30　　　　　　　　投資項目的風險狀況及評分表

	A		B		C		D		E	
	狀況	評分	狀況	評分	狀況	評分	狀況	評分	狀況	評分
市場競爭	無	1	較弱	3	一般	5	較強	8	較強	12
戰略上的協調	很好	1	較好	3	一般	5	較差	8	很差	12
投資回收期（年）	1.5	4	1	1	2.5	7	3	10	4	15
資源供應	一般	8	很好	1	較好	5	很差	12	較差	10
總分	—	14	—	8	—	22	—	38	—	49

表 4-31　　　　　　　　按風險等級調整的折現率表

總分	風險等級	調整后的折現率（%）
0<總分≤8	很低	5
8<總分≤16	較低	7
16<總分≤24	一般	12
24<總分≤32	較高	15
32<總分≤40	很高	17
總分>40	最高	25 以上

表 4-30、表 4-31 中的總分、風險等級、折現率都由企業根據以往的經驗來確定。具體評分工作應由銷售、生產、技術和財務等部門組織專家小組來進行。影響企業投資項目的風險因素可能會比表中所列出的要更多，風險的狀況也可以列出更多的情況。

(三) 概率樹法

概率樹法又稱為決策樹，是一種比較形象的工具，它有助於人們分辨所有的現金流量及其發生的可能性，從而增強決策者對情形的瞭解。

在概率樹法中，各種可能發生的情況是由一連串代表決策及其可能性的「樹枝」來表示的。順著一條看似樹枝般的路徑，可以得到所有可能發生的情況。在多數情況下，概率樹法中某一「樹枝」發生的可能性被稱為概率。下面通過實例介紹概率樹法在評估資本預算風險中的運用。

【例 4-24】假設 B 公司要為生產一種新產品而建新廠。這種新產品的市場壽命估計為 10 年。B 公司現在考慮是建一座小廠還是建一座大廠。這項決定取決於這種新產品的市場需求。預計市場對這種新產品的需求量可能比較大，但也存在銷路差的可能性。B 公司提出三種可供選擇的方案：

方案一：新建一座大廠，投資 300 萬元，服務期限 10 年。初步估計，如果銷路好則產品可完全占領市場，每年獲得淨利潤 100 萬元，但如果銷路差則工廠會發生虧損，估計每年虧損 20 萬元。

方案二：新建一座小廠，投資 140 萬元，服務期限 10 年。初步估計，如果銷路好則每年獲得淨利潤 46 萬元，銷路差時每年仍可獲得淨利潤 26 萬元。

方案三：先建一座小廠，需投資 140 萬元，3 年後銷路好時再追加投資 210 萬元進行擴建，擴建后每年可獲得淨利潤 96 萬元，服務期限為 7 年。

根據市場預測，新產品銷路好的概率為 0.65，銷路差的概率為 0.35。假設固定資產均按直線法計提折舊，服務期滿無殘值。

根據上述條件畫出概率樹如圖 4-4 所示。

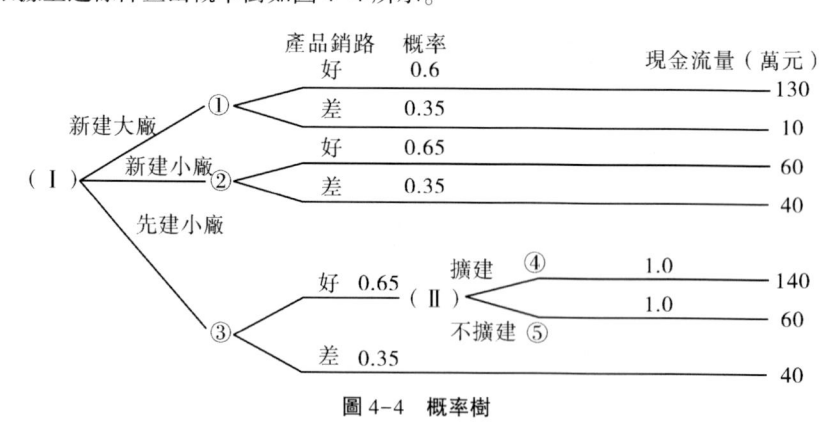

圖 4-4 概率樹

圖 4-4 中，從決策點引出的若干條「樹枝」代表若干個方案，稱為方案枝。圓圈表示隨機事件點，由隨機事件點引出的若干條「樹枝」表示各種可能的結（即狀態）及其發生的概率，稱為狀態枝。在狀態枝的末端，列出了不同狀態下各方案的現金

流量。

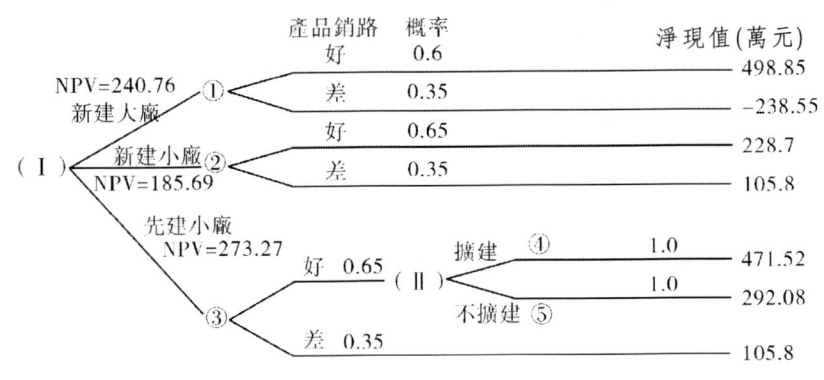

决策过程：通过将概率树从右往左「倒推」的方法来确定最优决策，即先对最远的决策做出评价，然后再确定最优方案。

假设该公司最低投资报酬率为10%，计算出决策树中不同分支的净现值期望值如图4-5所示。

```
                    產品銷路   概率                          淨現值(萬元)
                       好      0.6
        NPV=240.76 ①                                          498.85
        新建大廠         差      0.35
                                                             -238.55
                       好      0.65
  (Ⅰ)   新建小廠 ②                                            228.7
        NPV=185.69      差      0.35
                                                              105.8
        先建小廠                       擴建 ④        1.0
        NPV=273.27                                            471.52
                     好 0.65  (Ⅱ)              1.0
                ③                    不擴建 ⑤                 292.08
                     差 0.35
                                                              105.8
```

圖 4-5　決策樹中不同分支的淨現值期望值

註：狀態枝④和狀態枝⑤的淨現值是以決策點Ⅱ為起點計算的，沒有包括前三年的現金流量以及先建小廠時的投資額。

在本例中，具體決策步驟為：

第一步，對決策點Ⅱ做出評價，即決定在先建小廠的情況下，3年後如果銷路好是否要進行擴建。如果擴建，則需追加投資210萬元，同時會增加每年的營業現金流量。比較擴建與不擴建方案的淨現值。

擴建情況淨現值 $=140\times(P/A,10\%,7)-210=140\times4.868,4-210=471.58$(萬元)

不擴建情況淨現值 $=60\times(P/A,10\%,7)=60\times4.868,4=292.10$(萬元)

因此，A公司如果一開始便選擇先建小廠方案，3年後銷路好則應該進行擴建。

第二步，對決策點Ⅰ進行評價，確定最優方案。

新建大廠情況淨現值 $=498.85\times0.65+(-238.55)\times0.35=240.76$(萬元)

新建小廠情況淨現值 $=228.7\times0.65+105.8\times0.35=185.69$(萬元)

先建小廠，3年後銷路好時再擴建情況淨現值計算如下：

淨現值 $=[471.52\times(P/F,10\%,3)+60\times(P/A,10\%,3)-140]\times0.65+105.8\times0.35=252.35$(萬元)

由此可見，「先建小廠，3年後銷路好時再擴建」方案的淨現值的期望值要高於「新建大廠」或「新建小廠」方案的淨現值的期望值。儘管開始時就新建大廠較為經濟，因為一次性建造一個大廠比先建小廠再擴建耗費少些，但開始時先建小廠這一舉措為公司提供了一種選擇權，即只有當市場需求量大時才進行擴建。

三、項目投資的敏感性分析

項目投資的敏感性分析是通過預測、分析固定資產投資方案主要的不確定因素發

生變化對經濟評價指標的影響,從中找出敏感因素,並確定其影響程度。通過敏感性分析可以使企業預測到不確定性因素在多大範圍內變動,不致使企業的投資決策發生失誤;同時,企業可以針對敏感程度高的不確定性因素,採取一定的預防性措施,提高投資方案決策的可靠性。

項目投資的敏感性分析主要有單因素敏感性分析和多因素敏感性分析。

(一) 單因素敏感性分析

單因素敏感性分析是指假設只有一個因素是不確定的,而其他因素都是確定的情況下進行的一種敏感性分析。也就是說,該方法假設其他所有因素保持不變,只有某個因素發生變化時,測算該不確定性因素對投資決策評價指標的影響程度和敏感程度。

【例 4-25】A 企業擬進行一項固定資產投資,原始投資在開始一次投入,共需投資 2,200 萬元。該項投資的有效經濟壽命為 10 年,投產後從第 1~9 年每年現金流量為 800 萬元,第 10 年的現金流量為 1,200 萬元,具體數據見表 4-32,企業要求的最低投資報酬率為 12%。

表 4-32　　　　　　　　　　固定資產投資現金流量表　　　　　　　　單位:萬元

項目	第 0 年	第 1~9 年	第 10 年
固定資產投資	(2,000)		
流動資金投資	(200)		
營業現金流入		4,000	4,000
營業付現成本		2,800	2,800
稅金(營業現金流入的 10%)		400	400
回收固定資產殘值			200
回收流動資金			200
現金淨流量	(2,200)	800	1,200

要求:根據以上資料,對該固定資產投資項目進行敏感性分析。

解答:

(1) 選擇現值作為敏感性分析的對象,根據表 4-32 提供的數據,可得該固定資產投資項目的淨現值。

$NPV=800\times(P/A,12\%,10)+400\times(P/F,12\%,10)-2,200$

$\quad\quad=800\times5.650,2+400\times0.322,0-2,200=2,449(萬元)$

(2) 分別選擇營業現金流入、營業付現成本、固定資產原始投資額作為不確定因素,對淨現值指標進行敏感性分析:

$NPV=800\times(P/A,12\%,10)+400\times(P/F,12\%,10)-2,200$

$\quad\quad=800\times5.650,2+400\times0.322,0-2,200=2,449(萬元)$

設營業現金流入的變化率為 x,則變化後的淨現值計算如下:

$NPV=[4,000\times(1+x\%)\times(1-10\%)-2,800]\times(P/A,12\%,10)+400\times(P/F,12\%,10)-2,200$

設營業付現成本的變化率為 y，則變化後的淨現值計算如下：

$NPV=[4,000\times(1-10\%)-2,800\times(1+y)]\times(P/A,12\%,10)+400\times(P/F,12\%,10)-2,200$

設固定資產投資的變化率為 z，則變化後的淨現值計算如下：

$NPV=800\times(P/A,12\%,10)+400\times(P/F,12\%,10)-2,000\times(1+z)-200$

（3）如果上述公式中 x、y、z 的取值分別為 ±10%、±20%時，可以得到變化後的淨現值，計算結果如表 4-33 所示。

表 4-33　　　　　　各因素變動對淨現值的敏感分析（絕對數）　　　　　單位：萬元

	−20%	−10%	0	10%	20%
營業現金流入（x）	−1,619	415	2,449	4,483	6,517
營業付現成本（y）	5,613	4,031	2,449	867	−715
固定資產原始投資額（z）	2,849	2,649	2,449	2,449	2,049

根據表 4-33 淨現值變動后的結果，可以計算出淨現值的變化率，如表 4-34 所示。

表 4-34　　　　　　各因素變動對淨現值的敏感分析（相對數）　　　　　單位：%

	−20	−10	0	10	20
營業現金流入（x）	−166	−83	0	83	166
營業付現成本（y）	129	65	0	−65	−129
固定資產原始投資額（z）	16	8	0	−8	−16

從表 4-33 和表 4-34 可以看出，在各不確定因素的變化率相同的情況下，營業收入對淨現值的影響程度最大。例如，在營業現金流入增加幅度為 10%的情況下，淨現值的增加幅度為 83%；固定資產原始投資額對淨現值的影響程度最小，在固定資產投資增加幅度為 10%的情況下，淨現值的下降幅度為 8%；營業付現成本對淨現值的影響程度介於兩者之間，在營業付現成本增加幅度為 10%的情況下，淨現值的下降幅度為 65%。因此，三個不確定性因素中，最敏感的因素是營業現金流入，其次是營業付現成本，最不敏感的因素是固定資產原始投資額。

進一步分析可知，營業現金流入最大允許變動幅度為−12%，即當其他因素不變，營業現金流入下降 12%，該項目的淨現值下降到 0 這個臨界點。如果該固定資產投資方案的營業現金流入很有可能下降 12%，則該投資方案的風險很大，企業應當慎重，或放棄這一投資方案。

（二）多因素敏感性分析

單因素敏感性分析中在計算某個不確定性因素對固定資產投資方案評價指標的影響時，是以其他因素不變為前提的。但是，在現實經濟生活中，經常出現兩個或兩個以上的因素同時發生變化的情況，這時就必須採用多因素敏感性分析。

多因素敏感性分析要考慮可能發生的各種因素不同變動情況的多種組合，其計算

比單因素敏感性分析要複雜得多，一般採用解析法與作圖法相結合的方法來進行敏感性分析。

【例4-26】若淨現值作為敏感性分析的對象，選擇營業現金流入、營業付現成本作為敏感性分析的不確定性因素，利用【例4-24】的資料進行多因素敏感性分析。

解答：

設營業現金流入的變化率為 x，營業付現成本的變化率為 y，則變化后的淨現值計算如下：

$$NPV = [4,000 \times (1+x) \times (1-10\%) - 2,800 \times (1+y)] \times (P/A, 12\%, 10) + 400 \times (P/F, 12\%, 10) - 2,200$$

$$= (800 + 3,600x - 2,800y) \times 5.650,2 + 400 \times 0.322,0 - 2,200 = 2,449 + 20,341x - 15,821y$$

當 $NPV>0$ 時，該方案才可以接受，即：

$2,449+20,341x-15,821y>0$

上式可以變換為：

$y<1.285,7x+0.154,8$

該解析式可用圖4-6來表示。

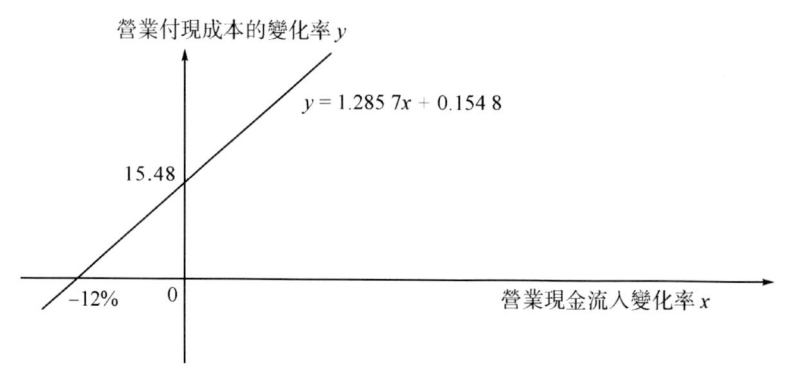

圖4-6 營業現金流入與營業付現成本變化對淨現值的敏感性分析

在圖4-6中，直線 $y=1.285,7x+0.154,8$ 為 $NPV=0$ 的臨界線。在該臨界線左上方的區域，$NPV<0$，在該區域內，固定資產投資方案是不能接受的。在該臨界線右下方的區域，$NPV>0$，在該區域內，固定資產投資方案是可以接受的。

（三）敏感性分析的作用及局限性

敏感性分析在一定程度上就各種不確定性因素的變動對固定資產投資項目效果的影響進行了定量分析。敏感性分析可以使企業瞭解和掌握在固定資產投資項目分析中，由於某些參數估計的失誤或是使用的數據不太可靠而可能造成的對投資項目評價指標的影響程度，有助於企業確定在投資過程中需要重點調查研究和分析測算的因素。

但是，敏感性分析並沒有考慮各種不確定性因素在未來發生變化的概率是多少，這給正確做出固定資產投資決策帶來了一定的困難。因為運用敏感性分析所得到的敏

感性因素在未來發生變化的概率很小，而不太敏感的因素在未來發生變化的概率可能很大，因而實際給固定資產投資所帶來的風險可能比最敏感的因素還大。

為了克服敏感性分析的局限性，還必須分析各因素在未來發生變化的概率。在固定資產投資決策中使用的大多數參數，如營業現金流入、營業付現成本和固定資產原始投資額，都屬於隨機變量，企業可以預測其未來可能發生變動的範圍，估計各種可能出現的結果發生的概率，但不可能肯定地預知它們取什麼值。

本章小結

1. 企業投資的分類（見表 4-35）

表 4-35　　　　　　　　　　　企業投資的分類

標誌	種類	含義及特點
1. 按投資活動與企業本身的生產經營活動的關係	直接投資	直接投資是將資金直接投放於形成生產經營能力的實體性資產，直接謀取經營利潤的企業投資。
	間接投資	間接投資是將資金投放於股票、債券等權益性資產上的企業投資，不直接介入具體生產經營過程。
2. 按投資對象的存在形態和性質	項目投資	項目投資是指購買具有實質內涵的經營資產，包括有形資產和無形資產。項目投資屬於直接投資。
	證券投資	證券投資是指購買證券資產的投資，證券屬於金融資產。證券投資屬於間接投資。
3. 按投資活動對企業未來生產經營前景的影響	發展性投資	發展性投資也可以稱為戰略性投資，是指對企業未來的生產經營發展全局有重大影響的企業投資，如企業間兼併合併的決策、轉換新行業和開發新產品決策、大幅度擴大生產規模的決策等。
	維持性投資	維持性投資也可以稱為戰術性投資，是為了維持企業現有的生產經營正常進行，不會改變企業未來生產經營發展全局的企業投資，如更新替換舊設備的決策、配套流動資金投資、生產技術革新的決策等。
4. 按投資活動資金投出的方向	對內投資	對內投資是指在本企業範圍內部的資金投放，用於購買和配置各種生產經營所需的經營性資產。
	對外投資	對外投資通過聯合投資、合作經營、換取股權、購買證券資產等投資方式，向企業外部其他單位投放資金。
5. 按投資項目之間的相互關聯關係	獨立投資	獨立投資是相容性投資，各個投資項目之間互不關聯、互不影響，可以同時並存。
	互斥投資	互斥投資是非相容性投資，各個投資項目之間相互關聯、相互替代，不能同時並存。

2. 折現現金流量指標比較（見表 4-36）

表 4-36　　　　　　　　　　折現現金流量指標比較

指標	淨現值	年金淨流量	現值指數	內含報酬率
是否受設定貼現率的影響	是	是	是	否
是否反映項目投資方案本身報酬率	否	否	否	是
是否直接考慮投資風險大小	是	是	是	否
指標性質	絕對數	絕對數	相對數，反映投資效率	相對數，反映投資效率
相同點	（1）考慮了資金時間價值。 （2）考慮了項目期限內全部的現金流量。 （3）在評價單一方案可行與否的時候，結論一致。 ①當淨現值>0時，年金淨流量>0，現值指數>1，內含報酬率>投資人期望的最低投資報酬率； ②當淨現值=0時，年金淨流量=0，現值指數=1，內含報酬率=投資人期望的最低投資報酬率； ③當淨現值<0時，年金淨流量<0，現值指數<1，內含報酬率<投資人期望的最低投資報酬率。			

3. 固定資產更新決策（見表 4-37）

表 4-37　　　　　　　　　　固定資產更新決策

性質	固定資產更新決策屬於互斥投資方案的決策類型。
方法	（1）年限相同時，採用淨現值法。 　　如果更新不改變生產能力，「負的淨現值」在金額上等於「現金流出總現值」，決策時應選擇現金流出總現值低者。 （2）年限不同時，採用年金淨流量法。 　　如果更新不改變生產能力，「負的年金淨流量」在金額上等於「年金成本」，決策時應選擇年金成本低者。
現金流量確定	（1）繼續使用舊設備的現金流量。 初始現金流量＝-喪失的變現流量 　　　　　　＝-（變現價值+變現淨損失抵稅或-變現淨收益納稅） 營業現金流量＝-營運成本×(1-T)+折舊×T 終結回收現金流量＝最終殘值+殘值淨損失抵稅或-殘值淨收益納稅 （2）使用新設備的現金流量。 初始現金流量＝-設備購置成本 營業現金流量＝-營運成本×(1-T)+折舊×T 終結回收現金流量＝最終殘值+殘值淨損失抵稅或-殘值淨收益納稅

第五章　證券投資管理

案例導入

中金公司：2017 年 A 股峰回路轉　兩條思路選股[①]

中金公司建議兩條選股路線：大消費、政策與改革。第一，精選大消費，特別是受新技術、新模式影響的類別，主要在醫藥、TMT（數字新媒體產業）、教育、物流、食品飲料、家居等與消費相關領域精選個股逢低吸納，同時金融業中的中小銀行、互聯網金融等領域也值得關注；第二，階段性關注受政策與改革預期支持且估值在合理範圍的週期性板塊。中金公司建議低配地產、部分 2017 年已經有所表現的地產產業鏈板塊以及部分結構性低迷且尚未看到明顯改善的行業，如零售、航空等。

「明年 A 股市場將峰回路轉，針對大類資產的判斷為，股票好於大宗商品好於債券及房地產。」這是中金公司 2017 年宏觀策略媒體會拋出的最吸引眼球的觀點。中金公司首席經濟學家梁紅以《增長大體平衡，結構更趨平衡》為題發布專題報告。

預計 2017 年峰回路轉全年有望實現個位數收益

「2017 年個股選擇的空間在逐漸打開，以全年來看，指數上會實現正收益，結構性機會好於 2016 年，估計 2017 年至少有一半的股票會是正收益。」中金公司首席策略分析師王漢鋒表示。而針對大類資產的判斷，王漢鋒認為，2017 年將是股票好於大宗商品好於債券及房地產，因為房地產調控導致目前地產承壓，而從 2013 年年底至今，債市一直是牛市，但預計 2017 年將會是債市牛市的拐點。

中金公司 2017 年 A 股市場策略報告顯示，經過 2015 年下半年大幅回調及 2016 年以來的盤整，當前市場並非沒有風險，但預計資金在資產之間輪動的特徵將繼續演繹，隨著股價調整和盈利增長消化估值，股市精選個股的空間逐步打開，2017 年結構性機會將優於 2016 年，A 股全年有望實現個位數收益。中金公司做出上述判斷的理由包括兩點：

理由一：2017 年宏觀增長可能有驚無險、平穩度過。房地產調控帶來增長壓力但政策趨於穩增長。非金融上市公司利潤率、淨資產收益率、資本開支等指標顯示經過多年調整，中國內生增長有觸底跡象。如果城鎮化系統性改革推進，增長可持續性可能會更強。綜合來看，中金宏觀組預計 2017 年國內生產總值增長僅略減速至 6.6%，人民幣兌美元匯率到 2017 年底小幅貶值到 6.98。綜合其他假設，中金公司自上而下預計 A 股 2017 年盈利增長 7.3% 左右（非金融 10.6%）。

[①] 中金公司：2017 年 A 股峰回路轉　兩條思路選股 [EB/OL]. (2016-11-07) [2017-07-26]. http://www.360.doc.com/content/161110706/06/116554_604508997.shtml.

理由二：估值系統性壓縮已近尾聲。地產調控接近歷史低位、潛在財政赤字率在高位、房價已經大幅上漲，中國週期性政策空間已經明顯縮小，估值隨風險偏好邊際變化而波動，但最劇烈的殺估值階段已經結束。

調控後地產資金的流向、MSCI（摩根士丹利資本國際公司）納入A股的可能性、互聯互通潛在資金「南下」等因素值得關注。與此同時，經濟朝著偏向消費和服務的結構調整在繼續，「疏堵挖潛」的改革繼續實施，個股選擇的餘地再次具備。

在大類資產上，地產受壓、貨幣暫時不會更鬆，中金公司預計股強於債，成長略勝於價值，主要大宗商品在2017年觸底反彈第一波後未來可能是震盪與分化。中金公司稱，目前股市整體「去偽存真」的過程還在繼續，滬深300指數動態市盈率11.5倍（非金融18.2倍），創業板指數則回落至31.2倍，均低於歷史均值，未來更多表現為個股分化。

2017實際國內生產總值預測由6.7%調整至6.6%

中金公司預計2017年消費對國內生產總值增速的貢獻或將明顯加大，實際固定資產投資增速可能略有下降，而外需有望溫和復甦。

針對貨幣政策，中金公司認為，短期內貨幣政策可能沒有寬鬆的空間，鑒於真實利率已經在經濟再通脹後明顯下降。中金公司預計2017年基準利率將保持不變。2017年下半年中國人民銀行可能會將7天逆回購利率微降10個基點，並可能下調存款準備金率一次。

中金公司預計2016年年底美元兌人民幣匯率在6.78左右，2017年年底則到6.98附近，這意味著2017年人民幣或將貶值壓力應仍然可控，考慮到基準情形下2017年美聯儲將加息1次，幅度為25個基點，因此美元繼續走強的壓力相對溫和；預計2017年中國的貿易順差仍然較大，可能達到5,300億美元左右，相當於國內生產總值的4.2%左右。

對於財政政策，中金公司預計2017年財政政策仍將在穩增長中發揮主要作用，但政策組合可能更著重於提振消費需求，而非投資支出。財政政策有望從減稅和增加補貼兩方面促進居民收入和消費增長以及增加教育、醫療和扶貧等方面的公共支出。

中金公司預計2017年財稅政策、戶籍制度和土地改革將繼續推進，以促使中國向消費驅動型經濟轉型，而國企改革可能會在以下方面有所進展：推進混合所有制試點以提高國企效率、建立國企市場化的退出機制以及放開「競爭類」行業的民企准入限制。

思考：股票投資決策應考慮哪些因素？

第一節　證券投資的相關概念

一、證券資產及其特點

證券資產是企業進行金融投資所形成的資產。證券投資不同於項目投資，項目投

資的對象是實體性經營資產，經營資產是直接為企業生產經營服務的資產，如固定資產、無形資產等，它們往往是一種服務能力遞減的消耗性資產。證券投資的對象是金融資產，金融資產是一種以憑證、票據或者合同合約形式存在的權利性資產，如股票、債券及其衍生證券等。

證券資產有如下特點：

(一) 價值虛擬性

證券資產不能脫離實體資產而完全獨立地存在，但證券資產的價值不是完全由實體資產的現實生產經營活動決定的，而是取決於契約性權利所能帶來的未來現金流量，是一種未來現金流量折現的資本化價值。債券投資代表的是企業的經營控製權、財務控製權、收益分配權、剩餘財產追索權等股東權利。證券資產的服務能力在於它能帶來未來的現金流量，按未來現金流量折現即資本化價值，是證券資產價值的統一表述。

(二) 可分割性

實體項目投資的經營資產一般具有整體性要求，如購建新的生產能力，往往是廠房、設備、配套流動資產的結合。證券資產可以分割為一個最小的投資單位，如一股股票、一份債券，這就決定了證券資產投資的現金流量比較單一，往往由原始投資、未來收益或資本利得、本金回收所構成。

(三) 持有目的多元性

實體項目投資的經營資產往往是為消耗而持有，為流動資產的加工提供生產條件。證券資產的持有目的是多元的，既可能是為未來累積現金即為未來變現而持有，也可能是為謀取資本利得即為銷售而持有，還有可能是為取得對其他企業的控製權而持有。

(四) 強流動性

證券資產具有很強的流動性，其流動性表現在以下兩個方面：

(1) 變現能力強。證券資產往往都是上市證券，一般都有活躍的交易市場可供及時轉讓。

(2) 持有目的可以相互轉換。當企業急需現金時，可以立即將為其他目的而持有的證券資產變現。

證券資產本身的變現能力雖然較強，但其實際週轉速度取決於企業對證券資產的持有目的。作為長期投資的形式，企業持有的證券資產週轉一次一般都會經歷一個會計年度以上。

二、證券的分類

證券資產的種類很多，按不同的標準可以進行不同的分類。

(一) 按證券的發行主體分類

按照發行主體不同，證券可以分為政府證券、金融證券和公司證券三種。政府證券是指中央政府或地方政府為籌集資金而發行的證券。金融證券是指銀行或其他金融機構為籌措資金而發行的證券。公司證券又稱企業證券，是指工商企業為籌集資金而發行的證券。政府證券的風險較小，金融證券次之，公司證券的風險則視企業的規模、財務狀況和其他情況而定。

(二) 按證券的到期日分類

按照到期日的長短不同，證券可以分為短期證券和長期證券兩種。短期證券是指到期日短於一年（含一年）的證券，如短期國債、商業票據、銀行承兌匯票等。長期證券是指到期日長於一年的證券，如股票、債券等。一般而言，短期證券的風險小、變現能力強，但收益率相對較低。長期證券的收益率一般較高，但時間長、風險大。

(三) 按證券的收益狀況分類

按照收益狀況的不同，證券可以分為固定收益證券和變動收益證券兩種。固定收益證券是指在證券票面上規定有固定收益率的證券，如債券票面上一般有固定的利息率，優先股票面上一般有固定的股息率，這些證券都屬於有固定收益證券。變動收益證券是指證券票面不標明固定的收益率，其收益情況隨企業經營狀況而變動的證券，普通股股票是最典型的變動收益證券。一般來說，固定收益證券風險較小，但報酬不高，而變動收益證券風險大，但報酬較高。

(四) 按證券體現的權益關係分類

按體現的權益關係不同，證券可以分為所有權證券和債權證券兩種。所有權證券是指證券的持有人便是證券發行單位的所有者的證券，這種證券的持有人一般對發行單位都有一定的管理和控製權。股票是典型的所有權證券，股東便是發行股票的企業的所有者。債權證券是指證券的持有人是發行單位的債權人的證券，這種證券的持有人一般無權對發行單位進行管理和控製。當一個發行單位破產時，債權證券要優先清償，而所有權證券要在最后清償，因此所有權證券一般都要承擔比較大的風險。

三、證券投資的分類

從以上分析可以看出，證券是多種多樣的，與此相聯繫，證券投資的種類也是多種多樣的。按不同標準，可對證券投資進行不同的分類。下面根據證券投資的對象不同，將證券投資分為債券投資、股票投資、組合投資和基金投資四類。

(一) 債券投資

債券投資是指企業將資金投向各種各樣的債券。例如，企業購買國庫券、公司債券和短期融資債券等都屬於債券投資。與股票投資相比，債券投資能獲得穩定收益，投資風險較低。當然，也應看到，投資於一些期限長、信用等級較低的債券，也會承擔較大風險。

(二) 股票投資

股票投資是指企業將資金投向其他企業所發行的股票，將資金投向優先股、普通股都屬於股票投資。企業投資於股票，尤其是投資於普通股，要承擔較大風險，但在通常情況下，也會取得較高收益。

(三) 組合投資

組合投資又叫證券投資組合，是指企業將資金同時投資多種證券，如既投資於國庫券，又投資於企業債券，還投資於企業股票。組合投資可以有效地分散證券投資風險，是企業等法人單位進行證券投資時常用的投資方式。

(四) 基金投資

基金是許多投資者的錢合在一起，然后由基金公司的專家負責管理，用來投資於

多家公司的股票或債券。基金按其收益憑證是否可以贖回，分為封閉式基金與開放式基金。封閉式基金在信託契約未到期之前，投資者不得向發行人要求贖回，而開放式基金就是投資者可以隨時要求基金公司贖回其購買的基金，當然在贖回時要承擔一定的手續費。封閉式基金一般採用年終分紅方式，開放式基金則根據行情和基金收益狀況採取不定期分紅。基金投資由理財專家經營管理，風險相對較小，越來越受到投資者的青睞。

本章將主要介紹債券投資、股票投資及證券組合投資。

四、證券投資的目的

企業進行證券投資的目的主要有以下幾個方面：

（一）利用閒置資金，增加企業收益

企業在生產經營過程中，由於各種原因有時會出現資金閒置及現金結餘較多的情況。這些閒置資金可以投資於股票、債券等有價證券，謀取投資收益，這些投資收益主要表現在股利收入、債息收入、證券買賣差價等方面。同時，有時企業資金的閒置是暫時性的，可以投資於在資本市場上流通性和變現能力較強的有價證券，這類有價證券能夠隨時變賣，收回資金。

（二）與籌集長期資金相配合

處於成長期或擴張期的公司一般每隔一段時間就會發行長期證券（股票或公司債券）。但發行長期證券所獲得的資金一般並不一次用完，而是逐漸、分次使用。這樣暫時不用的資金可投資於有價證券，以獲取一定收益，而當企業進行投資需要資金時，則可賣出有價證券，以獲得現金。

（三）提高資產的流動性，增強償債能力

資產流動性強弱是影響企業財務安全性的主要因素。除現金等貨幣資產外，有價證券投資是企業流動性最強的資產，是企業速動資產的主要構成部分。在企業需要支付大量現金，而現有現金儲備又不足時，可能通過變賣有價證券迅速取得大量現金，保證企業的及時支付。

（四）穩定客戶關係，保障生產經營

企業生產經營環節中，供應和銷售是企業和市場相聯繫的重要通道。沒有穩定的原材料供應來源，沒有穩定的銷售客戶，都要會使企業的生產經營中斷。為了保持與供銷客戶良好而穩定的業務關係，可以對業務關係鏈的供銷企業進行投資，保持對它們一定的債權或股權，甚至控股。這樣能夠以債權或股權對關聯企業的生產經營施加影響和控製，保障本企業的生產經營順利進行。

（五）分散資金投向，降低投資風險

投資分散化，即將資金投資於多個相關程度較低的項目，實行多元化經營，能夠有效地分散投資風險。當某個項目經營不景氣而利潤下降甚至導致虧損時，其他項目可能會獲取較高的收益。將企業的資金分成內部經營投資和對外證券投資兩個部分，實現了企業投資的多元化。與對內投資相比，對外證券投資不受地域和經營範圍的限制，投資選擇面非常廣，投資資金的退出和收回也比較容易，是多元化投資的主要方式。

第二節　證券投資的風險與收益率

一、證券投資風險

由於證券的市價波動頻繁，證券投資的風險往往較大。獲取投資收益是證券投資的主要目的，證券投資的風險是投資者無法獲得預期投資收益的可能性。按風險性質劃分，證券投資的風險分為系統性風險和非系統性風險兩大類別。

(一) 系統性風險

證券資產的系統性風險是指由於外部經濟因素變化引起整個資本市場不確定加強，從而對所有證券都產生影響的共同性風險。系統性風險影響到資本市場上的所有證券，無法通過投資多元化的組合而加以避免，也稱為不可分散風險。

系統性風險及所有證券資產，最終會反映在資本市場平均利率的提高上，所有的系統性風險幾乎都可以歸結為利率風險。利率風險是由於市場利率變動引起證券資產價值變化的可能性。市場利率反映了社會平均報酬率，投資者對證券資產投資報酬率的預期總是在市場利率基礎上進行的，只有當證券資產投資報酬率大於市場利率時，證券資產的價值才會高於其市場價格。一旦市場利率提高，就會引起證券資產價值的下降，投資者就不易得到超過社會平均報酬率的超額報酬。市場利率的變動會造成證券資產價格的普遍波動，兩者呈反向變化：市場利率上升，證券資產價格下跌；市場利率下降，證券資產價格上升。

1. 價格風險

價格風險是指由於市場利率上升，而使證券資產價格普遍下跌的可能性。價格風險來自於資本市場買賣雙方資本供求關係的不平衡，資本需求量增加，市場利率上升；資本供應量增加，市場利率下降。

資本需求量增加，引起市場利率上升，也意味著證券資產發行量的增加，引起整個資本市場所有證券資產價格的普遍下降。需要說明的是，這裡的證券資產價格波動並不是指證券資產發行者的經營業績變化而引起的個別證券資產的價格波動，而是由於資本供應關係的全體證券資產的價格波動。

當證券資產持有期間的市場利率上升，證券資產價格就會下跌，證券資產期限越長，投資者遭受的損失越大。到期風險附加率就是對投資承擔利率變動風險的一種補償，期限越長的證券資產，要求的到期風險附加率就越大。

2. 再投資風險

再投資風險是由於市場利率下降，而造成的無法通過再投資而實現預期收益的可能性。根據流動性偏好理論，長期證券資產的報酬率應當高於短期證券資產，這是因為：

(1) 期限越長，不確定性就越強。證券資產投資者一般喜歡持有短期證券資產，因為它們較容易變現而收回本金。因此，投資者願意接受短期證券資產的低報酬率。

(2) 證券資產發行者一般喜歡發行長期證券資產，因為長期證券資產可以籌集到

長期資金，而不必經常面臨籌集不到資金的困境。因此，證券資產發行者願意為長期證券資產支付較高的報酬率。

為了避免市場利率上升的價格風險，投資者可能會投資於短期證券資產，但短期證券資產又會面臨市場利率下降的再投資風險，即無法按預定報酬率進行再投資而實現所要求的預期收益。

3. 購買力風險

購買力風險是指由於通貨膨脹而使貨幣購買力下降的可能性。在持續而劇烈的物價波動環境下，貨幣性資產會產生購買力損益；當物價持續上漲時，貨幣性資產會遭受購買力損失；當物價持續下跌時，貨幣性資產會帶來購買力收益。

證券資產是一種貨幣性資產，通貨膨脹會使證券資產投資的本金和收益貶值，名義報酬率不變而實際報酬率降低。購買力風險對具有收款權利性質的資產影響很大，債券投資的購買力風險遠大於股票投資。如果通貨膨脹長期延續，投資人會把資本投向實體性資產以求保值，對證券資產的需求量減少，引起證券資產價格下跌。

(二) 非系統性風險

證券資產的非系統性風險是指由於特定經營環境或特定事件變化引起的不確定性，從而對個別證券資產產生影響的特有性風險。非系統性風險源於每個公司自身特有的營業活動和財務活動，與某個具體的證券資產相關聯，同整個證券市場無關。非系統性風險可以通過持有證券資產的多元化投資來抵消，也稱為可分散風險。

非系統性風險是公司特有風險，從公司內部管理的角度考察，公司特有風險的主要表現形式是公司經營風險和財務風險。從公司外部的證券資產市場投資者的角度考察，公司經營風險和財務風險無法明確區分，公司特有風險是以違約風險、變現風險、破產風險等形式表現出來的。

1. 違約風險

違約風險是指證券資產發行者無法按時兌付證券資產利息和償還本金的可能性。有價證券資產本身就是一種契約性權利資產，經濟合同的任何一方違約都會另一方造成損失。違約風險是投資於收益固定型有價證券資產的投資者經常面臨的，多發生於債券投資中。違約風險產生的原因可能是公司產品經銷不善，也可能是公司現金週轉不靈。

2. 變現風險

變現風險是指證券資產持有者無法在市場上以正常的價格平倉出貨的可能性。持有證券資產的投資者，可能會在證券資產持有期限內出售現在的證券資產而投資於另一項目，但在短期內找不到願意出合理價格的買主，投資者就會喪失新的投資機會或面臨降價出售的損失。在同一證券資產市場上，各種有價證券資產的變現力是不同的，交易越頻繁的證券資產，其變現能力越強。

3. 破產風險

破產風險是指證券資產發行者破產清算時投資者無法收回應得權益的可能性。當證券資產發行者由於經營管理不善而持續虧損、現金週轉不暢而無力清償債務或其他原因導致難以持續經營時，他可能會申請破產保護。破產保護會導致債務清償的豁免、有限責任的退資，使得投資者無法取得應得的投資收益，甚至無法收回投資的本金。

二、證券投資的收益率

企業進行證券投資的主要目的是為了獲得投資收益。證券收益包括證券交易現價與原價的價差以及定期股利或利息收益。收益的高低是影響證券投資的主要因素。證券投資的收益有絕對數和相對數兩種表示方法，在財務管理中通常用相對數，即收益率來表示。

（一）短期證券收益率

短期證券收益率的計算一般比較簡單，因為期限短，所以一般不用考慮資金時間價值因素。其基本的計算公式如下：

$$K = \frac{S_1 - S_0 + P}{S_0} \times 100\%$$

式中：

K——證券投資收益率；

S_0——證券買入價格；

S_1——證券出售價格；

P——證券投資收益（股利或利息）。

【例5-1】2016年2月9日，通達公司購買四通公司每股市價為64元的股票。2017年1月，通達公司持有的上述股票每股獲現金股利3.90元。2017年2月9日，通達公司將該股票以每股66.50元的價格出售。

要求：計算通達公司股票投資的收益率。

解答：

$$K = \frac{66.5 - 64 + 3.9}{64} \times 100\% = 10\%$$

【例5-2】A企業於2016年6月6日投資900元購進一張面值為1,000元、票面利率為6%、每年付息一次的債券，並於2017年6月6日以950元的市價出售。

要求：計算A企業債券投資的收益率。

解答：

$$K = \frac{950 - 900 + 1,000 \times 6\%}{900} \times 100\% = 12.22\%$$

（二）長期證券收益率

長期證券收益率的計算比較複雜，因為涉及的時間較長，所以要考慮資金時間價值因素。長期證券投資中的情況很多，不可能一一列舉其計算公式。現說明以下兩種典型情況的收益率的計算。

1. 債券投資收益率的計算

企業進行債券投資，一般每年能獲得固定的利息，並在債券到期時收回本金或在中途出售而收回資金。債券投資收益率可按下列公式計算：

$$V = \frac{I}{(1+i)^1} + \frac{I}{(1+i)^2} + \cdots + \frac{I}{(1+i)^n} + \frac{F}{(1+i)^n}$$

$$V = I \times (P/A, i, n) + F \times (P/F, i, n)$$

式中：

V——債券的購買價格；

I——每年獲得的固定利息；

F——債券到期收回的本金或中途出售收回的資金；

i——債券投資的收益率；

n——投資期限。

【例 5-3】 B 公司於 2012 年 2 月 1 日以 924.16 元購買了一張面值為 1,000 元的債券，其票面利率為 8%，從 2013 年開始，每年 2 月 1 日計算並支付一次利息。該債券於 2017 年 2 月 1 日到期，按面值收回本金。

要求：試計算 B 公司該債券投資的收益率。

解答：

(1) 由於我們無法直接計算收益率，因此必須用逐步測試法或內插法來進行計算。假設要求的收益率為 9%，則其現值可計算如下：

$V = I \times (P/A, i, n) + F \times (P/F, i, n)$

$= 1,000 \times 8\% \times (P/A, 9\%, 5) + F \times (P/F, 9\%, 5)$

$= 80 \times 3.889,7 + 1,040 \times 0.649,9$

$= 961.08(元)$

(2) 因為 961.08 元大於 924.16 元，說明收益率應大於 9%，下面用 10% 再一次進行測試，其現值計算如下：

$V = I \times (P/A, i, n) + F \times (P/F, i, n)$

$= 1,000 \times 8\% \times (P/A, 10\%, 5) + F \times (P/F, 10\%, 5)$

$= 80 \times 3.790,8 + 1,040 \times 0.620,9$

$= 924.16(元)$

計算出的現值正好為 924.16 元，說明該債券的收益為 10%。

2. 股票投資收益率的計算

企業進行股票投資，每年獲得的股利是經常變動的，當企業出售股票時，也可收回一定資金。股票投資收益率可以按下式計算：

$$V = \sum_{j=1}^{n} \frac{D_j}{(1+i)^j} + \frac{F}{(1+i)^n}$$

式中：

V——股票的購買價格；

F——股票的出售價格；

D_j——股票投資報酬（每年獲得的股利）；

n——投資期限；

i——股票投資收益率。

【例 5-4】 C 公司在 2014 年 4 月 1 日投資 510 萬元購買某種股票 100 萬股，在 2015 年、2016 年和 2017 年的 3 月 31 日每股各分得現金股利 0.5 元、0.6 元和 0.8 元，並於 2017 年 3 月 31 日以每股 6 元的價格將股票全部出售。

要求：計算 C 公司該項股票投資的收益率。

解答：

（1）設該項股票投資收益率為 i，根據題意，列如下等式：

$$V = \sum_{j=1}^{n} \frac{D_j}{(1+i)^j} + \frac{F}{(1+i)^n}$$

$510 = 100 \times 0.5 \times (P/F, i, 1) + 100 \times 0.6 \times (P/F, i, 2) + 100 \times (0.8 + 6) \times (P/F, i, 3)$

（2）採用逐步測試法和內插法進行計算，逐步測試結果如表 5-1 所示。

表 5-1　　　　　　　　　C 公司投資收益率測算表

時間	股利及出售股票的現金流量	測試 20% 系數	測試 20% 數值（萬元）	測試 18% 系數	測試 18% 數值（萬元）	測試 16% 系數	測試 16% 數值（萬元）
2015	50	0.833,3	41.67	0.847,5	42.38	0.862,1	43.11
2016	60	0.694,4	41.66	0.718,2	43.09	0.743,2	44.59
2017	680	0.578,7	393.52	0.608,6	413.85	0.640,7	435.68
合計	—	—	476.85	—	499.32	—	523.38

在表 5-1 中，先按 20% 的收益率進行測算，得到現值為 476.85 萬元，比原來的投資額 510 萬元小，說明實際收益率低於 20%；把收益率調到 18%，進行第二次測算，得到的現值為 499.32 萬元，還比 510 萬元小，說明實際收益率比 18% 還要低；把收益率調到 16%，進行第三次測算，得到的現值為 523.38 萬元，比 510 萬元大，說明實際收益率要比 16% 高，即我們要求的收益率在 16%～18% 之間，採用內插法計算如下：

$$2\% \left\{ \begin{matrix} \begin{Bmatrix} 16\% —— 523.38 \\ i —— 510.00 \end{Bmatrix} 13.3 \\ 18\% —— 499.32 \end{matrix} \right\} 24.06$$

$$\frac{i - 16\%}{2\%} = \frac{13.38}{24.06}$$

$i = 16\% + 1.11\% = 17.11\%$

（3）C 公司該項股票投資的收益率為 17.11%。

第三節　證券投資決策

一、債券投資

（一）債券要素

債券是依照法定程序發行的約定在一定期限內還本付息的有價證券，反映證券發行者與持有者之間的債權債務關係。債券一般包含以下幾個基本要素：

1. 債券面值

債券面值是指債券設定的票面金額，代表發行人借入並且承諾於未來某一特定日期償付債券持有人的金額，債券面值包括以下兩方面的內容：

（1）票面幣種。票面幣種，即以何種貨幣作為債券的計量單位。一般而言，在國內發行的債券，發行的對象是國內有關經濟主體，選擇本國貨幣；若在國外發行，則選擇發行地國家（或地區的貨幣或國際通用貨幣，如美元）作為債券的幣種。

（2）票面金額。票面金額對債券的發行成本、發行數量和持有者的分佈具有影響，票面金額小，有利於小額投資者購買，從而有利於債券發行，但發行費用可能增加；票面金額大，會降低發行成本，但可能減少發行量。

2. 債券票面利率

債券票面利率是指債券發行者預計一年內向持有者支付的利息占票面金額的比率。票面利率不同於實際利率，實際利率是指按複利計算的一年期的利率，債券的計息和付息方式有多種，可能使用單利或複利計算，利息支付可能半年一次、一年一次或到期一次還本付息，這使得票面利率可能與實際利率發生差異。

3. 債券到期日

債券到期日是指償還債券本金的日期，債券一般都規定到期日，以便到期時歸還本金。

(二) 債券投資的目的

企業進行短期債券投資的目的主要是為了配合企業對資金的需求，調節現金餘額，使現金餘額達到合理水平。當企業現金餘額太多時，便投資於債券，使現金餘額降低；反之，當現金餘額太少時，則出售原來投資的債券，收回現金，使現金餘額提高。

企業進行長期債券投資的目的主要是為了獲得穩定的收益。

(三) 中國債券及債券發行的特點

中國經濟發展的特殊性使許多債券及債券發行帶有明顯的區別於西方的特點，企業財務人員要做好債券投資管理工作，就必須先瞭解這些特點。

第一，國債佔有絕對比重。從 1981 年起，中國開始發行國庫券，以後又陸續發行國家重點建設債券、財政債券、特種國債和保值公債等。每年發行的債券中，國家債券的比例均在 60% 以上。

第二，債券多為一次還本付息，單利計算，平價發行。國家債券和國家代理機構發行的債券多數均是如此，企業債券只有少數附有息票，每年支付一次利息，其餘均是利隨本清的存單式債券。

第三，企業債券利率一般較低。

(四) 債券的估價

企業進行債券投資，必須知道債券價格的計算方法，以下介紹幾個最常見的估價模型。

1. 債券估價的基本模型

典型的債券類型是有固定的票面利率、每期支付利息、到期歸還本金的債券，這種債券模式下債券價值計量的基本模型為：

$$P = \sum_{t=1}^{n} \frac{i \times F}{(1+K)^n} + \frac{F}{(1+K)^n}$$

$$= \sum_{t=1}^{n} \frac{I}{(1+K)^n} + \frac{F}{(1+K)^n}$$

$$= I \times (P/A, K, n) + F \times (P/F, K, n)$$

式中：

P——債券價值；

i——債券票面利息率；

F——債券面值；

K——市場利率或投資人要求的必要報酬率；

n——付息總期數；

I——每年利息。

從債券價值基本計量模型中可以看出，債券面值、債券期限、票面利率、市場利率是影響債券價值的基本因素。

【例5-5】某債券面值為1,000元，票面利率為10%，期限為5年，每年年末付息一次，到期還本。D企業要對這種債券進行投資，當前的市場利率為12%。

要求：債券價格為多少時，D企業才能進行投資？

解答：

$P = I \times (P/A, K, n) + F \times (P/F, K, n)$

　$= 1,000 \times 10\% \times (P/A, 12\%, 5) + 1,000 \times (P/F, 12\%, 5)$

　$= 100 \times 3.604,8 + 1,000 \times 0.567,4 = 360.48 + 567.4$

　$= 927.88$（元）

即此債券的價格必須低於927.88元時，D企業才能購買。

2. 一次還本付息且不計複利的債券估價模型

中國很多債券屬於一次還本付息且不計複利的債券。其估價計算公式為：

$$P = \frac{F + F \times i \times n}{(1+K)^n}$$

$$= F \times (1 + i \times n) \times (P/F, K, n)$$

式中：

P——債券價值；

i——債券票面利息率；

F——債券面值；

K——市場利率或投資人要求的必要報酬率；

n——付息總期數；

I——每年利息。

【例5-6】E企業擬購買X企業發行的利隨本清的企業債券，該債券面值為1,000元，期限為5年，票面利率為10%，單利計息，當前市場利率為8%。

要求：該債券發行價格為多少時，E企業才能購買？

解答：

$$P = \frac{1,000+1,000\times10\%\times5}{(1+8\%)^5}$$
$= 1,500\times(P/F，8\%，5) = 1,500\times0.680,6 = 1,020.9$（元）

此債券價格必須低於 1,020.9 元時，E 企業才能購買。

3. 折現發行時債券的估價模型

有些債券以折現方式發行，沒有票面利率，到期按面值償還。這些債券的估價模型為：

$$P = \frac{F}{(1+K)^n}$$
$= F\times(P/F，K，n)$

式中：

P——債券價值；

i——債券票面利息率；

F——債券面值；

K——市場利率或投資人要求的必要報酬率；

n——付息總期數；

I——每年利息。

【例 5-7】M 債券面值為 1,000 元，期限為 5 年，以折現方式發行，期內不計利息，到期按面值償還，當時市場利率為 8%。

要求：該債券價格為多少時，投資者才能購買？

解答：

$P = 1,000\times(P/F，8\%，5) = 1,000\times0.680,6 = 680.6$(元)

M 債券的價格只有低於 680.6 元時，投資者才能購買。

(五) 債券期限對債券價值的敏感性

選擇長期債券還是短期債券是公司財務經理經常面臨的投資選擇問題。由於票面利率的不同，當債券期限發生變化時，債券的價值也會隨之波動。

【例 5-8】假設有市場利率為 10%，面值為 1,000 元，每年支付一次利息，到期歸還本金，票面利率分別為 8%、10% 和 12% 的三種債券。

要求：進行債券期限分別為 0 年期、1 年期、2 年期、5 年期、10 年期、15 年期、20 年期時債券價值的敏感性分析。

解答：債券到期日發生變化時的債券價值如表 5-2 所示。

表 5-2　　　　　　　　　債券期限變化的敏感性　　　　　　　　單位：元

債券期限	債券價值				
	票面利率 10%	票面利率 8%	環比差異	票面利率 12%	環比差異
0 年期	1,000	1,000	—	1,000	—
1 年期	1,000	981.72	-18.28	1,018.08	+18.08
2 年期	1,000	964.88	-16.84	1,034.32	+16.24

173

表5-2(續)

債券期限	債券價值				
	票面利率10%	票面利率8%	環比差異	票面利率12%	環比差異
5 年期	1,000	924.28	-40.60	1,075.92	+41.60
10 年期	1,000	877.60	-46.68	1,123.40	+47.48
15 年期	1,000	847.48	-30.12	1,151.72	+28.32
20 年期	1,000	830.12	-17.36	1,170.68	+18.96

將表5-2中債券期限與債券價值的函數關係描述在圖5-1中，並結合表5-2的數據，可以得出如下結論：

（1）引起債券價值隨債券期限的變化而波動的原因是債券票面利率與市場利率的不一致。如果債券票面利率與市場利率之間沒有差異，債券期限的變化不會引起債券價值的變動。也就是說，只有溢價債券或折價債券，才產生不同期限下債券價值有所不同的現象。

（2）債券期限越短，債券票面利率對債券價值的影響越小。不論是溢價債券還是折價債券，當債券期限較短時，票面利率與市場利率的差異不會使債券的價值過於偏離債券的面值。

（3）債券期限越長，債券價值越偏離於債券面值。

（4）隨著債券期限延長，在票面利率偏離市場利率的情況下，債券的價值會偏離債券的面值，但這種偏離的變化幅度最終會趨於平穩。或者說，長期債券的期限差異，對債券價值的影響不大。

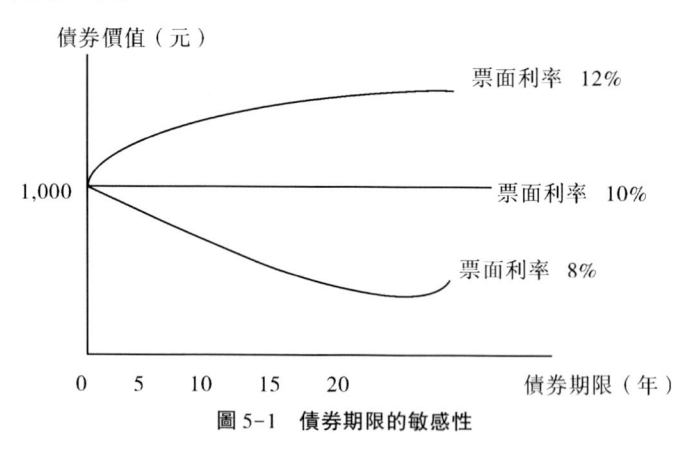

圖 5-1　債券期限的敏感性

（六）市場利率對債券價值的敏感性

債券一旦發行，其面值、期限、票面利率都相對固定了，市場利率成為債券持有期間影響債券價值的主要因素。市場利率是決定債券價值的折現率，市場利率的變化會造成系統性的利率風險。

【例5-9】假定現有面值1,000元、票面利率為15%的2年期和20年期兩種債券，

每年付息一次，到期歸還本金。

要求：當市場利率分別為 5%、10%、15%、20%、25%、30% 時，進行市場利率對債券價值的敏感性分析。

解答：當市場利率發生變化時的債券價值如表 5-3 所示。

表 5-3　　　　　　　　　　市場利率變化的敏感性

市場利率（%）	債券價值（元）	
	2 年期債券	20 年期債券
5	1,185.85	2,246.30
10	1,086.40	1,426.10
15	1,000	1,000
20	923.20	756.50
25	856	605.10
30	796.15	502.40

將表 5-3 中債券價值對市場利率的函數關係描述在圖 5-2 中，並結合表 5-3 的數據，可以得出如下結論：

（1）市場利率的上升會導致債券價值的下降，市場利率的下降會導致債券價值的上升。

（2）長期債券對市場利率的敏感性會大於短期債券；在市場利率較低時，長期債券的價值遠高於短期債券；在市場利率較高時，長期債券的價值遠低於短期債券。

（3）市場利率低於票面利率時，債券價值對市場利率的變化較為敏感，市場利率稍有變動，債券價值就會發生劇烈的波動；市場利率超過票面利率后，債券價值對市場利率變化的敏感性減弱，市場利率的提高，不會使債券價值過分降低。

根據上述分析結論，財務經理在債券投資決策中應當注意：長期債券的價值波動較大，特別是票面利率高於市場利率的長期溢價債券，容易獲取投資收益但安全性較低，利率風險較大。如果市場利率波動頻繁，利用長期債券來儲備現金顯然是不明智的，將為較高的收益率而付出安全性的代價。

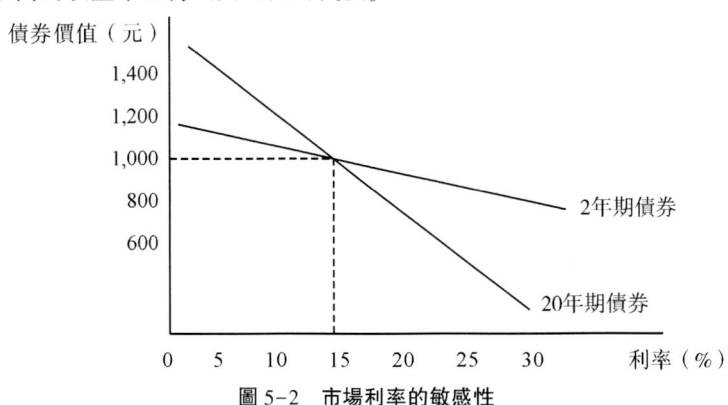

圖 5-2　市場利率的敏感性

（七）債券投資的收益率

1. 債券投資收益的來源

債券投資的收益是投資於債券所獲得的全部投資報酬，這些投資報酬來源於以下三個方面：

（1）名義利息收益。債券各期的名義利息收益是其面值與票面利率的乘積。

（2）利息再投資收益。債券投資評價時，有兩個重要的假定：第一，債券本金是到期收回的，而債券利息是分期收取的；第二，將分期收到的利息重新投資於同一項目，並取得與本金同等的利息收益率。

例如，某5年期債券面值1,000元，票面利率為12%，如果每期的利息不進行再投資，5年共獲得利息收益600元。如果將每期利息進行再投資，第1年獲利息120元；第2年1,000元本金獲利息120元，第1年的利息120元在第2年又獲利息收益14.4元，第2年共獲利息收益134.4元；依此類推，到第5年年末累計獲利息762.34元。事實上，按12%的利率水平，1,000元本金在第5年年末的複利終值為1,762.34元，按貨幣時間價值的原理計算債券投資收益，就已經考慮了再投資因素。在取得再投資收益的同時，承擔著再投資風險。

（3）價差收益。價差收益是指債券尚未到期時投資者中途轉讓債券，在賣價和買價之間的價差上所獲得的收益，也稱為資本利得收益。

2. 債券的內部收益率

債券的內部收益率是指按當前市場價格購買債券並持有至到期日或轉讓日所產生的預期報酬率，也就是債券投資項目的內含報酬率。在債券價值估價基本模型中，如果用債券的購買價格P代替內在價值V，就能求出債券的內含報酬率。也就是說，用該內含報酬率折現所決定的債券內在價值，剛好等於債券的目前購買價格。

債券真正的內在價值是按市場利率折現所決定的內在價值，當按市場利率折現所計算的內在價值大於按內含報酬率折現所計算的內在價值時，債券的內含報酬率才會大於市場利率，這正是投資者所期望的。

【例5-10】假定投資者目前以1,075.92元的價格，購買一份面值為1,000元、每年付息一次、到期歸還本金、票面利率為12%的5年期債券，投資者將該債券持有至到期日期。

要求：計算該債券的內含報酬率。

解答：

由 $1,075.92 = 1,000 \times 12\% \times (P/A, IRR, 5) + 1,000 \times (P/F, IRR, 5)$

可得：$IRR = 10\%$

同理，如果債券目前購買價格為1,000元或899.24元，則內含報酬率為12%或15%。

可見，溢價債券的內含報酬率低於票面利率，折價債券的內含報酬率高於票面利率，平價債券的內含報酬率等於票面利率。

（八）債券投資的優缺點

1. 債券投資的優點

（1）本金安全性高。與股票相比，債券投資風險比較小。政府發行的債券有國家

財力作為后盾,其本金的安全性非常高,通常視為無風險證券。企業債券的持有者擁有優先求償權,即當企業破產時,優先於股東分得企業資產,因此其本金損失的可能性小。

(2) 收入穩定性強。債券票面一般都標有固定利息率,債券的發行人有按時支付利息的法定義務。因此,在正常情況下,投資於債券都能獲得比較穩定的收入。

(3) 市場流動性好。許多債券都具有較好的流動性。政府及大企業發行的債券一般都可在金融市場上迅速出售,流動性很好。

2. 債券投資的缺點

(1) 購買力風險較大。債券的面值和利息率在發行時就已確定,如果投資期間的通貨膨脹率比較高,則本金和利息的購買力將不同程度地受到侵蝕,在通貨膨脹率非常高時,投資者雖然名義上有收益,但實際上卻承擔著損失。

(2) 沒有經營管理權。投資於債券只是獲得收益的一種手段,無權對債券發行單位施加影響和控制。

二、股票投資

股票投資是企業進行證券投資的一個重要方面,預計今后隨著中國股票市場的發展,股票投資將變得越來越重要。

(一) 股票投資的目的

企業進行股票投資的目的主要有以下兩種:

1. 獲利

投資者將股票投資作為一般的證券投資,獲取股利收入及股票買賣差價。

2. 控股

投資者通過購買某一企業的大量股票達到控制對方企業的目的。

在第一種情況下,企業僅將某種股票作為它證券組合的一個組成部分,不應冒險將大量資金投資於某一企業的股票上,而在第二種情況下,企業應集中資金投資於被控制企業的股票上,這時考慮更多的不應是目前利益——股票投資收益的高低,而應是長遠利益——佔有多少股權才能達到控制的目的。

(二) 股票估價

投資於股票預期獲得的未來現金流量的現值,即為股票的價值或內在價值、理論價格。股票是一種權利憑證,它之所以有價值,是因為它能給持有者帶來未來的收益。這種未來的收益包括各期獲得的股利、轉讓股票獲得的價差收益、股份公司的清算收益等。價格小於內在價值的股票,是值得投資者投資購買的。股份公司的淨利潤是決定股票價值的基礎。股票給持有者帶來未來的收益一般是以股利形式出現的,因此也可以說股利決定了股票價值。

1. 股票估價基本模型

從理論上說,如果股東不中途轉讓股票,股票投資沒有到期日,投資於股票所得到的未來現金流量是各期的股利。假定某股票未來各期股利為 D_t (t 為期數),K 為估價所採用的折現率即期望的最低收益率,股票價值的估價模型為:

$$V = \frac{D_1}{(1+K)^1} + \frac{D_2}{(1+K)^2} + \cdots + \frac{D_n}{(1+K)^n} + \cdots$$

$$= \sum_{t=1}^{\infty} \frac{D_t}{(1+K)^t}$$

優先股是特殊的股票，優先股股東每期在固定的時點上收到相等的股利，優先股沒有到期日，未來的現金流量是一種永續年金。其價值計算公式為：

$$V = \frac{D}{K}$$

【例5-11】甲公司在2013年1與1日購買乙公司的某種股票100萬股，在2014年、2015年、2016年、2017年1月1日每股各分得現金股利0.5元、0.6元、0.8元、0.9元，並於2018年1月1日以每股6元的價格將股票全部出售，投資者要求的必要收益率為10%。

要求：計算該股票的每股價值。

解答：

$$V = \frac{0.5}{(1+10\%)^1} + \frac{0.6}{(1+10\%)^2} + \frac{0.8}{(1+10\%)^3} + \frac{0.9+6}{(1+10\%)^4}$$

$= 0.5×0.909,1+0.6×0.826,4+0.8×0.751,3+6.9×0.683,0 = 6.26(元)$

2. 常用的股票估價模式

與債券不同的是，持有期限、股利、折現率是影響股票價值的因素。如果投資者永久持有股票，未來的折現率也是固定不變的，那麼未來各期不斷變化的股利就成為評價股票價值的難題。為此，不得不假定未來的股利按一定的規律變化，從而形成幾種常用的股票估價模式。

(1) 固定增長模式。一般來說，公司並沒有把每年的盈餘全部作為股利分配出去，留存的收益擴大了公司的資本額，不斷增長的資本會創造更多的盈餘，進一步又引起下期股利的增長。如果公司本期的股利為 D_0，未來各期的股利按上期股利的 g 速度呈幾何級數增長，根據股票估價基本模型，股票價值為：

$$V = \sum_{t=1}^{\infty} \frac{D_0 \times (1+g)^t}{(1+K)^t}$$

當 $K > g$ 時，上式可以簡化為：

$$V = \frac{D_1}{K-g}$$

【例5-12】F公司準備投資購買南方信託投資股份有限公司的股票，該股票上年每股股利為2元，預計以後每年以4%的增長率增長，F公司經分析後，認為必須得到10%的報酬率，才能購南方信託投資股份有限公司的股票。

要求：估計南方信託投資股份有限公司股票的內在價值。

解答：

$$V = \frac{2 \times (1+4\%)}{10\% - 4\%} = \frac{2.08}{6\%} = 34.67(元)$$

即南方信託投資股份有限公司的股票價格在 34.67 元以下時，F 公司才能購買。

（2）零增長模式。如果公司未來各期發放的股利都相等，並且投資者準備永久持有，那麼這種股票與優先股相似。或者說，當固定增長模式中 $g=0$ 時，有：

$$V = \frac{D}{K}$$

式中：
V——股票的內在價值；
D——每年固定股利；
K——投資者要求的必要收益率。

【例 5-13】C 公司持有某種股票，每年每股股利為 2 元，若 C 公司想長期持有，假定市場利率為 10%。

要求：該股票內在價值是多少？

解答：

$$V = \frac{D}{K} = \frac{2}{10\%} = 20(元)$$

（3）階段性增長模式。許多公司的股利在某一階段有一個超長的增長率，這段時間的增長率 g 可能大於 K，而后一階段公司的股利固定不變或正常增長。對於階段性增長的股票，需要分段計算，才能確定股票的價值。

【例 5-14】假定某投資者準備購買 B 公司的股票，打算長期持有，要求達到 12% 的收益率。B 公司今年每股股利 0.6 元，預計未來 3 年股利以 15% 的速度高速增長，而后以 9% 的速度轉入正常增長。

要求：計算 B 公司的股票價值。

解答：

（1）B 公司股票第一階段（前 3 年）的價值。

$V_1 = 0.6 \times (1+15\%) \times (P/F, 12\%, 1) + 0.6 \times (1+15\%)^2 \times (P/F, 12\%, 2)$
$+ 0.6 \times (1+15\%)^3 \times (P/F, 12\%, 3) = 1.898,3(元)$

（2）B 公司股票第二階段（正常增長期）在第 3 年末的價值

$$V_2 = \frac{0.6 \times (1+15\%)^3 \times (1+9\%)}{12\% - 9\%} = 33.154,2(元)$$

（3）B 公司股票的價值

$V = V_1 + V_2 \times (P/F, 12\%, 3) = 1.898,3 + 33.154,2 \times (P/F, 12\%, 3) = 25.51(元)$

（三）股票投資的收益率

1. 股票收益的來源

股票投資的收益由股利收益、股利再投資收益、轉讓價差收益三部分構成。只要按貨幣時間價值的原理計算股票投資收益，就無需單獨考慮再投資收益的因素。

2. 股票的內部收益率

股票的內部收益率是使得股票未來現金流量折現值等於目前的購買價格時的折現率，也就是股票投資項目的內含報酬率。股票的內含報酬率高於投資者所要求的最低報酬率時，投資者才願意購買該股票。在固定增長股票股價模型中，用股票的購買價

格 P 代替內在價值 V，有：

$$K = \frac{D_1}{P_0} + g$$

從上式可以看出，股票投資內含報酬率由兩部分構成：一部分是預期收益率，另一部分是股利增長率。

如果投資者不打算長期持有股票，而將股票轉讓出去，則股票投資的收益由股利收益和資本利得（轉讓價差收益）構成。這時股票內含報酬率是使得股票投資淨現值為零時的折現率。其計算公式如下：

$$NPV = \sum_{t=1}^{\infty} \frac{D_t}{(1+IRR)^t} + \frac{P_t}{(1+IRR)^t} - P_0 = 0$$

【例5-15】某投資者2013年5月購入A公司股票1,000股，每股購買價值3.2元；A公司2014年、2015年、2016年分別派發現金股利0.25元/股、0.32元/股、0.45元/股；該投資者2017年5月以每股3.5元的價格售出該股票。

要求：計算A股票的內含報酬率。

解答：

(1) 令 $NPV = \frac{0.25}{1+IRR} + \frac{0.32}{(1+IRR)^2} + \frac{0.45}{(1+IRR)^3} + \frac{3.5}{(1+IRR)^3} - 3.2 = 0$

(2) 當 $IRR_1 = 12\%$ 時，$NPV = 0.089,8$

當 $IRR_2 = 14\%$ 時，$NPV = -0.068,2$

(3) 用插值法計算，求得 $IRR = 12\% + 2\% \times \frac{0.089,8}{0.089,8+0.068,2} = 13.14\%$

（四）股票投資的優缺點

1. 股票投資的優點

（1）投資收益高。普通股票的價格雖然變動頻繁，但從長期看，優質股票的價格總是上漲的居多，只要選擇得當，都能取得優厚的投資收益。

（2）購買力風險低。普通股的股利不固定，在通貨膨脹率比較高時，由於物價普遍上漲，股份公司盈利增加，股利支付也隨之增加。因此，與固定收益證券相比，普通股能有效地降低購買力風險。

（3）擁有經營控製權。普通股股東屬於股份公司的所有者，有權監督和控制企業的生產經營情況。因此，想控製一家企業，最好是收購這家企業的股票。

2. 股票投資的缺點

股票投資的缺點主要是風險大，這是因為：

（1）求償權居後。普通股對企業資產和盈利的求償權均居於最後。企業破產時，股東原來的投資可能得不到全額補償，甚至一無所有。

（2）價格不穩定。普通股的價格受眾多因素影響，很不穩定。政治因素、經濟因素、投資人心理因素、企業盈利情況、風險情況等，都會影響股票價格，這也使股票投資具有較高的風險。

（3）收入不穩定。普通股股利的多少，視企業經營狀況和財務狀況而定，其有無、多少均無法律上的保證；此外，股利收入的風險也遠遠大於固定收益證券。

本章小結

1. 證券投資的種類與目的（見表 5-4）

表 5-4　　　　　　　　　　　　證券投資的種類與目的

序號	項目	內容
1	證券的種類	(1) 按證券的發行主體分類：政府證券、金融證券和公司證券
		(2) 按證券的到期日分類：短期證券和長期證券
		(3) 按證券的收益狀況分類：固定收益證券和變動收益證券
		(4) 按證券體現的權益關係分類：所有權證券和債權證券
2	證券投資的分類	(1) 債券投資
		(2) 股票投資
		(3) 組合投資
		(4) 基金投資
3	證券投資的目的	(1) 利用閒置資金，增加企業收益
		(2) 與籌集長期資金相配合
		(3) 提高資產的流動性，增強償債能力
		(4) 穩定客戶關係，保障生產經營
		(5) 分散資金投向，降低投資風險

2. 證券資產投資的風險（見表 5-5）

表 5-5　　　　　　　　　　　　證券資產投資的風險

序號	風險種類	具體風險	含義
1	系統風險	價格風險	價格風險是由於市場利率上升，而使證券資產價格普遍下跌的可能性
		再投資風險	再投資風險是由於市場利率下降，而造成的無法通過再投資而實現預期收益的可能性
		購買力風險	購買力風險是由於通貨膨脹而使貨幣購買力下降的可能性
2	非系統風險	違約風險	違約風險是指證券資產發行者無法按時兌付證券資產利息和償還本金的可能性
		變現風險	變現風險是證券資產持有者無法在市場上以正常的價格平倉出貨的可能性
		破產風險	破產風險是在證券資產發行者破產清算時投資者無法收回應得權益的可能性

3. 債券期限變化的敏感性（見表5-6）

表5-6　　　　　　　　　　　　債券期限變化的敏感性

序號	風險種類	期限變化的敏感性分析	
1	票面利率＝市場利率（平價債券）	期限的長短對債券價值沒有影響	
2	票面利率≠市場利率	期限越長，債券價值越偏離債券面值	市場利率<票面利率，溢價債券；期限越長，債券溢價越多
			市場利率>票面利率，折價債券期限越長，債券折價越多

4. 債券的收益來源（見表5-7）

表5-7　　　　　　　　　　　　債券的收益來源

序號	收益類型	含義
1	名義利息收益	債券各期的名義利息收益是其面值與票面利率的乘積
2	利息再投資收益	債券投資評價時，有以下兩個重要的假定： （1）債券本金是到期收回的，而債券利息是分期收取的； （2）將分期收到的利息重新投資於同一項目，並取得與本金同等的利息收益率
3	轉讓價差收益	轉讓價差收益是指債券尚未到期時投資者中途轉讓債券，在賣價和買價之間的價差上所獲得的收益，也稱為資本利得收益

5. 證券投資決策（見表5-8）

表5-8　　　　　　　　　　　　證券投資決策

序號	項目	分類	內容
1	債券估價	基本模型	$P = \sum_{t=1}^{n} \dfrac{i \times F}{(1+K)^n} + \dfrac{F}{(1+K)^n}$ $= \sum_{t=1}^{n} \dfrac{I}{(1+K)^n} + \dfrac{F}{(1+K)^n}$ $= I \times (P/A, K, n) + F \times (P/F, K, n)$
		一次還本付息且不計複利的債券估價模型	$P = \dfrac{F + F \times i \times n}{(1+K)^n}$ $= F \times (1 + i \times n) \times (P/F, K, n)$
		折現發行時債券的估價模型	$P = \dfrac{F}{(1+K)^n}$ $= F \times (P/F, K, n)$

表5-8(續)

序號	項目	分類	內容
2	股票估價	股票估價基本模型	$V = \dfrac{D_1}{(1+K)^1} + \dfrac{D_2}{(1+K)^2} + \cdots + \dfrac{D_n}{(1+K)^n} + \cdots$ $= \sum\limits_{t=1}^{\infty} \dfrac{D_t}{(1+K)^t}$
		固定增長模式的股票估價模型	$V = \sum\limits_{t=1}^{\infty} \dfrac{D_0 \times (1+g)^t}{(1+K)^t}$ $V = \dfrac{D_1}{K-g}$
		零增長模式的股票估價模型	$V = \dfrac{D}{K}$
		階段性增長模式的股票估價模型	分段法計算

第六章　營運資金管理

案例導入

信用管理，謹慎為本——約翰百貨公司的信用管理系統[1]

　　約翰擁有並經營著自己的公司——約翰百貨公司。到現在為止，約翰百貨公司年銷售額超過1,000萬美元，約翰還希望自己的銷售範圍能擴展到一些郊區，這樣他的年銷售額會翻一番或翻兩番。對約翰來說，唯一讓他擔心的是賒帳。對於他所賣貨物的價格和質量，約翰有能力不賒帳銷售，這並不是很多人都能做到的，許多也經營百貨的人覺得約翰是一位「奇人」，因為他們總是背上沉重的賒帳負擔。

　　可是，最終為了生存和發展，約翰也不得不實行一定的賒帳，從而獲得更多的顧客。但是，約翰不是毫無條件地向顧客賒帳，相反，他對賒帳有嚴格的條件限制。約翰檢查了所有的信用卡公司，發現都得向這些公司支付一定百分比的款項，約翰認為這樣做不值，於是他決定建立自己的信用部。根據1987—1988年度的工業標準，百貨公司有工業財產100多萬美元，那麼稅后淨利潤率平均為1.3%，但約翰百貨公司稅后利潤率為2.5%，比平均利潤率要高出1.2%——這正是沒有採用信用銷售而節約了向信用卡公司支付的銷售額所占的百分比。

　　在這方面，主要得歸功於約翰雇傭凱特擔任新的信用部經理，並要求凱特為一套新的信用管理系統制定出必要條件。凱特按照約翰的要求和公司的利益制定如下幾個條件：

　　（1）信用申請表必須完整而又沒有歧視性條款，但除此之外，也應有不止三個信用證明人的情況。申請人的信用歷史、地址以及職業必須明確註明。這樣，要是他們不付款，可以通過地址找到他們。

　　（2）建立信用分級系統。根據每個顧客的級別指定一個合理的信用額度限制，並且還要有提高這個額度限制的特定條件。

　　（3）設立清除邊緣帳戶的分系統。

　　（4）對那些允許的客戶的累積信用應收取國家法律所許可的最高利息。

　　（5）對價格昂貴的分期付款信用方案，其償還期限應不超過3年。

　　（6）建立快速有效的評估系統，有效又不影響公司的銷售，同時不允許產生一個不合標準的客戶。

　　（7）建立一個準確、及時反映應收帳款變化情況的系統，從而可以隨時瞭解有多少信用還未支付；同時，在信用部使用一臺計算機，這樣可以及時獲得需要的所有

---

[1] 財務管理案例 [EB/OL]. (2012-11-24) [2017-07-26]. http://www.docin.com/p-536047595.html.

信息。

(8) 建立信息發布系統，使那些按時支付的現金客戶可以通過郵件獲得帳單以及宣傳品（如廣告小冊子、廣告散頁和其他宣傳資料）。

(9) 對那些超過 45 天還未支付的客戶，在不求助於收款代理人或信用公司律師的情況下，制定一套催款標準程序。

(10) 對信用卡客戶的使用權限進行有效鑑別。

思考：如何確定最佳營運資金持有量？

第一節　營運資金管理概述

一、營運資金的概念與特點

(一) 營運資金的概念

營運資金是指在企業生產經營活動中占用在流動資產上的資金。營運資金有廣義和狹義之分，廣義的營運資金是指一個企業流動資產的總額，狹義的營運資金是指流動資產減去流動負債后的餘額。這裡營運資金指的是狹義的營運資金概念。營運資金的管理既包括流動資產的管理，也包括流動負債的管理。

1. 流動資產

流動資產是指可以在 1 年以內或超過 1 年的一個營業週期內變現或運用的資產。流動資產具有占用時間短、週轉快、易變現等特點。企業擁有較多的流動資產，可在一定程度上降低財務風險。流動資產按不同的標準可以進行不同的分類，常見分類方式如下：

(1) 按占用形態不同，流動資產分為現金、交易性金融資產、應收及預付款項和存貨等。

(2) 按在生產經營過程中所處的環節不同，流動資產分為生產領域中的流動資產、流通領域中的流動資產以及其他領域中的流動資產。

2. 流動負債

流動負債是指需要在 1 年或者超過 1 年的一個營業週期內償還的債務。流動負債又稱短期負債，具有成本低、償還期短的特點，必須加強管理。流動負債按照不同標準可以進行不同分類，最常見的分類方式如下：

(1) 以應付金額是否確定為標準，流動負債可以分成應付金額確定的流動負債和應付金額不確定的流動負債。應付金額確定的流動負債是指那些根據合同或法律規定到期必須償付，並有確定金額的流動負債，如短期借款、應付票據、應付短期融資券等；應付金額不確定的流動負債是指那些要根據企業生產經營狀況，到一定時期或具備一定條件時，才能確定的流動負債，或應付金額需要估計的流動負債，如應交稅費、應付產品質量擔保債務等。

(2) 以流動負債的形成情況為標準，流動負債可以分成自然性流動負債和人為性

流動負債。自然性流動負債是指不需要正式安排，由於結算程序或有關法律法規的規定等原因而自然形成的流動負債；人為性流動負債是指由財務人員根據企業對短期資金的需求情況，通過人為安排形成的流動負債，如短期銀行借款等。

（3）以是否支付利息為標準，流動負債可以分為有息流動負債和無息流動負債。

（二）營運資金的特點

為了有效地管理企業的營運資金，必須研究營運資金的特點，以便有針對性地進行管理。營運資金一般具有如下特點：

1. 營運資金的來源具有多樣性

企業籌集長期資金的方式一般較少，只有吸收直接投資、發行股票、發行債券等方式。與籌集長期資金的方式相比，企業籌集營運資金的方式較為靈活多樣，通常有銀行短期借款、短期融資券、商業信用、應交稅費、應付股利、應付職工薪酬等多種內外部融資方式。

2. 營運資金的數量具有波動性

流動資產的數量會隨企業內外條件的變化而變化，時高時低，波動很大。季節性企業如此，非季節性企業也如此。隨著流動資產數量的變動，流動負債的數量也會相應發生變動。

3. 營運資金的週轉具有短期性

企業占用在流動資產上的資金，通常會在一年或超過一年的一個營業週期內收回，對企業影響的時間比較短。根據這一特點，營運資金可以用商業信用、銀行短期借款等短期籌資方式來加以解決。

4. 營運資金的實物形態具有變動性和易變現性

企業營運資金的占用形態是經常變化的，營運資金的每次循環都要經過採購、生產、銷售等過程，一般按照現金、材料、在產品、產成品、應收帳款、現金的順序轉化。為此，在進行流動資產管理時，企業必須在各項流動資產上合理配置資金數額，做到結構合理，以促進資金週轉順利進行。同時，交易性金融資產、應收帳款、存貨等流動資產一般具有較強的變現能力，如果遇到意外情況，企業出現資金週轉不靈、現金短缺時，便可迅速變賣這些資產，以獲取現金，這對財務上應付臨時性資金需求具有重要意義。

二、營運資金的管理原則

企業的營運資金在全部資金中佔有相當大的比重，而且週轉期短，形態易變，因此營運資金管理是企業財務管理工作的一項重要內容。企業進行營運資金管理，應遵循以下原則：

（一）滿足合理的資金需求

企業應認真分析生產經營狀況，合理確定營運資金的需要數量。企業營運資金的需求數量與企業生產經營活動有直接關係。一般情況下，當企業產銷兩旺時，流動資產會不斷增加，流動負債也會相應增加；而當企業產銷量不斷減少時，流動資產和流動負債也會相應減少。因此，企業財務人員應認真分析生產經營狀況，採用一定的方法預測營運資金的需要數量，營運資金的管理必須把滿足正常合理的資金需求作為首

要任務。

(二) 提高資金使用效率

營運資金的週轉是指企業的營運資金從現金投入生產經營開始，到最終轉化為現金的過程。加速資金週轉是提高資金使用效率的主要手段之一。提高營運資金使用效率的關鍵就是採取得力措施，縮短營業週期，加速變現過程，加快營運資金週轉。因此，企業要千方百計地加速存貨、應收帳款等流動資產的週轉，以便用有限的資金服務於更大的產業規模，為企業取得更優的經濟效益提供條件。

(三) 節約資金使用成本

在營運資金管理中，必須正確處理保證生產經營需要和節約資金使用成本兩者之間的關係。企業要在保證生產經營需要的前提下，盡力降低資金使用成本。一方面，企業要挖掘資金潛力，加速資金週轉，精打細算地使用資金；另一方面，企業要積極拓展融資渠道，合理配置資源，籌措低成本資金，服務於生產經營。

(四) 保持足夠的短期償債能力

償債能力是企業財務風險高低的標誌之一。合理安排流動資產與流動負債的比例關係，保持流動資產結構與流動負債結構的適配性，保證企業有足夠的短期償債能力是營運資金管理的重要原則之一。流動資產、流動負債以及兩者之間的關係能較好地反映企業的短期償債能力。流動負債是在短期內需要償還的債務，而流動資產則是在短期內可以轉化為現金的資產。因此，如果一個企業的流動資產比較多、流動負債比較少，說明企業的短期償債能力較強；反之，則說明短期償債能力較弱。如果企業的流動資產太多，流動負債太少，也不是正常現象，這可能是因流動資產閒置或流動負債利用不足所致。

三、營運資金管理策略

企業需要評估營運資金管理中的風險與收益，制定流動資產的投資策略和融資策略。實際上，財務管理人員在營運資金管理方面必須做出兩項決策：一是需要擁有多少流動資產；二是如何為需要的流動資產融資。在實踐中，這兩項決策一般同時進行，並且相互影響。

(一) 流動資產的投資策略

由於銷售水平、成本、生產時間、存貨補給時從訂貨到交貨的時間、顧客服務水平、收款和支付期限等方面存在不確定性，流動資產的投資決策至關重要。企業經營的不確定性和風險忍受程度決定了流動資產的存量水平，表現為在流動資產帳戶上的投資水平。流動資產帳戶通常隨著銷售額的變化而立即變化。銷售的穩定性和可預測性反映了流動資產投資的風險程度。銷售額越不穩定，越不可預測，則投資於流動資產上的資金就應越多，以保證有足夠的存貨和應收帳款占用來滿足生產經營和顧客需要。

穩定性和可預測性的相互作用非常重要。即使銷售額是不穩定的，也可以預測，如屬於季節性變化，那麼將沒有顯著的風險。然而，如果銷售額不穩定且難以預測，如石油和天然氣的開採以及許多建築企業，就會存在顯著的風險，從而必須維持一個較高的流動資產存量水平，保持較高的流動資產與銷售收入比率。如果銷售既穩定又

可預測，則企業只需維持較低的流動資產投資水平。

一個企業必須選擇與其業務需要和管理風格相符合的流動資產投資策略。如果企業管理政策趨於保守，就會選擇較高的流動資產水平，保證更高的流動性（安全性），但盈利能力也更低；如果管理者偏向於為了更高的盈利能力而願意承擔風險，那麼它將保持一個低水平的流動資產與銷售收入比率。流動資產的投資策略有以下兩種基本類型：

1. 緊縮的流動資產投資策略

在緊縮的流動資產投資策略下，企業維持低水平的流動資產與銷售收入比率。需要說明的是，這裡的流動資產通常只包括生產經營過程中產生的存貨、應收款項以及現金等生產性流動資產，而不包括股票、債券等金融性流動資產。

緊縮的流動資產投資策略可以節約流動資產的持有成本，如節約持有資金的機會成本。但與此同時可能伴隨著更高的風險，這些風險表現為更為緊的應收帳款信用政策和較低的存貨佔用水平以及缺乏現金用於償還應付帳款等。但是，只要不可預見的事件沒有損壞企業的流動性而導致嚴重的問題發生，緊縮的流動資產投資策略就會提高企業效益。

採用緊縮的流動資產投資策略，無疑對企業的管理水平有較高的要求。因為一旦管理失控，流動資產的短缺會對企業的經營活動產生重大影響。根據最近幾年的研究，美國、日本等一些發達國家的流動資產比率呈現越來越小的趨勢。這並不意味著企業對流動性的要求越來越低，而主要是因為在流動資產管理方面，尤其是應收帳款與存貨管理方面，取得了一些重大進展。適時管理系統便是其中一個突出的代表。

2. 寬鬆的流動資產投資策略

在寬鬆的流動資產投資策略下，企業通常會維持高水平的流動資產與銷售收入比率。也就是說，企業將保持高水平的現金和有價證券、高水平的應收帳款（通常給予客戶寬鬆的付款條件）和高水平的存貨（通常源於補給原材料或不願意因為產成品存貨不足而失去銷售）。在這種策略下，由於較高的流動性，企業的財務與經營風險較小。但是，過多的流動資產投資，無疑會承擔較大的流動資產持有成本，提高企業的資金成本，降低企業的收益水平。

（二）如何制定流動資產投資策略

制定流動資產投資策略時，首先需要權衡的是資產的收益性與風險性。增加流動資產投資會增加流動資產的持有成本，降低資產的收益性，但會提高資產的流動性；反之，減少流動資產投資會降低流動資產的持有成本，增加資產的收益性，但資產的流動性會降低，短缺成本會增加。因此，從理論上來說，最優的流動資產投資應該是使流動資產的持有成本與短缺成本之和最低。其次，制定流動資產投資策略時還應充分考慮企業經營的內外部環境。通常，銀行和其他借款人對企業流動性水平非常重視，因為流動性是這些債權人確定信用額度和借款利率的主要依據之一。其還會考慮應收帳款和存貨的質量，尤其是當這些資產被用來當成一項貸款的抵押品時。

有些企業因為融資困難，通常採用緊縮的流動資產投資策略。此外，一個企業的流動資產投資策略可能還受產業因素的影響。在銷售邊際毛利較高的產業，如果從額外銷售中獲得的利潤超過額外應收帳款增加的成本，寬鬆的信用政策可能為企業帶來

更為可觀的收益。流動資產占用具有明顯的行業特徵。在機械行業存貨居於流動資產項目中的主要位置，通常占用全部流動資產的50%左右。其他行業的流動資產占用往往與機械行業會有重大的不同。例如，在商業零售行業，其流動資產占用要超過機械行業。流動資產投資策略的一個影響因素是那些影響企業政策的決策者，保守的決策者更傾向於寬鬆的流動資產投資策略，而風險承受能力較強的決策者則傾向於緊縮的流動資產投資策略。營運經理通常喜歡高水平的原材料，以便滿足生產所需；銷售經理喜歡高水平的產成品存貨以便滿足顧客的需要，而且喜歡寬鬆的信用政策以便刺激銷售。相反，財務管理人員喜歡使產品存貨和應收帳款最小化，以便使流動資產融資的成本最低。

(三) 流動資產的融資策略

　　企業對流動資產的需求數量，一般會隨著產品銷售的變化而變化。例如，產品銷售季節性很強的企業，當銷售處於旺季時，流動資產的需求一般會更旺盛，可能是平時的幾倍；當銷售處於淡季時，流動資產需求一般會減弱，可能是平時的幾分之一，但即使當銷售處於最低水平時，也存在對流動資產最基本的需求。在企業經營狀況不發生大變化的情況下，流動資產最基本的需求具有一定的剛性和相對穩定性，我們可以將其界定為流動資產的永久性水平。當銷售發生季節性變化時，流動資產將會在永久性水平的基礎上增加。因此，流動資產可以被分解為兩部分：永久性部分和波動性部分。永久性流動資產是指滿足企業長期最低需求流動資產，其佔有量通常相對穩定；波動性流動資產或稱臨時性流動資產，是指那些由於季節性或臨時性的原因而形成的流動資產，其占用量隨當時的需求而波動。

　　與流動資產的分類相對應，流動負債也可以分為臨時性負債和自發性負債。一般來說，臨時性負債又稱籌資性流動負債，是指為了滿足臨時性流動資金所發生的負債，如商業零售企業在春節前為滿足節日銷售需要，超量購入貨物而舉借的短期銀行借款。臨時性負債一般只能供企業短期使用。自發性負債又稱經營性流動負債，如商業信用籌資和日常營運中產生的其他應付款以及應付職工薪酬、應付利息、應交稅費等。自發性負債可供企業長期使用。一般來說，流動資產的永久性水平具有相對穩定性，需要通過長期負債融資或權益性資金解決；而波動性部分的融資則相對靈活，最經濟的辦法是通過低成本的短期融資解決，如採用一年期以內的短期借款或發行短期融資券等方式。

　　融資決策主要取決於管理者的風險導向，此外還受短期、中期、長期負債等利率差異的影響。根據資產期限結構與資金來源期限結構的匹配程度差異，流動資產的融資策略可以劃分為期限匹配融資策略、保守融資策略和激進融資策略三種基本類型，這些政策分析方法如圖6-1所示。

　　圖6-1中的頂端方框將流動資產分為永久性流動資產與波動性流動資產兩種，剩下的方框描述了短期融資策略和長期融資策略的混合。任何一種方法在特定的時間都可能是合適的，這取決於收益曲線的形狀、利率的變化、未來利率的預測等，尤其是管理者的風險承受力。圖6-1中融資的長期來源包括自發性流動負債、長期負債以及權益資本；短期來源主要是指臨時性流動負債。

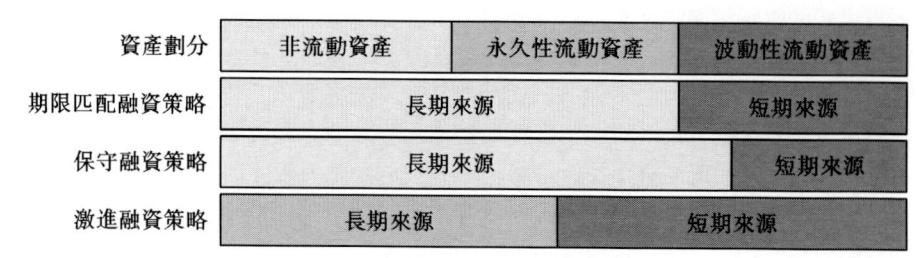

資產劃分	非流動資產	永久性流動資產	波動性流動資產
期限匹配融資策略	長期來源		短期來源
保守融資策略	長期來源		短期來源
激進融資策略	長期來源	短期來源	

圖6-1　可供選擇的流動資產融資策略

1. 期限匹配融資策略

在期限匹配融資策略中，永久性流動資產和非流動資產以長期融資方式（負債或股東權益）融通，波動性流動資產用短期來源融通。這意味著在給定的時間，企業的融資數量反映了當時波動性流動資產的數量。當波動性資產擴張時，信貸額度也會增加，以便支持企業的擴張；當資產收縮時，就會釋放出資金，以償付短期借款。

資金來源的有效期與資產有效期的匹配，只是一種戰略性的觀念匹配，而不要求實際金額完全匹配。實際上，企業也做不到完全匹配。其原因如下：

（1）企業不可能為每一項資產按其有效期配置單獨的資金來源，只能分為短期來源和長期來源兩大類來統籌安排籌資。

（2）企業必須有所有者權益籌資，它是無期限的資本來源，而資產總是有期限的，不可能完全匹配。

（3）資產的實際有效期是不確定的，而還款期是確定的，必然會出現不匹配。

2. 保守融資策略

在保守融資策略中，長期融資支持非流動資產、永久性流動資產和部分波動性流動資產。企業通常以長期融資來源為波動性流動資產的平均水平融資，短期融資僅用於融通剩餘的波動性流動資產，融資風險較低。這種策略通常最小限度地使用短期融資，但由於長期負債成本高於短期負債成本，就會導致融資成本較高，收益較低。如果長期負債以固定利率為基礎，而短期融資方式以浮動或可變利率為基礎，則利率風險可能降低。因此，這是一種風險低、成本高的融資策略。

3. 激進融資策略

在激進融資策略中，企業以長期負債、自發性負債和權益資本為所有非流動性資產融資，僅對一部分永久資產使用長期融資方式融資。短期融資方式支持剩下的永久性流動資產和所有的臨時性流動資產。這種策略觀念下，通常使用更多的短期融資。短期融資方式通常比長期融資方式具有更低的成本。然而，過多地使用短期融資會導致較低的流動比率和較高的流動性風險。

由於經濟衰退、企業競爭環境的變化以及其他因素，企業必須面對業績慘淡的經營年度。當銷售下跌時，存貨將不會那麼快就能轉換成現金，這將導致現金短缺。曾經及時支付的顧客可能會延遲支付，這進一步加劇了現金短缺。企業可能發現其對應付帳款的支付已經超過信用期限。由於銷售下降，會計利潤會降低。

在這種環境下，企業需要與銀行重新簽訂短期融資協議，但此時企業對於銀行來

說似乎很危險。銀行可能會向企業索要更高的利率，從而導致企業在關鍵時刻籌集不到急需的資金。企業依靠大量的短期負債來解決目前的困境，這會導致企業每年都必須更新短期負債協議進而產生更多的風險。簽協議可以弱化這種風險。例如，多年期（通常3～5年）滾動信貸協議，這種協議允許企業以短期為基礎進行借款。這種類型的借款協議不像傳統的短期借款那樣會降低流動比率。另外，企業還可以利用衍生融資產品來對緊縮投資政策的風險進行套期保值。

第二節　現金管理

現金有廣義、狹義之分。廣義的現金是指在生產經營過程中以貨幣形態存在的資金，包括庫存現金、銀行存款和其他貨幣資金等。狹義的現金僅指庫存現金。這裡所講的現金是指廣義的現金。

保持合理的現金水平是企業現金管理的重要內容。現金是變現能力最強的資產，代表著企業直接的支付能力和應變能力，可以用來滿足生產經營開支的各種需要，也是還本付息和履行納稅義務的保證。擁有足夠的現金對於降低企業的風險、增強企業資產的流動性和債務的可清償性有著重要的意義。但現金收益性最弱，對其持有量不是越多越好。即使是銀行存款，其利率也非常低。因此，現金存量過多，其提供的流動性邊際效益便會隨之下降，從而使企業的收益水平下降。

除了應付日常的業務活動之外，企業還需要擁有足夠的現金償還貸款、把握商機以及防止不時之需。企業必須建立一套管理現金的方法，持有合理的現金數額，使其在時間上繼起，在空間上並存，在現金的流動性和收益性之間進行合理選擇。企業必須編制現金預算，以衡量企業在某段時間內的現金流入量與流出量，以便在保證企業正常經營活動所需現金的同時，盡量減少企業的現金數量，從暫時閒置的現金中獲得最大的收益，提高資金收益率。

一、持有現金的動機

持有現金是出於三種需求：交易性需求、預防性需求和投機性需求。

（一）交易性需要

企業的交易性需求是指企業為了維持日常週轉及正常商業活動所需持有的現金額。企業每日都在發生許多支出和收入，這些支出和收入在數額上不相等，在時間上不匹配，企業需要持有一定現金來調節，以使生產經營活動能繼續進行。

在許多情況下，企業向客戶提供的商業信用條件和其從供應商那裡獲得的信用條件不同，因而使企業必須持有現金。例如，供應商提供的信用條件是30天付款，而企業迫於競爭壓力，則向顧客提供45天的信用期，這樣企業必須籌集滿足15天正常營運的資金來維持企業運轉。

另外，企業業務的季節性要求企業逐漸增加存貨以等待季節性的銷售高潮。這時一般會發生季節性的現金支出，企業現金餘額下降，隨后又隨著銷售高潮到來，存貨減少，現金又逐漸恢復到原來水平。

(二) 預防性需要

預防性需求是指企業需要持有一定量的現金，以應付突發事件。這種突發事件可能是社會經濟環境變化，也可能是企業的某大客戶違約導致企業突發性償債等。儘管財務人員試圖利用各種手段來較準確地估算企業需要的現金數額，但這些突發事件會使原本很好的財務計劃失去效果。因此，企業為了應付突發事件，有必要維持比日常正常運轉所需金額更多的現金。

確定預防性需求的現金數額時，需要考慮以下因素：

（1）企業願冒現金短缺風險的程度。
（2）企業預測現金收支可靠的程度。
（3）企業臨時融資的能力。

希望盡可能減少風險的企業傾向於保留大量的現金餘額，以應付其交易性需求和大部分預防性資金需求。現金收支預測可靠性程度較高、信譽良好、與銀行關係良好的企業，預防性需求的現金持有量一般較低。

(三) 投機性需要

投機性需求是企業需要持有一定量的現金以抓住突然出現的獲利機會。這種機會大都是一閃即逝的，如證券價格的突然下跌，企業若沒有用於投機的現金，就會錯過這一機會。

企業的現金持有量一般小於三種需求下的現金持有量之和，因為為某一需求持有的現金可以用於滿足其他需求。

二、持有現金的成本

(一) 機會成本

現金的機會成本是指企業因持有一定現金餘額喪失的再投資收益。再投資收益是企業不能同時用該現金進行有價證券投資所產生的機會成本，這種成本在數額上等於資金成本。例如，某企業資本成本為10%，年均持有現金50萬元，則該企業每年持有現金的機會成本為5萬元（50×10%）。放棄的再投資收益即機會成本屬於變動成本，其與現金持有量的多少密切相關，即現金持有量越大，機會成本越大，反之就越小。

(二) 短缺成本

現金的短缺成本是指在現金持有量不足，又無法及時通過有價證券變現加以補充而給企業造成的損失，包括直接損失與間接損失。現金的短缺成本隨現金持有量的增加而下降，隨現金持有量的減少而上升，即與現金持有量負相關。

(三) 轉換成本

現金的轉換成本是指有價證券與現金轉換時的交易費用，每一次轉換成本是固定的，轉換成本總額與交易次數成正比。

(四) 管理成本

現金的管理成本是指企業因持有一定數量的現金而發生的管理費用。例如，管理人員工資、安全措施費用等。一般認為這是一種固定成本，這種固定成本在一定範圍內和現金持有量之間沒有明顯的比例關係。

三、最佳現金持有量的確定

企業在生產經營過程中為了滿足交易性需要、預防性需要和投機性需要等，必須持有一定數量的現金，但現金持有量太多或太少都對企業不利。最佳現金持有量是指使相關總成本之和最小的現金持有數額，它的確定主要有成本分析模式、存貨模式和隨機模式三種方法。

(一) 成本分析模式

成本分析模式是根據現金相關成本，分析預測其總成本最低時現金持有量的一種方法。該模式認為，持有現金是有成本的，最優的現金持有量是使得現金持有成本最小化的持有量。成本分析模式考慮的現金持有成本包括管理成本、機會成本和短缺成本三種。

其計算公式為：

最佳現金持有量下的現金相關成本＝min(管理成本＋機會成本＋短缺成本)

其中，管理成本屬於固定成本，機會成本是正相關成本，短缺成本是負相關成本。因此，成本分析模式是要找到機會成本、管理成本和短缺成本所組成的總成本曲線中最低點所對應的現金持有量，把它作為最佳現金持有量，可用圖 8-2 表示。

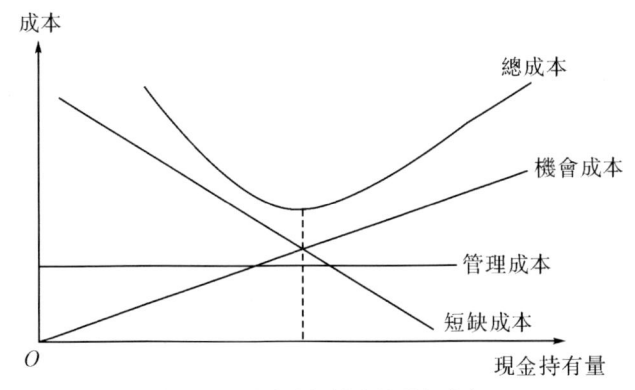

圖 6-2 成本分析模式的現金成本

在實際工作中運用成本分析模式確定最佳現金持有量的具體步驟為：

(1) 根據不同現金持有量測算並確定有關成本數值。

(2) 按照不同現金持有量及其相關成本資料編制最佳現金持有量測算表。

(3) 在測算表中找出總成本最低時的現金持有量，即最佳現金持有量。由成本分析模式可知，如果減少現金持有量則增加短缺成本；如果增加現金持有量，則增加機會成本。改進上述關係的一種辦法是當擁有多餘現金時，將現金轉換為有價證券；當現金不足時，將有價證券轉換成現金。但現金和有價證券之間的轉換，也需要成本，稱為轉換成本。轉換成本是指企業用現金購入有價證券以及用有價證券換取現金時付出交易費用，即現金同有價證券之間相互轉換的成本，如買賣傭金、手續費、證券過戶費、印花稅、實物交割費等。轉換成本可以為兩類：一是與委託金額相關的費用，如買賣傭金、印花稅等；二是與委託金額無關，只與轉換次數有關的費用，如委託手

續費、過戶費等。證券轉換成本與現金持有量即有價證券變現額的多少，必然對有價證券的變現次數產生影響，即現金持有量越少，進行證券變現的次數越多，相應的轉換成本就越大。

【例6-1】某企業有四種現金持有方案，它們各自的現金持有量、機會成本、管理成本、短缺成本如表6-1所示。假設現金的機會成本率為12%。

要求：確定現金最佳持有量。

表6-1　　　　　　　　　　　　　現金持有方案　　　　　　　　　　　　　單位：元

方案項目	甲	乙	丙	丁
現金持有量	25,000	50,000	75,000	100,000
機會成本	3,000	6,000	9,000	12,000
管理成本	20,000	20,000	20,000	20,000
短缺成本	12,000	6,750	2,500	0

解答：

（1）四種方案的總成本計算結果如表6-2所示。

表6-2　　　　　　　　　　　　　現金持有總成本　　　　　　　　　　　　單位：元

方案項目	甲	乙	丙	丁
機會成本	3,000	6,000	9,000	12,000
管理成本	20,000	20,000	20,000	20,000
短缺成本	12,000	6,750	2,500	0
總成本	35,000	32,750	31,500	32,000

（2）將以上各方案的總成本加以比較可知，丙方案的總成本最低，故75,000元是該企業的最佳現金持有量。

(二) 存貨模式

企業平時持有較多現金，會降低現金的短缺成本，但也會增加現金佔有的機會成本；平時持有較少現金，則會增加現金的短缺成本，卻能減少現金佔有的機會成本。如果企業平時只持有較少的現金，在有現金需要時（如手頭的現金用盡），通過出售有價證券換回現金（或從銀行借入現金），既能滿足現金的需要，避免短缺成本，又能減少機會成本。因此，適當的現金與有價證券之間的轉換是企業提高資金使用效率的有效途徑。這與企業奉行的營運資金政策有關。

採用寬鬆的營運資金政策，保留較多的現金則轉換次數少。如果經常進行大量的有價證券與現金的轉換，則會加大轉換交易成本。因此，如何確定有價證券與現金的每次轉換量是一個需要研究的問題。這可以應用現金持有量的存貨模式解決。

有價證券轉換回現金所付出的代價（如支付手續費用）被稱為現金的交易成本。現金的交易成本與現金轉換次數、每次的轉換量有關。假定現金每次的交易成本是固定的，在企業一定時期現金使用量確定的前提下，每次以有價證券轉換回現金的金額

越大，企業平時持有的現金量便越高，轉換的次數便越少，現金的交易成本就越低；反之，每次轉換回現金的金額越低，企業平時持有的現金量便越低，轉換的次數會越多，現金的交易成本就越高。可見，現金交易成本與持有量成反比。現金的交易成本與現金的機會成本所組成的相關總成本曲線，如圖 6-3 所示。

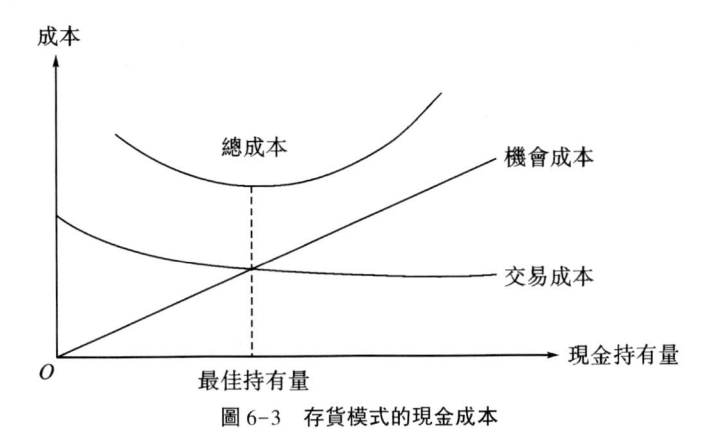

圖 6-3　存貨模式的現金成本

在圖 6-3 中，現金的機會成本和交易成本是兩條隨現金持有量呈不同方向發展的曲線，兩條曲線交叉點相應的現金持有量，即相關總成本最低的現金持有量。

於是，企業需要合理地確定現金持有量 C，以使現金的相關總成本最低。解決這一問題先要明確以下三點：

（1）一定期間內的現金需求量，用 T 表示。

（2）每次出售有價證券以補充現金所需的交易成本，用 F 表示。一定時期內出售有價證券的總交易成本計算如下：

總交易成本 $= \left(\dfrac{T}{C}\right) \times F$

（3）持有現金的機會成本率，用 K 表示。一定時期內持有現金的總機會成本計算如下：

總機會成本 $= \left(\dfrac{C}{2}\right) \times K$

則：

相關總成本 = 總機會成本 + 總交易成本 $= \left(\dfrac{C}{2}\right) \times K + \left(\dfrac{T}{C}\right) \times F$

從圖 6-3 可知，最佳現金持有量 C^* 是機會成本線與交易成本線交叉點所對應的現金持有量，因此 C^* 應當滿足：

總機會成本 = 總交易成本

即：

$\left(\dfrac{C}{2}\right) \times K = \left(\dfrac{T}{C}\right) \times F$

整理可得：

最佳現金持有量 $C^* = \sqrt{(2 \times T \times F)/K}$

【例6-2】某企業每月現金需求總量為5,200,000元，每次現金轉換的成本為1,000元，持有現金的機會成本率為10%。

要求：計算某企業的最佳現金持有量。

解答：

$C^* = \sqrt{(2 \times 5,200,000 \times 1,000)/10\%} = 322,490(元)$

該企業最佳現金持有量為322,490元，持有超過322,490元則會降低現金的投資收益率，低於322,490元則會加大企業正常現金支付的風險。

(三) 隨機模式

在實際工作中，企業現金流量往往具有很大的不確定性。假定每日現金流量的分佈接近正態分佈，每日現金流量可能低於也可能高於期望值，其變化是隨機的。由於現金流量波動是隨機的，只能對現金持有量確定一個控制區域，定出上限和下限。當企業現金餘額在上限和下限之間波動時，表明企業現金持有量處於合理的水平，無需進行調整。當現金餘額達到上限時，則將部分現金轉換為有價證券；當現金餘額下降到下限時，則賣出部分證券。

圖6-4顯示了隨機模型（米勒—奧爾模式）。該模型有兩條控制線和一條迴歸線。最低控制線L取決於模型之外的因素，其數額是由現金管理部經理在綜合考慮短缺現金的風險程度、企業借款能力、企業日常週轉所需資金、銀行要求的補償性餘額等因素的基礎上確定的。迴歸線R最佳現金持有量可按下列公式計算：

$$R = \sqrt[3]{\frac{3b \times \delta^2}{4i}} + L$$

式中：

b——證券轉換為現金或現金轉換為證券的成本；

δ——企業每日現金流量變動的標準差；

i——以日為基礎計算的現金機會成本。

最高控制線H的計算公式為：

$H = 3R - 2L$

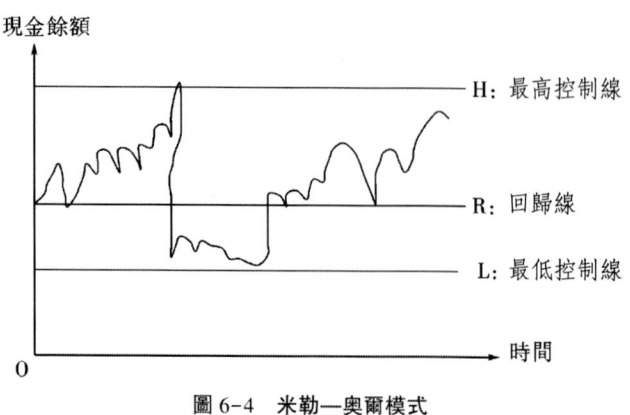

圖6-4　米勒—奧爾模式

【例6-3】B公司現金部經理決定L值應為10,000元，估計企業現金流量標準差δ為1,000元，持有現金的年機會成本為15%，換算為I值是0.000,39，b＝150元。

要求：計算B公司最佳現金持有量。

解答：

$$R = \sqrt[3]{\frac{3 \times 150 \times 1,000^2}{4 \times 0.000,39}} + 10,000 = 16,607(元)$$

$H = 3 \times 16,607 - 2 \times 10,000 = 29,821(元)$

該企業目標現金餘額為16,607元。若現金持有額達到29,821元，則買進13,214元的證券；若現金持有額降至10,000元，則賣出6,607元的證券。

運用隨機模式求現金最佳持有量符合隨機思想，即企業現金支出是隨機的，收入是無法預知的，因此適用於所有企業現金最佳持有量的測算。隨機模式建立在企業現金未來需求總量和收支不可預測的前提下，因此計算出來的現金持有量比較保守。

四、現金的日常收支管理

（一）收款管理

1. 收款成本

一個高效率的收款系統能夠使收款成本和收款浮動期達到最小，同時能夠保證與客戶匯款及其他現金流入來源相關的信息的質量。

收款成本包括浮動期成本，管理收款系統的相關費用（如銀行手續費）及第三方處理費用或清算相關費用。在獲得資金之前，收款在途項目使企業無法利用這些資金，也會產生機會成本。信息的質量包括收款方得到的付款人姓名、付款內容和付款時間。信息要求及時、準確地到達收款人一方，以便收款人及時處理，做出發貨安排。

2. 收款浮動期

收款浮動期是指從支付開始到企業收到資金的時間間隔。收款浮動期主要是由紙質支付工具導致的，有下列三種類型：

（1）郵寄浮動期：從付款人寄出支票到收款人或收款人的處理系統收到支票的時間間隔。

（2）處理浮動期：支票的接受方處理支票和將支票存入銀行以收回現金所用的時間。

（3）結算浮動期：通過銀行系統進行支付結算所需的時間。

（二）付款管理

現金支出管理的主要任務是盡可能延緩現金的支出時間。當然，這種延緩必須是合理合法的。控制現金支出的目標是在不損害企業信譽條件下，盡可能推遲現金的支出。

1. 使用現金浮遊量

現金浮遊量是指由於企業提高收款效率和延長付款時間所產生的企業帳戶上的現金餘額和銀行帳戶上的企業存款餘額之間的差額。

2. 推遲應付款的支付

推遲應付款的支付是指企業在不影響自己信譽的前提下，充分運用供貨方所提供的信用優惠，盡可能地推遲應付款的支付期。

3. 匯票代替支票

匯票分為商業承兌匯票和銀行承兌匯票，與支票不同的是，承兌匯票並不是見票即付。這一方式的優點是它推遲了企業調入資金支付匯票的實際所需時間。這樣企業就只需在銀行中保持較少的現金餘額。其缺點是某些供應商可能並不喜歡用匯票付款，銀行也不喜歡處理匯票，它們通常需要耗費更多的人力。同支票相比，對於匯票，銀行會收較高的手續費。

4. 改進員工工資支付模式

企業可以為支付工資專門設立一個工資帳戶，通過銀行向職工支付工資。為了最大限度地減少工資帳戶的存款餘額，企業要合理預測開出支付工資的支票到職工去銀行兌現的具體時間。

5. 透支

透支是指企業開出支票的金額大於活期存款餘額。這實際上是銀行向企業提供的信用。透支的限額，由銀行和企業共同商定。

6. 爭取現金流出與現金流入同步

企業應盡量使現金流出與流入同步，這樣就可以降低交易性現金餘額，同時可以減少有價證券轉換為現金的次數，提高現金的利用效率，節約轉換成本。

7. 使用零餘額帳戶

使用零餘額帳戶，即企業與銀行合作，保持一個主帳戶和一系列子帳戶。企業只在主帳戶保持一定的安全儲備，而在一系列子帳戶不需要保持安全儲備。當從某個子帳戶簽發的支票需要現金時，所需要的資金立即從主帳戶劃撥過來，從而使更多的資金可以轉為他用。

五、資金集中管理模式

企業集團下屬機構多，地域分佈廣，如果子公司（或分公司）多頭開戶，資金存放分散，會大大降低資金的使用效率。通過資金的集中管理、統一籌集、合理分配、有序調度，能夠降低融資成本，提高資金使用效率，確保集團戰略目標的實現，實現整體利益的最大化。

資金集中管理也稱為司庫制度，是指集團企業借助商業銀行網上銀行的功能及其他信息技術手段，將分散在集團各所屬企業的資金集中到總部，由總部統一調度、統一管理和統一運用。資金集中管理在各個集團的具體運用可能會有所差異，但一般包括以下主要內容：資金集中、內部結算、融資管理、外匯管理、支付管理等。其中，資金集中是基礎，其他各方面均建立在此基礎上。目前，資金集中管理模式逐漸被中國企業集團所採用。

資金集中管理模式的選擇，實質上為集團管理是集權管理體制還是分權管理體制的體現。也就是說，在企業集團內部所屬各子企業或分部是否有貨幣資金使用的決策權、經營權，這是由行業特點和本集團資金運行規律決定的。現行的資金集中管理模

式大致可以分為以下幾種：
（一）統收統支模式

在該模式下，企業的一切現金收入集中在集團總部的財務部門，各分支機構或子公司不單獨設立帳號，一切現金支出都通過集團總部財務部門付出，現金收支的批准權高度集中。統收統支模式有利於企業集團實現全面收支平衡，提高資金的週轉效率，減少資金沉澱，監控現金收支，降低資金成本。但是該模式不利於調動成員企業開源節流的積極性，影響成員企業經營的靈活性，以致降低整個集團經營活動和財務活動的效率，而且在制度的管理上欠缺一定的合理性，如果每筆收支都要經過總部的財務部門之手，那麼總部財務部門的工作量就大了很多。因此，這種模式通常適用於規模比較小的企業。

（二）撥付備用金模式

撥付備用金模式是指集團按照一定的期限統撥給所有所屬分支機構或子企業備其使用的一定數額的現金。各分支機構或子企業發生現金支出後，持有關憑證到集團財務部門報銷以補足備用金。撥付備用金模式相比較統收統支模式具有一定的靈活性，但這種模式也通常適用於那些經營規模比較小的企業。

（三）結算中心模式

結算中心通常是企業集團內部設立的，辦理內部各成員現金收付和往來結算業務的專門機構。結算中心通常設立於財務部門內，是一個獨立運行的職能機構。結算中心是企業集團發展到一定階段、應企業內部資金管理需求而生的一個內部資金管理機構，是根據集團財務管理和控制的需要在集團內部設立的，為成員企業辦理資金融通和結算，以降低企業成本、提高資金使用效率的服務機構。結算中心幫助企業集中管理各分公司（或子公司）的現金收入和支出。分公司（或子公司）收到現金後就直接轉帳存入結算中心在銀行開立的帳戶。當需要資金的時候，再進行統一的撥付，有利於企業監控資金的流向。

（四）內部銀行模式

內部銀行是將社會銀行的基本職能與管理方式引入企業內部管理機制而建立起來的一種內部資金管理機構。該模式將企業管理、金融信貸和財務管理三者融為一體，一般是將企業的自有資金和商業銀行的信貸資金統籌運作，在內部銀行統一調劑、融通運用。企業通過吸納下屬各單位閒散資金，調劑餘缺，減少資金占用，加速資金週轉速度，調高資金使用效率和效益。內部銀行通常具有三大職能：結算、融資信貸和監督控製。內部銀行一般是用於具有較多責任中心的企事業單位。

（五）財務公司模式

財務公司是一種經營部分銀行業務的非銀行金融機構，一般是集團公司發展到一定水平后，需要經過中國人民銀行審核批准才能設立的。其主要職責是開展集團內部資金集中結算，同時為集團成員企業提供包括貸款、融資租賃、擔保、信用鑒證、債券承銷、財務顧問等在內的全方位金融服務。集團設立財務公司是把一種市場化的企業關係或銀企關係引入集團資金管理中，使得集團各子公司具有完全獨立的財權，可以自行經營自身的現金，對現金的使用行使決策權。另外，集團對各子公司的現金控製是通過財務公司進行的，財務公司對集團各子公司進行專門約束，而且這種約束是

建立在各自具有獨立的經濟利益基礎上的。集團公司經營者（或最高決策機構）不再直接干預子公司的現金使用和取得。

第三節　應收帳款管理

一、應收帳款的功能

企業通過商業信用，採取賒銷、分期付款等方式可以擴大銷售，增強競爭力，獲得利潤。應收帳款作為企業為擴大銷售和盈利的一項投資，也會發生一定的成本，因此企業需要在應收帳款增加的盈利和增加的成本之間做出權衡。應收帳款管理就是分析賒銷的條件，使賒銷帶來的盈利增加大於應收帳款投資產生的成本費用增加，最終使企業現金收入增加，企業價值上升。

應收帳款的功能指其在生產經營中的作用，主要有以下兩個方面：

（一）增加銷售

在激烈的市場競爭中，通過提供賒銷可有效地促進銷售。因為企業提供賒銷不僅向顧客提供了商品，也在一定時間內向顧客提供了購買該商品的資金，顧客將從賒銷中得到好處，所以賒銷會帶來企業銷售收入和利潤的增加，特別是在企業銷售新產品、開拓新市場時，賒銷更具有重要的意義。提供賒銷所增加的產品一般不增加固定成本，因此賒銷所增加的收益等於增加的銷量與單位邊際貢獻的乘積。其計算公式如下：

增加的收益＝增加的銷售量×單位邊際貢獻

（二）減少存貨

企業持有一定產成品存貨會相應地占用資金，形成倉儲費用、管理費用等，產生成本，而賒銷則可避免這些成本的產生。因此，無論是季節性生產企業還是非季節性生產企業，當產成品存貨較多時，一般會採用優惠的信用條件進行賒銷，將存貨轉化為應收帳款，減少產成品存貨，存貨資金占用成本、倉儲與管理費用等會相應減少，從而提高企業收益。

二、應收帳款的成本

應收帳款作為企業為增加銷售和盈利進行的投資，會發生一定的成本。應收帳款的成本主要如下：

（一）應收帳款的機會成本

應收帳款會占用企業一定量的資金，而企業若不把這部分資金投放於應收帳款，便可以用於其他投資並可能獲得收益，如投資債券獲得利息收入。這種因投放於應收帳款而放棄其他投資所帶來的收益，即應收帳款的機會成本。其計算公式如下：

應收帳款平均餘額＝日銷售額×平均收現期

應收帳款占用資金＝應收帳款平均餘額×變動成本率

應收帳款占用資金的應計利息(機會成本)＝應收帳款占用資金×資本成本率

＝應收帳款平均餘額×變動成本率×資本成本率

$$=日銷售額 \times 平均收現期 \times 變動成本率 \times 資本成本率$$

$$=\frac{全年銷售額}{360} \times 平均收現期 \times 變動成本率 \times 資本成本率$$

$$=\frac{全年銷售額 \times 變動成本率}{360} \times 平均收現期 \times 資本成本率$$

$$=\frac{全年變動成本}{360} \times 平均收現期 \times 資本成本率$$

式中：平均收現期指的是各種收現期的加權平均數。

(二) 應收帳款的管理成本

應收帳款的管理成本主要是指在進行應收帳款管理時增加的費用。其主要包括：調查顧客信用狀況的費用、收集各種信息的費用、帳簿的記錄費用、收帳費用、數據處理成本、相關管理人員成本和從第三方購買信用信息的成本等。

(三) 應收帳款的壞帳成本

在賒銷交易中，債務人由於種種原因無力償還債務，債權人就有可能無法收回應收帳款而發生損失，這種損失就是壞帳成本。可以說，企業發生壞帳成本是不可避免的，而此項成本一般與應收帳款發生的數量成正比。

壞帳成本一般用下列公式測算：

應收帳款的壞帳成本＝賒銷額×預計壞帳損失率

三、應收帳款的管理目標

發生應收帳款的原因主要有以下兩種：

(一) 商業競爭

商業競爭是發生應收帳款的主要原因。在社會主義市場經濟條件下，存在著激烈的商業競爭。競爭機制的作用迫使企業以各種手段擴大銷售。除了依靠產品質量、價格、售後服務、廣告等外，賒銷也是擴大銷售的手段之一。對於同等的產品價格、類似的質量、一樣的售後服務，實行賒銷的產品或商品的銷售額將大於現金銷售的產品或商品的銷售額，這是因為顧客將從賒銷中得到好處。出於擴大銷售的競爭需要，企業不得不以賒銷或其他優惠方式招攬顧客，於是就產生了應收帳款。由商業競爭引起的應收帳款是一種商業信用。

(二) 銷售和收款的時間差

商品成交的時間和收到貨款的時間經常不一致，這也是導致應收帳款的原因。當然，現實生活中現金銷售是很普遍的，特別是零售企業。不過就一般批發和大量生產企業來講，發貨的時間和收到貨款的時間往往不同，這是因為貨款結算需要時間的緣故。結算手段越是落後，結算所需時間就越長，銷售企業只能承認這種現實並承擔由此產生的資金墊支。由於銷售和收款的時間差造成的應收帳款不屬於商業信用，也不是應收帳款管理的主要對象。

既然企業發生應收帳款的主要原因是為擴大銷售，增強競爭了，那麼其管理目標就是求得利潤。應收帳款是企業的一項資金投放，是為了擴大銷售和盈利而進行的投資。而投資肯定會發生成本，這就需要在應收帳款信用政策增加的盈利和這種政策的

成本之間做出權衡。只有當應收帳款增加的盈利超過增加的成本時，才應當實施應收帳款賒銷；如果應收帳款賒銷有良好的盈利前景，就應當放寬信用條件增加賒銷量。

四、信用政策的確定

有很多因素共同影響企業的信用政策。在許多行業，信用條件和政策已經成為標準化的慣例，因此某一家企業很難採取與其競爭對手不同的信用條件。企業還必須考慮提供商業信用對現有貸款契約的影響。因為應收帳款的變化可能會影響流動比率，可能會違反貸款契約中有關流動比率的約定。

企業的信用條件、銷售額和收帳方式決定了其應收帳款的水平。應收帳款的占用必須要有相應的資金來源，因此企業對客戶提供信用的能力與其自身的借款能力相關。不適當地管理應收帳款可能會導致客戶延期付款而導致流動性問題。然而，當應收帳款被用於抵押貸款或作為債務擔保工具出售時，應收帳款也可以成為流動性的來源。

信用政策包括信用標準、信用條件和收帳政策三個方面。

（一）信用標準

信用標準是指信用申請者獲得企業提供信用所必須達到的最低信用水平，通常以預期的壞帳損失率作為判別標準。如果企業執行的信用標準過於嚴格，可能會降低對符合可接受信用風險標準客戶的賒銷額，減少壞帳損失，減少應收帳款的機會成本，但不利於擴大企業銷售甚至會因此限制企業的銷售機會；如果企業執行的信用標準過於寬鬆，可能會對不符合可接受信用風險標準的客戶提供賒銷，因此會增加隨後還款的風險並增加應收帳款的管理成本與壞帳成本。

1. 信息來源

企業進行信用分析時，必須考慮信息的類型、數量和成本。信息既可以從企業內部收集，也可以從企業外部收集。無論信用信息從哪兒收集，都必須將成本與預期的收益進行對比。企業內部產生的最重要的信用信息來源是信用申請人執行信用申請（協議）的情況和企業自己保存的有關信用申請人還款歷史的記錄。

企業可以使用各種外部信息來源來幫助其確定申請人的信譽。申請人的財務報表是該種信息主要來源之一，由於可以將這些財務報表及其相關比率與行業平均數進行對比，因此它們都提供了有關信用申請人的重要信息。獲得申請人付款狀況的第二個信息來源是一些商業參考資料或申請人過去獲得賒購的供貨商。另外，銀行或其他貸款機構（如商業貸款機構或租賃公司）可以提供申請人財務狀況和可使用信用額度方面的標準化信息。一些地方性和全國性的信用評級機構會收集、評價和報告有關申請人信用狀況的歷史信息。這些信用報告包括還款歷史、財務信息、最高信用額度、可獲得的最長信用期限和所有未了的債務訴訟等。

2. 信用的定性分析

信用的定性分析是指對申請人「質」的方面的分析。常用的信用定性分析法是5C信用評價系統，即評估申請人信用品質的五個方面：品質、能力、資本、抵押和條件。

（1）品質（Character）。品質是指個人申請人或企業申請人管理者的誠實和正直表現。品質反映了個人或企業在過去的還款中體現的還款意圖和願望，這是5C中最主要的因素。通常要根據過去記錄結合現狀調查來進行分析，包括企業經營者的年齡、文

化、技術結構、遵紀守法情況、開拓進取及領導能力、有無獲得榮譽獎勵或紀律處分、團結協作精神及組織管理能力。

（2）能力（Capacity）。能力是指經營能力，通常通過分析申請者的生產經營能力及獲利情況、管理制度是否健全、管理手段是否先進、產品生產銷售是否正常、在市場上有無競爭力、經營規模和經營實力是否逐年增長等來評估。

（3）資本（Capital）。資本是指如果企業或個人當前的現金流不足以還債，其在短期和長期內可供使用的財務資源。企業資本雄厚，說明企業具有強大的物質基礎和抗風險能力。因此，信用分析必須調查瞭解企業資本規模和負債比率，反映企業資產或資本對於負債的保障程度。

（4）抵押（Collateral）。抵押是指當企業或個人不能滿足還款條款時，可以用作債務擔保的資產或其他擔保物。信用分析必須分析擔保抵押手續是否齊備、抵押品的估值和出售有無問題、擔保人的信譽是否可靠等。

（5）條件（Condition）。條件是指影響申請者還款能力和還款意願的經濟環境。經濟環境對企業發展前途具有一定影響，也是影響企業信用的一項重要的外部因素。信用分析必須對企業的經濟環境，包括企業發展前景、行業發展趨勢、市場需求變化等進行分析，預測其對企業經營效益的影響。

3. 信用的定量分析

進行商業信用的定量分析可以從考察信用申請人的財務報表開始。通常使用比率分析法評價顧客的財務狀況。常用的指標有流動性和營運資本比率（如流動比率、速動比率以及現金對負債總額比率）、債務管理和支付比率（利息保障倍數、長期債務對資本比率、帶息債務對資產總額比率以及負債總額對資產總額比率）和盈利能力指標（銷售回報率、總資產回報率和淨資產收益率）。企業將這些指標和信用評級機構及其他協會發布的行業標準進行比較，可以觀察申請人的信用狀況。

(二) 信用條件

信用條件是銷貨企業要求賒購客戶支付貨款的條件，由信用期間、折扣條件和現金折扣三個要素組成。

1. 信用期間

信用期間是企業允許顧客從購貨到付款之間的時間，或者說是企業給予顧客的付款期間，一般簡稱為信用期。

信用期的確定，主要是分析改變現行信用期對收入和成本的影響、延長信用期，會使銷售額增加，產生有利影響；與此同時，應收帳款、收帳費用和壞帳損失增加，會產生不利影響。當前者大於后者時，可以延長信用期，否則不宜延長。如果縮短信用期，情況與此相反。

【例6-4】A企業目前採用30天按發票金額（即無現金折扣）付款的信用政策，擬將信用期間放寬至60天，仍按發票金額付款。假設等風險投資的最低報酬率為15%，其他有關數據如表6-3所示。

表 6-3　　　　　　　　　　信用決策數據

項目	信息期間（30 天）	信用期間（60 天）
全年銷售量（件）	100,000	120,000
全年銷售額（單價 5 元）（元）	500,000	600,000
全年銷售成本（元）		
變動成本（每件 4 元）（元）	400,000	480,000
固定成本（元）	50,000	50,000
毛利（元）	50,000	70,000
可能發生的收帳費用（元）	3,000	4,000
可能發生的壞帳損失（元）	5,000	9,000

要求：A 企業是否可以放寬信用期？

解答：

（1）增加的收益 =（120,000−100,000）×（5−4）= 20,000（元）

（2）改變信用期間增加的應收帳款機會成本 = 60 天信用期應計利息 − 30 天信用期應計利息 = $\frac{600,000}{360} \times 60 \times \frac{480,000}{600,000} \times 15\% - \frac{500,000}{360} \times 30 \times \frac{400,000}{500,000} \times 15\% = 7,000$（元）

（3）增加的收帳費用和壞帳損失計算如下：

增加的收帳費用 = 4,000−3,000 = 1,000（元）

增加的壞帳損失 = 9,000−5,000 = 4,000（元）

（4）改變信用期增加的稅前損益 = 增加的收益 − 增加的成本費用

= 20,000 −（7,000+1,000+4,000）= 8,000（元）

（5）由於改變信用期增加的稅前損益大於 0，即增加的收益大於增加的成本費用，因此 A 企業可以放寬信用期至 60 天。

上述信用期分析的方法比較簡略，可以滿足一般制定信用政策的需要。如有必要也可以進行更細緻的分析，如進一步考慮銷售增加引起存貨增加而佔用的資金。

【例 6-5】承【例 6-4】的數據，假設上述 30 天信用期變為 60 天後，因銷售量增加，年平均存貨水平從 9,000 件上升到 20,000 件，每件存貨按變動成本 4 元計算，其他情況不變。

要求：計算 A 企業是否可以放寬信用期？

解答：

（1）增加的收益 =（120,000−100,000）×（5−4）= 20,000（元）

（2）改變信用期間增加的應收帳款機會成本 = 60 天信用期應計利息 − 30 天信用期應計利息 = $\frac{600,000}{360} \times 60 \times \frac{480,000}{600,000} \times 15\% - \frac{500,000}{360} \times 30\% \times \frac{400,000}{500,000} \times 15\% = 7,000$（元）

（3）增加的收帳費用和壞帳損失計算如下：

增加的收帳費用 = 4,000−3,000 = 1,000（元）

增加的壞帳損失 = 9,000−5,000 = 4,000（元）

（4）存貨增加佔用資金的應計利息 =（20,000−9,000）×4×15% = 6,600（元）

（5）改變信用期增加的稅前損益＝增加的收益－增加的成本費用
$$= 20,000 - (7,000+1,000+4,000+6,600)$$
$$= 1,400（元）$$

（6）由於改變信用期增加的稅前損益大於 0，即增加的收益大於增加的成本費用，因此 A 企業可以放寬信用期至 60 天。

2. 折扣條件

折扣條件包括現金折扣和折扣期兩個方面。如果企業給顧客提供現金折扣，那麼顧客在折扣期付款時少付的金額所產生的「成本」將影響企業收益。當顧客利用了企業提供的現金折扣，而現金折扣又沒有促使銷售額增長時，企業的淨收益則會下降，當然上述收入方面的損失可能會全部或部分地由應收帳款持有成本的下降來補償。

3. 現金折扣

現金折扣是企業對顧客在商品價格上的扣減。企業向顧客提供這種價格上的優惠，主要目的在於能吸引顧客為享受優惠而提前付款，縮短企業的平均收款期。另外，現金折扣也能招攬一些視折扣為減價出售的顧客前來購貨，借此擴大銷售量。

現金折扣的表示常用如「5/10、3/20、N/30」這樣的符號。這三個符號的含義為：「5/10」表示 10 天內付款，可享受 5%的價格優惠，即只需支付原價的 95%，如原價為 10,000元，只支付 9,500 元；「3/20」表示 20 天內付款，可享受 3%的價格優惠，即只需支付原價的 97%，若原價為 10,000 元，則只需支付 9,700 元；「N/30」表示付款的最后期限為 30 天，此時付款無優惠。

企業採用什麼程度的現金折扣，要與信用期間結合起來考慮。例如，企業要求顧客最遲不超過 30 天付款，若希望顧客 20 天、10 天付款，能給予多大折扣？或者給予 5%、3%的折扣，能吸引顧客在多少天內付款？不論是信用期間還是現金折扣，都可能給企業帶來收益，但也會增加成本。現金折扣帶給企業的好處前面已經講過，它使企業增加的成本，則指的是價格折扣損失。當企業給予顧客某種現金折扣時，應當考慮折扣所能帶來的收益與成本孰高孰低，權衡利弊。

因為現金折扣是與信用期間結合使用的，所以確定折扣程度的方法與程序實際上與前述確定信用期間的方法與程序一致，只不過要把所提供的延期付款時間和折扣綜合起來，計算各方案的延期與折扣能取得多大的收益增量，再計算各方案帶來的成本變化，最終確定最佳方案。

【例 6-6】承【例 6-4】的數據，假設該企業在放寬信用期的同時，為了吸引顧客盡早付款，提出了「0.8/30」，「N/60」的現金折扣條件，估計會有一半的顧客（按 60 天信用期所能實現的銷售量計算）將享受現金折扣優惠。

要求：A 企業是否可以在放寬信用期的同時提供現金折扣？

解答：

（1）增加的收益＝(120,000－100,000)×(5－4)＝20,000(元)

（2）增加的應收帳款占用資金的應計利息計算如下：

30 天信用期應計利息 $= \dfrac{500,000}{360} \times 30 \times \dfrac{400,000}{500,000} \times 15\% = 5,000$ （元）

提供現金折扣的應計利息 $= \left(\dfrac{600,000 \times 50\%}{360} \times 60 \times \dfrac{480,000 \times 50\%}{600,000 \times 50\%} \times 15\%\right)$

$+ \left(\dfrac{600,000 \times 50\%}{360} \times 30 \times \dfrac{480,000 \times 50\%}{600,000 \times 50\%} \times 15\%\right) = 6,000 + 3,000 = 9,000$（元）

增加的應收帳款占用資金的應計利息 $= 9,000 - 5,000 = 4,000$（元）

（3）增加的收帳費用和壞帳損失計算如下：

增加的收帳費用 $= 4,000 - 3,000 = 1,000$（元）

增加的壞帳損失 $= 9,000 - 5,000 = 4,000$（元）

（4）增加的現金折扣成本 $=$ 新的銷售水平 × 新的現金折扣率 × 享受現金折扣的顧客比例 $-$ 舊的銷售水平 × 舊的現金折扣率 × 享受現金折扣的顧客比例 $= 600,000 \times 0.8\% \times 50\% - 500,000 \times 0 \times 0 = 2,400$（元）

（5）提供現金折扣後增加的稅前損益 $=$ 增加的收益 $-$ 增加的成本費用 $= 20,000 - (4,000 + 1,000 + 4,000 + 2,400) = 8,600$（元）

（6）由於改變信用期增加的稅前損益大於 0，即增加的收益大於增加的成本費用，因此 A 企業可以在放寬信用期至 60 天的同時提供現金折扣。

(三）收帳政策

收帳政策是指信用條件被違反時，企業採取的收帳策略。企業如果採取較積極的收帳政策，可能會減少應收帳款投資，減少壞帳損失，但要增加收帳成本。如果採用較消極的收帳政策，則可能會增加應收帳款投資，增加壞帳損失，但會減少收帳費用。企業需要做出適當的權衡。一般來說，可以參照評價信用標準、信用條件的方法來評價收帳政策。

五、應收帳款的日常管理

應收帳款的管理難度比較大，在確定合理的信用政策之後，還要做好應收帳款的日常管理工作，包括對客戶的信用調查和分析評價、應收帳款的催收工作等。

(一）調查客戶信用

信用調查是指收集和整理反映客戶信用狀況有關資料的工作。信用調查是企業應收帳款日常管理的基礎，是正確評價客戶信用的前提條件。企業對顧客進行信用調查主要通過以下兩種方法：

1. 直接調查

直接調查是指調查人員通過與被調查單位進行直接接觸，通過當面採訪、詢問、觀看等方式獲取信用資料的一種方法。直接調查可以保證收集資料的準確性和及時性，但也有一定的局限，往往獲得的是感性資料，同時若不能得到被調查單位的合作，則會使調查工作難以開展。

2. 間接調查

間接調查是以被調查單位以及其他單位保存的有關原始記錄和核算資料為基礎，通過加工整理獲得被調查單位信用資料的一種方法。這些資料主要包括以下幾個方面：

（1）財務報表。通過財務報表分析，可以基本掌握一個企業的財務狀況和信用狀況。

（2）信用評估機構。專門的信用評估部門，因為其評估方法先進、評估調查細緻、評估程序合理，所以可信度較高。在中國，目前的信用評估機構有三種形式：第一種是獨立的社會評級機構，其只根據自身的業務吸引有關專家參加，不受行政干預和集團利益的牽制，獨立自主地開辦信用評估業務。第二種是政策性銀行、政策性保險公司負責組織的評估機構，一般由銀行、保險公司有關人員和各部門專家進行評估。第三種是由商業銀行、商業性保險公司組織的評估機構，由商業性銀行、商業性保險公司組織專家對其客戶進行評估。

（3）銀行。銀行是信用資料的一個重要來源，許多銀行都設有信用部，為其顧客服務，並負責對其顧客信用狀況進行記錄、評估，但銀行的資料一般僅願意在內部及同行間進行交流，而不願向其他單位提供。

（4）其他途徑，如財稅部門、工商管理部門、消費者協會等機構都可能提供相關的信用狀況資料。

(二) 評估客戶信用

收集好信用資料以後，就需要對這些資料進行分析、評價。企業一般採用5C系統來評價，並對客戶信用進行等級劃分。在信用等級方面，目前主要有兩種：一種是三類九等，即將企業的信用狀況分為 AAA、AA、A、BBB、BB、B、CCC、CC、C 九等，其中 AAA 為信用最優等級，C 為信用最低等級；另一種是三級制，即將企業的信用狀況分為 AAA、AA、A 三個信用等級。

(三) 收帳的日常管理

應收帳款發生後，企業應採取各種措施，盡量爭取按期收回款項，否則會因拖欠時間過長而發生壞帳，使企業蒙受損失。因此，企業必須在對應收帳款的收益與成本進行比較分析的基礎上，制定切實可行的收帳政策。通常企業可以採取寄發帳單、電話催收、派人上門催收、法律訴訟等方式進行催收應收帳款，然而催收帳款要發生費用，某些催款方式的費用還會很高。一般說來，收帳的花費越大，收帳措施越有力，可收回的帳款應越多，壞帳損失也就越小。因此，制定收帳政策又要在收帳費用和所減少壞帳損失之間做出權衡。制定有效、得當的收帳政策很大程度上靠有關人員的經驗。從財務管理的角度講，也有一些數量化的方法可以參照。根據應收帳款總成本最小化的原則，可以通過比較各收帳方案成本的大小對其加以選擇。

(四) 應收帳款保理

保理是保付代理的簡稱，是指保理商與債權人簽訂協議，轉讓其對應收帳款的部分或全部權利與義務，並收取一定費用的過程。

保理又稱托收保付，是指賣方（供應商或出口商）與保理商之間存在的一種契約關係。根據契約，賣方將其現在或將來的基於其與買方（債務人）訂立的貨物銷售（服務）合同所產生的應收帳款轉讓給保理商，由保理商提供下列服務中的至少兩項：貿易融資、銷售帳戶管理、應收帳次的催收、信用風險控製與壞帳擔保。可見，保理是一項綜合性的金融服務方式，其同單純的融資或收帳管理有本質的區別。

應收帳款保理是企業將賒銷形成的未到期應收帳款，在滿足一定條件的情況下讓給保理商，以獲得流動資金，加快資金的週轉。保理可以分為有追索權保理（非買斷型）和無追索權保理（買斷型）、明保理和暗保理、折扣保理和到期保理。有追索權保

理指供應商將債權轉讓給保理商，供應商向保理商融通貨幣資金后，如果購貨商拒絕付款或無力付款，保理商有權向供應商要求償還預付的貨幣資金，如購貨商破產或無力支付，只要有關款項到期未能收回，保理商都有權向供應商進行追索，因而保理商只有全部「追索權」，這種保理方式在中國採用較多。無追索權保理是指保理商將銷售合同完全買斷，並承擔全部的收款風險。

明保理是指保理商和供應商需要將銷售合同被轉讓的情況通知購貨商，並簽訂保理商、供應商、購貨商之間的三方合同。暗保理是指供應商為了避免讓客戶知道自己因流動資金不足而轉讓應收帳款，並不將債權轉讓情況通知客戶，貨款到期時仍由銷售商出面催款，再向銀行償還借款。

折扣保理又稱為融資保理，即在銷售合同到期前，保理商將剩餘未收款部分先預付給銷售商，一般不超過全部合同額的 70%~90%。到期保理是指保理商並不提供預付帳款融資，而是在賒銷到期時才支付，屆時不管貨款是否收到，保理商都必須向銷售商支付貨款。

應收帳款保理對於企業而言，其財務管理作用主要體現以下幾個方面：

（1）融資功能。應收帳款保理的實質也是一種利用未到期應收帳款這種流動資產作為抵押從而獲得銀行短期借款的一種融資方式。對於那些規模小、銷售業務少的企業來說，向銀行貸款將會受到很大的限制，而自身的原始累積又不能支撐企業的高速發展，通過保理業務進行融資可能是企業較為明智的選擇。

（2）減輕企業應收帳款的管理負擔。推行保理業務是市場分工思想的運用，面對市場的激烈競爭，企業可以把應收帳款讓與專門的保理商進行管理，使企業從應收帳款的管理之中解脫出來，由專業的保理企業對銷售企業的應收帳款進行管理，其具備專業技術人員和業務運行機制，會詳細地對銷售客戶的信用狀況進行調查，建立一套有效的收款政策，及時收回帳款，使企業減輕財務管理負擔，提高財務管理效率。

（3）減少壞帳損失、降低經營風險。企業只要有應收帳款就有發生壞帳的可能性，以往應收帳款的風險都是由企業單獨承擔，而採用應收帳款保理后，一方面可以提供信用風險控製與壞帳擔保，幫助企業降低其客戶違約的風險，另一方面可以借助專業的保理商去催收帳款，能夠在很大程度上降低壞帳發生的可能性，有效地控製壞帳風險。

（4）改善企業的財務結構。應收帳款保理業務是將企業的應收帳款與貨幣資金進行置換。企業通過出售應收帳款，將流動性稍弱的應收帳款置換為具有高度流動性的貨幣資金，增強了企業資產的流動性，提高了企業的債務清償能力。

【例 6-7】H 公司主要生產和銷售冰箱、中央空調和液晶電視。2015 年，H 公司全年實現的銷售收入為 14.46 億元。H 公司 2015 年有關應收帳款具體情況如表 6-4 所示。

表 6-4　　　　　　　　H 公司 2015 年應收帳款帳齡分析表　　　　　　　單位：億元

應收帳款	冰箱	中央空調	液晶電視	總計
年初應收帳款總額	2.93	2.09	3.52	8.54
年末應收帳款：				

表6-4(續)

應收帳款	冰箱	中央空調	液晶電視	總計
(1) 6個月以內	1.46	0.80	0.58	2.84
(2) 6至12個月	1.26	1.56	1.04	3.86
(3) 1至2年	0.20	0.24	3.26	3.70
(4) 2至3年	0.08	0.12	0.63	0.83
(5) 3年以上	0.06	0.08	0.09	0.23
年末應收帳款總額	3.06	2.80	5.60	11.46

上述應收帳款中，冰箱的欠款單位主要是機關和大型事業單位的后勤部門；中央空調的欠款單位均是國內知名廠家；液晶電視的主要欠款單位是美國Y公司。

2016年，H公司銷售收入預算為18億元，有6億元資金缺口。為了加快資金週轉速度，H公司決定對應收帳款採取以下措施：

(1) 較大幅度提高現金折扣率，在其他條件不變的情況下，預計可使應收帳款週轉率由2015年的1.44次提高至2016年的1.74次，從而加快回收應收帳款。

(2) 成立專門催收機構，加大應收帳款催收力度，預計可提前收回資金0.4億元。

(3) 將6至12個月應收帳款轉售給有關銀行，提前獲得週轉所需貨幣資金。據分析，H公司銷售冰箱和中央空調發生的6至12個月應收帳款可平均以九二折轉售銀行（且可無追索權）；銷售液晶電視發生的6至12個月應收帳款可平均以九折轉售銀行（必須附追索權）。

(4) 2016年以前，H公司給予Y公司一年期的信用政策；2016年，Y公司要求將信用期限延長至兩年。考慮到Y公司信譽好，並且H公司資金緊張時應收帳款可轉售銀行（但必須附追索權），為了擴大外銷售H公司接受了Y公司的條件。

要求：根據上述資料，對H公司採取的各項應收帳款措施進行評價。

解答：

(1) 2016年年末應收帳款 = $\frac{18}{1.74} \times 2 - 11.46 = 9.23$（億元）

(2) 採取第(1)項措施預計2016年增收的資金數額 = 11.46 - 9.23 = 2.23（億元）

(3) 採取第(3)項措施預計2016年增收的資金數額 = (1.26 + 1.56) × 0.92 + 1.04 × 0.9 = 3.53（億元）

(4) 採取(1)~(3)項措施預計2016年增收的資金數額 = 2.23 + 0.4 + 3.53
= 6.16（億元）

最後，H公司2016年所採取的各項措施評價如下：

(1) 大幅度提高現金折扣，雖然可以提高公司貨款回收速度，但也可能導致企業盈利水平降低甚至使企業陷入虧損。因此，H公司應當在仔細分析計算後，適當提高現金折扣水平。

(2) 成立專門機構催款，必須充分考慮成本效益原則，防止得不償失。

(3) 公司選擇將收帳期在1年以內、銷售冰箱和中央空調的應收帳款出售給有關

銀行，提前獲得企業週轉所需貨幣資金，應考慮折扣水平的高低，同時注意防範所附追索權帶來的風險。

（4）銷售液晶電視的帳款，雖然可轉售銀行，但由於必須附追索權，風險仍然無法控製或轉移，因此應盡量避免以延長信用期限方式進行銷售。

六、應收帳款的監控

實施信用政策時，企業需要監督和控製每一筆應收帳款和應收帳款總額。例如，企業可以運用應收帳款週轉天數衡量企業需要多長時間收回應收帳款，可以通過帳齡分析表追蹤每一筆應收帳款，可以採用 ABC 分析法來確定重點監控的對象等。監督每一筆應收帳款的理由如下：

第一，在開票或收款過程中可能會發生錯誤或延遲；

第二，有些客戶可能故意拖欠到企業採取追款行動才付款；

第三，客戶財務狀況的變化可能會改變其按時付款的能力，並且需要縮減該客戶未來的賒銷額度。

企業也必須對應收帳款的總體水平加以監督，因為應收帳款的增加會影響企業的流動性，還可能導致額外融資的需要。另外，應收帳款總體水平的顯著變化可能表明業務方面發生了改變，這可能影響企業的融資需要和現金水平。企業管理部門需要分析這些變化以確定其起因並採取糾正措施。可能引起重大變化的事件包括銷售量的變化、季節性變化、信用標準政策的修改、經濟狀況的波動以及競爭對手採取的促銷等行動。最後，對應收帳款總額進行分析還有助於預測未來現金流入的金額和時間。

（一）應收帳款週轉天數

應收帳款週轉天數或平均收帳期是衡量應收帳款管理狀況的一種方法。應收帳款週轉天數提供了一個簡單的指標，將企業當前的應收帳款週轉天數與規定的信用期限、歷史趨勢以及行業正常水平進行比較，可以反映企業整體的收款效率。然而，應收帳款週轉天數可能會被銷售量的變動趨勢和劇烈的銷售季節性所破壞。

【例6-8】X 企業 2016 年 12 月底應收帳款平均餘額為 285,000 元，信用條件為在 60 天內按全額付清貨款。其過去 3 個月的賒銷情況為：10 月份，90,000 元；11 月份，105,000 元；12 月份，115,000 元。

要求：計算 X 企業應收帳款週轉天數和平均逾期天數。

解答：

（1）平均日銷售額 $= \dfrac{90,000+105,000+115,000}{90} = 3,444.44$（元）

（2）應收帳款週轉天數 $= \dfrac{應收帳款平均餘額}{平均日銷售額}$

$= \dfrac{285,000}{3,444.44}$

$= 82.74$（天）

（3）應收帳款平均逾期天數 = 應收帳款週轉天數 − 平均信用期天數

$= 82.74 - 60$

$= 22.74$（天）

(二) 帳齡分析表

帳齡分析表將應收帳款劃分為未到信用期的應收帳款和以 30 天為間隔的預期應收帳款，這是衡量應收帳款管理狀況的另外一種方法。企業既可以按照應收帳款總額進行帳齡分析，也可以分顧客進行帳齡分析。帳齡分析法可以確定逾期應收帳款，隨著逾期時間的增加，應收帳款收回的可能性變小。假定信用期限為 30 天，表 6-5 中的帳齡分析表反映出 30%的應收帳款為逾期帳款。

表 6-5　　　　　　　　　　帳齡分析表

帳齡（天）	應收帳款金額（元）	占應收帳款總額的百分比（%）
0~30 天	1,750,000	70
31~60 天	375,000	15
61~90 天	250,000	10
90 天以上	125,000	5
合計	2,500,000	100

帳齡分析表比計算應收帳款週轉天數更能揭示應收帳款變化趨勢，因為帳齡分析表給出了應收帳款分佈的模式，而不僅僅是一個平均數。應收帳款週轉天數有可能與信用期限相一致，但是有一些帳戶可能拖欠很嚴重。因此，應收帳款週轉天數不能明確地表現出帳款拖欠情況。當各個月之間的銷售額變化很大時，帳齡分析表和應收帳款週轉天數都可能發出類似的錯誤信號。

(三) 應收帳款帳戶餘額模式

帳齡分析表可以用於進一步建立應收帳款模式，這是重要的現金流預測工具。應收帳款帳戶餘額模式反映一定期間（如一個月）的賒銷額以及在發生賒銷的當月月末及隨後的各月仍未償還的百分比。企業收款的歷史決定了其正常的應收帳款帳戶餘額模式，企業管理部門通常將當前模式和過去的模式進行對比來評價應收帳款餘額模式的任何變化。企業還可以運用應收帳款帳戶餘額模式來計劃應收帳款餘額水平，衡量應收帳款的收帳效率以及預測未來的現金流。

【例 6-9】下面是一個應收帳款餘額模式的例子（見表 6-6）。為了便於體現，該例假設沒有壞帳費用。假定收款模式如下：

(1) 銷售的當月收回銷售額的 5%。
(2) 銷售后的第一個月收回銷售額的 40%。
(3) 銷售后的第二個月收回銷售額的 35%。
(4) 銷售后的第三個月收回銷售額的 20%。

表 6-6　　　　　　　各月份應收帳款帳戶餘額模式

月份	銷售額（元）	月銷售中於 3 月底未收回的金額（元）	月銷售中於 3 月底仍未收回的百分比（%）
1 月	250,000	50,000	20

表6-6(續)

月份	銷售額（元）	月銷售中於3月底未收回的金額（元）	月銷售中於3月底仍未收回的百分比（%）
2月	300,000	165,000	55
3月	400,000	380,000	95
4月	500,000		

（1）3月底未收回的應收帳款餘額合計＝5,000+165,000+380,000＝595,000（元）

（2）估計4月份現金流入＝(500,000×5%)+(400,000×40%)+(300,000×35%)+(250,000×20%)＝340,000(元)

（四）ABC分析法

ABC分析法是現代經濟管理中廣泛應用的一種「抓重點、照顧一般」的管理方法，又稱重點管理法。ABC分析法將企業的所有欠款客戶按其金額的多少進行分類排隊，然後分別採用不同的收帳策略的一種方法。ABC分析法一方面能加快應收帳款收回，另一方面能將收帳費用與預期收益聯繫起來。

例如，某企業應收帳款逾期金額為260萬元，為了及時收回逾期貨款，企業採用ABC分析法來加強應收帳款回收的監控。其具體數據如表6-7所示。

表6-7　　　　　　　　欠款客戶ABC分類法（共50家客戶）

顧客	逾期金額（萬元）	逾期期限	逾期金額所占比重（%）	類別
A	85	4個月	32.69	A
B	46	6個月	17.69	A
C	34	3個月	13.08	A
小計	165	—	63.46	
D	24	2個月	9.23	B
E	19	3個月	7.31	B
F	15.5	2個月	5.96	B
G	11.5	55天	4.42	B
H	10	40天	3.85	B
小計	80	—	30.77	
I	6	30天	2.31	C
J	4	28天	1.54	C
……	……	……	……	
小計	15	—	5.77	
合計	260	—	100	

ABC分析法先按所有客戶應收帳款逾期金額的多少分類排隊，並計算出逾期金額

所占比重。從表 6-7 中可以看出，應收帳款逾期金額在 25 萬元以上的有 3 家，占客戶總數的 6%，逾期總額為 165 萬元，占應收帳款逾期總額的 63.46%，可以將其劃入 A 類，這類客戶是催款的重點對象。應收帳款逾期金額在 10 萬～25 萬元以上的有 5 家，占客戶總數的 10%，逾期金額占應收帳款逾期總額的 30.77%，可以將其劃入 B 類。欠款在 10 萬元以下的客戶有 42 家，占客戶總數的 84%，但其逾期金額僅占應收帳款逾期金額總額的 5.77%，可以將其劃入 C 類。

對這三類不同的客戶，應當採取不同的收款策略。例如，對 A 類客戶，可以發出措辭較為嚴厲的信件催收，或派專人催收，或委託收款代理機構處理，甚至可通過法律解決；對 B 類客戶則可以多發幾封信函催收，或打電話催收；對 C 類客戶只需要發出通知其付款的信函即可。

第四節　存貨管理

一、存貨的功能

存貨是指企業在生產經營過程中為銷售或者耗用而儲備的物資，包括材料、燃料、低值易耗品、在產品、半成品、產成品、協作件、商品等。存貨管理水平的高低直接影響著企業的生產經營能否順利進行，並最終影響企業的收益、風險等狀況。因此，存貨管理是財務管理的一項重要內容。

企業持有存貨的原因一方面是為了保證生產或銷售的經營需要，另一方面是出自價格的考慮，零購物資的價格往往較高，而整批購買在價格上有優惠。但是，過多的存貨要占用較多資金，並且會增加包括倉儲費、保險費、維護費、管理人員工資在內的各項開支。因此，存貨管理的目標就是在保證生產或銷售經營需要的前提下，最大限度地降低存貨成本。存貨管理的目標具體包括以下幾個方面：

(一) 保證生產正常進行

生產過程中需要的原材料和在產品是生產的物質保證。為保障生產的正常進行，必須儲備一定量的原材料，否則可能會造成生產中斷、停工待料現象。儘管當前部分企業的存貨管理已經實現計算機自動化管理，但要實現存貨為零的目標實屬不易。

(二) 有利於銷售

一定數量的存貨儲備能夠增加企業在生產和銷售方面的機動性和適應市場變化的能力。當企業市場需求量增加時，若產品儲備不足就有可能失去銷售良機。同時，由於顧客為節約採購成本和其他費用，一般可能成批採購；企業為了達到運輸上的最優批量也會組織成批發運。因此保持一定量的存貨有利於市場銷售。

(三) 便於維持均衡生產，降低產品成本

有些企業產品屬於季節性產品或者需求波動較大的產品，此時若根據需求狀況組織生產，則有時可能生產能力得不到充分利用，有時又超負荷生產，造成產品成本的上升。為了降低生產成本，實現均衡生產，就要儲備一定的產成品存貨，並應相應地保持一定的原材料存貨。

(四) 降低存貨取得成本

一般情況下，當企業進行採購時，進貨總成本與採購物資的單價和採購次數有密切關係。許多供應商為鼓勵客戶多購買其產品，往往在客戶採購量達到一定數量時，給予價格折扣，因此企業通過大批量集中進貨，既可以享受價格折扣，降低購置成本，也因減少訂貨次數，降低了訂貨成本，使總的進貨成本降低。

(五) 防止意外事件的發生

企業在採購、運輸、生產和銷售過程中，都可能發生意料之外的事故，保持必要的存貨保險儲備，可以避免和減少意外事件的損失。

二、存貨的成本

(一) 取得成本

取得成本是指為取得某種存貨而支出的成本，通常用 TC_a 來表示。取得成本又分為訂貨成本和購置成本。

1. 訂貨成本

訂貨成本指取得訂單的成本，如辦公費、差旅費、郵資、電話電報費、運輸費等支出，訂貨成本中有一部分與訂貨次數無關，如常設採購機構的基本開支等，稱為訂貨的固定成本，用 F_1 表示；另一部分與訂貨次數有關，如差旅費、郵資等，稱為訂貨的變動成本，每次訂貨的變動成本用 K 表示。訂貨次數等於存貨年需要量 D 與每次進貨量 Q 之商。訂貨成本的計算公式為：

$$訂貨成本 = F_1 + \frac{D}{Q}K$$

2. 購置成本

購置成本指購買存貨本身支出的成本，即存貨本身的價值，經常用數量與單價的乘積來確定。存貨年需要量用 D 表示，單價用 U 表示，於是購置成本為 DU。

訂貨成本加上購置成本，就等於存貨的取得成本。其公式為：

取得成本 = 訂貨成本 + 購置成本 = 訂貨的固定成本 + 訂貨的變動成本 + 購置成本

$$TC_a = F_1 + \frac{D}{Q}K + DU$$

(二) 儲存成本

儲存成本指為保持存貨而發生的成本，包括存貨占用資金應計的利息、倉庫費用、保險費用、存貨破損和變質損失等，通常用 TC_c 來表示。

儲存成本也分為固定成本和變動成本。固定儲存成本與存貨數量的無關，如倉庫折舊、倉庫職工的固定工資等，常用 F_2 表示。變動儲存成本與存貨的數量有關，如存貨資金的應計利息、存貨的破損和變質損失、存貨的保險費用等，單位變動儲存成本用 K_c 表示。儲存成本的公式為：

儲存成本 = 固定儲存成本 + 變動儲存成本

$$TC_c = F_2 + \frac{Q}{2}K_c$$

（三）缺貨成本

缺貨成本指由於存貨供應中斷而造成的損失，包括材料供應中斷造成的停工損失、產成品庫存缺貨造成的拖欠發貨損失、喪失銷售機會的損失以及造成的商譽損失等。如果生產企業以緊急採購代用材料解決庫存材料中斷之急，那麼缺貨成本表現為緊急額外購入成本。缺貨成本用 TC_s 表示。

如果以 TC 來表示儲備存貨的總成本，其計算公式為：

$$TC = TC_a + TC_c + TC_s = F_1 + \frac{D}{Q}K + DU + F_2 + \frac{Q}{2}K_c + TC_s$$

企業存貨的最優化就是使企業存貨總成本（即上式中 TC 值）最小。

三、最佳存貨量的確定

存貨的決策涉及四項內容：決定進貨項目、選擇供應單位、決定進貨時間和決定進貨批量。按照存貨管理的目的，需要通過合理的進貨批量和進貨時間，使存貨的總成本最低，這個批量就是經濟訂貨量或經濟批量，主要採取經濟訂貨模型加以計算。

（一）經濟訂貨基本模型

經濟訂貨基本模型是建立在一系列嚴格假設基礎上的。這些假設如下：

（1）存貨總需求量是已知常數。
（2）訂貨提前期是常數。
（3）貨物一次性入庫。
（4）單位貨物成本為常數，無批量折扣。
（5）庫存儲存成本與庫存水平呈線性關係。
（6）貨物是一種獨立需求的物品，不受其他貨物影響。
（7）不允許缺貨，即無缺貨成本，TC_s 為零。

設立上述假設後，前述存貨總成本公式可以簡化為：

$$TC = TC_a + TC_c + TC_s = F_1 + \frac{D}{Q}K + DU + F_2 + \frac{Q}{2}K_c$$

當 F_1、K、D、U、F_2、K_c 為常數時，TC 的大小取決於 Q。

由於存貨的相關成本表現為變動訂貨成本和變動儲存成本，變動訂貨成本與訂貨次數成正比關係，而變動儲存成本則與存貨平均水平成正比關係，為了求出 TC 的極小值，對其進行求導演算，可以得出經濟訂貨基本模型。

$$TC(Q) = K \times \frac{D}{Q} + \frac{Q}{2} \times K_c$$

式中：

$TC(Q)$ ——每期存貨的相關總成本；
D——每期對存貨的總需求；
Q——每次訂貨批量；
K——每次訂貨費用；
K_c——每期單位變動儲存成本。

使 $TC(Q)$ 最小的批量 Q 即經濟訂貨批量 EOQ。利用數學知識，可推導出：

$$EOQ = \sqrt{\frac{2KD}{K_c}}$$

$$TC(Q) = \sqrt{2KDK_c}$$

訂貨批量與存貨相關總成本、訂貨費用、變動儲存成本的關係如圖6-5所示。

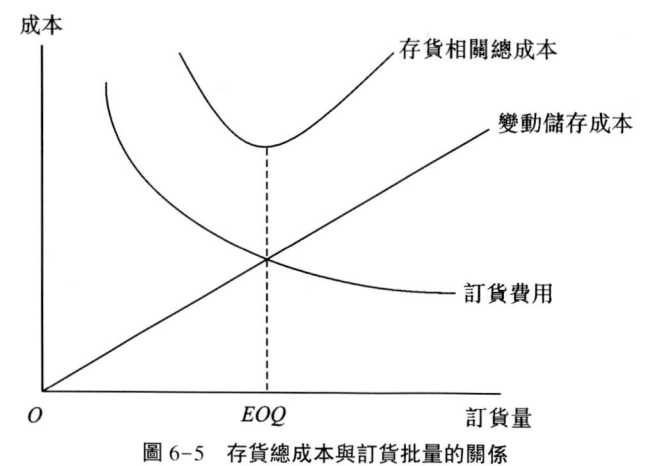

圖6-5 存貨總成本與訂貨批量的關係

【例6-10】假設M企業每年所需的原材料為104,000件。假設每次訂貨費用為20元，單位存貨的年儲存成本為每件0.8元。

要求：計算M企業的經濟訂貨批量和相關存貨總成本。

解答：

$$EOQ = \sqrt{\frac{2 \times 104,000 \times 20}{0.8}} = 2,280.35 \text{（件）}$$

$$TC(Q) = \sqrt{2 \times 104,000 \times 20 \times 0.8} = 1,824.28 \text{（元）}$$

【例6-11】上海東方公司是亞洲地區的玻璃套裝門分銷商，玻璃套裝門在香港生產然后運至上海。管理當局預計年度需求量為10,000套。玻璃套裝門購進單價為395元（包括運費，單位是人民幣，下同）。與定購和儲存這些玻璃套裝門相關的資料如下：

（1）上年訂單共22份，總處理成本13,400元，其中固定成本10,760元，預計未來成本性態不變。

（2）雖然對於香港原產地商品進入內地已經免除關稅，但是對於每一張訂單都要經海關檢查，其費用為280元。

（3）玻璃套裝門從香港運抵上海後，接收部門要進行檢查，為此雇用一名檢驗人員，每月支付工資3,000元，每個訂單檢驗工作需要8小時，發生變動費用每小時2.50元。

（4）公司租借倉庫來儲存玻璃套裝門，估計成本為每年2,500元，另外加上每套玻璃套裝門4元。

（5）在儲存過程中會出現破損，估計破損成本平均每套玻璃套裝門28.50元。

（6）佔用資金利息等其他儲存成本每套玻璃套裝門 20 元。

要求：

（1）計算經濟批量模型中每次訂貨成本。

（2）計算經濟批量模型中單位存貨儲存成本。

（3）計算經濟訂貨批量。

（4）計算每年與批量相關的存貨總成本。

解答：

（1）每次訂貨成本 = $\dfrac{13,400-10,760}{22}+280+8\times2.5=420$（元）

（2）單位存貨儲存成本 = $4+28.5+20=52.5$（元）

（2）經濟訂貨批量 = $\sqrt{\dfrac{2\times10,000\times420}{52.5}}=420$（件）

（4）每年與批量相關的存貨總成本 = $\sqrt{2\times10,000\times420\times52.5}=21,000$（元）

（二）經濟訂貨基本模型擴展

放寬經濟訂貨基本模型的相關假設，就可以擴展經濟訂貨模型，以擴大其適用範圍。

1. 再訂貨點

一般情況下，企業的存貨不能做到隨用隨時補充，因此需要在沒有用完時提前訂貨。再訂貨點就是在提前訂貨的情況下，為確保存貨用完時訂貨剛好到達，企業再次發出訂貨單時應保持的存貨庫存量，它的數量等於平均交貨時間和每日平均需用量的乘積。其計算公式如下：

$R=L\times d$

式中：

R——再訂貨點；

L——平均交貨時間；

d——每日平均需用量。

【例6-12】Y 企業訂貨日至到貨期日的時間為 5 天，每日存貨需用量為 20 千克。

要求：計算 Y 企業的存貨再訂貨點。

解答：

$R = 5 \times 20 = 100$(千克)

企業在尚存 100 千克存貨時，就應當再次訂貨，等到下批訂貨到達時（再次發出訂貨單 5 天後），原有庫存剛好用完。此時，訂貨提前期的情形如圖 6-6 所示。這就是說，訂貨提前期對經濟訂貨量並無影響，每次訂貨批量、訂貨次數、訂貨間隔時間等與瞬時補充相同。

圖 6-6 訂貨提前期

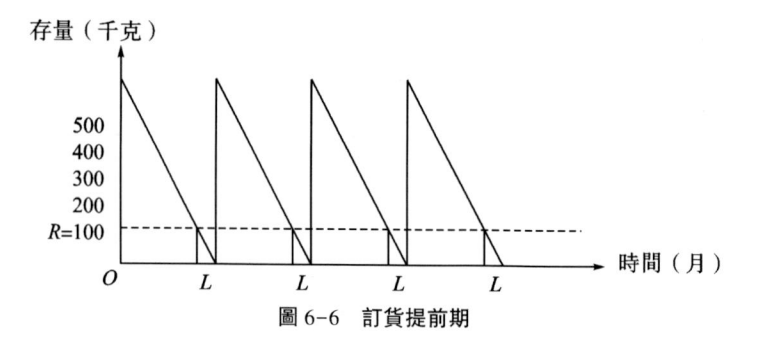

2. 存貨陸續供應和使用模型

經濟訂貨基本模型是建立在存貨一次全部入庫的假設之上的。事實上，各批存貨一般都是陸續入庫，庫存量陸續增加。特別是產成品入庫和在產品轉移，幾乎總是陸續供應和陸續耗用的。在這種情況下，需要對經濟訂貨的基本模型做一些修正。

假設每批訂貨數為 Q，每日送貨量為 p，則該批貨全部送達所需日數即日期為：

送貨期 $= \dfrac{Q}{p}$

假設每日耗用量為 d，則送貨期內的全部耗用量為：

送貨期耗用量 $= \dfrac{Q}{p} \times d$

由於零件邊送邊用，因此每批送完時，送貨期內平均庫存量為：

送貨期內平均庫存量 $= \dfrac{1}{2}(Q - \dfrac{Q}{p} \times d)$

假設存貨年需用量為 D，每次訂貨費用為 K，單位存貨儲存費率為 K_c，則與批量有關的總成本為：

$$TC(Q) = \dfrac{D}{Q}K + \dfrac{1}{2}(Q - \dfrac{Q}{p} \times d) \times K_c$$

$$= \dfrac{D}{Q}K + \dfrac{Q}{2}(1 - \dfrac{d}{p}) \times K_c$$

在訂貨變動成本與儲存變動成本相等時，$TC(Q)$ 有最小值，故存貨陸續供應和使用的經濟訂貨量公式為：

$$EOQ = \sqrt{\dfrac{2KD}{K_c} \times \dfrac{p}{p-d}}$$

將這一公式代入上述 $TC(Q)$ 公式，可得出存貨陸續供應和使用的經濟訂貨量相關總成本公式為：

$$TC(EOQ) = \sqrt{2KDK_c \times (1 - \dfrac{d}{p})}$$

【例 6-13】某零件年需用量為 3,600 件，每日送貨量為 30 件，每日耗用量為 10 件，單價為 10 元，一次訂貨成本（生產準備成本）為 25 元，單位儲存變動成本為 2 元。要求：計算該零件的經濟訂貨量和相關總成本。

解答：

$$EOQ = \sqrt{\frac{2 \times 25 \times 3,600}{2} \times \frac{30}{30-10}} = 367 \text{（件）}$$

$$TC(EOQ) = \sqrt{2 \times 25 \times 3,600 \times 2 \times \left(1 - \frac{10}{30}\right)} = 489.90 \text{（元）}$$

3. 保險儲備

前面討論的經濟訂貨量是以供需穩定為前提的，但實際情況並非完全如此，企業對存貨的需求量可能發生變化，交貨時間也可能會延誤。在交貨期內，如果發生需求量增大或交貨時間延誤，就會發生缺貨。為防止由此造成的損失，企業應有一定的保險儲備。圖6-7顯示了在具有保險儲備時的存貨水平，在再訂貨點，企業按EOQ訂貨。在交貨期內，如果對存貨的需求量很大，或交貨時間由於某種原因被延誤，企業可能發生缺貨。為防止存貨中斷，再訂貨點應等於交貨期內的預計需求與保險儲備之和，即：

再訂貨點＝預計交貨期內的需求＋保險儲備

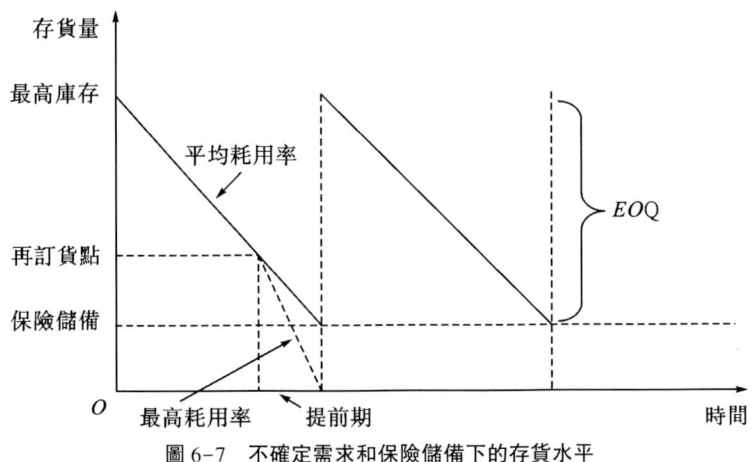

圖6-7　不確定需求和保險儲備下的存貨水平

企業應保持多少保險儲備才合適？這取決於存貨中斷的概率和存貨中斷的損失。較高的保險儲備可降低缺貨損失，但也增加了存貨的儲存成本。因此，最佳的保險儲備應該是使缺貨損失和保險儲備的儲存成本之和達到最低。

【例6-14】假設某企業每年需外購零件3,600千克，該零件單價為10元，單位變動儲存成本為20元，一次訂貨成本為25元，單位缺貨成本100元，企業目前建立的保險儲備量是30千克。在交貨期內的需要量及其概率如表6-8所示。

表6-8　　　　　　　　外購零件在交貨期內的需要量及其概率

需要量（千克）	概率
50	0.10
60	0.20

表6-8(續)

需要量（千克）	概率
70	0.40
80	0.20
90	0.10

要求：
（1）計算最優經濟訂貨量和年最優訂貨次數。
（2）按企業目前的保險儲備標準，存貨水平為多少時應補充訂貨？
（3）判斷企業目前的保險儲備標準是否恰當。
（4）按合理保險儲備標準，企業的再訂貨點為多少？

解答：

（1）經濟訂貨批量 $=\sqrt{\dfrac{2\times 3,600\times 25}{20}}=95$（千克）

年最優訂貨次數 $=\dfrac{3,600}{95}=38$（次）

（2）交貨期內平均需求 $=50\times 0.1+60\times 0.2+70\times 0.4+80\times 0.2+90\times 0.1=70$（千克）

含有保險儲備的再訂貨點 $=70+30=100$（千克）

（3）

①設保險儲備為 0，再訂貨點 $=70+0=70$（千克）

缺貨量 $=(80-70)\times 0.2+(90-70)\times 0.1=4$（千克）

缺貨損失與保險儲備儲存成本之和 $=4\times 100\times 38+0\times 20=15,200$（元）

②設保險儲備 $=10$ 千克，再訂貨點 $=70+10=80$（千克）

缺貨量 $=(90-80)\times 0.1=1$（千克）

缺貨損失與保險儲備儲存成本之和 $=1\times 100\times 38+0\times 20=4,000$（元）

③設保險儲備 $=20$ 千克，再訂貨點 $=70+20=90$（千克）

缺貨量 $=0$（千克）

缺貨損失與保險儲備儲存成本之和 $=0\times 100\times 38+20\times 20=400$（元）

因此，合理的保險儲備為 20 千克，相關成本最小，目前的保險儲備過高，會加大儲存成本。

（4）按合理的保險儲備標準，企業再訂貨點 $=70+20=90$（千克）

四、存貨控製系統

存貨管理不僅需要各種模型幫助確定適當的存貨水平，還需要建立相應的存貨控製系統。傳統的存貨控製系統有定量控製系統和定時控製系統兩種。定量控製系統是指當存貨下降到一定存貨水平時即發出訂貨單，訂貨數量是固定的和事先決定的。定時控製系統是每隔一固定時期，無論現有存貨水平多少，即發出訂貨申請。這兩種系統都較簡單和易於理解，但不夠精確。現在許多大型企業都已採用了計算機存貨控製

系統。當存貨數據輸入計算機後，計算機即對這批貨物開始跟蹤。此後，每當有該貨物取出時，計算機就及時做出記錄並修正庫存餘額。當存貨下降到訂貨點時，計算機自動發出訂單，並在收到訂貨時記下所有的庫存量。計算機系統能對大量種類的存貨進行有效管理，這也是為什麼大型企業願意採用這種系統的原因之一。對於大型企業，其存貨種類數以十萬計，要使用人力及傳統方法來對如此眾多的庫存進行有效管理，及時調整存貨水平，避免出現缺貨或浪費現象簡直是不可能的，但計算機系統對此能做出迅速有效的反應。

伴隨著業務流程重組的興起以及計算機行業的發展，存貨管理系統也得到了很大的發展。從 MRP（物料資源規劃）發展到 MRP-Ⅱ（製造資源規劃），再到 ERP（企業資源規劃）以及後來的柔性製造和供應鏈管理，甚至是外包等管理方法的快速發展，都大大地提高了企業存貨管理方法的發展。這些新的生產方式把信息技術革命和管理進步融為一體，提高了企業的整體運作效率。下面對兩個典型的存貨控製系統進行介紹。

（一）ABC 控製系統

ABC 控製法就是把企業種類繁多的存貨，依據其重要程度、價值大小或者資金占用等標準分為三大類：A 類高價值存貨，品種數量約占整個存貨的 10%～15%，但價值約占全部存貨的 50%～70%；B 類中等價值存貨，品種數量約占全部存貨的 20%～25%，價值約占全部存貨的 15%～20%，C 類低價值存貨，品種數量多，約占整個存貨的 60%～70%，價值約占全部存貨的 10%～35%。針對不同類別的存貨分別採用不同的管理方法，A 類存貨應作為管理的重點，實行重點控製、嚴格管理；而對 B 類和 C 類存貨的重視程度則可依次降低，採取一般管理。

（二）適時制庫存量控製系統

適時制庫存量控製系統又稱零庫存管理、看板管理系統，最早是由豐田公司提出並將其應用於實踐的，是指製造企業事先和供應商和客戶協調好：只有當製造企業在生產過程中需要原料或零件時，供應商才會將原料或零件送來；每當產品生產出來就被客戶拉走。這樣製造企業的存貨持有水平就可以大大下降，企業的物資供應、生產和銷售形成連續的同步運動過程。顯然，適時制庫存量控製系統需要的是穩定而標準的生產程序以及誠信的供應商，否則任何一環出現差錯將導致整個生產線的停止。目前，已有越來越多的企業利用適時制庫存量控製系統減少甚至消除對存貨的需求，即實行零庫存管理，如沃爾瑪公司、豐田公司、海爾公司等。適時制庫存量控製系統進一步發展被應用於企業整個生產管理過程中——集開發、生產、庫存和分銷於一體，大大提高了企業營運管理效率。

第五節　流動負債管理

一、短期借款

企業的借款通常按其流動性或償還時間的長短，劃分為短期借款和長期借款。短期借款是指企業向銀行或其他金融機構借入的期限在 1 年以內（含 1 年）的各種借款。

目前中國短期借款按照目的和用途分為生產週轉借款、臨時借款、結算借款、票據貼現借款等。按照國際慣例，短期借款往往按償還方式不同分為一次性償還借款和分期償還借款；按利息支付方式不同分為收款法借款、貼現法借款和加息法借款；按有無擔保分為抵押借款和信用借款。

短期借款可以隨企業的需要安排，便於靈活使用，但其突出的缺點是短期內要歸還，並且可能會附帶很多附加條件。

(一) 短期借款的信用條件

銀行等金融機構對企業貸款時，通常會附帶一定的信用條件。短期借款所附帶的一些信用條件主要如下：

1. 信貸額度

信貸額度，即貸款限額，是借款企業與銀行在協議中規定的借款最高限額，信貸額度的期限通常是 1 年。一般情況下，在信貸額度內，企業可以隨時按需要支用借款。但是，銀行並不承擔必須支付全部信貸數額的義務。如果企業信譽惡化，即使在信貸額度內，企業也可能得不到借款。此時，銀行不會承擔法律責任。

2. 週轉信貸協議

週轉信貸協議是銀行具有法律義務地承諾提供不超過某一最高限額的貸款協定。在協定的有效期內，只要企業借款總額未超過最高限額，銀行必須滿足企業任何時候提出的借款要求。企業要享用週轉信貸協議，通常要對貸款限額的未使用部分付給銀行一筆承諾費用。

【例6-15】B 企業與銀行商定的週轉信貸額度為 5,000 萬元，年度內實際使用了 2,800 萬元，承諾費率為 0.5%。

要求：B 企業應當向銀行支付多少週轉信貸承諾費？

解答：

週轉信貸承諾費 = (5,000−2,800)×0.5% = 11 (萬元)

週轉信貸協議的有效期通常超過 1 年，但實際上貸款每幾個月發放一次，因此這種信貸具有短期和長期借款的雙重特點。

3. 補償性餘額

補償性餘額是銀行要求借款企業在銀行中保持按貸款限額或實際借用額一定比例 (通常為 10%~20%) 計算的最低存款餘額。對於銀行來說，補償性餘額有助於降低貸款風險，補償其可能遭受的風險；對借款企業來說，補償性餘額則提高了借款的實際利率，加重了企業負擔。

【例6-16】C 企業向銀行借款 800 萬元，利率為 6%，銀行要求保留 10% 的補償性餘額，則 C 企業實際可動用的貸款為 720 萬元。

要求：計算該借款的實際利率。

解答：

$$借款實際利率 = \frac{800 \times 6\%}{800 \times (1-10\%)} = \frac{6\%}{1-10\%} = 6.67\%$$

4. 借款抵押

為了降低風險，銀行發放貸款時往往需要有抵押品擔保。短期借款的抵押品主要

有應收帳款、存貨、應收票據、債券等。銀行將根據抵押品面值的 30%～90% 發放貸款，具體比例取決於抵押品的變現能力和銀行對風險的態度。

5. 償還條件

貸款的償還有到期一次償還和在貸款期內定期（每月、每季）等額償還兩種方法。一般來講，企業不希望採用后一種償還方式，因為這會提高借款的實際年利率；而銀行不希望採用前一種償還方式，因為這會加重企業的財務負擔，增加企業的拒付風險，同時會降低實際貸款利率。

6. 其他承諾

銀行有時還要求企業為取得貸款而做出其他承諾，如及時提供財務報表、保持適當的財務水平（如特定的流動比率）等。如果企業違背做出的承諾，銀行可要求企業立即償還全部貸款。

(二) 短期借款的成本

短期借款的成本主要包括利息、手續費等。短期借款的成本的高低主要取決於貸款利率的高低和利息的支付方式。短期貸款利息的支付方式有收款法、貼現法和加息法三種，付息方式不同，短期借款成本計算也有所不同。

1. 收款法

收款法是在借款到期時向銀行支付利息的方法。銀行向企業貸款一般都採用這種方法收取利息。採用收款法時，短期貸款的實際利率就是名義利率。

2. 貼現法

貼現法又稱折價法，是指銀行向企業發放貸款時，先從本金中扣除利息部分，到期時借款企業償還全部貸款本金的一種利息支付方法。在這種利息支付方式下，企業可以利用的貸款只是本金減去利息部分后的差額，因此貸款的實際利率要高於名義利率。

【例 6-17】D 企業從銀行取得借款 200 萬元，期限 1 年，利率 6%，利息 12 萬元。按貼現法付息，D 企業實際可動用的貸款為 188 萬元。

要求：計算該借款的實際利率。

解答：

借款實際利率 $= \dfrac{200 \times 6\%}{200 \times (1-6\%)} = \dfrac{6\%}{1-6\%} = 6.38\%$

3. 加息法

加息法是銀行發放分期等額償還貸時採用的利息收取方法。在分期等額償還貸款情況下，銀行將根據名義利率計算的利息加到貸款本金上，計算出貸款的本息和，要求企業在貸款期內分期償還本息之和的金額。由於貸款本金分期均衡償還，借款企業實際上只平均使用了貸款本金的一半，卻支付了全額利息。這樣企業所負擔的實際利率便要高於名義利率大約 1 倍。

【例 6-18】E 企業借入（名義）年利率為 12% 的貸款 20,000 元，分 12 個月等額償還本息。

要求：計算該項借款的實際年利率。

解答：

$$實際年利率 = \frac{20,000 \times 12\%}{20,000/2} = 24\%$$

二、短期融資券

短期融資券是由企業依法發行的無擔保短期本票。在中國，短期融資券是指企業依照《銀行間債券市場非金融企業債務速效工具管理辦法》的條件和程序，在銀行間債券市場發行和交易並約定在一定期限內還本付息的有價證券，是企業籌措短期（1年以內）資金的直接融資方式。

(一) 發行短期融資券的相關規定

(1) 發行人為非金融企業，發行企業均應經過在中國境內工商註冊且具備債券評級能力的評級機構的信用評級，並將評級結果向銀行間債券市場公示。

(2) 發行和交易的對象是銀行間債券市場的機構投資者，不向社會公眾發行和交易。

(3) 融資券的發行由符合條件的金融機構承銷，企業不得自行銷售融資券，發行融資券的資金用於本企業的生產經營。

(4) 融資券採用實名記帳方式在中央國債登記結算有限責任公司（簡稱中央結算公司）登記託管，中央結算公司負責提供有關服務。

(5) 債務融資工具發行利率、發行價格和所涉費率以市場化方式確定，任何商業機構不得以詐欺、操縱市場等行為獲取不正當利益。

(二) 短期融資券的種類

按發行人分類，短期融資券分為金融企業的融資券和非金融企業的融資券。在中國，目前發行和交易的是非金融企業的融資券。

按發行方式分類，短期融資券分為經紀人承銷的融資券和直接銷售的融資券。非金融企業發行融資券一般採用間接承銷的方式進行，金融企業發行融資券一般採用直接發行方式進行。

(三) 短期融資券的籌資特點

(1) 短期融資券的籌資成本較低。相對於發行企業債券籌資而言，發行短期融資券的籌資成本較低。

(2) 短期融資券籌資數額較大。相對於銀行借款籌資而言，短期融資券一次性的籌資數額比較大。

(3) 發行短期融資券的條件比較嚴格。必須具備一定的信用等級的實力強的企業，才能發行短期融資券籌資。

三、商業信用

商業信用是指企業在商品或勞務交易中，以延期付款或預收貨款方式進行購銷活動而形成的借貸關係，是企業之間的直接信用行為，也是企業短期資金的重要來源。商業信用產生於企業生產經營的商品、勞務交易之中，是一種自動性籌資。

(一) 商業信用的形式

1. 應付帳款

應付帳款是供應商給企業提供的一種商業信用。由於購買者往往在到貨一段時間后才付款，商業信用就成為企業短期資金來源。例如，企業規定對所有帳單均見票后若干日才付款，商業信用就成為隨生產週轉而變化的一項內在的資金來源。當企業擴大生產規模，其進貨和應付帳款相應增長，商業信用就提供了增產需要的部分資金。

商業信用條件常包括以下兩種：第一，有信用期，但無現金折扣。如「N/30」表示30天內按發票金額全數支付。第二，有信用期和現金折扣，如「2/10，N/30」表示10天內付款享受現金折扣2%，若買方放棄折扣，30天內必須付清款項。供應商在信用條件中規定有現金折扣，目的主要在於加速資金回收，企業在決定是否享受現金折扣時，應仔細考慮。通常放棄現金折扣的信用成本是高昂的。

(1) 放棄現金折扣的信用成本。若買方企業購買貨物后在賣方規定的折扣期內付款，可以獲得免費信用，這種情況下企業沒有因為取得延期付款信用而付出代價。例如，某應付帳款規定付款信用條件為「2/10，N/30」，是指買方在10天內付款，可獲得2%的付款折扣；若在10~30天內付款，則無折扣；允許買方付款期限最長為30天。

$$放棄折扣的信用成本 = \frac{折扣百分比}{1-折扣百分比} \times \frac{360}{信用期-折扣期}$$

公式表明，放棄現金折扣的信用成本率與折扣百分比大小、折扣期長短和付款期長短有關係，與貨款額和折扣額沒有關係。企業在放棄折扣的情況下，推遲付款的時間越長，其信用成本便會越小，但展期信用的結果是企業信譽惡化導致信用度的嚴重下降，日後可能招致更加苛刻的信用條件。

【例6-19】某企業按「2/10，N/30」的付款條件購入貨物60萬元。如果企業在10天以后付款，便放棄了現金折扣1.2萬元（60×2%），信用額為58.8萬元（60-1.2）。放棄現金折扣的信用成本率為：

$$放棄折扣的信用成本 = \frac{2\%}{1-2\%} \times \frac{360}{30-10} = 36.73\%$$

(2) 放棄現金折扣的信用決策。企業放棄應付帳款現金折扣的原因，可能是企業資金暫時的缺乏，也可能是基於將應付的帳款用於臨時性短期投資，以獲得更高的投資收益。如果企業將應付帳款額用於短期投資，所獲得的投資報酬率高於放棄折扣的信用成本率，則應當放棄現金折扣。

【例6-20】某公司採購一批材料，供應商報價為10,000元，付款條件為「3/10、2.5/30、1.8/50、N/90」。目前，該企業用於支付帳款的資金需要在90天時才能週轉回來，在90天內付款，只能通過銀行借款解決。假設銀行利率為12%。

要求：

(1) 計算放棄折扣信用成本率，判斷是否應享受折扣。

(2) 確定該公司材料採購款的付款時間和價格。

解答：

（1）

放棄第 10 天付款折扣的信用成本率 = $\frac{3\%}{1-3\%} \times \frac{360}{90-10} = 13.92\%$

放棄第 30 天付款折扣的信用成本率 = $\frac{2.5\%}{1-2.5\%} \times \frac{360}{90-30} = 15.38\%$

放棄第 50 天付款折扣的信用成本率 = $\frac{1.8\%}{1-1.8\%} \times \frac{360}{90-50} = 16.5\%$

初步結論：由於各種方案放棄折扣的信用成本率均高於借款利息率，因此要取得現金折扣，借入銀行借款以償還貨款。

（2）選擇付款方案：

第 10 天付款的折扣淨收益 = 第 10 天付款的折扣收益 − 提前支付貨款借款利息 = $(10,000 \times 3\%) - [(10,000-300) \times \frac{12\%}{360} \times (90-10)] = 300 - 258.67 = 41.33(元)$

第 30 天付款的折扣淨收益 = 第 30 天付款的折扣收益 − 提前支付貨款借款利息 = $(10,000 \times 2.5\%) - [(10,000-250) \times \frac{12\%}{360} \times (90-30)] = 250 - 195 = 55(元)$

第 50 天付款的折扣淨收益 = 第 50 天付款的折扣收益 − 提前支付貨款借款利息 = $(10,000 \times 1.8\%) - [(10,000-180) \times \frac{12\%}{360} \times (90-50)] = 180 - 130.93 = 49.07(元)$

根據以上計算結果，第 30 天付款是最佳方案，其淨收益最大。

【例 6-21】丙公司是一家汽車配件製造企業，近期的銷售量迅速增加。為滿足生產和銷售的需求，丙公司需要籌集資金 495,000 元用於增加存貨，占用期限為 30 天。現有以下三個可滿足資金需求的籌資方案：

方案 1：利用供應商提供的商業信用，選擇放棄現金折扣，信用條件為「2/10，N/40」。

方案 2：向銀行貸款，借款期限為 30 天，年利率為 8%。銀行要求的補償性金額為借款額的 20%。

方案 3：以貼現法向銀行借款，借款期限為 30 天，月利率為 1%。

要求：

（1）如果丙公司選擇方案 1，計算其放棄現金折扣的機會成本。

（2）如果丙公司選擇方案 2，為獲得 495,000 元的實際用款額，計算丙公司應借款總額和該筆借款的實際年利率。

（3）如果丙公司選擇方案 3，為獲得 495,000 元的實際用款額，計算丙公司應借款的總額和該筆借款的實際年利率。

（4）根據以上各方案的計算結果，為丙公司選擇最優籌資方案。

解答：

（1）放棄現金折扣的機會成本 = $\frac{2\%}{1-2\%} \times \frac{360}{40-10} = 24.49\%$

（2）應借款總額 $=\dfrac{495,000}{1-20\%}=618,750$（元）

借款的實際年利率 $=\dfrac{8\%}{1-20\%}=10\%$

（3）應借款總額 $=\dfrac{495,000}{1-1\%}=500,000$（元）

借款的實際月利率 $=\dfrac{1\%}{1-1\%}=1.01\%$

借款的實際年利率 $=1.01\%\times12=12.12\%$

（4）方案2的成本最小，應該選擇方案2。

2. 應付票據

應付票據是指企業在商品購銷活動和對工程價款進行結算中，因採用商業匯票結算方式而產生的商業信用。商業匯票是指由付款人或存款人（或承兌申請人）簽發，由承兌人承兌，並於到期日向收款人或被背書人支付款項的一種票據，包括商業承兌匯票和銀行承兌匯票。應付票據按是否帶息分為帶息應付票據和不帶息應付票據兩種。

3. 預收帳款

預收帳款是指銷貨單位按照合同和協議規定，在發出貨物之前向購貨單位先收取部分或全部貨款的信用行為。購買單位對於緊俏商品往往樂於採用這種購貨方式；銷貨方對於生產週期長、造價較高的商品，往往採用預收貨款方式銷貨，以緩和本企業資金占用過多的矛盾。

4. 應計未付款

應計未付款是企業在生產經營和利潤分配過程中已經計提但尚未以貨幣支付的款項。應計未付款主要包括應付職工薪酬、應交稅費、應付利潤或應付股利等。以應付職工薪酬為例，企業通常以半月或月為單位支付職工薪酬，在應付職工薪酬已計但未付的這段時間，就會形成應計未付款。它相當於職工給企業的一個信用。應交稅費、應付利潤或應付股利也有類似的性質。應計未付款隨著企業規模的擴大而增加，企業使用這些自然形成的資金無須付出任何代價。但企業不是總能控製這些款項，因為其支付是有一定時間的，企業不能總拖欠這些款項。因此，企業儘管可以充分利用應計未付款，但並不能控製這些帳目的水平。

（二）商業信用籌資的優缺點

1. 商業信用籌資的優點

（1）商業信用容易獲得。商業信用的載體是商品購銷行為，企業總有一批既有供需關係又有相互信用基礎的客戶，因此對大多數企業而言，應付帳款和預收帳款是自然的、持續的信貸形式。商業信用的提供方一般不會對企業的經營狀況和風險做出嚴格的考量，企業無需辦理像銀行借款那樣複雜的手續便可取得商業信用，有利於應對企業生產經營之急需。

（2）企業有較大的機動權，企業能夠根據需要，選擇決定籌資的金額大小和期限長短，同樣要比銀行借款等其他方式靈活得多。甚至如果在期限內不能付款或交貨時，企業一般還可以通過與客戶的協商，請求延長時限。

（3）商業信用籌資一般不需要擔保，也不會要求籌資企業用資產進行抵押。這樣在出現逾期付款或交貨的情況時，可以避免像銀行借款那樣面臨抵押資產被處置的風險，企業的生產經營能力在相當長的一段時間內不會受到限制。

2. 商業信用籌資的缺點

（1）商業信用籌資成本高。在附有現金折扣條件的應付帳款融資方式下，其籌資成本與銀行信用相比較高。

（2）容易惡化企業的信用水平。商業信用的期限短，還款壓力大，對企業現金流量管理的要求很高。如果長期和經常性地拖欠帳款，會造成企業的信譽惡化。

（3）受外部環境影響較大。商業信用籌資受外部環境影響較大，穩定性較差，即使不考慮機會成本，也是不能無限利用的。一是受商品市場的影響，如當求大於供時，賣方可能停止提供信用。二是受資金市場的影響，當市場資金供應緊張或有更好的投資方向時，商業信用籌資就可能遇到障礙。

本章小結

1. 流動資產投資策略（見表6-9）

表6-9　　　　　　　　　　　　流動資產投資策略

序號	種類	特點				
		流動資產與銷售收入比率	財務與經營風險	流動資產持有成本	流動資產短期成本	企業的收益水平
1	緊縮的流動資產投資策略	維持低水平	較高	較低	較高	較高
2	寬鬆的流動資產投資策略	維持高水平	較低	較高	較低	較低

2. 最佳現金持有量的確定（見表6-10）

表6-10　　　　　　　　　　　最佳現金持有量的確定

序號	模式	相關成本	計算公式
1	成本分析模式	管理成本	
		機會成本	
		短缺成本	
		最佳現金持有量下的現金相關成本＝min（管理成本＋機會成本＋短缺成本）	

表6-10(續)

序號	模式	相關成本	計算公式
2	存貨模式	交易成本	交易成本 $= \left(\dfrac{T}{C}\right) \times F$
		機會成本	機會成本 $= \left(\dfrac{C}{2}\right) \times K$
		最佳現金持有量 $= \sqrt{2TF/K}$	
3	隨機模式	轉換成本	
		機會成本	
		最佳現金持有量 $= \sqrt[3]{\dfrac{3b \times \delta^2}{4i}} + L$	

3. 5C信用評價系統（見表6-11）

表6-11　　　　　　　　　　　信用評價系統

序號	項目	含義	衡量
1	品質	品質是指個人申請人或公司申請人管理者的誠實和正直表現。這是5C中最主要的因素	通常要根據過去記錄結合現狀調查來進行分析
2	能力	能力是指經營能力	通常通過分析申請者的生產經營能力及獲利情況、管理制度是否健全、管理手段是否先進、產品生產銷售是否正常、在市場上有無競爭力、經營規模和經營實力是否逐年增長等來評估
3	資本	資本是指如果企業或個人當前的現金流不足以還債，其在短期和長期內可供使用的財務資源	調查瞭解企業資本規模和負債比率，反映企業資產或資本對負債的保障程度
4	抵押	抵押是指當公司或個人不能滿足還款條款時，可以用作債務擔保的資產或其他擔保物	分析擔保抵押手續是否齊備，抵押品的估值和出售有無問題，擔保人的信譽是否可靠等
5	條件	條件是指影響申請人還款能力和還款意願的經濟環境	對企業的經濟環境，包括企業發展前景、行業發展趨勢、市場需求變化等進行分析，預測其對企業經營效益的影響

4. 存貨成本（見表6-12）

表6-12　　　　　　　　　　　　　存貨成本

序號	種類			
1	取得成本	購置成本		購置成本 = D×U
		訂貨成本	固定訂貨成本（與訂貨次數無關）	訂貨成本 = $F_1 + \dfrac{D}{Q}K$
			變動訂貨成本（與訂貨次數相關）	
2	儲存成本	固定儲存成本	與存貨數量無關	儲存成本 = $F_2 + \dfrac{Q}{2} \times K_c$
		變動儲存成本	與存貨數量相關	
3	缺貨成本			

5. 存貨的 ABC 控製系統（見表6-13）

表6-13　　　　　　　　　　　存貨的 ABC 控製系統

序號	項目	特徵	管理方法
1	A 類	價值高，品種數量較少	實行重點控製、嚴格管理
2	B 類	價值一般，品種數量相對較多	對 B 類和 C 類庫存的重視程度可依次降低，採取一般管理
3	C 類	品種數量繁多，價值卻很小	

6. 信貸額度與週轉信貸協議的區別（見表6-14）

表6-14　　　　　　　　　　信貸額度與週轉信貸協議的區別

序號	條件	含義	需注意的問題
1	信貸額度	信貸額度，即貸款限額，是借款企業與銀行在協議中規定的借款最高限額，信貸額度的有效期限通常為 1 年	無法律效應，銀行並不承擔必須提供全部信貸數額的義務
2	週轉信貸協議	銀行具有法律義務地承諾提供不超過某一最高限額的貸款協定。週轉信貸協議的有效期常超過 1 年，但實際上貸款每幾個月發放一次，所以這種信貸具有短期和長期借款的雙重特點	(1) 有法律效應，銀行必須滿足企業不超過最高限額的借款； (2) 貸款限額未使用的部分，企業需要支付承諾費

7. 不同計息方式下短期借款的成本（見表6-15）

表6-15　　　　　　　　　不同計息方式下短期借款的成本

序號	付息方式	付息特點	含義	實際利率與名義利率的關係
1	收款法	利隨本清	借款到期時向銀行支付利息	實際利率＝名義利率
2	貼現法（折價法）	預扣利息	銀行向企業發放貸款時，先從本金中扣除利息，而到期時借款企業再償還全部本金的方法	實際利率＞名義利率
3	加息法	分期等額償還本息	銀行發放分期等額償還貸款時採用的利息收取方法	實際利率＝名義利率

第七章 利潤分配管理

案例導入

多舉措引導現金分紅 深市上市公司分紅占比已超七成①

在監管部門多舉措引導下，深圳證券市場（以下簡稱深市）上市公司現金分紅情況持續改善，現金分紅占淨利潤比例和家數逐年上升。統計數據顯示，2013—2015 年，深市公司三年累計實現現金分紅達 3,910.82 億元，分紅家數占上市公司總數 70%以上。

現金分紅是上市公司投資者獲得回報的主要方式之一，也是培育投資者長期投資理念和增強資本市場吸引力的重要途徑。繼 2013 年證監會發布《上市公司監管指引第 3 號——上市公司現金分紅》之后，2015 年證監會、財政部、國資委等又聯合下發通知，積極鼓勵上市公司現金分紅。深圳證券交易所（以下簡稱深交所）積極落實證監會及各部委的各項措施，在《上市公司規範運作指引》中規範和引導上市公司現金分紅，強化上市公司回報股東的意識。

深交所歷來重視引導和規範上市公司現金分紅，目前已取得顯著成效。統計數據顯示，2013—2015 年，深市上市公司現金分紅情況持續改善，現金分紅總額、現金分紅占淨利潤比例和現金分紅均值逐年上升。其中，現金分紅總額分別為 927.38 億元、1,110.78 億元和 1,532.16 億元，現金分紅占淨利潤比例平均分別為 30.51%、32.31%和 36.39%，現金分紅均值分別為 0.78 億元、0.93 億元和 1.25 億元。

期間湧現了一批現金分紅持續、穩定的上市公司。其中，共計 915 家上市公司連續三年現金分紅，占深市上市公司 50%以上；236 家上市公司現金分紅占淨利潤比例大於 30%，60 家上市公司現金分紅占淨利潤比例大於 50%。深赤灣、瀘州老窖連續 10 年現金分紅占淨利潤比例超過 50%，萬科自上市以來每年均進行現金分紅，累計分紅 268.93 億元，占累計實現淨利潤的 19.90%。

深市上市公司現金分紅表現出較為明顯的板塊與行業差異化特徵。從板塊看，以 2015 年為例，中小板、創業板上市公司完成現金分紅的公司家數占比較高，主板上市公司則在現金分紅總額、現金分紅均值與現金分紅占淨利潤比例上表現突出。深市主板上市公司三年累計現金分紅總額超過股權融資總額，與此同時，中小板、創業板上市公司平均分紅金額也呈現逐年上升的趨勢。這反映出市場已培育出一批成熟度較高的藍籌企業，雖然中小企業、創新企業多處於成長期，對資金需求量大，但仍表現出

---

① 多舉措引導現金分紅 深市上市公司分紅占比已超七成 [EB/OL]. (2017-03-24) [2017-07-26]. http://www.szse.cn/main/aboutus/bsyw/39769940.shtml.

較強的現金分紅意願。從行業看，家用電器、房地產、非銀行金融機構、食品飲料、醫藥生物五大行業現金分紅總額位居前列，合計 763.13 億元，占深市分紅總額的 49.81%。其中，格力電器和美的集團近三年現金分紅總額占深市家電全行業和深市比重分別為 74% 和 8.4%；有色金屬、建築材料、食品飲料、家用電器、機械設備行業現金分紅占淨利潤比例位居前列；金融行業分紅均值最高，家用電器、食品飲料、房地產緊隨其後。

年報披露期歷來是上市公司分紅的重要窗口。截至 2017 年 3 月 24 日，深市已有 405 家上市公司公布了利潤分配預案，343 家上市公司進行現金分紅。其中，平安銀行、晨鳴紙業、雙匯發展、溫氏股份現金分紅金額超過 10 億元。另外，一些公司分紅金額大幅增長，如正海磁材、常寶股份和三花智控 2017 年現金分紅金額較 2016 年分別增長 451%、400% 和 200%。

深交所相關負責人表示，深交所將以信息披露為抓手，繼續推動和規範上市公司現金分紅，同時強化對不分紅、少分紅以及通過「高送轉」題材進行市場炒作等違規行為的監管，通過市場傳導機制，進一步優化資本市場資源配置，實現上市公司、投資者和市場各方的共贏。

思考：企業利潤分配方式有哪些？闡述各自的優缺點。

第一節　利潤及其分配

一、利潤分配的項目

（一）企業虧損的彌補

企業的營業收入減去營業成本、費用、稅金，再減去財務費用、管理費用，加上投資淨收益，加上（或減去）營業外收支淨額以後，如果計算的結果小於 0，即利潤總額為負數，為企業虧損。出現虧損以後，企業應認真分析原因，採取切實有效的措施，對症下藥，盡快扭虧為盈。

企業經營中發生的虧損應當彌補。按中國財務和稅務制度的規定，企業年度虧損，可以由下一年度的稅前利潤彌補，下一年度稅前利潤尚不足以彌補的，可以由以後年度的利潤繼續彌補，但用稅前利潤彌補以前年度虧損的連續期限最多不得超過 5 年。

稅前利潤未能彌補的虧損，只能由企業稅後利潤彌補。稅後利潤彌補虧損的資金一是企業的未分配利潤，即先用可向股東分紅的資金彌補虧損，在累計虧損未得到彌補前，企業是不能也不應當分配股利的；稅後利潤彌補虧損的另一資金是公積金，即當企業的虧損數額較大，用未分配利潤尚不足以彌補時，經企業股東會議決議，可以用提存的盈餘公積金彌補虧損。企業未清算前，註冊資本和資本公積金是不能用於彌補虧損的。

（二）盈餘公積金

盈餘公積金是企業從稅後利潤中提取的累積資金，是企業用於防範和抵禦風險以

及補充資本的重要資金來源。公積金從性質上屬於企業的所有者權益。盈餘公積金包括法定盈餘公積金和任意盈餘公積金兩種。任意盈餘公積金是企業為了滿足經營管理的需要，在計提法定盈餘公積金和公益金以後，按照企業章程或股東會議決議提取的公積金，股份有限公司的任意盈餘公積金應在支付優先股股利之後提取，其提取比例或金額由股東會議確定。企業提取的公積金主要可以用於以下幾個方面：

1. 用於彌補企業的虧損

企業以前年度的虧損按稅法規定不能用稅前利潤彌補時，可用稅後利潤彌補，也可用公積金來彌補。在彌補完虧損以後，如果當年利潤以及以前年度累計未分配利潤不夠分配股利時，經股東會議決定也可以用公積金向股東支付股利，但支付股利後企業法定盈餘公積金不能低於企業註冊資本的25%。

2. 用於增加企業註冊資本

企業的公積金經股東大會特別決議通過后，也可以用於增加企業的註冊資本，但增加註冊資本之後，法定盈餘公積金不得低於企業註冊資本的25%。

(三) 公益金

公益金是企業在稅後利潤中計提的用於企業職工集體福利的資金。企業的公益金應該在提取法定盈餘公積金以後、支付優先股股利之前計提，其提取比例或金額一般按照稅後利潤扣除彌補以前年度虧損后的5%~10%來提取。

公益金的性質也屬於所有者權益，但是其不能用於彌補虧損和增加註冊資本，而只能用於購置或建造企業職工宿舍、食堂、浴室、醫務室等。購置或建造后形成的資產仍為企業所有，職工對這些設備或設施只有使用權而沒有所有權，這和從成本或費用中計提的職工福利費是有一定區別的。職工福利費在計提后形成企業的負債，減少企業的淨資產，全部職工福利費最終都要用於職工。

(四) 向投資者分配利潤

企業向投資者分配利潤，又稱分配紅利，是利潤分配的主要階段。企業在彌補虧損、提取盈餘公積金和公益金以後才能向投資者分配利潤。在通常情況下，企業當年如無利潤，就不能進行利潤分配。但如前所述，企業在虧損彌補后仍可以動用一部分公積金分配紅利。分配紅利的數量應根據企業的盈利狀況確定，一般由企業董事會提出方案，股東會議表決通過。股份有限公司發行在外的股票一般包括優先股和普通股，優先股和普通股在分配股利的順序上是不一樣的，優先股先於普通股分配取得股利。

二、利潤分配的一般程序

按照中國《公司法》等法律法規的規定，企業當年實現的利潤總額，應當按照國家的有關規定做出相應調整后，依法繳納所得稅，然後按規定進行分配。

(一) 非股份制企業的利潤分配程序

(1) 彌補被沒收的財物損失，支付各項稅收滯納金和罰款。

(2) 彌補以前年度虧損，該虧損是指超過用所得稅前的利潤彌補虧損的法定期限后仍未補足的虧損。

(3) 提取法定盈餘公積金。

(4) 提取公益金。

(5) 向投資者分配利潤。淨利潤扣除上述項目后，再加上以前年度未分配利潤，即為可供投資者分配的利潤。

(二) 股份制企業的利潤分配程序
(1) 彌補被沒收的財物損失，支付各項稅收滯納金和罰款。
(2) 彌補以前年度虧損，該虧損是指超過用所得稅前的利潤彌補虧損的法定期限后仍未補足的虧損。
(3) 提取法定盈餘公積金。
(4) 提取公益金。
(5) 支付優先股股利。
(6) 提取任意盈餘公積金。
(7) 支付普通股股利。

股份有限公司利潤分配順序的特點是明確任意盈餘公積金的提取順序，即在分配優先股股利之後，在分配普通股股利之前；向投資者分配利潤時，先向優先股股東分配利潤，然后向普通股股東分配利潤。

三、利潤分配的制約因素

企業利潤分配涉及企業相關各方的切身利益，受眾多不確定因素的影響，在確定分配政策時，應當考慮各種相關因素的影響，主要包括法律因素、公司因素、股東因素及其他因素。

(一) 法律因素
為了保護債權人和股東的利益，法律法規就公司的利潤分配做出了如下規定：

1. 資本保全約束

公司不能用資本（包括實收資本或股本和資本公積）發放股利，目的在於維持企業資本的完整性，防止企業任意減少資本結構中所有者權益的比例，保護企業完整的產權基礎，保障債權人的利益。

2. 資本累積約束

公司必須按照一定的比例和基數提取各種公積金，股利只能從公司的可供分配利潤中支付。此處可供分配利潤包含公司當期的淨利潤按照規定提取各種公積金后的餘額和以前累積的未分配利潤。另外，在進行利潤分配時，一般應當貫徹「無利不分」的原則，即當企業出現年度虧損時，一般不進行利潤分配。

3. 超額累積利潤約束

由於資本利得與股利收入的稅率不一致，如果公司為了股東避稅而使得盈餘的保留大大超過了公司目前及未來的投資需要時，將被加徵額外稅款。

4. 償債能力約束

償債能力是企業按時、足額償付各種到期債務的能力。如果當期沒有足夠的現金派發股利，則不能保證企業在短期債務到期時有足夠的償債能力，這就要求公司考慮現金股利分配對償債能力的影響，確定在分配后仍能保持較強的償債能力，以維持公司的信譽和借貸能力，從而保證公司的正常資金週轉。

（二）公司因素

公司基於短期經營和發期發展的考慮，在確定利潤分配政策時，需要考慮以下因素：

1. 現金流量

由於會計規範的要求和核算方法的選擇，公司的盈餘與現金流量並非完全同步，淨收入的增加不一定意味著可供分配現金流量的增加。公司在進行利潤分配時，要保證正常經營活動對現金的需求，以維持資金的正常週轉，使生產經營得以有序進行。

2. 資產的流動性

公司現金股利的支付會減少其現金持有量，降低資產的流動性，而保持一定的資產流動性是公司正常運轉的必備條件。

3. 盈餘的穩定性

公司的利潤分配政策在很大程度上會受盈利穩定性的影響。一般來說，公司盈利越穩定，其股利支付水平也就越高。對於盈利不穩定的公司，可以採用低股利政策。

4. 投資機會

如果公司的投資機會多，對資金的需求量大，那麼就很可能會考慮採用低股利支付水平的分配政策；相反，如果公司的投資機會少，對資金的需求量小，那麼就很可能傾向於採用較高的股利支付水平。此外，如果公司將留存收益用於再投資所得的報酬低於股東個人單獨將股利收入投資於其他投資機會所得的報酬時，公司就不應多留留存收益，而應多發放股利，這樣有利於股東價值的最大化。

5. 籌資因素

如果公司有較強的籌資能力，隨時能籌集到所需資金，那麼會具有較強的股利支付能力。另外，留存收益是公司內部籌資的一種重要方式，同發行新股或舉債相比，不需花費籌資費用，同時增加了公司權益資本的比重，降低了財務風險，有利於低成本取得債務資本。

6. 其他因素

由於股利的信號傳遞作用，公司不宜經常改變其利潤分配政策，應保持一定的連續性和穩定性。此外，利潤分配政策還會受其他因素的影響，如不同發展階段、不同行業的公司股利支付比例會有差異，這就要求公司在進行政策選擇時要考慮發展階段以及所處行業狀況。

（三）股東因素

股東在控製權、收入和稅負方面的考慮也會對公司的利潤分配政策產生影響。

1. 控製權

現有股東往往將股利政策作為維持其控製地位的工具。公司支付較高的股利導致其留存收益減少，當公司為有利可圖的投資機會籌集所需資金時，發行新股的可能性增大，新股東的加入必然稀釋現有股東控製權。因此，股東會傾向於較低的股利支付水平，以便從內部留存收益中取得所需的資金。

2. 穩定的收入

如果股東依賴現金股利維持生活，其往往要求公司能夠支付穩定的股利，而反對留存過多的利潤。還有一些股東認為，通過增加留存收益引起股價上漲而獲得的資本

利得是有風險的，目前的股利是確定的，即使是現在較少的股利，也強於未來的資本利得，因此其往往也要求較多的股利支付。

3. 避稅

政府對企業利潤徵收企業所得稅以後，還要對自然人股東徵收個人所得稅，股利收入的稅率要高於資本利得的稅率，一些高股利收入的股東出於避稅考慮，往往傾向於較低的股利支付水平。

(四) 其他因素

1. 債務契約

一般來說，股利支付水平越高，留存收益越少，公司的破產風險加大，就越有可能損害債權人的利益。因此，為了保證自己的利益不受侵害，債權人通常都會在債務契約、租賃合同中加入關於借款公司股利政策的限制條款。

2. 通貨膨脹

通貨膨脹會帶來貨幣購買力水平的下降，導致固定資產重置資金不足。此時，公司往往不得不考慮留用一定的利潤，以便彌補由於購買力下降而造成的固定資產重置資金缺口。因此，在通貨膨脹時期，公司一般會採取偏緊的利潤分配政策。

第二節　股利形式與股利支付程序

一、股利形式

股份公司分派股利的形式有現金股利、股票股利、財產股利和負債股利等。現金股利和股票股利是中國的企業和世界上大多數國家的企業的股利發放的主要形式。

(一) 現金股利

現金股利是股份公司以現金的形式發放給股東的股利。這是最常用的股利分派形式。採用這種形式時，企業必須具備兩個基本條件：一是企業要有足夠的未指明用途的留存收益；二是企業要有足夠的現金。現金股利發放的多少主要取決於企業的股利政策和經營業績。有的股東希望企業發放較多的現金股利，而有的股東則不願意企業發放過多的現金股利。現金股利的發放會對股票價格產生直接影響，在股票除息日之後，一般來說股票價格會下跌。

(二) 股票股利

股票股利是企業將應分配給股東的股利以股票的形式發放，一般都按現有股東持有股份的比例來分派，對於不滿一股的股利，則仍採用現金來分派。企業可以用於發放股票股利的，除了當年的可供分配利潤外，還有盈餘公積金和資本公積金。發放股票股利時，一般先將股東大會決定用於分配的資本公積金、盈餘公積金和可供分配利潤轉成股本，再通過中央結算登記系統按比例增加各個股東的持股數量。股票股利的發放並沒有改變企業帳面的股東權益總額，同時也沒有改變股東的持股結構，但是會增加市場上流通的股票數量。因此，企業發放股票股利會使股票價格相應下降。一般來說，如果不考慮股票市價波動，發放股票股利後的股票價格，應當按發放股票股利

的比例而成比例下降。例如，某上市公司發放股利前的股利為每股 18 元，如果該公司決定按照 10 股送 2 股的比例發放股票股利，則該公司的股票在除權日之後的市場價格應降至每股 15 元。可見，分配股票股利，一方面擴張了股本，另一方面起到股票分割的作用。高速成長的企業可以利用分配股票股利的方式來進行股票分割，以使股價保持在一個合理的水平上，避免因股價過高而使投資者減少。

對於企業來說，分配股票股利不會增加其現金流出量。應當注意的是，一直實行穩定股利政策的企業，因發放股票股利而擴張了股本，如果以後繼續維持原有的股利水平，勢必會增加未來的股利支付，這實際上向投資者暗示本企業的經營業績在今后將大幅度增長，從而會導致股價上漲。但是，如果不久後的事實未能兌現，該企業的每股利潤因股本擴張而被「攤薄」，這樣就可能導致股價下跌。對於股東來說，雖然分得股票股利沒有得到現金，但是如果發放股票股利之後，企業依然維持原有的固定股利水平，則股東在以後可以得到更多的股利收入，或者股票數量增加之後，股價並沒有成比例下降，這樣股東的財富會隨之增長。

(三) 財產股利

財產股利是指用現金以外的資產分派股利。

1. 實物股利

實物股利是指發給股東實物資產或實物產品，多用於採用額外股利的股利政策。這種方式不增加現金支出，只是減少企業的淨資產值，多用於現金支付能力不足的情況。

2. 證券股利

最常見的證券股利是以企業擁有的其他企業有價證券來發放股利。由於有價證券的流動性及安全性均較好，僅次於現金，股東願意接受。對企業來說，把有價證券作為股利發放給股東，既滿足股東獲得實際股利且股權不被稀釋的意願，又實質上保留了對其他公司的控製權。

(四) 負債股利

負債股利是指企業用自己的債權分給股東作為股利，股東又成了企業的債權人。這種方式使得企業資產總額不變，負債增加，淨資產減少。負債股利具體有企業發行的債券和企業開出的票據兩種方法。對股東來說，可以在將來的某個時間收到相應的貨幣，當然包括該債券或票據應有的利息；對於企業來說，保存了現有貨幣，但增加了支付利息的財務壓力。因此，負債股利只是企業已宣布並必須立即發放股利而現金不足時採用的一種權宜之策。

二、股利支付程序

股份公司分配股利必須遵循法定的程序，一般是先由董事會提出分配預案，然後提交股東大會決議通過才能進行分配。股東大會決議通過分配預案之後，要向股東宣布發放股利的方案，並確定股權登記日、除息日和股利發放日。這幾個日期對分配股利是非常重要的。

(一) 股利宣布日

股利宣布日就是股東大會決議通過並由董事會宣布發放股利的日期。在宣布分配

方案的同時，要公布股權登記日、除息日和股利發放日。通常股份公司都應當定期宣布發放股利，中國股份公司一般是1年發放一次或兩次股利，即在年末或年中分配。在西方國家，股利通常是按季度支付。

(二) 股權登記日

股權登記日是有權領取本期股利的股東資格登記截止日期。企業規定股權登記日是為了確定股東能否領取股利的日期界限，因為股票是經常流動的，所以確定這個日期是非常必要的。凡是在股權登記日這一天登記在冊的股東才有資格領取本期股利，而在這一天之後登記在冊的股東，即使是在股利發放日之前買到的股票，也無權領取本次分配的股利。先進的計算機系統為股權登記提供了極大的方便，一般在股權登記日營業結束額當天即可打印出股東名冊。

(三) 除息日

除息日是領取股利的權利與股票分離的日期。在除息日之前購買股票的股東才能領取本次股利，而在除息日當天或者以後購買股票的股東，則不能領取本次股利。由於失去了「收息」的權利，除息日的股票價格會下跌。除息日是股權登記的下一個交易日。

(四) 股利發放日

股利發放日也稱股利支付日或付息日，是將股利正式發放給股東的日期。在這一天，企業將股利通過郵寄、匯款等方式支付給股權登記日在冊的股東，計算機交易系統可以通過中央結算登記系統將股利直接打入股東資金帳戶，由股東向其證券代理商領取股利。

【例7-1】某上市公司於2017年4月10日公布2016年度的最后分紅方案，其公告如下：「2017年4月9日在北京召開的股東大會，通過了董事會關於每股分派0.15元的2016年股息分配方案。股權登記日為4月25日，除息日為4月26日，股東可在5月10日通過深圳證券交易所按交易方式領取股息。特此公告。」試做出該公司的股利支付程序示意圖。

解答：該公司的股利支付程序示意圖如圖7-1所示。

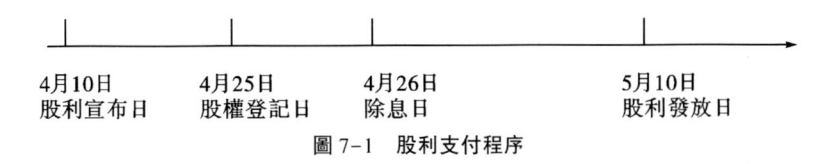

```
|——————————|——————————|——————————————————|————→
4月10日    4月25日    4月26日           5月10日
股利宣布日  股權登記日  除息日            股利發放日
```

圖7-1　股利支付程序

第三節　股利理論和股利政策

股利政策是關於公司是否發放股利、發放多少股利以及何時發放股利等方面的方針和策略。股利政策不僅會影響股東的利益，也會影響公司的正常營運及未來的發展。因此，制定恰當的股利政策就顯得極為重要。在股利分配對公司價值的影響這一問題上，存在不同觀點，主要有股利無關論與股利相關論。

一、股利理論

(一) 股利無關論

股利無關論認為股利分配對公司的市場價值（或股票價值）不會產生影響。這一理論建立在以下假定之上：第一，不存在個人或公司所得稅；第二，不存在股票的發行和交易費用（即不存在股票籌資費用）；第三，公司的投資決策與股利決策彼此獨立（即投資決策不受股利分配的影響）；第四，公司的投資者和管理當局可相同地獲得未來投資機會的信息。上述假定描述的是一種完美無缺的市場，因此股利無關論又被稱為完全市場理論。該理論是由美國財務學專家莫迪利安尼（Modigliani）和莫頓·米勒（Miller）於1961年在他們的著名論文《股利政策、增長和股票價值》中首先提出的，因此這一理論也被稱為MM理論。

MM理論認為：

1. 投資者並不關心公司股利分配情況

公司的股票價格完全由公司投資方案和獲利能力決定，而並非取決於公司的股利政策。在公司有比較好的投資機會的情況下，如果股利分配較少、留存利潤較多，公司的股票價格也會上升，投資者通過出售股票來換取現金；如果股利分配較多、留存利潤較少，投資者獲得現金後會尋求新的投資機會，而公司仍可以順利地籌集到新的資金。因此，股票價格與公司股利政策是無關的。

2. 股利支付比率不影響公司價值

既然投資者不關心股利的分配，公司的價值就完全由其投資政策及其股利能力決定，公司的利潤在股利和保留盈餘之間的分配並不影響公司價值，既不會使公司價值增加，也不會使公司價值降低（即使公司有理想的投資機會而又支付了高額股利，也可以募集新股，新投資者會認可公司的投資機會）。

(二) 股利相關論

股利相關論認為公司的股利分配對公司市場價值有影響。其代表性觀點主要如下：

1.「一鳥在手」理論

「一鳥在手」理論是股利相關理論之一，該理論的主要代表人物是戈登和林特納。這種觀點認為，投資者是風險規避性的，由於股票價格波動比較大，在投資者的眼裡，股利收益比留存收益再投資帶來的資本利得更可靠，他們寧願選擇現期收到較少的股利，也不願意為未來可能得到的更多股利承擔太大風險。

企業在經營過程中存在著諸多不確定性因素，股東會認為現實的現金股利要比未來的資本利得更為可靠，會更偏好於確定的股利收益。資本利得好像「林中之鳥」，雖然很多，但卻不一定抓得到。而現金股利則好像「一鳥在手」，是股東有把握按時、按量得到的現實收益。股東在對待股利分配政策態度上表現出來的這種寧願現在取得確定的股利收益，而不願將同等的資金放在未來價值不確定性投資上的態度偏好，被稱為「一鳥在手強於二鳥在林」。

根據「一鳥在手」理論體現的收益與風險的選擇偏好，股東更偏好於現金股利而非資本利得，傾向於選擇股利支付率最高的股票。「一鳥在手」理論具有相當的合理性，其結論為股票價格與股利支付率成正比，權益資本成本與股利支付率成反比。企

業應該採取高股利支付率的政策，使企業價值最大化。

2. 稅收差別理論

股利無關論中假設了不存在稅收，但在現實條件下，現金股利稅與資本利得稅不僅是存在的，而且會表現出差異性。稅收差別理論強調了稅收在股利分配中對股東財富的重要作用。稅收差別理論主張：如果股利稅率比資本利得稅率高，投資者會對高股利收益率股票要求較高的必要報酬率。為了使資金成本降到最低，並使公司價值最大，應當採取低股利政策。

一般來說，出於保護和鼓勵資本市場投資的目的，會採用股利收益的稅率高於資本利得的稅率的差異稅率制度，致使股東會偏好資本利得而不是派發現金股利。即使股利與資本利得具有相同的稅率，股東在支付稅金的時間上也是存在差異的，股利收益納稅是在收取股利的當時，而資本利得納稅只是在股票出售時才發生，顯然繼續持有股票來延遲資本利得的納稅時間，可以體現遞延納稅的時間價值。

信息傳遞理論認為，資本利得所得稅與現金所得稅之間是存在差異的，理性投資者更傾向於通過推遲獲得資本收益而延遲納稅。

3. 信息傳遞理論

信息傳遞理論認為，股利實際上給投資者傳播了關於企業收益情況的信息，這一信息自然會反映在股票價格上，因此股利政策與股票價格是相關的。如果某一公司改變了長期以來比較穩定的股利政策，就等於給投資者傳遞了企業收益情況發生變化的信息，從而會影響到股票的價格。股利提高可能給投資者傳遞公司未來創造現金能力增強的信息，該公司的股票價格就會上漲；反之，股利下降可能給投資者傳遞公司經營狀況變壞的信息，該公司股票的價格就會下跌。

4. 代理理論

代理理論認為，股利政策有助於減緩管理者與股東之間的代理衝突，即股利政策是協調股東與管理者之間代理關係的一種約束機制。該理論認為，股利的支付能夠有效地降低代理成本。首先，股利的支付減少了管理者對自由現金流量的支配權，這在一定程度上可以抑制公司管理者的過度投資或在職消費行為，從而保護外部投資者的利益。其次，較多的現金股利發放，減少了內部融資，導致公司進入資本市場尋求外部融資，從而公司將接受資本市場更多的、更嚴格的監督，這樣便通過資本市場的監督減少了代理成本。因此，高水平的股利政策降低了企業的代理成本，但同時增加了外部融資成本，理想的股利政策應當使兩種成本之和最小。

二、股利政策

股利政策是股份制公司股利分配採取的方針策略。股利政策的核心問題是確定股利與留存利潤之間的比例關係，也即股利支付比率問題。

企業應該通過股利政策的制定與實施，實現以下目的：

第一，保障股東權益，平衡股東間的利益關係。公司股利政策必須通過創造實實在在的高效益回報給投資者，提高投資回報率。由於現代股份公司股權的分散性和股東的複雜性，股東可分為控股股東、關聯股東和零星股東。控股股東和關聯股東側重於公司的長遠發展，零星股東傾向於近期收益，如果分配政策僅限於滿足控股者和關

聯股東收益，則會使零星股東產生不滿，行使「用腳投票」的權利，使股價下跌，嚴重時將導致法律訴訟事件，影響公司聲譽。

第二，促進公司長期發展。股利政策的基本任務之一是要通過股利分配這條途徑，增強公司發展後勁，保證企業擴大再生產的進行，提供足夠的資金，促進公司長期穩定發展。

第三，穩定股票價格。一般而言，公司股票在市場上股價過高或過低都不利於公司的正常經營和穩定發展。股價過低，必然影響公司聲譽，不利於今後增資擴股或負債經營，也可能引起被收購兼併事件；股價過高，影響股票流動性，並將留下股價急驟下降的隱患；股價時高時低，波動劇烈，將動搖投資者的信心。因此，保證股價穩定必然成為股利分配政策的目標。

以上三個方面既相聯繫，又相排斥，綜合反映了股利分配是收益、風險、權益的矛盾統一，說明了短期消費與長期發展的資金分配關係，也體現了公司、股東、市場以及公司內部需要與外部市場形象的制衡關係。綜合來說，就是要保證股東投資收益持續穩定增長，使企業未來的發展基礎紮實、資金雄厚。

股利政策受多種因素的影響，並且不同的股利分配政策也會對公司的股票價格產生不同的影響。因此，對於股份公司來說，制定一個正確的、合理的股利分配政策非常重要。長期以來，通過對股利分配政策實務的總結，常用的股利分配政策主要有以下幾種類型：

(一) 剩餘股利政策

剩餘股利政策是指企業在保證最佳資本結構的前提下，將可供分配的淨利潤首先滿足投資的需求，若有剩餘才用於分配股利。這是一種投資優先的股利政策。在制定股利政策時，企業的投資機會和資金成本是兩個重要的影響因素。在企業有良好的投資機會時，為了降低資金成本，企業通常會採用剩餘股利政策。採用剩餘股利政策的先決條件是企業必須有良好的投資機會，並且該投資機會的預計報酬率要高於股東要求的必要報酬率，這樣才能為股東所接受。

採用剩餘股利政策的企業是因為有良好的投資機會，投資者會對公司未來的獲利能力有較好的預期，因而其股票價格往往會上升。企業以留存利潤來滿足最佳資本結構下對權益資本的需要，不僅可以降低企業的資金成本，而且有利於提高企業經濟效益。但是，這種股利政策不會受到希望有穩定股利收入的投資者歡迎，如那些靠股利生活的退休者等，因為剩餘股利政策往往導致各期股利忽高忽低。實行剩餘股利政策，一般應按以下步驟來決定股利的分配額：

(1) 設定目標資本結構，在此資本結構下，公司的加權平均資本成本將達到最低水平。

(2) 確定公司的最佳資本預算，並根據公司的目標資本結構預計資金需求中所需增加的權益資本數額。

(3) 最大限度地使用留存收益來滿足資金需求中所需增加的權益資本數額。

(4) 留存收益在滿足公司權益資本增加的需求後，若還有剩餘，再用來向股東發放股利。

【例7-2】某公司2015年稅后淨利潤為1,000萬元，2016年的投資計劃需要資金

1,200萬元，該公司的目標資本結構為權益資本占60%，債務資本占40%。

要求：

（1）採用剩餘股利政策，該公司2015年度將要支付的股利為多少？

（2）假設該公司2015年流通在外的普通股為1,000萬股，那麼每股股利為多少？

解答：

（1）按照目標資本結構的要求，該公司投資方案所需的權益資本數額＝1,200×60%＝720（萬元）

（2）2015年該公司可以發放的股利＝1,000-720＝280（萬元）

2015年每股股利＝280÷1,000＝0.28（元/股）

剩餘股利政策的優點是留存收益優先滿足再投資的需要，有助於降低再投資的資金成本，保持最佳資本結構，實現企業價值的長期最大化。

剩餘股利政策的缺點是若完全遵照執行剩餘股利政策，股利發放額就會每年隨著投資機會和盈利水平的波動而波動。在盈利水平不變的前提下，股利發放額與投資機會的多少呈反方向變動；而在投資機會維持不變的情況下，股利發放額將與公司盈利呈同方向波動。剩餘股利政策不利於投資者安排收入與支出，也不利於公司樹立良好的形象，一般適用於公司初創階段。

（二）固定或穩定增長股利政策

固定或穩定增長股利政策是指公司將每年派發的股利額固定在某一特定水平或是在此基礎上維持某一固定比率逐年穩定增長速度。公司只有在確信未來盈餘不會發生逆轉時才會宣布實施固定或穩定增長的股利政策。在這一政策下，應首先確定股利分配額，而且該分配額一般不隨資金需求的波動而波動。

固定或穩定增長的股利政策的優點如下：

（1）穩定的股利向市場傳遞著公司正常發展的信息，有利於樹立公司的良好形象，增強投資者對公司的信心，穩定股票的價格。

（2）穩定的股利額有助於投資者安排股利收入和支出，有利於吸引那些打算進行長期投資並對股利有很高依賴性的股東。

（3）固定或穩定增長的股利政策可能會不符合剩餘股利理論，但考慮到股票市場會受到多種因素的影響（包括股東心理狀態和其他要求），為了將股利或股利增長率維持在穩定的水平上，即使推遲某些投資方案或暫時偏離目標資本結構，也可能比降低股利或股利的增長率更為有利。

固定或穩定增長的股利政策的缺點如下：

（1）股利支付與企業盈利相脫節，即不論公司盈利多少，均要支付固定的或按固定比率增長的股利，這可能會導致企業資金緊缺，財務狀況惡化。

（2）在企業無利可分的情況下，若依然實施固定或穩定增長的股利政策，也是違反《公司法》的行為。

因此，採用固定或穩定增長的股利政策，要求公司對未來的盈利和支付能力做出準確的判斷。一般來說，公司確定的固定股利額不宜太高，以免陷入無力支付的被動局面。固定或穩定增長的股利政策通常適用於經營比較穩定或正處於成長期的企業，

但很難被長期採用。

(三) 固定股利支付率政策

固定股利支付率政策是指公司將每年淨利潤的某一固定百分比作為股利分派給股東。這一百分比通常稱為股利支付率，股利支付率一經確定，一般不能隨意變更。在這一股利政策下，只要公司的稅後利潤一經計算確定，所派發的股利也就相應確定了。固定股利支付率越高，公司留存的淨利潤越少。

固定股利支付率政策的優點如下：

（1）採用固定股利支付率政策，股利與公司盈餘緊密配合，體現了多盈多分、少盈少分、不盈不分的股利分配原則。

（2）由於公司的獲利能力在年度間是經常變動的，因此每年的股利也應當隨著公司收益的變動而變動。採用固定股利支付率政策，公司每年按固定的比例從稅後利潤中支付現金股利。從公司支付能力的角度看，這是一種穩定的股利政策。

固定股利支付率政策的缺點如下：

（1）大多數公司每年的收益很難保持穩定不變，導致年度間的股利額波動較大，由於股利的信號傳遞作用，波動的股利很容易給投資者帶來經營狀況不穩定、投資風險較大的不良印象，成為影響股價的不利因素。

（2）容易使公司面臨較大的財務壓力。這是因為公司實現的盈利多，並不能代表公司有足夠的現金流來支付較多的股利額。

（3）合適的固定股利支付率的確定難度較大。

由於公司每年面臨的投資機會、籌資渠道都不同，而這些都可以影響公司的股利分派，因此一成不變地執行固定股利支付率政策的公司在實際中並不多見，固定股利支付率政策只是較適用於那些處於穩定發展且財務狀況也較穩定的公司。

【例7-3】A公司長期以來採用固定股利支付率政策進行股利分配，確定的股利支付率為30%。2016年，A公司稅后淨利潤為1,500萬元。

要求：

（1）如果A公司仍然繼續執行固定股利支付率政策，其2016年度將要支付的股利為多少？

（2）A公司下一年度有較大的投資需求，因此準備本年度採用剩餘股利政策。如果A公司下一年度的投資預算為2,000萬元，目標資本結構為權益資本占60%，A公司本年度將要支付的股利為多少？

解答：

（1）A公司2016年度可以發放的股利＝1,500×30%＝450（萬元）

（2）按照目標資本結構的要求，A公司投資方案所需的權益資本額＝2,000×60%＝1,200（萬元）

A公司2016年度可以發放的股利＝1,500-1,200＝300（萬元）

(四) 低正常股利加額外股利政策

低正常股利加額外股利政策是指公司事先設定一個較低的正常股利，每年除了按正常股利額向股東發放股利外，還在公司盈餘較多、資金較為充裕的年份向股東發放額外股利。但是，額外股利並不固定化，不意味著公司永久地提高了股利支付額。其

公式表示如下：

$Y = a + bX$

式中：

Y——每股股利；

X——每股收益；

a——低正常股利；

b——股利支付比率。

低正常股利加額外股利政策的優點如下：

（1）賦予公司較大的靈活性，使公司在股利發放上留有餘地，並具有較大的財務彈性。公司可根據每年的具體情況，選擇不同的股利發放水平，以穩定和提高股價，進而實現公司價值的最大化。

（2）使那些依靠股利度日的股東每年至少可以得到雖然較低但比較穩定的股利收入，從而吸引住這部分股東。

低正常股利加額外股利政策的缺點如下：

（1）由於年份之間公司盈利的波動使得額外股利不斷變化，分派的股利不同，容易給投資者造成公司收益不穩定的感覺。

（2）當公司在較長時間持續發放額外股利後，可能會被股東誤認為「正常股利」，一旦取消，傳遞出的信號可能會使股東認為這是公司財務狀態惡化的表現，進而導致股價下跌。

相對來說，對那些盈利隨著經濟週期而波動較大的公司或者盈利與現金流量很不穩定時，低正常股利加額外股利政策也許是一種不錯的選擇。

上面介紹的是企業股利分配實務中常用的幾種分配策略。其中，固定股利政策和低正常股利加額外股利政策是企業普遍採用的。企業在進行股利分配時，應充分考慮各種政策的優缺點和企業的實際情況，選擇合適的股利分配政策。

【例7-4】C公司成立於2014年1月1日，2014年度實現的淨利潤為1,000萬元，分配現金股利550萬元，提取盈餘公積450萬元（所提盈餘公積均已指定用途）。2015年，C公司實現的淨利潤為900萬元（不考慮計提法定盈餘公積的因素）。2016年，C公司計劃增加投資，所需資金為700萬元。假定C公司目標資本結構為自有資金占60%，借入資金占40%。

要求：

（1）在保持目標資本結構的前提下，計算2016年投資方案所需的自有資金額和需要從外部借入的資金額。

（2）在保持目標資本結構的前提下，如果C公司執行剩餘股利政策，計算其2015年度應分配的現金股利。

（3）在不考慮目標資本結構的前提下，如果C公司執行固定股利政策，計算其2015年度應分配的現金股利、可用於2016年投資的留存收益和需要額外籌集的資金額。

（4）在不考慮目標資本結構的前提下，如果C公司執行固定股利支付率政策，計算其股利支付率和2015年度應分配的現金股利。

（5）假定 C 公司 2016 年面臨著從外部籌資的困難，只能從內部籌資，不考慮目標資本結構，計算在此情況下 C 公司 2015 年度應分配的現金股利。

解答：

（1）2016 年投資方案所需的自有資金額 = 700×60% = 420（萬元）

2016 年投資方案所需從外部借入的資金額 = 700×40% = 280（萬元）

或者：2016 年投資方案所需從外部借入的資金額 = 700－420 = 280（萬元）

（2）在保持目標資本結構的前提下，執行剩餘股利政策。

2015 年度應分配的現金股利 = 淨利潤－2016 年投資方案所需的自有資金額
$$= 900－420 = 480（萬元）$$

（3）在不考慮目標資本結構的前提下，執行固定股利政策。

2015 年度應分配的現金股利 = 上年分配的現金股利 = 550（萬元）

可用於 2015 年投資的留存收益 = 900－550 = 350（萬元）

2016 年投資需要額外籌集的資金額 = 700－350 = 350（萬元）

（4）在不考慮目標資本結構的前提下，執行固定股利支付率政策。

C 公司的股利支付率 = 550/1,000×100% = 55%

2015 年度應分配的現金股利 = 900×55% = 495（萬元）

（5）因為 C 公司只能從內部籌資，所以 2016 年的投資需要從 2015 年的淨利潤中留存 700 萬元，2015 年度應分配的現金股利 = 900－700 = 200（萬元）

第四節　股票股利、股票分割、股票回購和股權激勵

一、股票股利

股票股利是公司以發放的股票作為股利的支付方式，中國在實務中通常也稱其為「紅股」。發放股票股利對公司來說，並沒有現金流出企業，也不會導致公司的財產減少，而只是將公司的未分配利潤轉化為股本和資本公積。但股票股利會增加流通在外的股票數量，同時降低股票的每股價值。股票股利不改變公司股東權益總額，但會改變股東權益的構成。

【例 7-5】D 公司在 2016 年發放股票股利前，其資產負債表上的股東權益帳戶情況如表 7-1 所示。

表 7-1　　　　D 公司發放股票股利前的股東權益帳戶　　　　單位：萬元

普通股（面值 1 元，發行在外 4,000 萬股）	4,000
資本公積	6,000
盈餘公積	4,000
未分配利潤	6,000
股東權益合計	20,000

假設 D 公司宣布發放 10% 的股票股利，即現有股東每持有 10 股可獲贈 1 股普

通股。

要求：

（1）若該股票當時市價為5元，股票股利按市價確定，計算D公司發放股票股利後的所有者權益各項目的數額。

（2）股東A在派發股票股利之前持有D公司普通股10萬股。計算在派發股票股利之後其股票數量和股份比例。

解答：

（1）D公司發放股票股利後的股東權益帳戶情況如表7-2所示。

表7-2　　　　　　　D公司發放股票股利後的股東權益帳戶　　　　　　單位：萬元

普通股（面值1元，發行在外4,400萬股）	4,400
資本公積	7,600
盈餘公積	4,000
未分配利潤	4,000
股東權益合計	20,000

（2）股東A在派發股票股利之後的股票數量＝10×(1+10%)＝11（萬股）

股東A在派發股票股利之後的股份比例＝11/4,400＝2.5%

可見，發放股票股利，不會對公司股東權益總額產生影響，但會引起資金在各股東權益項目間的再分配。而且股票股利派發前後每一位股東的持股比例也不會發生變化。需要說明的是，例題中股票股利以市價計算價格的做法，是很多西方國家通行的，但在中國，股票股利則是按照股票面值來計算的。

發放股票股利雖然並不直接增加股東的財富，也不增加公司的價值，但對股東和公司都有特殊意義。

對股東來說，股票股利的優點主要如下：

（1）理論上，派發股票股利後，每股市價會成反比例下降，但實務中這並非必然結果。因為市場和投資者普遍認為，發放股票股利往往預示著公司會有較大的發展和成長，這樣的信息傳遞會穩定股價或使股價下降比例減小甚至不降反升，股東可以獲得股票價值上升的好處。

（2）由於股利收入和資本利得稅率的差異，如果股東把股票股利出售，還會給其帶來資本利得納稅上的好處。

對公司來說，股票股利的優點主要如下：

（1）發放股票股利不需要向股東支付現金，在再投資機會較多的情況下，公司就可以為再投資提供成本較低的資金，從而有利於公司的發展。

（2）發放股票股利可以降低公司股票的市場價格，既有利於促進股票的交易和流通，又有利於吸引更多的投資者成為公司股東，進而使股權更分散，有效地防止公司被惡意控制。

（3）發放股票股利可以傳遞公司未來發展良好的信息，從而增強投資者的信心，在一定程度上穩定股票價格。

二、股票分割

股票分割又稱拆股，即將一股股票拆分成多股股票的行為。股票分割一般只會增加發行在外的股票總數，但不會對公司的資本結構產生任何影響。股票分割與股票股利非常相似，都是在不增加股東權益的情況下增加了股份的數量。所不同的是，股票股利雖然不會引起股東權益總額的改變，但股東權益的內部結構會發生變化，而股票分割後，股東權益總額及其內部結構都不會發生任何變化，變化的只是股票面值。

股票分割的作用如下：

第一，降低股票價格。股票分割會使每股市價降低，買賣該股票所需資金量減少，從而可以促進股票的流通和交易。流通性的提高和股東數量的增加，會在一定程度上加大對公司股票惡意收購的難度。此外，降低股票價格還可以為公司發行新股做準備，因為股價太高會使許多潛在投資者不敢輕易對公司股票進行投資。

第二，向市場和投資者傳遞「公司發展前景良好」的信號，有助於提高投資者對公司股票的信心。

【例 7-6】F 公司在 2016 年年末資產負債表上的股東權益帳戶情況如 7-3 所示。

表 7-3　　　　F 公司 2016 年年末資產負債表上的股東權益　　　　單位：萬元

普通股（面值 10 元，發行在外 2,000 萬股）	20,000
資本公積	20,000
盈餘公積	10,000
未分配利潤	16,000
股東權益合計	66,000

要求：

（1）假設股票市價為 20 元，F 公司宣布發放 10% 的股票股利，即現有股東每持有 10 股即可獲贈 1 股普通股。發放股票股利後，股東權益有何變化？每股淨資產是多少？

（2）假設 F 公司按照 1：2 的比例進行股票分割。股票分割後，股東權益有何變化？每股淨資產是多少？

解答：

（1）發放股票股利後股東權益情況如表 7-4 所示。

表 7-4　　　　F 公司 2016 年年末資產負債表上的股東權益
（發放股票股利後）　　　　單位：萬元

普通股（面值 10 元，發行在外 2,200 萬股）	22,000
資本公積	22,000
盈餘公積	10,000
未分配利潤	12,000
股東權益合計	66,000

發放股票股利後 F 公司每股淨資產 = 66,000÷(2,000+200) = 30（元/股）

(2) 股票分割後股東權益情況如表 7-5 所示。

表 7-5　　　　　F 公司 2016 年年末資產負債表上的股東權益
（股票分割後）　　　　　　　　　　　單位：萬元

普通股（面值5元，發行在外4,000萬股）	20,000
資本公積	20,000
盈餘公積	10,000
未分配利潤	16,000
股東權益合計	66,000

股票分割後 F 公司每股淨資產 = 66,000÷(2,000×2) = 16.5（元/股）

三、股票回購

（一）股票回購的含義及方式

股票回購是指上市公司出資將其發行在外的普通股以一定價格購買回來予以註銷或作為庫存股的一種資本運作方式。公司不得隨意收購本公司股份，只有滿足相關法律規定的情形才允許股票回購。

股票回購的方式主要包括公開市場回購、要約回購和協議回購三種。其中，公開市場回購是指公司在公開交易市場上以當前市價回購股票；要約回購是指公司在特定期間向股東發出的以高出當前市價的某一價格回購既定數量股票的要約，並根據要約內容進行回購；協議回購是指公司以協議價格直接向一個或幾個主要股東回購股票。

（二）股票回購的動機

在證券市場上，股票回購的動機主要有以下幾點：

（1）現金股利的替代。現金股利政策會對公司產生未來的派現壓力，而股票回購不會。當公司有富餘資金時，通過回購股東所持股票將現金分配給股東，這樣股東就可以根據自己的需要選擇繼續持有股票或出售股票獲得現金。

（2）改變公司的資本結構。無論是現金回購股票還是舉債回購股票，都會提高公司的財務槓桿水平，改變公司的資本結構。公司認為權益資本在資本結構中所占比例較大時，為了調整資本結構而進行股票回購，可以在一定程度上降低綜合資本成本。

（3）傳遞公司信息。由於信息不對稱和預期差異，證券市場上的公司股票價格可能被低估，而過低的股價將會對公司產生負面影響。一般情況下，投資者會認為股票回購意味著公司認為其股票價值被低估而採取的應對措施。

（4）基於控制權的考慮。控股股東為了保證其控制權不被改變，往往採取直接或間接方式回購股票，從而鞏固既有的控制權。另外，股票回購使流通在外的股份數變少，股價上升，從而可以有效地防止敵意收購。

（三）股票回購的影響

（1）股票回購需要大量資金支付回購成本，容易造成資金緊張，降低資產流動性，影響公司的后續發展。

（2）股票回購無異於股東退股和公司資本的減少，也可能會使公司的發起人股東

更注重創業利潤的實現，從而不僅在一定程度上削弱了對債權人利益的保護，而且忽視了公司的長遠發展，損害了公司的根本利益。

（3）股票回購容易導致公司操縱股價。公司回購自己的股票容易導致其利用內幕信息進行炒作，加劇公司行為的非規範化，損害投資者的利益。

四、股權激勵

隨著資本市場的發展和公司治理的完善，公司股權日益分散化，管理技術日益複雜化。為了合理激勵公司管理人員，創新激勵方式，一些大公司紛紛推行了股票期權等形式的股權激勵機制。股權激勵是一種通過經營者獲得公司股權形式給予企業經營者一定的經濟權利，使他們能夠以股東的身分參與企業決策、分享利潤、承擔風險，從而勤勉盡責地為公司的長期發展服務的一種激勵方法。現階段，股權激勵模式主要有股票期權模式、限制性股票模式、股票增值權模式、業績股票模式等。

（一）股票期權模式

股票期權是指股份公司賦予激勵對象（如經理人員）在未來某一特定日期內以預先確定的價格和條件購買公司一定數量股份的選擇權。持有這種權利的經理人可以按照特定價格購買公司一定數量的股票，也可以放棄購買股票的權利，但股票期權本身不可轉讓。

股票期權實質上是公司給予激勵對象的一種激勵報酬，但能否取得該報酬取決於以經理人為首的相關人員是否通過努力實現公司的目標。在行權期內，如果股價高於行權價格，激勵對象可以通過行權獲得市場價與行權價差帶來的收益，否則將放棄行權。《上市公司股權激勵管理辦法》對股票期權的規定為股票期權授權日與獲授股票期權首次可以行權日之間的間隔不得少於1年。股票期權的有效期從授權日計算不得超過10年。

股票期權模式的優點如下：

（1）能夠降低委託-代理成本，將經營者的報酬與公司的長期利益綁在一起，實現了經營者與企業所有者利益的高度一致，使兩者的利益緊密聯繫起來，並且有利於降低激勵成本。

（2）可以鎖定期權人的風險，由於經營者事先沒有支付成本或支付成本較低，如果行權時公司股票價格下跌，期權人可以放棄行權，幾乎沒有損失。

股票期權模式的缺點如下：

（1）影響現有股東的權益。激勵對象行權將會分散股權，改變公司的總資本和股本結構，會影響到現有股東的權益，可能導致產權和經濟糾紛。

（2）可能遭遇來自股票市場的風險。由於股票市場受較多不可控因素的影響，導致股票市場的價格具有不確定性，持續的牛市會產生「收入差距過大」的問題；當期權人行權但尚未售出購入的股票時，如果股價下跌至行權價之下，期權人又將同時承擔行權後納稅和股票跌破行權價的雙重損失的風險。

（3）可能帶來經營者的短期行為。由於股票期權的收益取決於行權日市場上的股票價格高於行權價格的差額，因而可能促使公司的經營者片面追求股價提升的短期行為，而放棄有利於公司發展的投資機會。

股票期權模式比較適合那些初始資本投入較少、資本增值較快、處於成長初期或擴張期的企業，如網路、高科技等風險較高的企業等。

(二) 限制性股票模式

限制性股票是指為了實現某一特定目標，公司先將一定數量的股票贈與或以較低價格售予激勵對象。只有當實現預定目標後，激勵對象才可將限制性股票拋售並從中獲利；若預定目標沒有實現，公司有權將免費贈與的限制性股票收回或者將售出股票以激勵對象購買時的價格回購。

由於只有達到限制性股票所規定的限制性期限時，持有人才能擁有實在的股票，因此在限制期間公司不需要支付現金對價，便能夠留住人才。但限制性股票缺乏一個能推動企業股價上漲的激勵機制，即在企業股價下跌的時候，激勵對象仍能獲得股份，這樣可能達不到激勵的效果，並使股東遭受損失。

對於處於成熟期的企業，由於其股價的上漲空間有限，因此採用限制性股票模式較為合適。

(三) 股票增值權模式

股票增值權模式是指公司授予經營者一種權利，如果經營者努力經營企業，在規定的期限內，公司股票價格上升或業績上升，經營者就可以按一定比例獲得這種由股價上升或業績提升所帶來的收益，收益為行權價與行權日二級市場股價之間的差價或淨資產的增值額。激勵對象不用為行權支付現金，行權後由公司支付現金、股票或者股票和現金的組合。

股票增值權模式比較易於操作，股票增值權持有人在行權時，直接兌現股票升值部分。這種模式審批程序簡單，無需解決股票來源問題。但由於激勵對象不能獲得真正意義上的股票，激勵效果相對較差。此外，公司方面需要提取獎勵基金，從而使公司的現金支付壓力較大。因此，股票增值權激勵模式較適合於現金流量比較充實且比較穩定的上市公司和現金流量比較充實的非上市公司。

(四) 業績股票激勵模式

業績股票激勵模式是指公司在年初確定一個合理的年度業績目標，如果激勵對象經過大量努力後，在年末實現了公司預定的年度業績目標，則公司給予激勵對象一定數量的股票，或獎勵其一定數量的獎金來購買此公司的股票。業績股票在鎖定一個年限以後才可以兌現。因此，這種激勵模式是根據被激勵者完成業績目標的情況，以普通股作為長期激勵形式支付給經營者的激勵機制。

業績股票激勵模式能夠激勵公司高管人員努力完成業績目標，激勵對象獲得激勵股票後便成為公司的股東，與原股東有了共同利益，會更加努力地去提升公司的業績，進而獲得因公司股價上漲帶來的更多收益。但由於公司的業績目標確定的科學性很難保證，容易導致公司高管人員為獲得業績股票而弄虛作假，同時激勵成本較高，可能造成公司支付現金的壓力。

業績股票激勵模式只對公司的業績目標進行考核，不要求股價的上漲，因此比較適合於業績穩定型的上市公司及其集團公司（子公司）。

本章小結

1. 利潤分配制約因素（見表7-6）

表7-6　　　　　　　　　　　　利潤分配制約因素

限制因素		說明
法律因素	資本保全約束	不能用資本（包括實收資本或股本和資本公積）發放股利。
	資本累積約束	規定公司必須按照一定的比例和基數提取各種公積金，股利只能從企業的可供分配利潤中支付。
	超額累積利潤約束	如果公司為了避稅而使得盈餘的保留大大超過了公司目前及未來的投資需要時，加徵額外的稅款。
	償債能力約束	要求公司考慮現金股利分配對償債能力的影響，確定在分配後仍能保持較強的償債能力，以維持公司的信譽和借貸能力，從而保證公司的正常資金週轉。
公司因素	現金流量	公司在進行利潤分配時，要保證正常的經營活動對現金的需求，以維持資金的正常週轉，使生產經營得以有序進行。
	資產的流動性	資產流動性較低的公司往往支付較低的股利。
	盈餘的穩定性	一般來講，公司的盈餘越穩定，其股利支付水平也就越高。
	投資機會	有良好投資機會的公司往往少發股利，缺乏良好投資機會的公司，傾向於支付較高的股利。此外，如果公司將留存收益用於再投資所得報酬低於股東個人單獨將股利收入投資於其他投資機會所得的報酬時，公司就不應多留存收益，而應多發股利。
	籌資因素	如果公司具有較強的籌資能力，隨時能籌集到所需資金，那麼它會具有較強的股利支付能力。
	舉債能力	具有較強的舉債能力的公司往往採取較寬鬆的股利政策，而舉債能力弱的公司往往採取較緊的股利政策。
	其他因素	不同發展階段、不同行業的公司股利支付比例會有差異。
股東因素	控制權	為防止控制權的稀釋，持有控股權的股東希望少募集權益資金，少分股利。
	穩定的收入	依靠股利維持生活的股東要求支付穩定的股利。
	避稅	高股利收入的股東出於避稅考慮，往往反對發放較多的股利。
其他因素	債務契約	如果債務合同限制股利支付，公司只能採取低股利政策。
	通貨膨脹	在通貨膨脹時期，企業一般會採取偏緊的利潤分配政策。

2. 股利形式（見表7-7）

表7-7　　　　　　　　　　　　股利形式

序號	形式	說明
1	現金股利	以現金支付的股利，是股利支付的最常見的方式。

表7-7(續)

序號	形式	說明
2	財產股利	以現金以外的其他資產支付的股利，主要是以公司所擁有的其他公司的有價證券，如債券、股票等，作為股利支付給股東。
3	負債股利	以負債方式支付的股利，通常以公司的應付票據支付給股東，有時也以發放公司債券的方式支付股利。
4	股票股利	以增發股票的方式支付的股利。

3. 股利相關論（見表7-8）

表 7-8　　　　　　　　　　股利相關論

序號	理論流派	主要觀點
1	「一鳥在手」理論	公司的股利政策與公司的股票價格是密切相關的，即當公司支付較高的股利時，公司的股票價格會隨之上升，公司的價值將得到提高。
2	稅收差別理論	由於普遍存在的稅率及納稅時間的差異，資本利得收入比股利收入更有助於實現收益最大化目標，公司應當採用低股利政策。
3	信息傳遞理論	在信息不對稱的情況下，公司可以通過股利政策向市場傳遞有關公司未來獲利能力的信息，從而會影響公司的股價。一般來講，預期未來獲利能力強的公司，往往願意通過相對較高的股利支付水平，把自己同預期盈利能力差的公司區別開來，以吸引更多的投資者。
4	代理理論	股利的支付能夠有效地降低代理成本。高水平的股利政策降低了企業的代理成本，但同時增加了外部融資成本，理想的股利政策應當使兩種成本之和最小。

4. 股利政策（見表7-9）

表 7-9　　　　　　　　　　股利政策

股利政策	剩餘股利政策	固定或穩定增長的股利政策	固定股利支付率政策	低正常股利加額外股利政策
內容	公司在有良好的投資機會時，根據目標資本結構，測算出投資所需的權益資本額，先從盈餘中留用，然後將剩餘的盈餘作為股利來分配。	公司將每年派發的股利額固定在某一特定水平或是在此基礎上維持某一固定比率逐年穩定增長。	公司將每年淨利潤的某一固定百分比作為股利分派給股東。這一百分比通常稱為股利支付率。	公司事先設定一個較低的正常股利額，每年除了按正常股利額向股東發放股利外，還在公司盈餘較多、資金較為充裕的年度向股東發放額外股利。
理論依據	MM 股利無關論	股利相關論	股利相關論	股利相關論

253

表7-9(續)

股利政策	剩餘股利政策	固定或穩定增長的股利政策	固定股利支付率政策	低正常股利加額外股利政策
優點	留存收益優先保證再投資的需要，有助於降低再投資的資金成本，保持最佳的資本結構，實現企業價值的長期最大化。	（1）有利於樹立公司的良好形象，增強投資者對公司的信心，穩定公司股票價格。 （2）有利於投資者安排收入與支出。	（1）股利支付與公司盈餘緊密地配合。 （2）公司每年按固定的比例從稅後利潤中支付現金股利，從企業支付能力的角度看這是一種穩定的股利政策。	（1）賦予公司較大的靈活性，使公司在股利發放上留有餘地，並具有較大的財務彈性。公司可根據每年的具體情況，選擇不同的股利發放水平，以穩定和提高股價，進而實現公司價值的最大化。 （2）使那些依靠股利度日的股東每年至少可以得到雖然較低但比較穩定的股利收入，從而吸引住這部分股東。
缺點	股利發放額每年隨投資機會和盈利水平的波動而波動，不利於投資者安排收入與支出，也不利於公司樹立良好的形象。	（1）股利支付與企業盈利相脫節，可能導致企業資金緊缺、財務狀況惡化。 （2）在企業無利可分的情況下，若依然實施固定或穩定增長的股利政策，違反《公司法》的行為。	（1）由收益不穩導致股利的波動所傳遞的信息，容易成為公司的不利因素。 （2）容易使公司面臨較大的財務壓力。 （3）合適的固定股利支付率的確定難度大。	（1）由於年份之間公司盈利的波動使得額外股利不斷變化，分派的股利不同，容易給投資者造成公司收益不穩定的感覺。 （2）當公司在較長時間持續發放額外股利後，可能會被股東誤認為「正常股利」，一旦取消，傳遞出的信號可能會使股東認為這是公司財務狀態惡化的表現，進而導致股價下跌。
適用範圍	一般適用於公司初創階段。		適用於那些處於穩定發展並且財務狀況也比較穩定的公司。	對那些盈利隨著經濟週期而波動較大的公司或者盈利與現金流量很不穩定時，低正常股利加額外股利政策也許是一種不錯的選擇。

5. 股票回購與股票分割、股票股利的比較（見表7-10）

表 7-10　　　　　　　　股票回購與股票分割、股票股利的比較

內容	股票回購	股票分割及股票股利
股票數量	減少	增加
每股市價	提高	降低
每股收益	提高	降低
資本結構	改變，提高財務槓桿水平	不影響
控制權	鞏固既定控制權或轉移公司控制權	不影響

6. 不同股權激勵模式的比較（見表 7-11）

表 7-11　　　　　　　　　　　不同股權激勵模式的比較

序號	股權激勵模式	推動企業股價 上漲的激勵機制	激勵對象是否 為行權支付現金	激勵對象 一定數量的股票
1	股票期權模式	有	是	
2	限制性股票模式	缺乏		預先得到股票，達到目標 才能拋售
3	股票增值權模式	有	否	
4	業績股票模式			達到目標才給予股票

第八章 預算管理

案例導入

中國黃金集團公司實施「全面預算管理系統」成功案例[①]

中國黃金集團公司（以下簡稱中國黃金）在管理提升活動中，始終把全面預算管理作為重點提升領域，多措並舉，狠抓落實，大力推動全面預算管理提升工作，助力中國黃金管控能力和管理水平的不斷提升。

一、明確思路，制定「一三一五」總體提升方案

中國黃金根據「短板瓶頸問題明確化、整改措施細緻化、工作任務具體化、時間目標定量化、保障措施重點化」的專項提升原則，在全面梳理現有全面預算制度、流程後，提出「一個目標、三大重點、一套模型、五項措施（『一三一五』）」的全面預算管理提升方案。「一個目標」就是集團戰略目標，全面預算是將集團戰略落實成可執行的年度計劃；「三大重點」就是全面預算以採掘計劃為起點、以現金流控製為核心、以成本管理為重點；「一套模型」就是運用信息化手段，建立量本利預算模型，啟動預算商談機製，實現預算指標確定的科學化、規範化；「五項措施」就是實施滾動分解、指標日報、月份評價、季度通報、年度考核的預算執行過程監管措施，實現預算管理的閉環。

二、立足自我，堅持符合集團實際的全面預算管理原則

中國黃金從實際出發，立足自我，在全面預算提升中確立了堅持戰略引領、堅持頂層設計、堅持協調統一、堅持實事就是、堅持高度協同的「五個堅持」的全面預算管理原則。

堅持戰略引領。戰略規劃是中國黃金資源配置的方向和目標，全面預算是戰略規劃在預算年度的具體分解，以各項生產、經營計劃的形式，在科學預測和決策的基礎上，對中國黃金預算年度內各種資源配置和經營行為所做的預期安排。

堅持頂層設計。全面預算工作服務於中國黃金的發展戰略，依據規劃，確定礦產總產量、利潤總額、年度投資規模和投資導向等主要預算指標；統籌預算管理制度、預算編制政策、預算報表格式，使預算工作協調一致；建立統一的預算評價體系，使企業之間處於公平預算環境。

堅持協調統一。中國黃金職能部門依職責分工，在預算管理委員會的領導下，擬定年度全面預算草案；跟蹤、分析執行情況，查找差異與原因，提出改進措施和建議；

[①] 中國黃金集團公司實施全面預算管理，提升集團管理能力 [EB/OL]. (2013-03-14) [2017-07-26]. http://www.chinagddgroup.com/4/n70/n349/n351/c24968/content.html.

對年度預算執行結果進行認定,並作為考核依據。各相關職能部門相互配合,各管理層級密切聯動,形成分工明確、責任清晰、高效配合的工作機制和責任機制,為全面預算管理工作提供有效的組織保障。

堅持實事求是。各部門要根據市場狀況及本單位的實際需要,合理確定本單位的預算額度。對預算編制過程中的收入、成本、費用等採取穩健謹慎的原則,確保以收定支,不得高報預算,編制的預算要具有可操作性。

堅持高度協同。中國黃金的預算工作始終堅持生產與經營工作高度協同。礦山企業以採掘計劃為預算編制的基礎,要求實現產能最大化、技術指標最優化、收入全面化的原則,最大限度發揮全面預算對生產經營工作的統領與指導作用。營銷、建設等企業以業務拓展計劃為預算編制的基礎。

三、科學為先,合理確定預算指標

預算指標是中國黃金年度各項工作的綱領,配以考核機制,對經營層和全體員工的收入有一定的影響。必須堅持科學為先,合理確定預算指標,才能確保使企業順利完成全年任務。

一是建立了預算指標確定模型,提高了預算指標確定過程的科學性、公開性與公平性。中國黃金對照國資委預算管理提升的要求,在充分瞭解本企業業務特點、核算流程基礎上,精心設計了以作業量為參數,以歷史成本為基礎,通過搭建嚴謹、科學的指標確定架構與流程,運用信息化手段,測算出預算指標的常規值,並通過審核、認定企業的增減變動因素,最終確定預算指標的模型。通過2013年預算工作的試行,有近50%的企業預算建議指標與企業實際完全符合,其他企業因生產組織、地質資源、外部經營環境等變化,經過差異分析,確定的預算指標,差異率基本上在10%左右,驗證了模型的可靠性和可操作性,節約預算審查工作的人力、物力,提高了預算工作的科學性。

二是深入現場的預算商談機制,保證預算指標客觀、準確、貼近企業實際。中國黃金擁有全資控股企業190家,分佈於多個省(區、市)以及部分海外地區,這種「點多面廣」的現實,給預算工作帶來一定的難度。為全面瞭解企業生產經營的現狀,使預算指標更貼近實際,中國黃金對所有礦山及冶煉企業全部進行面對面的溝通,有計劃地安排其中30%以上的企業進行現場審查,並深入生產一線進行有針對性的調研,充分瞭解企業的第一手資料,以便制定「一企一策」的預算實施方案。

思考:全面預算管理對企業財務管理有何意義?

第一節 預算管理概述

一、預算的特徵與分類

(一)預算的特徵

預算是企業在預測、決策的基礎上,以數量和金額的形式反映企業未來一定時期

內經營、投資、財務等活動的具體計劃，是為實現企業目標而對各種資源和企業活動做的詳細安排，預算是一種可據以執行和控製經濟活動的、最為具體的計劃，是對目標的具體化，是將企業活動導向預定目標的有力工具。

預算具有以下兩個特徵：

（1）預算與企業的戰略或目標保持一致，因為預算是為實現企業目標而對各種資源和企業活動做的詳細安排。

（2）預算是數量化的並具有可執行性，因為預算作為一種數量化的詳細計劃，是對未來活動的細緻、周密安排，是未來經營活動的依據。因此，數量化和可執行性是預算最主要的特徵。

(二) 預算的分類

1. 根據內容不同，企業預算可以分為業務預算（即經營預算）、專門決策預算和財務預算

業務預算是指與企業日常經營活動直接相關的經營業務的各種預算。業務預算主要包括銷售預算、生產預算、直接材料預算、直接人工預算、製造費用預算、產品成本預算、銷售費用預算和管理費用預算等。

專門決策預算是指企業不經常發生的、一次性的重要決策預算。專門決策預算直接反映相關決策的結果，是實際方案的進一步規劃。例如，資本支出預算，其編制依據可以追溯到決策之前搜集到的有關資料，只不過預算比決策估算更細緻、更精確一些。例如，企業對一切固定資產購置都必須在事先做好可行性分析的基礎上來編制預算，具體反映投資額需要多少、何時進行投資、資金從何籌得、投資期限多長、何時可以投產、未來每年的現金流量是多少。

財務預算是指企業在計劃期內反映有關預計現金收支、財務狀況和經營成果的預算，主要包括現金預算和預計財務報表。財務預算作為全面預算體系的最后環節，是從價值方面總括地反映企業業務預算與專門決策預算的結果，故又稱為總預算，其他預算則相應稱為輔助預算或分預算。顯然，財務預算在全面預算中佔有舉足輕重的地位。

2. 按預算指標覆蓋的時間長短，企業預算可以分為長期預算和短期預算

通常將預算期在1年以內（含1年）的預算稱為短期預算，預算期在1年以上的預算稱為長期預算。預算的編制時間可以視預算的內容和實際需要而定，可以是1周、1月、1季、1年或若干年等。在預算編制過程中，往往應結合各項預算的特點，將長期預算和短期預算結合使用。一般情況下，企業的業務預算和財務預算多為1年期的短期預算，年內再按季或月細分，而且預算期間往往與會計期間保持一致。

二、全面預算體系

各種預算是一個有機聯繫的整體。一般將有業務預算、專門決策預算和財務預算組成的預算體系稱為全面預算體系。其結構如圖8-1所示。

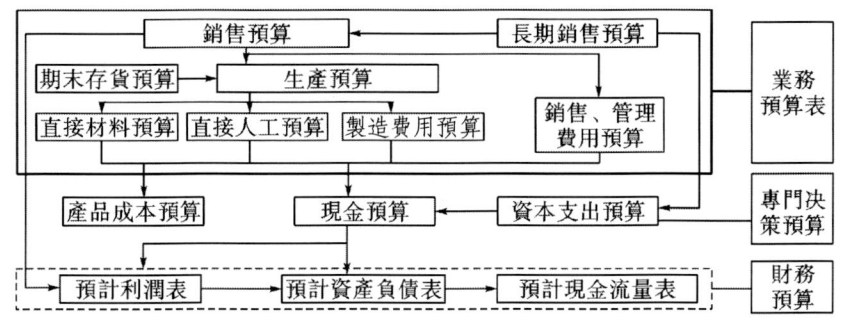

圖 8-1　全面預算體系

三、預算的作用

預算的作用主要表現在以下三個方面：

（一）預算通過引導和控制經濟活動，使企業經營達到預期目標

通過預算指標可以控制企業實際活動過程，隨時發現問題，採取必要的措施，糾正不良偏差，避免經營活動的漫無目的、隨心所欲，通過有效的方式實現預期目標。因此，預算具有規劃、控制、引導企業經濟活動有序進行，以最經濟有效的方式實現預定目標的功能。

（二）預算可以實現企業內部各個部門之間的協調

從系統論的觀點來看，局部計劃的最優化，對全局來說不一定是最合理的，為了使各個職能部門向著共同的戰略目標前進，它們的經濟活動必須密切配合，相互協調，統籌兼顧，全面安排，搞好綜合平衡。各部門預算的綜合平衡，能促使各部門管理人員清楚地瞭解本部門在全局中的地位和作用，盡可能地做好部門之間的協調工作。各級各部門因其職能不同，往往會出現相互衝突的現象。各部門之間只有協調一致，才能最大限度地實現企業整體目標。例如，企業的銷售、生產、財務等各部門可以分別編制出對自己來說是最好的計劃，但該計劃在其他部門卻不一定能行得通。例如，銷售部門根據市場預測提出了一個龐大的銷售計劃，生產部門可能沒有那麼大的生產能力；生產部門可能編制一個充分利用現有生產能力的計劃，但銷售部門可能無力將這些產品銷售出去；銷售部門和生產部門都認為應該擴大生產能力，財務部門卻認為無法籌到必要的資金。全面預算經過綜合平衡後可以提供解決各級各部門衝突的最佳辦法，代表企業的最優方案，可以使各級各部門的工作在此基礎上協調地進行。

（三）預算可以作為業績考核的標準

預算作為企業財務活動的行為標準，使各項活動的實際執行有章可循。預算標準可以作為各部門責任考核的依據。經過分解落實的預算規劃目標能與部門、責任人的業績考評結合起來，成為獎勤罰懶、評估優劣的準繩。

第二節　預算的編制方法與程序

一、預算的編制方法

企業全面預算的構成內容比較複雜，編制預算需要採用適當的方法。常見的預算編制方法主要包括增量預算法與零基預算法、固定預算法和彈性預算法、定期預算法與滾動預算法，這些方法廣泛應用於營業活動有關預算的編制。

(一) 增量預算法與零基預算法

按其出發點的特徵不同，編制預算的方法可分為增量預算法和零基預算法兩大類。

1. 增量預算法

增量預算法是指以基期成本費用水平為基礎，結合預算期業務量水平及有關降低成本的措施，通過調整有關費用項目而編制預算的方法。增量預算法以過去的費用發生水平為基礎，主張不需要在預算內容上進行較大的調整。其編制遵循如下假定：

(1) 企業現有業務活動是合理的，不需要進行調整。

(2) 企業現有各項業務的開支水平是合理的，在預算期予以保持。

(3) 以現有業務活動和各項活動的開支水平，確定預算期各項活動的預算數。

增量預算法的缺陷是可能導致無效費用開支項目無法得到有效控製，因為不加分析地保留或接受原有的成本費用項目，可能使原來不合理的費用繼續開支而得不到控製，形成不必要開支合理化，造成預算上的浪費。

2. 零基預算法

零基預算法的全稱為以零為基礎的編制計劃和預算的方法。其不考慮以往會計期間發生的費用項目或費用數額，而是一切以零為出發點，根據實際需要逐項審議預算期內各項費用的內容及開支標準是否合理，在綜合平衡的基礎上編制費用預算。零基預算法的程序如下：

(1) 企業內部各級部門的員工，根據企業的生產經營目標，詳細討論計劃期及需要開支的費用數額。

(2) 劃分不可避免費用項目和可避免費用項目。編制預算應對不可避免費用項目必須保證資金供應，對可避免費用項目則需要逐項進行成本與效益分析，盡量控製可避免費用項目納入預算當中。

(3) 劃分不可延緩費用項目和可延緩費用項目。在編制預算時，應把預算期內可供支配的資金在各費用項目之間分配。編制預算應優先安排不可延緩費用項目的支出，然后再根據需要按照費用項目的輕重緩急確定可延緩項目的開支。

零基預算的優點表現如下：

(1) 不受現有費用項目的限制。

(2) 不受現行預算的束縛。

(3) 能夠調動各方面節約費用的積極性。

(4) 有利於促使各基層單位精打細算，合理使用資金。

零基預算的缺點是編制工作量大。
(二) 固定預算法與彈性預算法
按業務量基礎的數量特徵不同，編制預算的方法可分為固定預算法和彈性預算法兩大類。

1. 固定預算法

固定預算法又稱靜態預算法，是指在編制預算時，只根據預算期內正常、可實現的某一固定的業務量（如生產量、銷售量等）水平作為唯一基礎來編制預算的方法。

固定預算法的缺點表現在以下兩個方面：

（1）適應性差。因為編制預算的業務量基礎是事先假定的某個業務量，在這種方法下，不論預算期內業務量水平實際可能發生哪些變動，都只按事先確定的某一個業務量水平作為編制預算的基礎。

（2）可比性差。當實際的業務量與編制預算依據的業務量發生較大差異時，有關預算指標的實際數與預算數就會因業務量基礎不同而失去可比性。例如，M 企業預計業務量為銷售 100,000 件產品，按此業務量給銷售部門的預算費用為 5,000 元。如果該銷售部門實際銷售量達到 120,000 件，超出了預算業務量，固定預算下的費用預算仍為 5,000 元。

2. 彈性預算法

彈性預算法又稱動態預算法，是在成本性態分析的基礎上，依據業務量、成本和利潤之間的聯動關係，按照預算期內可能的一系列業務量（如生產量、銷售量、工時等）水平編制系列預算的方法。

理論上，彈性預算法適用於編制全面預算中所有與業務量有關的預算，但實務中主要用於編制成本費用預算和利潤預算，尤其是成本費用預算。

編制彈性預算要選用一個最能代表生產經營活動水平的業務量計量單位。例如，以手工操作為主的車間就應選用人工工時，製造單一產品或零件的部門可以選用實物數量，修理部門可以選用直接修理工時等。彈性預算法所採用的業務量範圍，視企業或部門的業務量變化情況而定，務必使實際業務量不至於超出相關的業務量範圍。一般來說，可定在正常生產能力的 70%～110%，或以歷史上最高業務量和最低業務量為其上下限。彈性預算法編制預算的準確性，在很大程度上取決於成本性態分析的可靠性。

與按特定業務量水平編制的固定預算法相比，彈性預算法有以下兩個顯著特點：

（1）彈性預算是按一系列業務量水平編制的，從而擴大了預算的適用範圍。

（2）彈性預算是按成本性態分類列示的，在預算執行中可以計算一定實際業務量的預算成本，以便於預算執行的評價和考核。

運用彈性預算法編制預算的基本步驟如下：

（1）選擇業務量的計量單位。

（2）確定適用的業務量範圍。

（3）逐項研究並確定各項成本和業務量之間的數量關係。

（4）計算各項預算成本，並用一定的方式來表達。

彈性預算又可分為公式法和列表法兩種具體的方法。

(1) 公式法。公式法是運用總成本性態模型，測算預算期的成本費用數額，並編制成本費用預算的方法。根據成本性態，成本與業務量之間的數量關係可用公式表示為：

$y = a + bx$

式中：

y——某項預算成本總額；

a——該項成本中的預算固定成本額；

b——該項成本中的預算單位變動成本額；

x——預計業務量。

【例 8-1】某企業製造費用中的修理費用與修理工時密切相關。經測算，預算期修理費用中的固定修理費用為 3,000 元，單位工時的變動修理費用為 2 元；預計預算期的修理工時為 3,500 小時。

運用公式法，測算預算期的修理費用總額 = 3,000+2×3,500 = 10,000（元）

【例 8-2】A 企業經過分析得出某種產品的製造費用與人工工時密切相關，採用公式法編制的製造費用預算如表 8-1 所示。

表 8-1　　　　　　　　　　製造費用預算（公式法）

業務量範圍	420~660（人工工時）	
費用項目	固定費用（元/月）	變動費用（元/人工工時）
運輸費用		0.20
電力費用		1.00
材料費用		0.10
修理費用	85	0.85
油料費用	108	0.20
折舊費用	300	
人工費用	200	
合計	693	2.35
備註	當業務量超過 600 工時後，修理費用中的固定費用將由 85 元上升為 185 元	

本例中，針對製造費用而言，在業務量為 420~600 人工工時的情況下，$y = 693 + 2.35x$；在業務量為 600~660 人工工時的情況下，$y = 793 + 2.35x$。如果業務量為 500 人工工時，則製造費用預算為 693+2.35×500 = 1,868（元）；如果業務量為 650 人工工時，則製造費用預算為 793+2.35×650 = 2,320.5（元）。

公式法的優點為便於在一定範圍內計算任何業務量的預算成本，可比性和適應性強，編制預算的工作量相對較小。

公式法的缺點為按公式進行成本分解比較麻煩，對每個費用子項目甚至細目逐一進行成本分解，工作量大。另外，對於階梯成本和曲線成本只能先用教學方法修正為

直線成本，才能應用公式法。必要時，還需在「備註」中說明適用不同業務量範圍的固定費用和單位變動費用。

（2）列表法。列表法是在預計的業務量範圍內將業務量分為若干個水平，然後按不同的業務量水平編制預算。應用列表法編制預算，首先要在確定的業務量範圍內，劃分出若干個不同水平，然後分別計算各項預算值，匯總列入一個預算表格。

列表法的優點為不管實際業務量是多少，不必經過計算即可找到與業務量相近的預算成本；混合成本中的階梯成本和曲線成本，可按總成本性態模型計算填列，不必用數學方法修正為近似的直線成本。

列表法的缺點為運用列表法編制預算，在評價和考核實際成本時，往往需要使用插值法來計算實際業務量的預算成本，比較麻煩。

【例8-3】根據表8-1，A企業採用列表法編制的2016年6月製造費用預算如表8-2所示。

表8-2　　　　　　　　　製造費用預算（列表法）　　　　　金額單位：元

業務量（直接人工工時）	420	480	540	600	660
占正常生產能力百分比（%）	70	80	90	100	110
變動成本：					
運輸費用（b=0.2）	84	96	108	120	132
電力費用（b=1.0）	420	480	540	600	660
材料費用（b=0.1）	42	48	54	60	66
合計	546	624	702	780	858
混合成本：					
修理費用	442	493	544	595	746
油料費用	192	204	216	228	240
合計	634	697	760	823	986
固定成本：					
折舊費用	300	300	300	300	300
人工費用	100	100	100	100	100
合計	400	400	400	400	400
總計	1,580	1,721	1,862	2,003	2,244

在表8-2中，分別列示了五種業務量水平的成本預算數據（根據企業情況，也可以按更多的業務量水平來列示）。這樣無論實際業務量達到何種水平，都有適用的一套成本數據來發揮控製作用。

如果固定預算法是按600小時編制的，成本總額為2,003元。在實際業務量為500小時的情況下，不能用2,003元去評價實際成本的高低，也不能按業務量變動的比例調整后的預算成本1,669元（2,003×500/600）去考核實際成本，因為並不是所有的成

本都一定與業務量成同比例關係。

如果採用彈性預算法，就可以根據各項成本與業務量的不同關係，採用不同方法確定實際業務量的預算成本，去評價和考核實際成本。實際業務量為 500 小時，運輸費等各項變動成本可用實際工時數乘以單位業務量變動成本來計算，即變動總成本為 650 元（500×0.2+500×1+500×0.1）。固定總成本不隨業務量變動，仍為 400 元。混合成本可用插值法逐項計算，500 小時處在 480 小時和 540 小時兩個水平之間。修理費應該在 493~544 元之間。設實際業務的預算修理費為 x 元，則：

$$\frac{500-480}{540-480} = \frac{x-493}{544-493}$$

求得：$x = 510$（元）

油料費用在 480 小時和 540 小時分別為 204 元和 216 元，用插值法計算 500 小時應為 208 元。

500 小時的預算成本 = (0.2+1+0.1)×500 +510+208+400 = 1,768（元）

這樣計算出來的預算成本比較符合成本的變動規律，可以用來評價和考核實際成本，比較確切並容易為被考核人所接受。

(三) 定期預算法與滾動預算法

按預算期的時間特徵不同，預算的編制方法可分為定期預算法和滾動預算法兩大類。

1. 定期預算法

定期預算法是指在編制預算時，以不變的會計期間（如日曆年度）作為預算期的一種編制預算的方法。這種方法的優點是能夠使預算期間與會計期間相對應，便於將實際數與預算數進行對比，也有利於對預算執行情況進行分析和評價。但這種方法固定以 1 年為預算期，在執行一段時期之後，往往使管理人員只考慮剩下來的幾個月的業務量，缺乏長遠打算，導致一些短期行為的出現。

2. 滾動預算法

滾動預算法又稱連續預算法或永續預算法，是指在編制預算時，將預算期與會計期間脫離，隨著預算的執行不斷地補充預算，逐期向後滾動，使預算期始終保持為一個固定長度（一般為 12 個月）的一種預算方法。滾動預算的基本做法是預算期始終保持 12 個月，每過 1 個月或 1 個季度，立即在期末增列 1 個月或 1 個季度的預算，逐期往後滾動，因而在任何一個時期都使預算保持為 12 個月的時間長度。這種預算能使企業各級管理人員對未來始終保持整整 12 個月時間的考慮和規劃，從而保證企業的經營管理工作能夠穩定而有序地進行。採用滾動預算法編制預算，按照滾動的時間單位不同可分為逐月滾動、逐季滾動和混合滾動。

(1) 逐月滾動。逐月滾動是指在預算編制過程中，以月份為預算的編制和滾動單位，每個月調整一次預算的方法，如在 2016 年 1 月至 12 月的預算執行過程中，需要在 1 月末根據當月預算的執行情況修訂 2 月至 12 月的預算，同時補充下一年 1 月份的預算；到 2 月末可根據當月預算的執行情況，修訂 3 月至 2017 年 1 月的預算，同時補充 2017 年 2 月份的預算。以此類推。

逐月滾動預算方式示意圖如圖 8-2 所示。

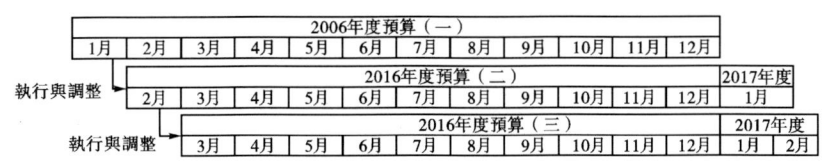

圖 8-2　逐月滾動預算方式示意圖

按照逐月滾動方式編制的預算比較精確，但工作量較大。

（2）逐季滾動。逐季滾動是指在預算編制過程中，以季度為預算的編制和滾動單位，每個季度調整一次預算的方法。逐季滾動編制的預算比逐月滾動的工作量小，但精確度較差。

【例8-4】Y公司甲車間採用滾動預算方法編制製造費用預算。已知2016年分季度的製造費用預算如表8-3所示（其中間接材料費用忽略不計）。

表 8-3　　　　　　　　　甲車間全年製造費用預算　　　　　　金額單位：元

項目	第一季度	第二季度	第三季度	第四季度	合計
直接人工預算總工時（小時）	52,000	51,000	51,000	46,000	200,000
變動製造費用：					
間接人工費用	208,000	204,000	204,000	184,000	800,000
水電與維修費用	130,000	127,500	127,500	115,000	500,000
小計	338,000	331,500	331,500	299,000	1,300,000
固定製造費用：					
設備租金	180,000	180,000	180,000	180,000	720,000
管理人員工資	80,000	80,000	80,000	80,000	320,000
小計	260,000	260,000	260,000	260,000	1,040,000
製造費用合計	598,000	591,500	591,500	559,000	2,340,000

2016年3月31日，Y公司在編制2016年第二季度至2017年第一季度滾動預算時，發現未來的四個季度中將出現以下情況：

①間接人工費用預算工時分配率將上漲10%，即上漲為4.4元/小時。

②原設備租賃合同到期，公司新簽訂的租賃合同中設備年租金將降低20%，即降低為576,000元。

③2016年第二季度至2017年第一季度預計直接人工總工時分別為51,500小時、51,000小時、46,000小時和57,500小時。編制的甲車間2016年第二季度至2017年第一季度製造費用預算如表8-4所示。

表 8-4　　甲車間 2016 年第二季度至 2017 年第一季度製造費用預算　　金額單位：元

項目	2016 年度 第二季度	2016 年度 第三季度	2016 年度 第四季度	2017 年度 第一季度	合計
直接人工預算總工時（小時）	51,500	51,000	46,000	57,500	206,000
變動製造費用：					
間接人工費用	226,600	224,400	202,400	253,000	906,400
水電與維修費用	128,750	127,500	115,000	143,750	515,000
小計	355,350	351,900	317,400	396,750	1,421,400
固定製造費用：					
設備租金	144,000	144,000	144,000	144,000	576,000
管理人員工資	80,000	80,000	80,000	80,000	320,000
小計	224,000	224,000	224,000	224,000	896,000
製造費用合計	579,350	575,900	541,400	620,750	2,317,400

（3）混合滾動。混合滾動是指在預算編制過程中，同時以月份和季度作為預算的編制和滾動單位的方法。這種預算方法的理論依據是人們對未來的瞭解程度具有對近期把握較大、對遠期的預計把握較小的特徵。混合滾動預算方式示意圖如圖 8-3 所示。

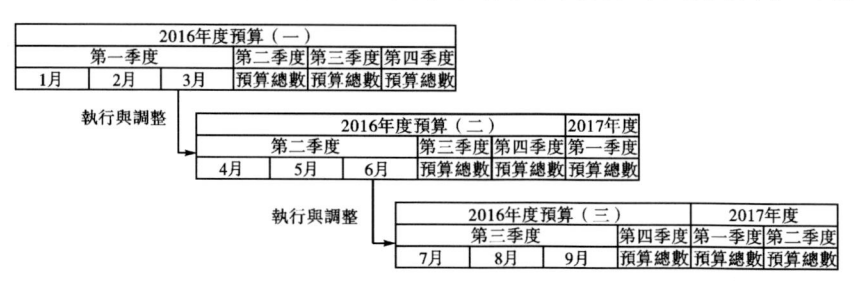

圖 8-3　混合滾動預算方式示意圖

運用滾動預算法編制預算，使預算期間依時間順序向後滾動，能夠保持預算的持續性，有利於結合企業近期目標和長期目標，考慮未來業務活動。使預算隨時間的推進不斷加以調整和修訂，能使預算與實際情況更相適應，有利於充分發揮預算的指導和控制作用。

二、預算的編制程序

企業編制預算時，一般採取上下結合、分級編制、逐級匯總的「混合式」方式進行，具體包括確定目標、編制上報、審查平衡、審議批准等步驟。

（一）確立目標

企業的董事會或最高管理層通過對預算完成情況、內外部環境變化的分析，公司戰略和業務戰略的制定或調整，提出下一個年度經營目標（包括收入、利潤、現金流

量、淨資產收益率等財務目標以及內部流程改善、客戶滿意度提高等非財務目標）。預算目標是年度經營目標的分解和細化，是預算管理工作的起點，是預算機制發揮作用的關鍵。預算目標確定的不合理、不科學，預算管理工作就不可能取得好的成效。而要確定科學合理的預算目標，就必有解決以下兩個方面的問題：

（1）設置科學的預算目標的指標體系。
（2）確定先進合理的預算目標的指標值。

企業預算目標的確定，應具有先進性、合理性、挑戰性，即企業的各級預算執行單位經過努力可以實現其目標。

(二) 編制上報

各預算執行單位根據企業預算委員會下達的預算目標和政策，結合本單位的業務戰略、經營特點以及內外部因素的變化編制預算草案，上報預算管理辦公室。預算草案的編制需要考慮的內部因素包括可利用資源的變化、員工的變化、生產流程的變化、新產品或新服務等；外部因素包括總體經濟條件以及勞動力市場的變化、商品需求和供給情況的變化、行業結構變化和發展趨勢以及競爭者的行為和商業模式的變化等。

(三) 審查平衡

預算管理辦公室對各預算執行單位上報的預算草案進行初步審查、匯總，並根據預算管理委員會的要求，組織對匯總后的預算草案進行審查和平衡。審查各預算執行單位的預算草案是否符合其戰略目標、是否在可接受的範圍內、是否可行、是否與企業的整體目標和戰略相衝突等。對於審查平衡中發現的問題，預算管理辦公室和有關預算執行單位進行討論、協商后，各預算執行單位對本單位的預算草案予以修正。

(四) 審議批准

預算經過多輪、逐層審查和平衡後，最后上報到預算管理委員會。預算管理委員會將審查預算與預算指導方針、長短期目標、戰略規劃之間的一致性等。對於不符合企業發展戰略或預算目標的事項，企業預算管理委員會責成有關預算執行單位進一步調整或修正。通過預算管理委員會審查的總預算再上報企業董事會或最高管理層審議批准。批准后的企業年度總預算由預算管理委員會下達各預算執行單位執行。

第三節　預算編制

一、業務預算的編制

(一) 銷售預算

銷售預算指在銷售預測的基礎上編制的，用於規劃預算期銷售活動的一種業務預算。銷售預算是整個預算的編制起點，其他預算的編制都以銷售預算作為基礎。表8-5是M公司本年度的銷售預算（為方便計算，本章均不考慮增值稅）。

表 8-5　　　　　　　　　　　　　　銷售預算　　　　　　　　　金額單位：元

季度	第一季度	第二季度	第三季度	第四季度	合計
預計銷售量（件）	100	150	200	180	630
預計單位售價	200	200	200	200	200
銷售收入	20,000	30,000	40,000	36,000	126,000
預計現金收入					
上年應收帳款	6,200				6,200
第一季度（銷貨20,000元）	12,000	8,000			20,000
第二季度（銷貨30,000元）		18,000	12,000		30,000
第三季度（銷貨40,000元）			24,000	16,000	40,000
第四季度（銷貨36,000元）				21,600	21,600
現金收入合計	18,200	26,000	36,000	37,600	117,800

　　銷售預算的主要內容是銷量、單價和銷售收入。銷量是根據市場預測或銷貨合同並結合企業生產能力確定的，單價是通過價格決策確定的，銷售收入是兩者的乘積，在銷售預算中計算得出。

　　銷售預算通常要分品種、分月份、分銷售區域、分推銷員來編制。為了簡化，本例只劃分了季度銷售數據。

　　銷售預算中通常還包括預計現金收入的計算，其目的是為編制現金預算提供必要的資料。第一季度的現金收入包括兩部分，即上年應收帳款在本年第一季度收到的貨款以及本季度銷售中可能收到的貨款。本例中，假設每季度銷售收入中，本季度收到現金60%，另外的40%現金要到下季度才能收到。

（二）生產預算

　　生產預算是為規劃預算期生產規模而編制的一種業務預算，它是在銷售預算的基礎上編制的，並可以作為編制直接材料預算和產品成本預算的依據。其主要內容有銷售量、期初和期末產成品存貨、生產量。在生產預算中，只涉及實物量指標，不涉及價值量指標。表 8-6 是 M 公司本年度的生產預算。

表 8-6　　　　　　　　　　　　　　生產預算　　　　　　　　　　　　單位：件

季度	第一季度	第二季度	第三季度	第四季度	全年
預計銷售量	100	150	200	180	630
加：預計期末產成品存貨	15	20	18	20	20
合計	115	170	218	200	650
減：預計期初產成品存貨	10	15	20	18	10
預計生產量	105	155	198	182	640

　　通常，企業的生產和銷售不能做到「同步同量」，需要設置一定的存貨，以保證能

在發生意外需求時按時供貨,並可均衡生產,節省趕工的額外支出。期末產成品存貨數量通常按下期銷售量的一定百分比確定,本例按10%安排期末產成品存貨。年初產成品存貨是編制預算時預計的,年末產成品存貨根據長期銷售趨勢來確定。本例假設年初有產成品存貨10件,年末留存20件。

生產預算的「預計銷售量」來自銷售預算,其他數據在表8-6中計算得出。

預計期末產成品存貨=下季度銷售量×10%

預計期初產成品存貨=上季度期末產成品存貨

預計生產量=預計銷售量+預計期末產成品存貨−預計期初產成品存貨

生產預算在實際編制時是比較複雜的,產量受到生產能力的限制,產成品存貨數量受到倉庫容量的限制,只能在此範圍內來安排產成品存貨數量和各期生產量。此外,有的季度可能銷量很大,可以用趕工方法增產,為此要多付加班費。如果提前在淡季生產,會因增加產成品存貨而多付資金利息。因此,要權衡兩者得失,選擇成本最低的方案。

(三) 直接材料預算

直接材料預算是為了規劃預算期直接材料採購金額的一種業務預算。直接材料預算以生產預算為基礎編制,同時要考慮原材料存貨水平。

表8-7是M公司本年度的直接材料預算。其主要內容有材料的單位產品用量、生產需用量、期初和期末存量等。「預計生產量」的數據來自生產預算,「單位產品材料用量」的數據來自標準成本資料或消耗定額資料,「生產需用量」是上述兩項的乘積。年初和年末的材料存貨量是根據當前情況和長期銷售預測估計的。各季度期末材料存量根據下季度生產需用量的一定百分比確定,本例按20%計算,各季度期初材料存量等於上季度的期末材料存量。預計各季度採購量根據下式計算確定:

預計採購量=生產需用量+期末存量−期初存量

表8-7　　　　　　　　　　　　直接材料預算　　　　　　　　　　單位:元

季度	第一季度	第二季度	第三季度	第四季度	全年
預計生產量(件)	105	155	198	182	640
單位產品材料用量(千克/件)	10	10	10	10	10
生產需用量(千克)	1,050	1,550	1,980	1,820	6,400
加:預計期末存量(千克)	310	396	364	400	400
減:預計期初存量(千克)	300	310	396	364	300
預計材料採購量(千克)	1,060	1,636	1,948	1,856	6,500
單價(元/千克)	5	5	5	5	5
預計採購金額	5,300	8,180	9,740	9,280	32,500
預計現金支出					
上年應付帳款	2,350				2,350
第一季度(採購5,300元)	2,650	2,650			5,300

表8-7(續)

季度	第一季度	第二季度	第三季度	第四季度	全年
第二季度（採購8,180元）		4,090	4,090		8,180
第三季度（採購9,740元）			4,870	4,870	9,740
第四季度（採購9,280元）				4,640	4,640
合計	5,000	6,740	8,960	9,510	30,210

　　為了便於以后編制現金預算，通常要預計材料採購各季度的現金支出。每個季度的現金支出包括償還上期應付帳款和本期應支付的採購貨款。本例假設材料採購的貨款有50%在本季度內付清，另外50%在下季度付清。這個百分比一般是根據經驗確定的。如果材料品種很多，需要單獨編制材料存貨預算。

(四) 直接人工預算

　　直接人工預算是一種既反映預算期內人工工時消耗水平，又規劃人工成本開支的業務預算。直接人工預算也是以生產預算為基礎編制的。其主要內容有預計產量、單位產品工時、人工總工時、每小時人工成本和人工總成本。「預計產量」數據來自生產預算，「單位產品工時」和「每小時人工成本」數據來自標準成本資料，「人工總工時」和「人工總成本」是在直接人工預算中計算出來的。由於人工工資都需要使用現金支付，因此不需另外預計現金支出，可直接參加現金預算的匯總。M公司本年度的直接人工預算如表8-8所示。

表8-8　　　　　　　　　　　　　　直接人工預算

季度	第一季度	第二季度	第三季度	第四季度	全年
預計產量（件）	105	155	198	182	640
單位產品工時（小時/件）	10	10	10	10	10
人工總工時（小時）	1,050	1,550	1,980	1,820	6,400
每小時人工成本（元/小時）	2	2	2	2	2
人工總成本（元）	2,100	3,100	3,960	3,640	12,800

(五) 製造費用預算

　　製造費用預算通常分為變動製造費用預算和固定製造費用預算兩部分。變動製造費用預算以生產預算為基礎來編制。如果有完善的標準成本資料，用單位產品的標準成本與產量相乘，即可得到相應的預算金額。如果沒有標準成本資料，就需要逐項預計計劃產量需要的各項製造費用。固定製造費用需要逐項進行預計，通常與本期產量無關，按每季度實際需要的支付額預計，然后求出全年數。表8-9是M公司本年度的製造費用預算。

　　為了便於以后編制產品成本預算，需要計算小時費用率。

　　變動製造費用小時費用率=3,200/6,400=0.5（元/小時）

　　固定製造費用小時費用率=9,600/6,400=1.5（元/小時）

為了便於以后編制現金預算，需要預計現金支出。製造費用中，除折舊費外都需支付現金，因此根據每個季度製造費用數額扣除折舊費後，即可得出「現金支出的費用」。

表 8-9　　　　　　　　　　　　　製造費用預算　　　　　　　　金額單位：元

季度	第一季度	第二季度	第三季度	第四季度	全年
變動製造費用：					
間接人工（1元/件）	105	155	198	182	640
間接材料（1元/件）	105	155	198	182	640
修理費（2元/件）	210	310	369	364	1,280
水電費（1元/件）	105	155	198	182	640
小計	525	775	990	910	3,200
固定製造費用：					
修理費	1,000	1,140	900	900	3,940
折舊	1,000	1,000	1,000	1,000	4,000
管理人員工資	200	200	200	200	800
保險費	75	85	110	190	460
財產稅	100	100	100	100	400
小計	2,375	2,525	2,310	2,390	9,600
合計	2,900	3,300	3,300	3,300	12,800
減：折舊	1,000	1,000	1,000	1,000	4,000
現金支出的費用	1,900	2,300	2,300	2,300	8,800

（六）產品成本預算

產品成本預算是銷售預算、生產預算、直接材料預算、直接人工預算、製造費用預算的匯總。其主要內容是產品的單位成本和總成本。單位產品成本的有關數據，來自前述三個預算。生產量、期末存貨量來自生產預算，銷售量來自銷售預算，生產成本、存貨成本和銷貨成本等數據，根據單位成本和有關數據計算得出。表 8-10 是 M 公司本年度的產品成本預算。

表 8-10　　　　　　　　　　　　產品成本預算　　　　　　　　金額單位：元

	單位成本			生產成本 （640件）	期末存貨 （20件）	銷貨成本 （630件）
	每千克或每小時	投入量	成本			
直接材料	5	10 千克	50	32,000	1,000	31,500
直接人工	2	10 小時	20	12,800	400	12,600
變動製造費用	0.5	10 小時	5	3,200	100	3,150

表8-10(續)

	單位成本			生產成本 (640件)	期末存貨 (20件)	銷貨成本 (630件)
	每千克或每小時	投入量	成本			
固定製造費用	1.5	10小時	15	9,600	300	9,450
合計			90	57,600	1,800	56,700

(七) 期間費用預算

銷售費用預算是指為了實現銷售預算所需支付的費用預算。它以銷售預算為基礎，分析銷售收入、銷售利潤和銷售費用的關係，力求實現銷售費用的最有效使用。在安排銷售費用時，要利用本量利分析方法，費用的支出應能獲取更多的收益。在草擬銷售費用預算時，要對過去的銷售費用進行分析，考察過去銷售費用支出的必要性和效果。銷售費用預算應和銷售預算相配合，應有按品種、按地區、按用途的具體預算數額。

管理費用是搞好一般管理業務所必要的費用。隨著企業規模的擴大，一般管理職能日益重要，其費用也相應增加。在編制管理費用預算時，要分析企業的業務成績和一般經濟狀況，務必做到費用合理化。管理費用多屬於固定成本，因此一般是以過去的實際開支為基礎，按預算期的可預見變化來調整。重要的是，必須充分考察每種費用是否必要，以便提高費用效率。表8-11是M公司本年度的銷售及管理費用預算。

表8-11　　　　　　　　　　銷售及管理費用預算　　　　　　　　　　單位：元

項目	金額
銷售費用：	
銷售人員工資	2,000
廣告費	5,500
包裝、運輸費	3,000
保管費	2,700
折舊	1,000
管理費用：	
管理人員薪金	4,000
福利費	800
保險費	600
辦公費	1,400
折舊	1,500
合計	22,500
減：折舊	2,500
每季度支付現金 (20,000÷4)	5,000

二、專門決策預算的編制

專門決策預算主要是長期投資預算（又稱資本支出預算），通常是指與項目投資決策相關的專門預算，其往往涉及長期建設項目的資金投放與籌集，並經常跨越多個年度。編制專門決策預算的依據，是項目財務可行性分析資料以及企業籌資決策資料。

專門決策預算的要點是準確反映項目資金投放支出與籌資計劃，其同時也是編制現金預算和預計資產負債表的依據。表8-12是M公司本年度的專門決策預算。

表 8-12　　　　　　　　　　專門決策預算表　　　　　　　　　　單位：元

項目	第一季度	第二季度	第三季度	第四季度	全年
投資支出預算	50,000	—	—	80,000	130,000
借入長期借款	30,000	—	—	60,000	90,000

三、財務預算的編制

（一）現金預算

現金預算是以業務預算和專門決策預算為依據編制的，專門反映預算期內預計現金收入與現金支出以及為滿足理想現金餘額而進行籌資或歸還借款等的預算。現金預算由可供使用現金、現金支出、現金餘缺、現金籌措與運用四部分構成。M公司本年度的現金預算如表8-13所示。

表 8-13　　　　　　　　　　現金預算　　　　　　　　　　單位：元

季度	第一季度	第二季度	第三季度	第四季度	全年
期初現金餘額	8,000	3,200	3,060	3,040	8,000
加：現金收入（表8-5）	18,200	26,000	36,000	37,600	117,800
可供使用現金	26,200	29,200	39,060	40,640	125,800
減：現金支出					
直接材料（表8-7）	5,000	6,740	8,960	9,510	30,210
直接人工（表8-8）	2,100	3,100	3,960	3,640	12,800
製造費用（表8-9）	1,900	2,300	2,300	2,300	8,800
銷售及管理費用（表8-11）	5,000	5,000	5,000	5,000	20,000
所得稅費用	4,000	4,000	4,000	4,000	16,000
購買設備（表8-12）	50,000			80,000	130,000
股利				8,000	8,000
現金支出合計	68,000	21,140	24,220	112,450	225,810
現金餘缺	(41,800)	8,060	14,840	(71,810)	(100,010)
現金籌措與運用					

表8-13(續)

季度	第一季度	第二季度	第三季度	第四季度	全年
借入長期借款（表8-12)	30,000			60,000	90,000
取得短期借款	20,000			22,000	42,000
歸還短期借款			6,800		6,800
短期借款利息（年利10%）	500	500	500	880	2,380
長期借款利息（年利12%）	4,500	4,500	4,500	6,300	19,800
期末現金餘額	3,200	3,060	3,040	3,010	3,010

表8-13中：

可供使用現金＝期初現金餘額＋現金收入

可供使用現金－現金支出＝現金餘缺

現金餘缺＋現金籌措與運用＝期末現金餘額

「期初現金餘額」是在編制預算時預計的，下一季度的期初現金餘額等於上一季度的期末現金餘額，全年的期初現金餘額指的是年初的現金餘額，因此等於第一季度的期初現金餘額。

「現金收入」的主要來源是銷貨取得的現金收入，銷貨取得的現金收入數據來自銷售預算。

「現金支出」包括預算期的各項現金支出。「直接材料」「直接人工」「製造費用」「銷售及管理費用」「購買設備」的數據分別來自前述有關預算。此外，「現金支出」還包括所得稅費用、股利分配等現金支出，有關的數據分別來自另行編制的專門預算（本教材從略）。

財務管理部門應根據現金餘缺與理想期末現金餘額的比較，並結合固定的利息支出數額以及其他的因素，來確定預算期現金運用或籌措的數額。本例中理想的現金餘額是3,000元，如果資金不足，可以取得短期借款，銀行的要求是，借款必須是1,000元的整數倍。本例中借款利息按季支付，編制現金預算時假設新增借款發生在季度的期初，歸款借款發生在季度的期末（如果需要歸還借款，先歸還短期借款，歸還的數額為100元的整數倍）。本例中，M公司上年年末的長期借款餘額為120,000元。

第一、二、三季度的長期借款利息＝（120,000＋30,000）×12%/4＝4,500（元）

第四季度的長期借款利息＝（120,000＋30,000＋60,000）×12%/4＝6,300（元）

由於第一季度的長期借款利息支出為4,500元，理想的現金餘額是3,000元，因此（現金餘缺＋借入長期借款30,000元）的結果只要小於7,500元，就必須取得短期借款。第一季度的現金餘缺是－41,800元，因此需要取得短期借款。本例中M公司上年年末不存在短期借款，假設第一季度需要取得的短期借款為W元，則根據理想的期末現金餘額要求可知：

－41,800＋30,000＋W－W×10%/4－4,500＝3,000

解得：W＝19,794.88（元）

由於按照要求必須是1,000元的整數倍，因此：

第一季度需要取得 20,000 元的短期借款。

第一季度支付短期借款利息 = 20,000×10%/4 = 500（元）

第一季度期末現金餘額 = -41,800+30,000+20,000-500-4,500 = 3,200（元）

第二季度的現金餘缺是 8,060 元，如果既不增加短期借款也不歸還短期借款，則需要支付 500 元的短期借款利息和 4,500 元的長期借款利息。

第二季度期末現金餘額 = 8,060-500-4,500 = 3,060（元），剛好符合要求。如果歸還借款，由於必須是 100 元的整數倍，必然導致期末現金餘額小於 3,000 元，因此：

第二季度不能歸還借款。

第二季度期末現金餘額為 3,060 元。

第三季度的現金餘缺是 14,840 元，固定的利息支出為 500+4,500 = 5,000（元），按照理想的現金餘額是 3,000 元的要求，最多可以歸還 14,840-5,000-3,000 = 6,840 元的短期借款，由於必須是 100 元的整數倍，因此：

第三季度歸還短期借款 6,800 元。

第三季度期末現金餘額 = 14,840-5,000-6,800 = 3,040（元）

第四季度的現金餘缺是 -71,810 元。

第四季度固定的利息支出 =（20,000-6,800）×10%/4+6,300 = 6,630（元）

第四季度的現金餘缺+借入的長期借款：-71,810+60,000 = 11,810（元），小於（固定的利息支出 6,630 元+理想的現金餘額 3,000 元），因此需要取得短期借款。假設需要取得的短期借款為 W 元，則根據理想的期末現金餘額要求可知：

11,810+W-W×10%/4-6,630 = 3,000

解得：W = 21,989.74（元）

由於必須是 1,000 元的整數倍，因此：

第四季度應該取得短期借款 22,000 元。

第四季度支付短期借款利息 =（20,000-6,800+22,000）×10%/4 = 880（元）

第四季度期末現金餘額 = -71,810+60,000+22,000-880-6,300 = 3,010（元）

全年的期末現金餘額指的是年末的現金餘額，即第四季度末的現金餘額，因此應該是 3,010 元。

(二) 利潤表預算

預計利潤表用來綜合反映企業在計劃期的預計經營成果，是企業最主要的財務預算表之一。通過編制利潤表預算，可以瞭解企業預期的盈利水平。如果預算利潤與最初編制方針中的目標利潤有較大的不一致，就需要調整部門預算，設法達到目標，或者經企業領導同意後修改目標利潤。編制預計利潤表的依據是各業務預算、專門決策預算和現金預算。表 8-14 是 M 公司本年度的利潤表預算，它是根據上述各有關預算編制的。

表 8-14　　　　　　　　　　　利潤表預算　　　　　　　　　　　單位：元

項目	金額
銷售收入（表 8-5）	126,000
銷售成本（表 8-10）	56,700

表8-14(續)

項目	金額
毛利	69,300
銷售與管理費用（表8-11）	22,500
利息（表8-13）	22,180
利潤總額	24,620
所得稅費用（估計）	16,000
淨利潤	8,620

「銷售收入」項目的數據來自銷售收入預算；「銷售成本」項目的數據來自產品成本預算；「毛利」項目的數據是前兩項的差額；「銷售及管理費用」項目的數據來自銷售費用及管理費用預算；「利息」項目的數據來自現金預算。

「所得稅費用」項目是在利潤規劃時估計的，並已列入現金預算。它通常不是根據「利潤總額」和所得稅稅率計算出來的，因為有諸多納稅調整的事項存在。此外，從預算編制程序上看，如果根據「利潤總額」和稅率重新計算所得稅，就需要修改「現金預算」，引起信貸計劃修訂，進而改變「利息」，最終又要修改「利潤總額」，從而陷入數據的循環修改。

(三) 資產負債表預算

預計資產負債表用來反映企業在計劃期末預計的財務狀況。編制預計資產負債表的目的在於判斷預算反映的財務狀況的穩定性和流動性。如果通過預計資產負債表的分析，發現某些財務比率不佳，必要時可修改有關預算，以改善財務狀況。預計資產負債表的編制需要以計劃期開始日的資產負債表為基礎，結合計劃期間各項業務預算、專門決策預算、現金預算和預計利潤表進行編制。資產負債表預算是編制全面預算的終點。表8-15是對M公司本年度的預計資產負債表。

表8-15　　　　　　　　　　　資產負債表預算　　　　　　　　　　單位：元

資產	年初餘額	年末餘額	負債和股東權益	年初餘額	年末餘額
流動資產：			流動負債：		
貨幣資金（表8-13）	8,000	3,010	短期借款	0	35,200
應收帳款（表8-5）	6,200	14,400	應收帳款（表8-7）	2,350	4,640
存貨（表8-7、表8-10）	2,400	3,800	流動負債合計	2,350	39,840
流動資產合計	16,600	21,210	非流動負債：		
非流動資產：			長期借款	120,000	210,000
固定資產	43,750	37,250	非流動負債合計	120,000	210,000
在建工程	100,000	230,000	負債合計	122,350	249,840
非流動資產合計	143,750	267,250	股東權益		

表8-15(續)

資產	年初餘額	年末餘額	負債和股東權益	年初餘額	年末餘額
			股本	20,000	20,000
			資本公積	5,000	5,000
			盈餘公積	10,000	10,000
			未分配利潤	3,000	3,620
			股東權益合計	38,000	38,620
資產總計	160,350	288,460	負債和股東權益合計	160,350	288,460

「貨幣資金」的數據來源於表8-13中的「現金」的年初和年末餘額。

「應收帳款」年初餘額6,200元來自表8-5的「上年應收帳款」。

「應收帳款」年末餘額14,400元=36,000-21,600 或=36,000×（1-60%）。

「存貨」包括直接材料和產成品。

直接材料年初餘額=300×5=1,500（元）

年末餘額=400×5=2,000（元）

產成品成本年初餘額=（20+630-640）×90=900（元）

產成品成本年末餘額=20×90=1,800（元）

存貨年初餘額=1,500+900=2,400（元）

存貨年末餘額=2,000+1,800=3,800（元）

「固定資產」的年末餘額37,250元=43,750-6,500。

其中：6,500=4,000+1,000+1,500，指的是本年計提的折舊，數字來源於表8-9和表8-11。

「在建工程」的年末餘額230,000元=100,000+130,000，本年的增加額130,000元來源於表8-12（項目本年未完工）。

「固定資產」「在建工程」的年初餘額來源於M公司上年年末的資產負債表（略）。

「短期借款」本年的增加額35,200元=20,000-6,800+22,000，來源於表8-13。

「應付帳款」的年初餘額2,350元來源於表8-7的「上年應付帳款」。

「應付帳款」年末餘額4,640元=9,280-4,640，或=9,280×（1-50%）。

「長期借款」本年的增加額90,000元來源於表8-12。

「短期借款」「長期借款」的年初餘額，來源於M公司上年年末的資產負債表。

「未分配利潤」本年的增加額620元=本年的淨利潤8,620元（表8-14）-本年的股利8,000元（表8-13）。

股東權益各項目的期初餘額均來源於M公司上年年末的資產負債表。各項預算中都沒有涉及股本和資本公積的變動，因此股本和資本公積的餘額不變。M公司沒有計提任意盈餘公積，由於法定盈餘公積達到股本的50%時可以不再提取，因此M公司本年度沒有提取法定盈餘公積，即盈餘公積的餘額不變。

三、成功的預算編制特徵

成功的預算編制至少具有以下特徵：

（一）與企業戰略管理流程一致

企業的戰略管理流程一般包括四個環節：環境掃描與分析、戰略形成（選擇）、戰略實施、評價與控製。企業的預算流程雖然相對獨立，但必須與企業戰略保持一致，必須根據企業的戰略規劃和預測來編制預算，使企業的長期目標、短期目標和預算目標之間協調一致。

（二）預算指標體系科學合理

企業通過對上年經營業績的分析，根據企業的經營水平、季節變化、行業發展趨勢以及成本的可控性等因素，給各部門下達切合實際的目標和多重的業績評價指標。企業的預算目標應該有一定的先進性，指標體系需要兼顧財務與非財務指標的平衡、領先與滯后指標的平衡、短期與長期指標的平衡以及內部與外部指標的平衡。

（三）計劃與預算相整合

企業在編制預算時，一定要注意與經營計劃的協調。企業的預算目標是年度經營目標的分解和細化，企業要根據業務計劃和財務計劃來編制營運預算和財務預算，成功的預算能夠發現企業的瓶頸，提高資源的配置和利用效率。

（四）假設合理、預測的準確性高

企業的預算編制是建立在一系列的假設之上的，如對利率、匯率、稅收政策、原料價格、能源價格的假設等。成功的預算編制要時刻關注假設的合理性，根據各種因素的變化及時地修正假設，並通過採用合適的預測方法，結合內外部環境的情況，提高預測和預算編制的準確性。

（五）與公司的績效評價系統相一致

成功的預算編制，企業通過建立和實施科學的業績評價和激勵制度，促使員工將預算視作一種規劃、溝通及協調工具，而不是壓力或懲罰手段，從而避免預算編制中的「預算鬆弛」等問題。

（六）預算編制方法選擇適當

預算編制方法是多種多樣的。成功的預算編制能夠結合企業的行業特點、競爭戰略、管理基礎和要求，選擇合適的預算編制方法。例如，對於產品製造類企業，可以根據實際情況考慮採用彈性預算法編制預算；對於工程服務類、研發類企業，可以根據項目管理的需要編制項目預算；對於具有一定管理基礎的企業，可以採用滾動預算法編制預算。

第四節　預算執行與考核

一、預算執行

企業預算一經批覆下達，各預算執行單位就必須認真組織實施，將預算指標層層

分解，從橫向到縱向落實到內部各部門、各單位、各環節和各崗位，形成全方位的預算執行責任體系。

企業應當將預算作為預算期內組織、協調各項經營活動的基本依據，將年度預算細分為月份和季度預算，以分期預算控製確保年度預算目標的實現。

企業應當強化現金流量的預算管理，按時組織預算資金的收入，嚴格控製預算資金的支付，調節資金收付平衡，控製支付風險。

對於預算內的資金撥付，企業應當按照授權審批程序執行；對於預算外的項目支出，企業應當按照預算管理制度規範支付程序；對於無合同、無憑證、無手續的項目支出，不予支付。

企業應當嚴格執行銷售、生產和成本費用預算，努力完成利潤指標。在日常控製中，企業應當健全憑證記錄，完善各項管理規章制度，嚴格執行生產經營月度計劃和成本費用的定額、定率標準，加強適時監控。對預算執行中出現的異常情況，企業有關部門應及時查明原因，提出解決辦法。

企業應當建立預算報告制度，要求各預算執行單位定期報告預算的執行情況。對於預算執行中發現的新情況、新問題及出現偏差較大的重大項目，企業財務管理部門以至預算委員會應當責成有關預算執行單位查找原因，提出改進經營管理的措施和建議。

企業財務管理部門應當利用財務報表監控預算的執行情況，及時向預算執行單位、企業預算委員會以至董事會或經理辦公會提供財務預算的執行進度、執行差異及其對企業預算目標的影響等財務信息，促進企業完成預算目標。

二、預算調整

(一) 預算調整的內涵

預算調整是指當企業的內外部環境或者企業的經營策略發生重大變化，致使預算的編制基礎不成立或者將導致企業的預算執行結果產生嚴重偏差，原有預算已不再適宜時進行的預算修改。

當出現下列事件時，企業的預算很可能需要進行相應的調整：

（1）由於國家政策法規發生重大變化，致使預算的編制基礎不成立，或導致預算與執行結果產生重大偏差。

（2）由於市場環境、經營條件、經營方針發生重大變化，導致預算對實際經營不再適用。

（3）內部組織結構出現重大調整，導致原預算不適用。

（4）發生企業合併、分立等行為。

（5）出現不可抗力事件，導致預算的執行成為不可能。

6. 預算委員會認為應該調整的其他事項。

(二) 預算調整的原則

企業在預算調整實務中存在的問題在於：一是過於強調預算剛性，不能根據環境變化而及時調整，導致資源重大浪費；二是有些企業走向另一極端，預算調整的隨意性較大；三是預算收入和利潤目標一般調低不調高，削弱了企業經營戰略的有效實施。

因此，企業的預算調整應當堅持以下原則：
（1）預算調整必須基於客觀因素發生重大變化。
（2）預算調整必須有利於企業戰略的實現。
（3）按規定程序進行調整。
（4）調整頻率、調整範圍（局部或整體）要適當。

（三）預算調整的程序

對預算進行調整，必須按照一定的程序進行。預算調整主要包括分析、申請、審議、批准等主要程序，具體如下：
（1）預算執行單位對需要進行預算調整的事項進行深入分析，明確調整範圍和金額。
（2）預算執行單位向主管領導申請調整預算，報請主管領導審核同意。
（3）預算執行單位向預算管理辦公室提出預算調整申請，預算管理辦公室組織對調整申請進行審議。
（4）預算管理辦公室向預算管理委員會上報經審議后的預算調整申請。
（5）預算管理委員會批准預算調整。
（6）預算管理辦公室下達預算調整通知。

三、預算考核

（一）預算考核的作用

預算考核指通過對各預算執行單位的預算完成結果進行檢查、考核與評價，為企業實施獎懲和激勵提供依據，為改進預算管理提供建議和意見，是企業進行有效激勵與約束、提高企業公司績效的重要內容。

預算考核是整個企業預算管理中的重要一環，具有承上啓下的作用。預算考核是一種動態考核和綜合考核，企業在特定預算期間的預算執行過程中和完成后都要適時進行考核，以便更好地實現企業戰略和預算管理目標。具體來說，預算考核具有以下作用：

1. 明確戰略導向

設計科學合理的預算考核指標體系可以體現企業的戰略方向和管理意圖，整合企業各預算執行主體的活動，強化企業的優勢，彌補不足，進一步提升企業的核心競爭力。

2. 強化激勵機制

企業可以通過量化的關鍵業績指標，結合一些定性指標對預算執行單位進行考核，肯定相關單位和員工的工作業績，並以貨幣方式和非貨幣方式獎勵先進，增強員工的成就感，提高員工的工作積極性和主動性。

3. 改善業績評價

預算目標通過層層分解與落實，使企業每位員工都有其相應的預算目標，將員工的實際工作績效與其預算目標相比較、考核與評價，並確定責任歸屬，與相應的獎懲方法掛鉤，是一種比較公正、合理和客觀的激勵與約束方式，有利於完善企業的業績評價系統。

4. 提升管理水平

通過對預算執行主體的預算完成情況的考核，可以檢驗現行的各項預算標準（如材料定額和工時定額等）是否合理和可行，為修正下期預算目標或標準、調整企業策略提供依據和參考，以使管理者優化預算目標和標準，更好地實現企業的經營目標和長遠目標。

(二) 預算考核的原則

1. 目標性原則

預算考核的目的是為了更好地實現企業戰略和預算目標，因此在企業預算考核體系的設計中，應遵循目標性原則，以考核引導各預算執行單位的行為，避免各責任中心發生只顧局部利益，不顧全局利益的行為。例如，對於生產部門的考核，不僅要考核產品的數量、質量，還需要考核相應的成本標準，或將銷售指標和利潤指標作為其輔助指標進行考核，以引導企業的生產部門關心企業產品的銷售收入和利潤完成情況。又如，對於銷售部門的考核，不僅要考核其是否完成收入指標、毛利指標，還需要對存貨週轉率、應收帳款週轉率等指標進行考核，以促進銷售部門努力降低資金占用，提高投資收益率。

2. 可控性原則

預算考核既是預算執行結果的責任歸屬過程，也是企業各預算執行主體間的利益分配過程。因此，預算考核必須公開、公正和公平，各預算執行單位以其責權範圍為限，對其可以控製的預算差異負責，利益分配也以此為基礎，做到責、權、利相統一。但是，為避免強調可控而導致各預算執行單位的相互推諉，出現無人負責的現象，在預算目標下達時，應盡可能明確各預算執行單位的可控範圍或可控因素。

3. 動態性原則

預算的考核要講究時效性，企業可根據管理基礎、內外部環境變化以及經營需要來選擇例行的考核時點，如季度考核、半年度考核、不定期考核等。如果等年度期結束后再進行考核，則木已成舟，削弱了預算考核應有的作用。通過對預算的執行結果及時考核，並適時地根據預算執行單位的實際績效進行獎懲，有助於預算管理工作的改進和預算目標的實現。

4. 例外性原則

在企業的預算管理中，可能會出現一些不可控的例外事件，如市場的變化、產業環境的變化、相關政策的改變、重大自然災害和意外損失等，考核時應對這些特殊情況做特殊處理。企業受到這些因素的影響後，應及時按程序調整預算，考核也應按調整后的預算指標來進行。

5. 公平公開原則

預算的考核必須公平，即相同的績效要給予相同的評價，否則員工就會感覺不公平，產生不滿情緒，挫傷員工工作積極性，並引起相互間的不信任。預算考核還必須公開，考核的標準是公開的。標準是指導人們工作的規範，而不是制裁員工的「秘密武器」，考核標準公開是考核成績公平的前提，公開標準便於員工監督。考核公開包括制定標準的過程對被考核者公開、考核標準要在執行之前公布、考核結果應在必要的範圍內公布。

6. 總體優化原則

和其他的管理工具一樣，預算的目標是通過調動各責任預算主體的積極性、主動性來實現企業預算管理的總目標。但是，責任預算主體是具有一定權力並承擔相應責任的利益關係人，其工作目標主要是為了自身利益的最大化，會產生局部利益（個人利益）與整體利益（企業利益）之間的矛盾。例如，銷售部門重銷售而忽略資金的回收；生產部門關注產品的質量和數量，而不重視產品是否適銷對路，是否可以通過技術、工藝的改進來降低成本及提高競爭力；等等。預算考核要有利於企業總體目標的實現和企業價值最大化。

(三) 預算考核系統

企業預算考核系統包括以下要素：考核主體、考核對象、考核內容、考核指標體系、考核週期、考核流程等，這些要素都需要在企業的預算考核管理辦法中加以規定。

1. 考核主體

財務預算考核主體是預算考核的組織者和實施者。預算的考核主體是一個多層次的考核主體，一般分為以下兩個層次：

第一層次的考核主體是預算管理委員會組織的預算考核小組，成員主要由財務、審計、計劃和人力資源等相關部門的專業人員構成。對於企業預算的執行情況，預算管理委員會所屬預算考核小組作為最高級別的考核主體行使其考核職責。

第二層次的考核主體是企業內部的各級部門，這是按照逐級負責制原則，由上級對下級的預算執行情況進行逐級考核與評價，其考評對象是下級各責任部門和相關責任人員。

在財務預算考核體系中，處於中間層面的各個部門既是上級考核主體的考核對象，又是下級部門的考核主體。

2. 考核對象

預算考核的具體對象是各預算執行單位（責任中心）以及各責任中心的管理團隊和員工。不同的責任中心應該設計不同的考核指標或相同指標設計不同的指標值，使各責任中心的管理者和員工都關心預算考核，認真對待預算考核，根據考評結果不斷提升工作效率，促進各責任中心創造出更大價值。

3. 考核內容

預算考核內容有以下兩個方面：

（1）預算目標完成情況的考核。預算目標完成情況的考核是對企業各預算執行單位（投資中心、利潤中心、收入中心、成本費用中心等）主要預算指標完成情況的考核。對超額完成的責任主體進行獎勵，對未達標者進行懲罰，可以鼓勵各預算執行單位超額完成預算目標，促進企業價值的最大化。

（2）預算組織工作的考核。預算組織工作的考核是對預算管理各環節工作質量的評價，其目的是為了提高企業的預算管理水平。其主要考核內容有：預算編製是否準確、及時、規範；預算分析工作是否及時，是否發現了經營中存在的問題和風險，是否提出了相應的改進建議；預算控制是否到位；預算調整是否按程序進行；等等。對這些定性指標的考核，主要採用打分法，根據預算各責任主體的執行情況，由考核主體進行打分考核。

4. 考核指標體系

企業應依據各責任主體的責權範圍、經營特點、戰略要求等設計考核指標。預算考核指標不僅包括財務指標，還應包括非財務指標，並在內部與外部、短期與長期指標之間取得良好的平衡。

5. 考核週期

考核週期是指企業在考核管理辦法中事先規定考核的頻率或時間跨度，如季度考核、半年度考核或年度考核。在實務中，企業往往採用定期考核與不定期考核相結合的方式，當企業所在行業或相關宏觀經濟狀況發生重大變化、企業做出戰略調整或出現其他重要情況時，企業也可以進行不定期的、臨時性的考核。

6. 考核流程

預算考核流程一般包括以下幾個環節：確認各責任中心的預算執行結果；收集資料，編制預算執行情況的分析報告；組織考核團隊對各責任中心考核打分；確認並上報考核結果。

(三) 預算考核指標體系的優化

企業在預算考核指標體系設計中存在的主要問題有以下幾個方面：

1. 考核指標單一

有些企業在進行預算考核時，僅設置收入、利潤指標，指標體系過於簡單，會帶來預算寬鬆、業績操縱的問題；不能充分體現企業戰略管理意圖，不利於企業資源的優化配置。企業在不同的發展階段、不同的行業或經濟環境下，就會選擇不同的發展戰略，預算目標的指標體系應發揮出導向作用。例如，促進企業加快資產的週轉，就需要設計存貨週轉率、應收帳款週轉率等指標；當銀根緊縮，行業經營環境惡化時，就需要加強現金短缺風險的管理，設置流動性指標、現金流量指標等。

2. 指標含義不明確甚至錯誤

有些企業在預算目標下達時，沒有明確相關指標的含義，從而在考核時引起爭議。例如，對於怎樣才算完成收入指標，由於缺乏明確的定義，銷售部門會認為合同已簽訂、貨已發出，即銷售已實現。而會計部門則需要按照會計準則或會計制度要求，銷售商品只有達到收入確認條件時，才能確認收入。有一些企業在內部考核時，特別強調現金流量，往往不僅要求商品已發出，達到會計上的收入確認條件，還要求收到貨款才算作收入實現。因此，如果指標含義不明確，就會引起考核過程中的爭議，影響預算考核的效率與效果。

3. 指標之間缺乏邏輯性

有些企業設計了很多的預算指標，但指標之間缺乏關聯關係；或者放棄已有的財務指標不用，而選擇內涵模糊的財務指標。如有些企業設置了「回款率」考核指標，即當年銷售收入與現金回收之間的比例關係。但是，企業當期收回的現金，既可能是上期的尾款，也可能是當期的預收款，並不能說明什麼問題。採用「應收帳款週轉率」或「應收帳款週轉期」指標，結合對存貨週轉期、週轉率，應付帳款週轉率、週轉期的計算和分析，就可以有效地計算出企業現金轉換的期限和速度。

企業考核指標體系設計，應該注意以下四點：

(1) 考核指標體系應該兼顧財務指標和非財務指標。按照平衡計分卡思路，指標

體系設計中應兼顧財務指標與非財務指標的平衡、領先與滯后的平衡、短期與長期的平衡、內部與外部的平衡，從以下四個維度來設計企業的年度經營指標體系：

①財務類指標。這類指標主要從財務上反映各個責任中心在生產經營方面的努力結果，包括淨資產收益率、資產負債率、流動比率、投資報酬率、銷售利潤率、應收帳款週轉率、存貨週轉率、稅后利潤、現金淨流量等。

②客戶類指標。這類指標反映各責任中心在客戶工作方面的業績，包括市場佔有率、客戶維持率、客戶滿意度、產品交貨率、產品退貨率、產品返修率、產品保修天數和保修期限等。

③內部流程類指標。這類指標主要對企業內部經營過程創新、經營和售后報告給予重點關注，包括新產品研發能力、新產品設計能力、產品製造週期、研發費用增長率、工藝改造能力、生產能力利用率、機器完好率、設備利用率和安全生產率等。

④學習與成長類指標。這類指標反映企業可持續發展的能力，包括員工不滿意度、員工流動率、員工培訓次數、員工提案改善建議等。

（2）考核指標必須突出戰略管理重點。為體現企業戰略管理的重點，全部指標應分為核心指標、輔助指標（或修正指標）等。

核心指標是反映企業戰略重點的一些綜合性指標，如收入增長率、新產品銷售增長率、淨資產收益率、經營性現金淨流量等。

輔助指標是為了更好地說明核心指標內容的一些更為具體的指標，如市場佔有率、合同金額增長率、不良品降低率等。

這樣企業的預算考核指標體系就構成一張二維表，如表 8-16 所示。

表 8-16　　　　　　　　　　預算考核指標體系

	財務維度	客戶維度	內部流程維度	學習與成長維度
核心指標				
輔助指標				
修正指標				

（3）抓住關鍵業績指標（KPI），控製 KPI 的數量。考核指標之間具有關聯性，但不能面面俱到，應通過抓住關鍵業績指標將員工的行為引向組織的目標方向。每個維度的指標控製在 5 個左右，太少的指標可能無法反映職位的關鍵績效水平；太多的指標會增加管理的難度，並降低對員工行為的引導作用。

（4）體現出各責任中心的主要職責。考核指標體系的設計應以各責任主體的責權範圍為限，將責任主體的可控事項納入考核範圍，根據責任中心的具體特點來設置考核核心指標、輔助指標或修正指標，並賦予不同的權重和分值。

（四）預算考核的程序

預算考核的程序包括制定預算考核管理辦法、確認各責任中心的預算執行結果、編制預算執行情況的分析報告以及組織考核、撰寫考核報告、發布考核結果。

1. 制定預算考核管理辦法

要做好預算考核工作，充分發揮預算管理對企業發展的積極作用，企業最高管理

層就必須充分重視預算考核工作，通過考核制度的建設與完善來確保預算考核工作的順利進行。

企業可以單獨制定預算考核管理辦法，也可以將預算考核的相關制度和流程納入總的預算管理制度之中。

2. 確認各責任中心的預算執行結果

在一個預算期間結束後，各預算考核主體首先要收集考核相關的各種資料。預算考核所需資料包括內部資料和外部資料兩個方面。內部資料主要是有關預算目標及其執行情況的資料，用以確定預算差異；外部資料包括影響預算執行結果的有關外部因素的變動信息，用以對預算執行單位進行預算考核和評價。

各預算執行單位的實際績效與預算數之間的差異可以分為兩類：有利差異和不利差異。有利差異是指實際情況要好於預算情況，如實際銷售收入超額完成預算、費用的實際數小於預算數等；不利差異則與有利差異相反。預算考核主體要對預算執行單位的主要預算指標與實際績效逐項進行比較，列出各種差異，確定差異額，並分清是有利差異還是不利差異。

3. 編制預算執行情況的分析報告

通過實際績效與預算數進行對比計算出差異後，企業需要編制預算執行情況的分析報告，分析差異產生的原因，識別和評估企業經營管理中存在的問題與風險，並結合戰略分析、行業分析、市場分析等，提出針對性的改進建議。

4. 組織考核、撰寫考核報告、發布考核結果

經過預算考核，預算管理委員會所屬預算考核小組需要就考核情況和結果撰寫考核報告，報告應肯定成績，指出問題，找出原因，並為企業實行獎懲提供依據。報告內容主要包括以下方面：一是預算執行、調整、監控、分析考核指標與考核情況說明；二是預算考核評語，內容包括預算執行業績、實際表現、優缺點、努力方向等。同時，預算考核完畢後，預算管理委員會應及時對預算考核結果進行整理、歸檔和發布。

（五）成功的預算考核特徵

實務中成功經驗表明，成功的預算考核應注意以下四點：

1. 建立績效考核的多重標準，妥善解決預算管理中的行為問題

企業的預算考核要與預算的目標體系進行良好的協調，應建立績效考核的多重標準，不僅有收入、利潤指標，還有客戶滿意度、市場佔有率等非財務指標。在預算目標下達時，就明確指標含義，這樣預算考核的主要內容就是比較預算目標與實際執行結果，避免考核中的意見分歧和討價還價。

2. 加強對預算體系運行情況的考核

預算考核的內容分為兩類：一是預算完成情況的考核；二是預算體系運行情況的考核。預算完成情況的考核應側重經營的效率與效果，包括收入、利潤、資產週轉率等財務指標以及市場佔有率、客戶滿意度等非財務指標。預算體系運行情況的考核內容包括預算編制的準確性與及時性、預算調整是否按程序進行、預算分析報告的質量等。

3. 加強預算考核的嚴肅性

企業應當建立嚴格的績效評價與預算執行考核獎懲制度，堅持公開、公正、透明的原則，對所有預算執行單位和個人進行考核，切實做到有獎有懲、獎懲分明，不斷

提升預算管理水平，促進企業全面實現預算管理目標。

4. 實施貨幣與非貨幣激勵

預算考核與激勵體系相結合，可以更好地維護預算的嚴肅性，實現預算管理的目的。通過實施貨幣與非貨幣激勵（包括工作的多樣性、職位變化以及員工培訓與選拔等）來加強目標的一致性，增強員工實現目標的主動性和責任性。

本章小結

1. 預算的分類（見表 8-17）

表 8-17　　　　　　　　　　　預算的分類

序號	預算的分類依據	分類
1	根據內容不同	企業預算可以分為業務預算（經營預算）、專門決策預算和財務預算。
2	根據預算指標覆蓋的時間長短	企業預算可分為長期預算和短期預算。

2. 預算的編制方法（見表 8-18）

表 8-18　　　　　　　　　　預算的編制方法

序號	方法	定義	特點
1	增量預算	以基期成本費用水平為基礎，結合預算期業務量水平及有關降低成本的措施，通過調整有關費用項目而編制預算的方法。	缺點：可能導致無效費用開支項目無法得到有效控製；可能使原來不合理的費用繼續開支而得不到控製，形成不必要開支合理化，造成預算上的浪費。
2	零基預算	不考慮以往會計期間發生的費用項目或費用數額，而是一切以零為出發點，從實際需要逐項審議預算期內各項費用的內容及開支標準是否合理，在綜合平衡的基礎上編制費用預算的方法。	優點： （1）不受現有費用項目的限制。 （2）不受現行預算的束縛。 （3）能夠調動各方面節約費用的積極性。 （4）有利於促使各基層單位精打細算，合理使用資金。 缺點：編制工作量大。
3	固定預算（靜態預算）	在編制預算時，只根據預算期內正常、可實現的某一固定的業務量（如生產量、銷售量等）水平作為唯一基礎來編制預算的方法。	缺點： （1）適應性差。 （2）可比性差。

表8-18(續)

序號	方法	定義	特點
4	彈性預算（動態預算）	在成本性態分析的基礎上，依據業務量、成本和利潤之間的聯動關係，按照預算期內可能的一系列業務量（如生產量、銷售量、工時等）水平編制的系列預算方法。	（1）彈性預算是按一系列業務量水平編制的，從而擴大了預算的適用範圍。 （2）彈性預算是按成本性態分類列示的，在預算執行中可以計算一定實際業務量的預算成本，便於預算執行的評價和考核。

3. 預算編制程序（見表8-19）

表 8-19　　　　　　　　　　預算編制程序

程序	負責機構	具體內容
1. 提出及下達目標	董事會、經理辦公會或類似機構	（1）企業發展戰略和預算期經濟形勢的初步預測，在決策的基礎上，提出下一年度企業預算目標。
	預算委員會	（2）將預算目標下達各預算執行單位。
2. 編制上報	預算執行單位（企業內部各職能部門、企業所屬基層單位）	（3）提出詳細的本單位預算方案，上報財務管理部門。
3. 審查平衡	財務管理部門	（4）審查、匯總各單位預算方案，提出綜合平衡的建議。
	預算委員會	（5）充分協調「審查平衡」，並反饋給有關預算執行單位予以修正。
4. 審議批准	財務管理部門	（6）在預算執行單位修正調整的基礎上，編制出企業預算方案，報財務預算委員會討論。 （7）企業財務管理部門正式編制企業年度預算草案。
	預算委員會	（8）責成有關預算執行單位進一步修訂、調整不合理之處。
	董事會或經理辦公會	（9）審議批准年度預算。
5. 下達執行	財務管理部門	（10）將審議批准的年度總預算，一般在次年3月底以前，分解成一系列的指標體系。
	預算委員會	（11）逐級下達各預算執行單位執行。

第九章 財務分析

案例導入

第一季度財報分析：新能源汽車產業鏈良好[①]

截至 2017 年 4 月 27 日，滬深兩市已有 2,828 家公司發布 2016 年年度報告，合計實現歸屬上市公司股東的淨利潤 25,527.50 億元，同比增長 5.73%，增幅比 2015 年擴大 4.04 個百分點。其中，1,957 家公司淨利潤同比實現增長，占比 69%；1,306 家公司淨資產收益率同比增長，占比 46%，比 2015 年擴大 9.5 個百分點。上市公司盈利能力大為好轉。分板塊看，中小板和創業板公司業績增長明顯好於主板公司。行業方面，週期性行業、新能源汽車產業鏈等公司表現良好。同時，1,899 家公司發布了 2017 年第一季度報表。其中，1,370 家公司淨利潤增長，增長幅度達到 100% 以上的公司有 423 家。

一、整體盈利能力增強

萬得（Wind）資訊統計數據顯示，上述 2,828 家公司合計實現營業收入 298,569.63 億元，同比增長 8.10%，增速同比提高 7.24 個百分點；淨利潤合計為 25,527.50 億元，同比增長 5.73%，增速同比提高 4.04 個百分點。其中，1,957 家公司淨利潤同比增長，占比為 69%；而在 2015 年，這些公司中有 1,688 家公司淨利潤同比增長，占比為 60%。在淨利潤增長的 1,957 家公司中，542 家公司淨利潤增幅在 100% 以上；558 家公司淨利潤增幅在 30%~100%；857 家公司淨利潤增幅在 30% 以下。871 家公司淨利潤下滑，下降幅度超過 100% 的有 140 家；下降幅度在 30%~100% 的有 323 家；下降幅度在 30% 以下的有 408 家。

值得注意的是，在業績同比增長的公司中，增幅在 30% 以下的公司占比最大，為 44%。

部分公司淨利潤增幅與營業收入增幅出現不匹配的情況，有的公司營業收入增長不明顯甚至有所下降，而淨利潤出現較大增長。業內人士分析，部分公司業績大幅增長可能並非主營業務發展。由於進行了資產重組，其高增長的持續性仍待觀察。從反映盈利能力的淨資產收益率看，加權淨資產收益率為正值的公司有 2,655 家，167 家公司加權平均淨資產收益率為負值，另有 6 家公司沒有數據。在加權淨資產收益率為正值的公司中，1,094 家公司的加權淨資產收益率在 10% 以上，占發布年報公司的比例為 39%。其中，加權淨資產收益率在 20% 以上的公司有 260 家。這些公司的盈利能力相當

[①] 第一季度財報分析：新能源汽車產業鏈良好 [EB/OL]. (2017-05-03) [2017-07-26]. http://auto.sina.com.cn/news/hy/2017-05-03/detail-ifyetwtf9804753.shtml.

強。此外，加權平均淨資產收益率在 0~5% 的公司有 741 家，加上淨資產收益率為負的 167 家公司，這些公司占比達到 32%。這顯示出三成左右公司盈利能力較弱。

數據顯示，2016 年淨資產收益率同比增長的公司有 1,306 家，占比為 46%；淨資產收益率同比下降的公司有 1,512 家，占比達到 53%；另有 10 家公司沒有可比數據。對比 2015 年年報情況，淨資產收益率同比增長的公司有 1,032 家，占比為 36%；淨資產收益率同比下降的公司有 1,788 家，占比為 63%；另有 8 家公司沒有可比數據。這顯示出上市公司整體盈利能力明顯增強。

不過，仍有逾五成發布年報的公司的盈利能力存在一定幅度的下降。業內人士認為，2016 年，經濟增速穩中向好，特別是週期性行業（如鋼鐵、煤炭、有色金屬等）回暖明顯；同時，多家公司完成了股份增發，淨資產增加，而這些資產要發揮效益仍需一定時間，對淨資產收益率有一定影響。數據顯示，在上述 2,828 家公司中，2016 年年底淨資產同比增長的公司有 2,524 家，增幅在 50% 以上的公司有 596 家。

二、週期性行業回暖

分板塊看，中小板、創業板公司淨利潤增長明顯好於主板。

目前，滬深市場主板已發布 2016 年年報的公司為 1,478 家，合計實現淨利潤 22,513.59 億元，同比增長 2.66%，增幅提高了 2.7 個百分點。其中，淨利潤同比增長的公司有 978 家，占比為 66%；淨利潤同比下降的公司有 500 家，占比為 34%。

604 家創業板公司發布了年報，合計實現淨利潤 929.11 億元，同比增長 37.45%，增幅擴大 12.74 個百分點。其中，淨利潤同比增長的公司有 447 家，占比為 74%；淨利潤下降的公司有 157 家，占比為 26%。746 家中小板公司合計實現淨利潤 1,900.71 億元，同比增長 39.68%，增幅擴大 23.73 個百分點。其中，淨利潤同比增長的公司有 534 家，占比為 72%；而淨利潤下降的公司有 212 家，占比為 28%。從目前情況看，中小板公司、創業公司公司淨利潤增長表現相對更好，主板公司增幅相對較小。

從淨資產收益率看，1,360 家主板公司淨資產收益率為正值，占 1,478 家發布年報公司的 92%；586 家創業板公司淨資產收益率為正值，占 604 家發布年報公司的 97%；709 家中小板公司淨資產收益率為正，占比為 95%。從淨資產收益率同比增長情況看，657 家主板公司 2016 年淨資產收益率同比增長，占 1,478 家發布年報公司的 44%；265 家創業板公司淨資產收益率同比增長，占比為 44%；384 家中小板公司淨資產收益率增長，占比為 51%。

業內人士對此分析，中小板公司和創業板公司規模相對較小，主業多為新興行業或與此相關，傳統行業相對較少；而主板公司規模通常更大，多為傳統行業公司或與此相關的業務。

值得注意的是，不少週期性行業回暖明顯。在 37 家煤炭公司中，32 家已發布年報，這些公司合計實現淨利潤 302.5 億元，同比大增 10.32 倍；虧損企業由 2015 年的 14 家減少到 7 家。在 36 家鋼鐵類公司中，33 家發布了年報，2016 年合計實現淨利潤為 65.95 億元，而 2015 年這些公司合計虧損 502.89 億元；虧損企業由 2015 年的 19 家減少到 2016 年的 3 家。在 115 家有色金屬類上市公司中，101 家發布了年報，合計實現淨利潤 211.2 億元，同比增長 6.34 倍；虧損企業由 2015 年的 22 家減少到 2016 年的 4 家。此外，部分化工細分行業增長明顯，包括化學原料、化學纖維等。

新能源汽車產業鏈特別是中上游相關上市公司業績增長明顯。其中，多氟多、堅瑞沃能、當升科技、天齊鋰業、贛鋒鋰業、比亞迪等公司淨利潤增長明顯。

三、2017年第一季度開局良好

截至2017年4月27日，1,899家公司發布了2017年第一季度報表，合計實現營業收入25,222.75億元，同比增長26.07%；淨利潤合計為2,077.95億元，同比增長30.38%。在淨利潤增長的1,370家公司中，增幅在100%以上的公司有423家，增幅在30%~100%的公司有421家，增幅在0~30%的公司有526家。在淨利潤下降的529家公司中，降幅超過100%的公司有102家，降幅在30%~100%的公司有194家，降幅在0~30%的公司有233家。

從目前情況看，2017年第一季度報表淨利潤增幅較大的公司不在少數。這顯示出經濟回暖的勢頭仍在持續，推動相關公司業績增長；同時，這也與2016年第一季度基數低有關。從淨資產收益率看，2017年第一季度為正值的公司有1,651家，占1,899家發布2017年第一季度報表公司的87%；而這些公司中2016年第一季度淨資產收益率為正值的有1,378家，占比為73%。2017年第一季度淨資產收益率同比增長的公司有943家，占比為50%；而2016年第一季度淨資產收益率同比增長的公司為734家，占比為39%。分板塊看，705家主板公司2017年第一季度合計實現淨利潤1,551.66億元，同比增長30.32%。其中，522家公司業績增長，占比為74%。609家創業板公司2017年第一季度合計實現淨利潤178.24億元，同比增長14.26%。其中，524家公司增長，占比86%。585家中小板公司合計實現淨利潤348.05億元，同比增長40.87%。其中，520家公司業績增長，占比89%。

思考：如何利用財務指標進行企業財務能力分析？

第一節　財務分析概述

一、財務分析的概念

財務分析是相關信息用戶以企業財務報告為主要依據，結合相關的環境信息，對企業財務狀況、經營業績和財務狀況變動的合理性與有效性進行客觀確認，並分析企業內在財務能力和財務潛力，預測企業未來財務趨勢和發展前景，評估企業的預期收益和風險，據以為特定決策提供有用的財務信息的經濟活動。

（一）財務分析的主體是相關信息用戶

這些信息用戶一般包括現實利益主體、潛在利益主體和各利益主體的決策服務主體。其中，現實利益主體是指目前與企業存在經濟利益關係的相關信息用戶，主要是股東、債權人、經營者、員工以及政府職能部門等；潛在利益主體是指可能與企業發生經濟關係的行為主體，包括潛在的股東、債權人、經營者、員工等；各利益主體的決策服務主體是指需要利用企業財務報告進行財務分析，據以為企業各利益主體的決策提供信息支持的有關組織或個人，如證券經紀公司、投資研究與諮詢機構、股評人士等。

（二）財務分析的依據是企業財務報告及相關的環境信息

財務報告包括財務報表和報表附註兩個部分。相關環境信息則是指非財務性質的，

或受某些條件限制，財務報告所無法披露的，對企業財務狀況與經營業績的現狀及其變化趨勢存在或將產生影響的各種環境信息，具體又可分為企業內部環境信息和外部環境信息兩個方面。

(三) 財務分析的內容可從不同角度考察

從性質上看，財務分析的內容包括財務狀況、經營業績以及各項財務能力（主要是償債能力、獲利能力、營運能力和發展能力等）；從時間上看，包括財務現狀、財務趨勢以及財務前景；從與投資決策的相關性看，財務分析的內容包括投資的預期收益與風險等。上述各項內容之間相互交叉、相互重疊。例如，無論是財務現狀與前景的分析，還是預期收益與風險的分析，都要從財務狀況、經營業績以及內在財務能力等方面分析，而財務狀況、經營業績以及財務能力的每一個方面都要從現狀、趨勢、前景以及對預期收益與風險的影響等方面進行考察和分析。

(四) 財務分析的目的在於為特定決策提供有用的信息支持

財務報告的目的在於提供決策所需的財務信息，財務報告提供的信息是對所有信息用戶決策有用的通用的一般信息，不同的信息用戶有不同的財務目標，利用財務報告信息的角度和重點不盡相同，需要對財務報告等信息進行二次信息加工處理，以為特定決策提供有用的信息支持。

二、財務分析的視角與內容

無論任何分析主體，要獲得能予支持特定決策的財務分析信息，首先應當明確財務分析的視角。所謂財務分析的視角，就是由特定決策目標決定的審視財務信息的角度，通俗地說，就是為獲得能夠滿足某項特定決策所需的財務信息，應著重從哪些方面進行分析。合理界定財務分析視角，不僅是實現財務分析信息相關性的客觀要求，而且也有利於提高財務分析的效率和效益。

財務分析的視角可從多個方面予以分析和界定。從財務分析的服務對象看，有以內部管理決策為視角和以外部投資決策為視角；從投資決策的性質看，有以債權投資決策為視角和以股權投資決策為視角；從投資目的和期限看，有以長期投資決策為視角和以短期投資決策為視角。

財務分析的視角不同，其分析內容和側重點也就不同。

以內部管理決策為視角的財務分析，其內容側重於經營業績、獲利能力、經營能力以及負債的財務槓桿效益等幾個方面，其他方面（如財務狀況、償債能力等）則屬於輔助性分析內容。

以長期債權投資決策為視角的財務分析，其內容側重於財務狀況及長期償債能力，而有關經營能力、獲利能力等方面屬於輔助性內容。

以短期債權投資決策為視角的財務分析，其內容側重於短期償債能力，而無需過多地關注長期償債能力、獲利能力等方面的內容。

以長期股權投資決策為視角的財務分析，其內容側重於經營能力、獲利能力、資本增值能力以及長期性投資價值等方面，至於近期財務狀況與經營業績則處於相對次要的位置。

以短期股票投資決策為視角的財務分析，其內容側重於近期的經營業績以及能反

映短期性投資價值方面的內容（如每股收益、每股股利、市盈率等），而無須過多地關注償債能力、獲利能力、經營能力等具有內在性和長期影響性的內容。上述財務分析視角與財務分析內容的關係可歸納如表9-1所示。

表9-1　　　　　　　　　財務分析視角與財務分析內容的關係

財務分析視角	基本內容	輔助內容
內部管理決策	經營業績、獲利能力、經營能力、財務槓桿效應等	財務狀況、償債能力等
長期債權投資決策	資本結構、長期償債能力	獲利能力、經營能力、現金流量等
短期債權投資決策	短期償債能力、現金流量	經營業績、負債構成
長期股權投資決策	經營能力、獲利能力、資本累積及增值能力、財務槓桿效應、長期投資價值	財務狀況、償債能力等
短期股票投資決策	經營業績、短期投資價值	財務狀況、短期償債能力等

三、財務分析的原則

（一）客觀性原則

一是分析依據的客觀性，即分析所依據的各項資料必須內容真實、數字準確，能如實反映企業的財務狀況與財務績效。二是分析結論的客觀性，即分析結論能客觀地說明企業的財務現狀及其在不同期間的變化趨勢。根據這一原則，對企業財務進行分析時，應結合註冊會計師的審計結論，對各項報表數據及附註資料的可靠性進行分析判斷，辨別真偽、去偽存真，對分析結論則應堅持實事求是，不可主觀臆斷。

（二）可比性原則

一是行業可比性，即分析結果應能在同行業不同企業之間進行比較。這種可比性要求在對企業財務進行分析時，應盡可能採用行業通用的分析指標和分析方法，對於行業財務制度或有關法規中已規定的指標和計算方法，分析人員應共同遵守，對於財務制度未做規定的，應遵循行業慣例，沒有行業慣例的，應在分析報告（或備忘記錄）中註明分析辦法。二是期間可比性，即分析結果應能就同一企業的不同期間進行比較。這種可比性要求對企業財務進行分析時，應保持分析指標與分析方法在不同期間的穩定性與一致性，對於因財務會計政策變更所產生的差異，應在分析中進行必要的調整，不能調整的，應在分析報告（或備忘記錄）中予以說明。

（三）充分性原則

一是資料搜集的充分性，即搜集的資料要能夠滿足真實、客觀地分析企業財務及經營情況的需要，既要搜集現狀資料，又要搜集歷史資料；既要搜集企業核算資料，又要搜集宏觀環境資料；既要搜集被分析企業的資料，又要搜集同行業其他企業的相關資料。二是分析指標選擇與運用的充分性，即分析指標的選擇和運用應充分體現分析目的的要求，對於以特定決策為目的的財務分析，應選擇和運用與該分析目的相關的所有指標，對於面向非特定信息用戶的財務分析（即各決策服務主體所進行的分

析），則應運用能夠反映企業財務狀況及財務績效的所有指標。三是比較標準的充分性，即在進行企業財務的比較分析時，應確保比較標準選擇的全面性和完整性，既要運用預算標準來分析企業一定期間財務目標的實現程度，又要運用行業標準和歷史標準，揭示企業財務狀況與財務績效的行業差異和動態趨勢。

（四）科學性原則

科學性主要指分析方法的科學性，其基本內容是以辯證唯物論為依據，採用系統的分析方法。首先，在充分挖掘企業財務各方面、各項指標內在關聯的基礎上，對各項指標做相互聯繫的因果分析，以便能深入、綜合地揭示企業財務的內在狀況和規律。其次，堅持定量分析與定性分析相結合，避免只講定量計算而不講定性分析，或只重定性分析而忽視定量計算的現象。一般而言，在分析時應對各項指標先進行定量計算，在確定數量差異基礎上，再結合有關因素進行定性分析。

四、財務分析的基本程序與步驟

（一）財務分析信息的搜集整理階段

財務分析信息搜集整理階段主要由以下三個步驟組成：

1. 明確財務分析目的

財務分析目的是要分析企業經營業績？是要進行投資決策？還是要制定未來經營策略？只有明確了財務分析的目的，才能正確地搜集整理信息，選擇正確的分析方法，從而得出正確的結論。

2. 制訂財務分析計劃

在明確財務分析目的的基礎上，應制訂財務分析的計劃，包括財務分析內容及擬採用分析方法、財務分析的人員組成及分工、時間進度安排等。財務分析計劃是財務分析順利進行的保證。

3. 搜集整理財務分析信息

財務分析信息是財務分析的基礎。信息搜集整理的及時性、充分性、適當性，對分析的正確性有著直接的影響。信息的搜集整理應根據分析的目的和計劃進行，但這並不是說不需要經常性、一般性的信息搜集與整理。其實，只有平時日積月累各種信息，才能根據不同的分析目的及時提供所需信息。

（二）戰略分析與會計分析階段

戰略分析與會計分析階段主要由以下兩個步驟組成：

1. 企業戰略分析

企業戰略分析通過對企業所在行業或企業擬進入行業的分析，明確企業自身地位及應採取的競爭戰略。企業戰略分析通常包括行業分析和企業競爭籌資分析。行業分析的目的在於分析行業的盈利水平與盈利潛力，因為不同行業的盈利水平和潛力大小可能不同。影響行業盈利能力的因素有許多，歸納起來主要可分為兩類：一是行業的競爭程度，二是市場談判或議價能力。企業戰略分析的關鍵在於企業如何根據行業分析的結果，正確選擇企業的競爭策略，使企業保持持久競爭優勢和高盈利能力。企業進行競爭的策略有許多，最重要的競爭策略主要有兩種，即低成本競爭策略和產品差異策略。

企業戰略分析是會計分析和財務分析的基礎和導向。通過企業戰略分析，分析人員能深入瞭解企業的經濟環境和經濟狀況，從而能進行客觀、正確的會計分析與財務分析。

2. 財務報表會計分析

會計分析的目的在於分析企業會計報表反映的財務狀況與經營成果的真實程度。會計分析的作用有兩方面：一方面，通過對會計政策、會計方法以及會計披露的分析，揭示會計信息的質量；另一方面，通過對會計政策和會計估計的調整，修正會計數據，為財務分析奠定基礎，保證財務分析結論的可靠性。進行會計分析，一般可按以下步驟進行：第一，閱讀會計報告；第二，比較會計報表；第三，解釋會計報表；第四，修正會計報表信息。

會計分析是財務分析的基礎，通過會計分析，對發現的由於會計原則、會計政策等原因引起的會計信息差異，應通過一定的方式加以說明或調整，消除會計信息的失真問題。

（三）財務分析與實證分析階段

財務分析與實證分析階段在戰略分析與會計分析的基礎上進行，主要包括財務能力指標分析、基本因素分析和實證分析三個步驟。

1. 財務能力指標分析

對財務能力指標進行分析，特別是進行財務比率指標分析，是財務分析的一種重要方法或形式。財務能力指標能準確反映某方面的財務狀況。進行財務分析，應根據分析的目的和要求選擇正確的分析指標。債權人要進行企業償債能力分析，必須選擇反映償債能力的指標或反映流動性情況的指標進行分析，如流動比率指標、速動比率指標、資產負債率；而一個潛在投資者要進行對企業投資的決策分析，則應選擇反映企業盈利能力的指標進行分析，如總資產報酬率、資本收益率、股利收益率和股利發放率等，正確選擇與計算財務指標是正確判斷與分析企業財務狀況的關鍵所在。

2. 基本因素分析

財務分析不僅要解釋現象，而且應分析原因。因素分析法就是要在報表整體分析和財務指標分析的基礎上，對一些主要指標的完成情況，從其影響因素角度，深入進行定量分析、確定各因素對其影響的方向和程度，為企業正確進行財務分析提供最基本的依據。

3. 實證分析

實證分析是實證研究的方法之一，分為截面分析研究和時間序列分析研究。財務分析中的指標分析與因素分析，實際上是運用數學模型分析解釋經濟現象的變動及其原因，其目的在於分析說明某指標變動的程度、有利性、影響因素以及影響程度。實證分析則運用財務數據及其相關性解釋經濟現象或經濟指標與其某一個或幾個影響因素之間的關係，從而驗證某理論或應用方法的正確性。

實證分析涉及確定分析目標、建立分析假設、準備分析數據、運用分析技術和解釋分析結論五個步驟。

（四）財務綜合評價與分析階段

財務綜合評價與分析階段是財務分析實施階段的繼續，具體可分為以下三個步驟：

1. 財務綜合評價

財務綜合評價是在應用各種財務分析方法進行分析的基礎上，將定量分析結果、定性分析判斷以及實際調查情況結合起來，以得出財務分析結論的過程。財務分析結論是財務分析的關鍵步驟，結論的正確與否是判斷財務分析質量的唯一標準。一個正確分析結論的得出，往往需要經過幾次反覆。

2. 財務預測與價值評估

財務分析既是一個財務管理循環的結束，又是另一個財務管理循環的開始。應用歷史或現實財務分析結果預測未來財務狀況與企業價值，是現代財務分析的重要任務之一。因此，財務分析不能僅滿足於事後分析原因，得出結論，而且要對企業未來發展及價值狀況進行分析與評價。

3. 財務分析報告

財務分析報告是財務分析的最后步驟。它將財務分析的基本問題、財務分析結論以及針對問題提出的措施建議以書面的形式表示出來，為財務分析主體及財務分析報告的其他受益者提供決策依據。財務分析報告作為對財務分析工作的總結，還可作為歷史信息，以供後來的財務分析參考，保證財務分析的連續性。

五、財務分析的方法

企業財務分析有賴於運用一定的分析方法，這些分析方法大致可劃分為一般方法與技術方法。

（一）財務分析的一般方法

財務分析的一般方法主要有定量分析法與定性分析法，靜態分析法與動態分析法，獨立分析法與相關分析法。

1. 定量分析法與定性分析法

定量分析法是指依據被分析企業以及同行業其他企業各期間財務報告所列的財務數據，借助一定的數學公式或模型，對這些數據進行加工處理，據以解析企業財務各方面的數量聯繫的分析方法。

定性分析法則是財務分析人員根據其擁有的專業知識和實踐經驗，借助邏輯思維方法，對企業財務狀況、經營業績以及各項財務能力的現狀、趨勢和發展前景做出定性解析和判斷的分析方法。

2. 靜態分析法與動態分析法

靜態分析法是指以某一時點或某特定期間的財務數據為依據，通過相關財務數據的計算和比較，據以對該時點或該期間的財務狀況、經營業績等進行解析和分析的分析方法。

動態分析法是以不同時點或不同期間的財務數據為依據，通過各個時點或各個期間財務數據的計算和比較，據以提示企業財務狀況、經營業績等在不同時點、不同期間變化趨勢和規律的分析方法。

3. 獨立分析法與相關分析法

獨立分析法是指運用某一項或幾項指標對企業財務某一特定方面進行解析和分析的方法。例如，利用資產負債率指標分析企業的長期償債能力，利用流動比率、速動

比率以及現金比率指標分析企業的短期償債能力，利用資產報酬率指標分析企業的資產獲利能力等，均屬於獨立分析法的範疇。

相關分析法則是根據指標之間的內在關聯，對企業財務各個方面進行相互聯繫的比較和分析，以便能相對綜合地揭示企業財務的現狀或趨勢的分析方法。例如，為從市場變化方面揭示企業財務的趨勢和前景，可將存貨週轉率與應收帳款週轉率聯起來進行比較分析。相關分析是財務分析的一種主要分析方法，有助於實現財務分析信息的「理性化」。

(二) 財務分析的技術方法

財務分析的技術方法主要有比較分析法、比率分析法和因素分析法。

1. 比較分析法

(1) 水平比較分析。水平比較分析是指將同質指標進行比較，從對比中揭露差異，鑑別優劣的一種分析方法，是財務分析中實施定量分析的基本方法。其分析模式為：

$$增減變動率 = \frac{絕對值變動量}{基期同項指標實際數}$$

比較標準必須根據不同比較目的確定。若比較目的在於檢查財務預算完成情況，應以預算數為比較標準；若比較目的在於揭示指標在不同期間的變化趨勢，應以各歷史期間的實際數為比較標準；若比較目的在於揭示與其他企業或行業平均水平的差異，則應以所比較指標的其他企業或行業平均數為比較標準。

在運用水平比較分析時，必須注意指標的可比性，即用於比較的指標必須在性質、內容、計價基礎、計算時間等方面口徑一致，否則比較將會毫無意義。

(2) 垂直比較分析。垂直比較分析與水平比較分析不同，其基本點不是將企業報告期的分析數據直接與基期進行對比求出增減變動量和增減變動率，而是通過計算報表中各項目占總體的比重或結構，反映報表中的項目與總體關係情況及其變動情況。會計報表經過垂直比較分析處理后，通常稱為同度量報表，或稱為總體結構報表、共同比報表等，如同度量資產負債表、同度量損益表等。垂直比較分析的一般步驟如下：

第一，確定報表中各項目占總額的比重或百分比。

第二，通過各項目的比重，分析各項目在企業經營中的重要性。一般項目比重越大，說明其重要程度越高，對總體的影響越大。

第三，將分析期各項目的比重與前期同項目比重對比，研究各項目的比重變動情況；可以將本企業報告期項目比重與同類企業的可比項目比重進行對比，研究本企業與同類企業的不同以及成績和存在的問題。

(3) 趨勢比較分析。趨勢比較分析是根據企業連續幾年或幾個時期的分析資料，通過指數或完成率的計算，確定分析期各有關項目的變動情況和趨勢的一種財務分析方法。趨勢比較分析既可用於財務報表的整體分析，即研究一定時期報表各項目變動趨勢，也可對某些主要指標的發展趨勢進行分析。趨勢比較分析的一般步驟如下：

第一，計算趨勢比率或指數。通常指數的計算有兩種方法：一是定基指數，二是環比指數。定基指數就是各個時期的指數都是以某一固定時期為基期來計算的。環比指數則是各個時期的指數以前一期為基期來計算的。趨勢分析通常採用定基指數。

第二，根據指數計算結果，分析與判斷企業各項指標的變動趨勢及其合理性。

第三，預測未來的發展趨勢。根據企業以前各期的變動情況，研究其變動趨勢或規律，從而預測出企業未來發展變動情況。

【例9-1】 A企業2012—2016年有關銷售額、稅后利潤、每股收益以及每股股利資料如表9-2所示。

表9-2　　　　　　　　A企業2012—2016年有關財務數據

年份 項目	2012年	2013年	2014年	2015年	2016年
銷售額（萬元）	10,600	10,631	11,550	13,305	17,034
稅后利潤（萬元）	923	332	374	1,178	1,397
每股收益（元）	2.34	0.97	1.10	3.52	4.31
每股股利（元）	1.60	1.62	1.63	1.71	1.90

要求：根據表9-2的資料進行趨勢分析。
解答：趨勢分析表如表9-3所示。

表9-3　　　　　　　　　　趨勢分析表　　　　　　　　　　單位:%

年份 項目	2012年	2013年	2014年	2015年	2016年
銷售額	100	100.29	108.96	125.52	160.70
稅后利潤	100	35.97	40.52	127.63	151.35
每股收益	100	41.45	47.01	150.43	184.19
每股股利	100	101.25	101.88	106.88	118.75

從趨勢分析表可以看出，A企業幾年來的銷售額和每股股利在逐年增長，特別是2012年和2013年增長較快；稅后利潤和每股收益在2013年和2014年有所下降，在2015年和2016年有較大幅度增長。從總體狀況看，A企業自2012年以來，2013年和2014年的盈利狀況有所下降，2015年和2016年各項指標完成都比較好。從各指標之間的關係看，每股收益的平均增長速度最快，高於銷售、利潤和每股股息的平均增長速度。企業幾年來的發展趨勢說明，企業的經營狀況和財務狀況不斷改善，如果這個趨勢能保持下去，2017年的狀況也會較好。

2. 比率分析法

比率分析法是最基本的財務分析方法。正因為如此，有人甚至將財務分析與比率分析法等同起來，認為財務分析就是比率分析。比率分析實質上是將影響財務狀況的兩個相關因素聯繫起來，通過計算比率，反映它們之間的關係，借以分析企業財務狀況和經營狀況的一種財務分析方法。比率分析以其簡單、明了、可比性強等優點在財務分析實踐中被廣泛採用。

在比率分析中，分析師往往將比率進行各種各樣的比較，如時間序列比較、橫向比較和依據一些絕對標準比較。不同的比較有著不同的分析目的和作用。標準比率是進行比率分析比較中最常用的比較標準。標準比率的計算方法有以下三種：

（1）算術平均法。應用算術平均法計算標準比率，就是將若干相關企業同一比率指標相加，再除以企業數所得出的算術平均數。這裡所說的相關企業根據分析範圍而定。如進行行業分析比較，則相關企業為同行業內企業；如進行全國性分析比較，則相關企業為國內企業；如進行國際分析比較，則相關企業為國際範圍內的企業。這種方法在計算平均數時，無法消除過高或過低比率對平均數的影響，影響比率標準的代表性。因此，有人在計算平均數時選擇中間區域計算。這樣計算的標準比率，顯然更具有代表性。

（2）綜合報表法。綜合報表法是指將各企業報表中的構成某一比率的兩個絕對數相加，然后根據兩個絕對數總額計算的比率。這種方法考慮了企業規模等因素對比率指標的影響，但其代表性可能更差。

（3）中位數法。中位數法是指將相關企業的比率按高低順序排列然后再劃出最低和最高的各25%，中間50%就為中位數，亦可將中位數再分為上中位數25%和下中位數25%，最后依據企業比率的位置進行分析。

雖然比率分析被認為是財務分析的最基本或最重要方法，但應用比率分析時必須瞭解它的不足：第一，比率的變動可能僅僅被解釋為兩個相關因素之間的變動；第二，很難綜合反映比率與計算它的會計報表之間的聯繫；第三，比率給人們不保險的最終印象；第四，比率不能給人們關於會計報表關係的綜合觀點。

3. 因素分析法

因素分析法是指為深入分析某一指標，而將該指標按構成因素進行分解，分別測定各因素變動對該項指標影響程度的一種分析方法。其作用在於揭示指標差異的成因，以便更深入、全面地理解和認識企業的財務狀況及經營情況。

因素分析法的運用程序如下：

（1）確定指標實際數與標準數的差異。

（2）確定指標的構成因素及各因素之間的相互關係，並根據各因素之間的相互關係建立分析模型。

（3）運用連環替代法或差額分析法計算各因素變動對指標差異的影響程度。

（4）匯總各因素的影響，形成分析結論。

可見，因素分析法是以比較分析法的運用為前提和基礎的，是對比較分析所定指標差異的進一步解析。

因素分析法是依據分析指標與其影響因素之間的關係，按照一定的程序和方法，確定各因素對分析指標差異影響程度的一種技術方法。因素分析法是經濟活動分析中最重要的方法之一，也是財務分析的方法之一。因素分析法根據其分析特點可分為連環替代法和差額計算法兩種。這裡重點介紹連環替代法。

連環替代法是因素分析法的基本形式，有人甚至將連環替代法與因素分析法看成同一概念。連環替代法的名稱是由其分析程序的特點決定的。為正確理解連環替代法，首先應明確連環替代法的一般程序或步驟。

連環替代法的程序由以下幾個步驟組成：

（1）確定分析指標與其影響因素之間的關係。確定分析指標與其影響因素之間關係的方法，通常是用指標分解法，即將經濟指標在計算公式的基礎上進行分解或擴展，

從而得出各影響因素與分析指標之間的關係式。對於總資產報酬率指標,要確定它與影響因素之間的關係,可按下式進行分解:

總資產報酬率=資產產值率×產品銷售率×銷售利潤率

分析指標與影響因素之間的關係式,既說明哪些因素影響分析指標,又說明這些因素與分析指標之間的關係及順序。如上式中影響總資產報酬率的有總資產產值率、產品銷售率和銷售利潤率三個因素,它們都與總資產報酬率成正比例關係。它們的排列順序是:首先是總資產產值率,其次是產品銷售率,最后是銷售利潤率。

(2) 根據分析指標的報告期數值與基期數值列出兩個關係式,或指標體系,確定分析對象。對於總資產報酬率而言,兩個指標體系如下:

基期總資產報酬率=基期資產產值率×基期產品銷售率×基期銷售利潤率
實際總資產報酬率=實際資產產值率×實際產品銷售率×實際銷售利潤率
分析對象=實際總資產報酬率-基期總資產報酬率

(3) 連環順序替代,計算替代結果。所謂連環順序替代,就是以基期指標體系為計算基礎,用實際指標體系中的每一因素的實際數順序地替代其相應的基期數,每次替代一個因素,替代后的因素被保留下來。計算替代結果,就是在每次替代后,按關係式計算其結果。有幾個因素就替代幾次,並相應確定計算結果。

(4) 比較各因素的替代結果,確定各因素對分析指標的影響程度。比較替代結果是連環進行的,即將每次替代所計算的結果與這一因素被替代前的結果進行對比,兩者的差額就是替代因素對分析對象的影響程度。

(5) 檢驗分析結果。即將各因素對分析指標的影響額相加,其代數和應等於分析對象。如果兩者相等,說明分析結果可能是正確的;如果兩者不相等,則說明分析結果一定是錯誤的。

連環替代法的程序或步驟是緊密相連、缺一不可的,尤其是前四個步驟,任何一個步驟出現錯誤,都會出現錯誤結果。下面舉例說明連環替代法的步驟和應用。

【例9-2】B企業2015年和2016年有關總資產報酬率、總資產產值率、產品銷售率和銷售利潤率的資料如表9-4。

表9-4　　　　　　B企業2015年和2016年有關財務指標　　　　　　單位:%

項目\年份	2015年	2016年
總資產產值率	82	80
產品銷售率	94	98
銷售利潤率	22	30
總資產報酬率	16.96	23.52

要求:分析各因素變動對總資產報酬率的影響程度。

解答:

①根據連環替代法程序和上述對總資產報酬率的因素分解式可知:

基期指標體系=82%×94%×22%=16.96%

實際指標體系 = 88%×98%×30% = 23.52%
分析對象 = 23.52%-16.96% = 6.56%
②進行連環順序替代。
基期指標體系 = 82%×94%×22% = 16.96%
替代第一因素 = 80%×94%×22% = 16.54%
替代第二因素 = 80%×98%×22% = 17.25%
替代第三因素 = 80%×98%×30% = 23.52%
③確定各因素對總資產報酬率的影響程度。
總資產產值率變動對總資產報酬率的影響 = 16.54%-16.96% = -0.42%
產品銷售率變動對總資產報酬率的影響 = 17.25%-16.54% = 0.71%
銷售利潤率變動對總資產報酬率的影響 = 23.52%-17.25% = 6.27%
④檢驗分析結果。
-0.42%+0.71%+6.27% = 6.56%

連環替代法作為因素分析方法的主要形式，在實踐中應用比較廣泛。但是，在應用連環替代法的過程中必須注意以下幾個問題：

（1）因素分解的相關性問題。所謂因素分解的相關性，是指分析指標與其影響因素之間必須真正相關，即有實際經濟意義。各影響因素的變動確實能說明分析指標差異產生的原因。這就是說，經濟意義上的因素分解與數學上的因素分解不同，不是在數學算式上相等就行，而要看經濟意義。例如，將影響材料費用的因素分解為下面兩個等式從數學上都是成立的：

材料費用 = 產品產量×單位產品材料費用

材料費用 = 工人人數×每人消耗材料費用

但量從經濟意義上說，只有前一個因素分解式是正確的，後一因素分解式在經濟上沒有任何意義，因為工人人數和每人消耗材料費用到底是增加有利，還是減少有利，無法從這個式子說清楚。當然，有經濟意義的因素分解式並不是唯一的，一個經濟指標從不同角度看，可以分解為不同的有經濟意義的因素分解式。這就需要我們在因素分解時，根據分析的目的和要求，確定合適的因素分解式，以找出分析指標變動的真正原因。

（2）分析前提的假定性。所謂分析前提的假定性，是指分析某一因素對經濟指標差異的影響時，必須假定其他因素不變，否則就不能分清各單一因素對分析對象的影響程度。但是實際上，有些因素對經濟指標的影響是共同作用的結果，如果共同影響的因素越多，那麼這種假定的準確性就越差，分析結果的準確性也就會降低。因此，在因素分解時，並非分解的因素越多越好，而應根據實際情況，具體問題具體分析，盡量減少對相互影響較大的因素再分解，使之與分析前提的假設基本相符。否則，因素分解過細，從表面上看有利於分清原因和責任，但是在共同影響因素較多時，反而影響了分析結果的正確性。

（3）因素替代的順序性。前面談到，因素分解不僅要因素確定準確，而且因素排列順序也不能交換，這裡特別要強調的是不存在乘法交換律問題。因為分析前提假定性的原因，按不同順序計算的結果是不同的。那麼，如何確定正確的替代順序呢？這

是一個理論上和實踐中都沒有得到很好解決的問題。傳統的方法是依據數量指標在前、質量指標在後的原則進行排列；現在也有人提出依據重要性原則排列，即主要的影響因素排在前面，次要的影響因素排在後面。但是無論何種排列方法，都缺少堅實的理論基礎。正因為如此，許多人對連環替代法提出異議，並試圖加以改善，但至今仍無人們公認的好的解決方法。一般來說，替代順序在前的因素對經濟指標影響的程度不受其他因素影響或影響較小，排列在後的因素中含有其他因素共同作用的成分。從這個角度看問題，為分清責任，將對分析指標影響較大的、能明確責任的因素放在前面可能要好一些。

（4）順序替代的連環性。連環性是指在確定各因素變動對分析對象的影響時，都是將某因素替代後的結果與該因素替代前的結果對比，一環套一環。這樣才既能保證各因素對分析對象影響結果的可分性，又便於檢驗分析結果的準確性。因為只有連環替代並確定各因素影響額，才能保證各因素對經濟指標的影響之和與分析對象相等。

第二節　財務能力分析

財務能力分析主要是運用財務比率分析評價公司的償債能力、營運能力、盈利能力和發展能力等，財務比率的計算固然重要，但更重要的是理解財務比率的含義及其所揭示的財務問題。為了說明財務指標的計算和分析方法，本章將使用 A 股份有限公司的財務報表數據（表 9-5~9-7）舉例。

表 9-5　　　　　　　　　　　資產負債表
編製單位：A 公司　　　　2016 年 12 月 31 日　　　　　　　單位：萬元

資產	年末	年初	負債和所有者權益	年末	年初
流動資產：			流動負債：		
貨幣資金	406,077	278,626	短期借款		
交易性金融資產	809	888	交易性金融負債		
應收票據	52,394	66,972	應付票據		
應收帳款	679	626	應付帳款	3,031	3,630
預付帳款	762	285	預收帳款	71,159	34,597
應收利息	4,322	2,390	應付職工薪酬	19,336	21,689
應收股利			應交稅費	94,173	136,745
其他應收款	2,759	2,506	應付利息		
存貨	180,587	150,802	應付股利		
一年內到期的非流動資產			其他應付款	6,593	6,984
其他流動資產			一年內到期的非流動負債		

表9-5(續)

資產	年末	年初	負債和所有者權益	年末	年初
流動資產合計	648,389	503,094	其他流動負債		
非流動資產：			流動負債合計	194,291	203,646
可供出售金融資產			非流動負債：		
持有至到期投資			長期借款		
長期應收款			應付債券		
長期股權投資	2,639	2,639	長期應付款	250	250
投資性房地產			專項應付款		
固定資產	467,066	519,391	預計負債		
在建工程	32,290	1,818	遞延所得稅負債		6
工程物資			其他非流動負債		
固定資產清理			非流動負債合計	250	256
生產性生物資產			負債合計	194,541	203,902
油氣資產			所有者權益：		
無形資產	6,249	6,407	實收資本	379,597	271,140
研發支出			資本公積	95,320	95,320
商譽			減：庫存股		
長期待攤費用		82	盈餘公積	180,374	165,671
遞延所得稅資產	532	584	未分配利潤	301,647	294,183
非流動資產合計	508,776	530,921	少數股東權益	5,686	3,799
其他非流動資產			所有者權益合計	962,624	830,113
資產總計	1,157,165	1,034,015	負債和所有者權益總計	1,157,165	1,034,015

表9-6　　　　　　　　　　　利潤表

編製單位：A公司　　　2016年12月31日　　　　　　　　單位：萬元

	本年金額	上年金額
一、營業收入	732,856	739,701
減：營業成本	337,798	349,400
稅金及附加	58,263	68,632
銷售費用	78,276	100,529
管理費用	49,794	47,834
財務費用	-9,223	-5,050
資產減值損失	-93	-643

表9-6(續)

	本年金額	上年金額
加：公允價值變動收益（損失以「-」號填列）	-19	252
投資收益（損失以「-」號填列）	320	272
其中：對聯營企業和合營企業的投資收益	—	-57
二、營業利潤	218,342	179,522
加：營業外收入	189	91
減：營業外支出	696	1,022
其中：非流動資產處置淨損失	58	158
三、利潤總額	217,835	178,591
減：所得稅費用	70,556	60,930
四、淨利潤	147,278	117,661
歸屬於母公司所有者的淨利潤	146,892	116,735
少數股東損益	386	926

表 9-7　　　　　　　　　　　現金流量表

編製單位：A 公司　　　2016 年 12 月 31 日　　　　　　　　單位：萬元

項目	金額
一、經營活動產生的現金流量：	
銷售商品、提供勞務收到的現金	907,798
收到的稅費返還	—
收到其他與經營活動有關的現金	7,420
經營活動現金流入小計	915,218
購買商品、接受勞務支付的現金	318,699
支付給職工以及為職工支付的現金	69,219
支付的各項稅費	255,150
支付其他與經營活動有關的現金	105,595
經營活動現金流出小計	748,663
經營活動產生的現金流量淨額	166,555
二、投資活動產生的現金流量：	—
收回投資收到的現金	60
取得投資收益收到的現金	339
處置固定資產、無形資產和其他長期資產收回的現金淨額	146
處置子公司及其他營業單位收到的現金淨額	—

表9-7(續)

項目	金額
收到其他與投資活動有關的現金	—
投資活動現金流入小計	545
購建固定資產、無形資產和其他長期資產支付的現金	24,881
投資支付的現金	—
取得子公司及其他營業單位支付的現金淨額	—
支付其他與投資活動有關的現金	—
投資活動現金流出小計	24,881
投資活動產生的現金流量淨額	−24,335
三、籌資活動產生的現金流量：	—
吸收投資收到的現金	1,500
其中：子公司吸收少數股東投資所收到的現金	1,500
取得借款收到的現金	—
收到其他與籌資活動有關的現金	—
籌資活動現金流入小計	1,500
償還債務支付的現金	—
分配股利、利潤或償付利息支付的現金	16,268
其中：子公司支付少數股東股利	—
支付其他與籌資活動有關的現金	—
籌資活動現金流出小計	16,268
籌資活動產生的現金流量淨額	−14,768
四、匯率變動對現金及現金等價物的影響	—
五、現金及現金等價物淨增加額	127,451
加：期初現金及現金等價物餘額	278,626
六、期末現金及現金等價物餘額	406,077

一、償債能力分析

償債能力是指企業償還到期債務的能力，包括短期償債能力和長期償債能力。

(一) 短期償債能力分析

短期償債能力是指企業對一年內到期債務的清償能力，由於企業到期債務一般均應以現金清償，因此短期償債能力是資產變現能力。

1. 流動比率

流動比率是指企業在一定時點（通常為期末，下同）的流動資產對流動負債的

比率。

$$流動比率 = \frac{流動資產}{流動負債}$$

該比率從流動資產對流動負債的保障程度的角度說明企業的短期償債能力。其值越高，表明企業流動資產對流動負債的保障程度越高，企業的短期償債能力越強；否則反之。但從優化資本結構和提高資本金利用效率方面考慮，該比率值並非越高越好，因為比率值過高，可能表明企業的資本金利用效率低下，不利於企業的經營發展。該指標的國際公認標準為2。

【例9-3】根據A公司的資料，計算該公司2016年的流動比率。

解答：

$$年初流動比率 = \frac{503,094}{203,646} = 2.47$$

$$年末流動比率 = \frac{648,389}{194,291} = 3.34$$

2. 速動比率

速動比率是指企業一定時點的速動資產（即扣除存貨后的流動資產）對流動負債的比率。

$$速動比率 = \frac{流動資產 - 存貨}{流動負債}$$

該比率是從速動資產對流動負債的保障程度的角度說明企業的短期償債能力。其值越高，表明企業速動資產對流動負債的保障程度越高，企業的短期償債能力越強；否則反之。該指標的國際公認標準為1。

【例9-4】根據A公司的資料，計算該公司2016年的速動比率。

解答：

$$年初速動比率 = \frac{503,094 - 150,802}{203,646} = \frac{352,292}{203,646} = 1.73$$

$$年末速動比率 = \frac{648,389 - 180,587}{194,291} = \frac{467,802}{194,291} = 2.41$$

在計算速動比率時，之所以將存貨從流動資產中剔除，原因在於存貨相對於其他流動資產項目來說，不僅變現速度慢，而且可能由於積壓、變質以及抵押等原因，而使其變現金額具有不確定性，以至無法變現。在這種情況下，以剔除存貨的流動資產計算速動比率，更能真實地反映企業短期償債能力。

3. 現金比率

現金比率是指企業在一定時點的現金資產（現金及現金等價物）對流動負債的比率。

$$現金比率 = \frac{貨幣資金 + 交易性金融資產}{流動負債}$$

現金比率反映企業的即時付現能力。企業保持一定的合理的現金比率是很必要的。現金比率與速動比率一樣，可用於進一步補充流動比率指標分析，在測試企業短期償

債能力方面，現金比率比速動比率更為嚴格。但是，值得注意的是，在企業所有資產類項目中，只有現金資產是一種非獲利性資產，企業過多地儲備現金或銀行活期存款，實際上意味著企業已經失去了正在失去這些資金用於其他項目可獲得的盈利。這不僅會給企業帶來較高的資金的機會成本，也同時意味著企業盈利能力在未來的下降。因此，一般情況下企業都會盡量減少現金餘額，即保持較低的現金比率。但是，保持合理的現金比率，對企業又是至關重要的。合理的現金儲備及比率，不僅可以使企業有效把握未來獲利機會，也是企業償債時支付的有效手段。因此，企業的現金比率應維持在什麼水平，主要應視企業的經營戰略和當期的財務狀況以及經營活動規模而定，並力求全面考慮。

【例9-5】根據 A 公司的資料，計算該公司 2016 年的現金比率。

解答：

$$年初現金比率 = \frac{278,626+888}{203,646} = \frac{279,514}{203,646} = 1.37$$

$$年末現金比率 = \frac{406,077+809}{194,291} = \frac{406,886}{194,291} = 2.09$$

4. 現金流動負債比率

現金流動負債比率是指企業在一定期間的經營現金淨流量對期末流動負債的比率，表明每 1 元流動負債的經營現金流量保障程度，從現金流量角度來反映企業當期償付短期負債的能力。其計算公式為：

$$現金流動負債比率 = \frac{年經營現金淨流量}{年末流動負債}$$

該比率是從動態現金支付能力的角度說明企業的短期償債能力，其值越高，表明企業的短期償債能力越強。但該比率值也並非越高越好，因為比率值過高，可能表明企業流動資金的利用不充分，影響收益能力。因此，對該比率的評價應結合企業的現金流轉效率與效益分析。

【例9-6】根據 A 公司的資料，計算該公司 2016 年的現金流動負債比率。

解答：

$$現金流動負債比率 = \frac{166,555}{194,291} = 0.86$$

上述指標分別用於從不同角度說明企業的短期償債能力，它們相互聯繫，相輔相成，共同構成了較為完善的短期償債能力評價指標體系。

5. 短期償債能力評價應注意的問題

（1）聯繫會計政策分析。會計政策是指會計核算依據的具體會計原則及企業所採用的具體會計處理方法。企業對相關項目（主要指流動資產項目）運用的會計政策不同，其核算結果也就不同，進而會影響到企業的短期償債能力指標。一般而言，短期償債能力評價應考慮的相關會計政策主要有短期投資的期末計價方法、應收帳款的計量方法和存貨計價方法等。

（2）聯繫資產質量分析。與短期償債能力評價相關的資產質量問題，主要包括應收款項的可變現性及其潛在損失風險、存貨的可變現性及其價值變動狀況以及短期投

資的可變現情況等。從理論上分析，資產變現能力強，損失風險小，表明其質量狀況優良，短期償債能力也相應較強。在這種情況下，根據財務報表數據計算的短期償債能力指標較為客觀可靠。反之，若資產的變現能力差，價值變動及損失風險大，表明其質量狀況不佳，短期償債能力也將因此下降。在這種情況下，根據財務報表數據計算的短期償債能力指標將可能被高估。

近年來，隨著新會計制度有關計提資產跌價、減值準備等規定的執行，企業的財務報告數據能夠較為真實、客觀地反映資產的實際價值，從而使按財務報告數據計算的短期償債能力基本上能夠反映這一財務能力的實際狀況。但也不排除某些企業出於某種目的（如獲得配股資格、免入「ST」行列、完成任期經營目標或責任、對外舉借債務等），而脫離企業資產質量的客觀狀況，人為地多提或少提損失準備，以實現利潤調節。具體來說，在評價企業短期償債能力時，有以下兩個方面需評價者予以警覺：

第一，是否存在有意壓低損失計提比例，少提或不提損失準備。這種現象一般可能存在於以下幾種情況的企業：

①在「ST」（境內上市公司連續兩年虧損，被進行特別處理的股票，下同）的「懸崖」邊徘徊的上市公司。這些公司為防步入「ST」之列，或者為免遭摘牌，會想方設法地實現其扭虧目標，其中一個重要方面就是充分利用計提損失準備這一利潤「調節器」，有意壓低損失計提比例，少提或不提損失準備。

②淨資產利潤率等於或略高於上市或配股所要求的利潤率水平的企業。這些企業可能存在為實現配股或上市目的，而當來源於經營及其他方面的利潤不滿足於配股要求的淨資產利潤率時，通過少提或不提損失準備的辦法調高利潤的情況。

③實際利潤等於或略高於目標利潤或責任利潤的企業。這些企業可能存在為完成經營責任書賦予的利潤目標，而當經營及其他方面來源的利潤不滿足目標要求時，通過少提或不提損失準備來調高利潤的情況。

第二，是否存在有意提高損失計提比例，不適當地多提損失準備。這種情況一般可能存在於以下幾種情況的企業：

①當年發生巨額虧損的企業。對於這類企業來說，由於虧損已成定局，加之虧損較大，難以通過不提或少提損失準備來實現扭虧為盈。在這種情況下，其管理人員可能會抱著「要虧就虧個夠」的想法，不適當地多提損失準備。

②發生大額或巨額追溯調整的企業。這類企業往往當年有利潤，甚至利潤率較高，但為了確保實現以後年度的盈利目標，可能會充分利用制度規定中的追溯調整條款，不適當地多提損失準備，並實施高額追溯，以便以後某個年度利潤不足時，通過沖減損失準備的辦法來調高利潤。

③當年更換經營班子或主要管理人員的企業。對於這類企業來說，其新的經營班子或主要管理人員為實現其任期內的利潤目標（如扭虧為盈或某一規定的利潤率指標），可能會在上任的當年不適當地多提損失準備或對以前年度進行高額追溯調整，以便為以後年度的利潤調整打好基礎。

（二）長期償債能力分析

長期償債能力是指企業清償長期債務（期限在一年或一個營業週期以上的債務）的能力。用於分析長期償債能力的基本財務指標主要有資產負債率、產權比率、權益

乘數和已獲利息倍數四項。

1. 資產負債率

資產負債率是指企業在一定時點（通常為期末）的負債總額對資產總額的比率，或者說負債總額占資產總額的百分比。

$$資產負債率 = \frac{負債總額}{資產總額}$$

該比率是從總資產對總負債的保障程度的角度來說明企業的長期償債能力的。一般情況下，資產負債率越小，表明企業資產對負債的保障程度越高，企業的長期償債能越強。但是，並不是非說該指標對誰都是越小越好。對債權人來說，該指標越小越好，這樣企業償債能力越有保證。對企業所有者來說，如果該指標較大，說明利用較少的資本投資形成了較多的生產經營資產，不僅擴大了生產經營規模，而且在經營狀況良好的情況下，還可以利用財務槓桿的原理，得到較多的投資利潤；如果該指標過小則表明企業對財務槓桿利用不夠。但資產負債率過大，則表明企業的債務負擔較重，企業資金實力不強，不僅對債權人不利，而且企業有瀕臨倒閉的危險。此外，企業的長期償債能力與盈利比率密切相關，因此企業的經營決策者應當將償債能力指標（風險）與盈利能力指標（收益）結合起來分析，予以平衡考慮。保守的觀點認為資產負債率不應高於 50%，而國際上通常認為資產負債率等於 60% 較為適當。

【例 9-7】根據 A 公司的資料，計算該公司 2016 年的資產負債率。

解答：

$$年初資產負債率 = \frac{203,092}{1,034,015} = 19.64\%$$

$$年末資產負債率 = \frac{194,541}{1,157,165} = 16.81\%$$

具體對該比率的認識和運用須把握以下幾點：

（1）公式中的負債總額不僅包括長期負債，還包括短期負債。這是因為就單個短期負債項目看，可以認為它與長期性資產來源無關，但若將短期負債作為一個整體，企業卻總是長期地占用著，因此可視其為企業長期性資本來源的一部分。例如，一個應付帳款明細科目可能是短期性的，但從持續經營的過程看，企業總是會長期性地保持一個相對穩定的應付帳款餘額，這部分餘額無疑可視為企業的長期性資產來源。

（2）在利用合併資產負債表計算資產負債率時，對於分子是否包括少數股東權益，目前有不同的主張：一種觀點認為不應將少數股東權益納入分子計算，理由是少數股東權益並非將來需償還的債務；另一種觀點認為應將少數股東權益納入分子計算，理由是少數股東權益也是企業的外部籌資，儘管其本身不屬於負債，但卻具有負債的性質。我們認為，少數股東權益是否納入資產負債率的分子計算，主要取決於合併報表依據的合併理論。

（3）企業利益主體的身分不同，看待該項指標的立場也就不同。

①從債權人的立場看，其關心的是貸款的安全程度，即能否按期足額地收回貸款本金和利息，至於其貸款能給企業股東帶來多少利益，在其看來則是無關緊要的。由於資產負債率與貸款安全程度具有反向線性關係，即資產負債率高，其貸款的安全程

度低，反之，資產負債率低，則貸款的安全程度高，因此作為企業債權人，其總是希望企業的資產負債率越低越好。

②從股東的立場看，其關心的主要是舉債的財務槓桿效益，即全部資本收益率是否高於借入資本的利息率。若全部資本的收益率高於借入資本利息率，則舉債越多，企業收益也就越多，股東可望獲得的利益相應也就越大；反之，若全部資本的收益率低於借入資本利息率，則舉債越多，企業損失就會越大，股東因此導致虧損也相應越大。可見，從股東方面看，當全部資本收益率高於借款利率時，資產負債率越大越好，否則反之。

③從經營者的立場看，其關心的通常是如何實現收益與風險的最佳組合，即以適度的風險獲取最大的收益。在其看來，若負債規模過大，資產負債率過高，將會給人以財務狀況不佳，融資空間和發展潛力有限的評價；反之，若負債規模過小，資產負債率過低，又會給人以經營者缺乏風險意識，對企業發展前途信心不足的感覺。因此，其在利用資產負債率進行借入資本決策時，將會全面考慮和充分預計負債經營的收益和風險，並在兩者之間權衡利弊得失，以求實現收益和風險的最佳組合。

(4) 在對該項比率的適度性進行評價時，應結合以下幾個方面分析：

①結合營業週期分析。營業週期是指從取得存貨開始到銷售存貨並收回現金為止的這段時間，包括存貨週轉天數和應收帳款週轉天數兩個部分。相對而言，營業週期短的企業（如商業企業等），其資金週轉快、變現能力強。而且營業週期短使得特定數量的資產在一定期間的獲利機會多，當其他條件確定時，企業一定期間的利潤總額必然增加，進而使企業流動資產和股東權益數額相應增加。因此，這類企業可適當擴大負債規模，維持較高的資產負債率。相反，對於營業週期長的企業（如房地產企業等），其存貨週轉慢，變現能力差，獲利機會少，因此負債比率不宜過高，否則將會影響到期債務的清償。

②綜合資產構成分析。這裡的資產構成是指在企業資產總額中流動資產與固定資產及長期資產各自所占的比例。相對而言，資產總額中流動資產所占比重大的企業，其短期償付能力較強，不能支付到期債務的風險較小，因此這類企業的資產負債率可適當高些；相反，資產總額中固定資產及長期資產所占比重大的企業，其流動比率低，短期償債能力較差，不能支付到期債務的風險較大，從而決定了這類企業的資產負債率不宜過高。結合各主要行業分析，商業企業的總資產中存貨所占比重相對較大，而且其存貨的週轉一般也快於其他行業，因此其資產負債率可適當高過其他行業；工業企業相對於其他行業而言，資產總額中固定資產及長期資產所占比重較大（特別是技術密集型企業），因而其資產負債率不宜過高；房地產行業雖然資產總額中存貨所占比例較大，但因其生產週期長、存貨週轉慢，資產負債率也不宜過高。

③結合企業經營情況進行分析。當企業經營處於興旺時期，其資本利潤率不僅高於市場利率，而且也往往高於同行業的平均利潤率水平。在這種情況下，債務本息的按期清償一般不會發生困難，債權投資的風險較小，而對於企業來說，其也有必要借助負債經營的槓桿作用增加企業盈利。因此，處於興旺時期的企業可適當擴大舉債規模，維持較高的資產負債率。相反，若企業的經營狀況不佳，資本利潤率低於同行業平均利潤率水平，特別是當負債經營的收益不足以抵償負債成本時，債務本息的清償

將會發生困難，債權投資的風險較大，對企業來說，此時舉債越多，損失就會越大。因此，經營狀況不佳的企業應控製負債規模，降低資產負債率。

④結合客觀經濟環境分析。首先，結合市場利率分析。一般而言，當市場貸款利率較低或預計貸款利率將上升時，企業可適當擴大負債規模。具體來說，目前貸款利率低意味著舉債成本低，企業除維持正常經營所必需的負債規模外，還可以舉借新債來償還舊債，以減少過去負債的利息；而在預計貸款利率上升的情況下擴大舉債規模，則可以減少未來負債的利息開支。當市場利率較高或預計貸款利率將下降時，企業不僅不宜擴大舉債規模，相反應縮減負債規模，以降低未來的負債成本。其次，結合通貨膨脹情況分析。在持續通貨膨脹或預計物價上漲的情況下，企業可適當擴大負債規模，因為此時舉債能為企業帶來購買力利得。相反，在通貨緊縮或預計物價下跌的情況下，企業應控製甚至縮減負債規模，因為此時負債會給企業造成購買力損失。

⑤結合企業的會計政策、資產質量等進行分析。與短期償債能力分析一樣，長期償債能力同樣應考慮企業採用的會計政策和資產的質量狀況，只不過對長期償債能力而言，除需要考慮有關流動資產的會計政策和質量狀況外，更主要的是應考慮各項長期資產（如固定資產、長期資產、無形資產等）的會計政策選擇和質量狀況。

2. 產權比率

產權比率又稱資本負債率，是負債總額與所有者權益之比。產權比率是企業財務結構穩健與否的重要標誌。其計算公式為：

$$產權比率 = \frac{負債總額}{所有者權益}$$

產權比率反映了由債務人提供的資本與所有者提供的資本的相對關係，即企業財務結構是否穩健；而且反映了債權人資本受股東權益保障的程度，或者是企業清算時對債權人利益的保障程度。一般來說，產權比率越低，表明企業長期償債能力越強，債權人權益保障程度越高。在分析時要結合企業的具體情況加以分析，當企業的資產收益率大於負債成本率時，負債經營有利於提高企業資金收益率，獲得額外利潤，這時的產權比率可以適當高些。產權比率越高，是高風險、高報酬的財務結構；產權比率越低，是低風險、低報酬的財務結構。

【例9-8】根據A公司的資料，計算該公司2016年年末的產權比率。

解答：

$$產權比率 = \frac{194,541}{962,624} = 20.21\%$$

產權比率與資產負債率對評價償債能力的作用基本一致，只是資產負債率側重於分析債務償付安全性的物質保障程度，產權比率則側重於揭示財務結構的穩健程度以及自有資金對償債風險的承受能力。

3. 權益乘數

權益乘數是總資產與所有者權益的比值。其計算公式為：

$$權益乘數 = \frac{總資產}{所有者權益}$$

權益乘數表明股東每投入1元錢可實際擁有和控製的金額。在企業存在負債的情

況下，權益乘數大於1。企業負債比例越高，權益乘數越大。產權比率和權益乘數是資產負債率的另外兩種表現形式，是常用的反映財務槓桿水平的指標。

【例9-9】根據A公司的資料，計算該公司2016年年末的權益乘數。
解答：

權益乘數 $=\dfrac{1,157,165}{962,624}=1.20$

4. 已獲利息倍數

已獲利息倍數是指企業息前稅前利潤對利息費用的比率。

已獲利息倍數 $=\dfrac{息稅前利潤}{利息費用}=\dfrac{利潤總額+利息費用}{利息費用}$

已獲利息倍數反映企業息稅前利潤為所需支付利息的多少倍，用於衡量企業償付借款利息的能力。相對而言，該指標值越高，表明企業的付息能力越強，否則反之。具體對該指標的認識和運用必須把握以下幾點：

（1）計算已獲利息倍數時，公式中的「利潤總額」不包括非常損益及會計政策變更的累積影響等項目，因為這些項目的損益與公司的正常經營無關，並且不屬於經常性項目，將其與利息費用比較，能夠說明兩者相對關係的現狀，但卻不能借助這種「相對關係」的動態比較來說明其變化規律和未來趨勢。而作為一種能力評價，特別是償債能力評價，揭示預期趨勢恰恰是至關重要的。

（2）公式中的「利潤總額」不應包括按權益法核算長期股權投資所確認的投資收益。因為在權益法下，投資收益是按權責發生制確認的，確認的投資收益能否獲得相應的現金流入，取決於被投資企業的利潤分配政策、預期盈虧狀況、現金流量狀況以及企業發展對現金的需求等諸多因素，具有高度的不確定性。這表明無論從短期看，還是從長期看，按權責發生制確認的投資收益不能代表企業的實際現金流量，從而也就不能構成企業的現金支付能力。在這種情況下，若將該投資收益納入利潤總額計算付息能力，將會導致付息能力的高估。

（3）在以合併利潤表為依據計算該項比率時，公式中的「利潤總額」不應剔除少數股權收益，因為一方面，合併利潤表中的利息費用包含了合併子公司的所有應予期間化的利息費用，而沒有區分母公司和少數股東分別應承擔的份額，在這種情況下，若以扣除少數股權收益後的利潤計算，就會低估公司的付息能力；另一方面，少數股權收益儘管對母公司來說視為一項費用，但卻是子公司稅後淨利分配所形成的，其實質是稅後淨利的一個組成部分。由於稅後淨利潤在計算過程中，已全額抵減了應予期間化的利息費用，表明子公司少數股權也承擔著與母公司相同的利息支付義務。子公司的利息費用越多，其淨利潤就越少，少數股權收益也會相應越少。少數股權收益與利息費用的這種內在數量關係決定了在計算理想保障倍數時，應將少數股權收益包含於「利潤總額」中。

（4）公式中的「利息費用」不僅包括計入當期財務費用的利息費用，而且還應包括資本化的利息，因為利息作為企業對債權人的一項償付義務，其性質並不因為企業的會計處理不同而變更。也就是說，無論是計入財務費用的利息，還是包括在長期資產價值中的利息，到期均要由企業償付，並且在正常情況下，這種償付的資金來源不

是現實的存量資產，而是與經營利潤相對應的增量資產。

（5）長期經營性租賃在性質上是一種長期籌資，其租賃費用儘管在會計上不作為利息費用處理，但卻具有利息費用的性質，即需要根據租賃期的長短確定租賃費用的多少，並定期或到期一次支付。因此，在計算利息保障倍數時，將租賃費用納入「利息費用」計算，將會使計算結果更符合實際狀況。

（6）從長遠看，該比率的值至少應大於1（國際上的公認標準為3），也就是說，企業只有在稅前、息前利潤至少能夠償付債務利息的情況下，才具有負債的可行性，否則就不宜舉債經營。但在短期內，即使企業該比率的值低於1，也可能仍有能力支付利息，因為用於計算的某些費用項目不需要在當期支付現金，如折舊費等，這些非付現卻能從當期的銷售收入中獲得補償的費用，是一種短期的營業現金流入，可用於支付利息。然而這種支付是暫時的，隨著時間的推延，企業如果不能改觀其獲利狀況或縮減負債規模，則當計提折舊的資產必須重置時，勢必會發生支付困難。因此，從長期看，企業應連續比較多個會計年度（國外一般選擇5年以上）的利息保障倍數，以說明企業付息能力的穩定性。

上述資產負債率和利息保障倍數是評價企業長期償債能力的兩項基本指標。其中，資產負債率是以資產負債表資料為依據，用於從靜態方面評價企業的長期償債能力；利息保障倍數是以利潤表資料為依據，用於從動態方面評價企業的長期償債能力。除此之外，企業還可以構建和運用其他一些長期償債能力指標，如長期資產對長期負債的比率、長期資本對長期負債的比率、負債總額對股東權益總額的比率、負債總額對有形淨資產的比率等。這些指標均可作為資產負債率指標的輔助性指標，據以從某一特定方面來評價企業的長期償債能力。

(三) 長期償債能力與短期償債能力的聯繫和區別

以上分別討論了長期償債能力和短期償債能力，以下就這兩種償債能力的聯繫和區別進行分析。

1. 長期償債能力與短期償債能力的聯繫

（1）兩者都是從特定資產與特定負債的相對關係的角度揭示企業的財務風險。

首先，無論是短期償債能力，還是長期償債能力，反映在財務指標上，均是特定資產與特定負債的比較，儘管納入比較的資產和負債在範圍上有所不同，但就反映資產對負債的相對關係這一點是相同的。

其次，無論是短期償債能力，還是長期償債能力，均是與企業財務風險相關的財務範疇。所謂財務風險，可以從狹義和廣義兩種方向理解，狹義的財務風險是指由資本結構引起的收益變動風險，這也是一般意義上的財務風險，通常以財務槓桿系數來衡量；廣義的財務風險則除了包括狹義上的財務風險外，還包括由負債引起的破產風險，這是最高層次的財務風險。從各國法律規定的破產標準看，主要有兩個方面：一是支付不能，即不能支付到期債務；二是資不抵債，即資產總額低於負債總額，或者說所有者權益為負數。其中，前者說明的是短期償債能力問題，而後者則屬長期償債能力問題，因此說短期償債能力與長期償債能力均是與企業財務風險相關的財務範疇。

（2）兩者在指標值方面存在著相互影響、相互轉化的關係。

首先，企業各種長、短期債務在一定程度上只是一種靜態的劃分，隨著時間的推

移，長期負債總會變成短期負債，而部分短期負債又可為公司長期占用。這樣在資產結構及負債規模一定的情況下，當企業長期負債轉化為短期負債時，就會導致流動比率、速動比率等指標值下降（即短期償債能力減弱），反之則相反。

其次，在長期借款取得的初期，其大多以現金的形式存在。這樣隨著長期借款的借入，將會導致長期資產對長期負債比率下降的同時，流動比率、速動比率以及現金比率等短期償債能力指標上升，即指標所反映的長期償債能力下降，而短期償債能力增強。

（3）兩者從根本上說，都受制於企業的經營能力。無論是短期償債能力，還是長期償債能力，均與企業的經營能力息息相關。經營能力強，表明資金週轉快，這一方面意味著資產的變現能力強，從而能使企業維持較強的動態支付能力（即短期償債能力）；另一方面資金週轉快，能使特定數量的資產在一定期間的盈利機會增多，經營利潤增大。這樣在利潤資本化程度一定的情況下，必將使資產和所有者權益同時增加，進而使資產負債率和負債權益比率等指標下降，即反映出的長期償債能力增強。

2. 長期償債能力與短期償債能力的區別

（1）兩者的實質內容不同。由於短期償債能力反映的是企業保證短期債務有效償付的程度，而長期償債能力反映的是企業保證未來到期債務有效償付的程度。因此，短期償債能力的實質內容在於現金支付能力，長期償債能力的實質內容則在於資產、負債與所有者權益之間的構成及比例關係，也即企業的財務結構和資本結構。

（2）兩者的穩定程度不同。短期償債能力涉及的債務償付一般是企業的流動性支出，這些流動性支出具有較大的波動性，從而使企業短期償債能力也呈現出較大的波動性；而長期償債能力涉及的債務償付一般是企業的固定性支出。只要企業財務結構和盈利水平不發生顯著變化，企業的長期償債能力也將會呈現出相對穩定性的特徵。

（3）兩者的物質承擔者不同。短期償債能力的物質承擔者是企業流動資產，流動資產的量與質是企業短期償債能力的力量源泉；而長期償債能力的物質承擔者是企業的資本結構及企業的盈利水平，資本結構的合理性及企業的盈利能力是企業長期償債能力的力量源泉。

二、營運能力分析

營運能力比率是用於衡量企業組織、管理和營運特定資產的能力和效率的比率，是反映企業資產變現能力的指標。常用的營運能力比率有存貨週轉率、應收帳款週轉率、流動資產週轉率和總資產週轉率四項。它們通常是以資產在一定期間（如一年）的週轉次數或週轉一次所需要的天數表示（以下闡述中，若無特殊說明，週轉率僅指週轉次數）。

（一）存貨週轉率

存貨週轉率是用於衡量企業對存貨的營運能力和管理效率，並反映存貨變現能力的財務比率。其計算公式如下：

$$存貨週轉率 = \frac{銷貨成本}{平均存貨}$$

$$存貨週轉天數 = \frac{365}{存貨週轉率} = \frac{365}{\frac{銷貨成本}{平均存貨}} = \frac{365 \times 平均存貨}{銷貨成本}$$

其中：$平均存貨 = \frac{期初存貨 + 期末存貨}{2}$

依據上述公式計算的存貨週轉率高，週轉天數少，表明存貨的週轉速度快，變現能力強，進而則說明企業具有較強的存貨營運能力和較高的存貨管理效率。

【例9-10】根據A公司的資料，計算該公司2016年的存貨週轉率和存貨週轉天數。

解答：

$$存貨週轉率 = \frac{337,798}{(150,802 + 180,587)/2} = \frac{337,798}{165,694.5} = 2.04（次）$$

$$存貨週轉天數 = \frac{365}{2.04} = 179（天）$$

在具體評價該項指標時，應注意以下兩點：

（1）存貨週轉率的高低與企業的經營特點（如經營週期、經營的季節性等）緊密相關，企業的經營特點不同，存貨週轉率客觀上存在著差異。例如，房地產企業的營業週期相對要長於一般性製造企業，因而其存貨週轉率通常要低於製造企業的平均水平；製造企業的營業週期又相對長於商品流通企業，使得製造企業的存貨週轉率又通常要低於商品流通企業的平均水平。由於存貨週轉率與企業經營特點具有這種內在相關性，因此我們在對該項比率進行比較分析時，必須注意行業可比性。

（2）存貨週轉率能夠反映企業管理和營運存貨的綜合狀況，但不能說明企業經營各環節的存貨營運能力和管理效率。因此，分析者（特別是企業內部分析者）除利用該項比率進行綜合分析和評價外，有必要按經營環節進行具體分析，以便全面瞭解和評價企業的存貨管理績效。各環節存貨週轉率的計算公式如下：

$$原材料週轉率 = \frac{耗用原材料成本}{平均原材料存貨}$$

$$在產品週轉率 = \frac{完工產品製造成本}{平均在產品存貨}$$

$$產成品週轉率 = \frac{銷貨成本}{平均產成品存貨}$$

（二）應收帳款週轉率

應收帳款週轉率是用於衡量企業應收帳款管理效率和企業變現能力的財務比率。

其計算公式為：

$$應收帳款週轉率 = \frac{銷售收入}{平均應收帳款}$$

$$應收帳款週轉天數 = \frac{平均應收帳款 \times 365}{銷售收入}$$

其中：$平均應收帳款 = \frac{期初應收帳款 + 期末應收帳款}{2}$

依據上式計算的應收帳款週轉率高，週轉天數少，表明企業應收帳款的管理效率高，變現能力強。反之，企業營運用資金將會過多地呆滯在應收帳款上，影響企業的正常資金週轉。

【例9-11】根據 A 公司的資料，計算該公司 2016 年的應收帳款週轉率和應收帳款週轉天數。

解答：

$$應收帳款週轉率 = \frac{732,856}{(626+679)/2} = \frac{732,856}{652.5} = 1,123.15（次）$$

$$應收帳款週轉天數 = \frac{365}{1,123.15} = 0.32（天）$$

在具體運用該項指標時，應注意以下兩點：

(1) 在計算應收帳款週轉率指標時，「平均應收帳款」應是未扣除壞帳準備的應收帳款金額，而不宜採用應收帳款淨額。因為壞帳準備僅是會計上基於穩健原則所確認的一種可能損失，這種可能損失是否轉變為現實損失以及轉變為現實損失的程度取決於企業對應收帳款的管理效率。也就是說，已計提壞帳準備的應收帳款並不排除在收款責任之外；相反，企業應對這部分應收帳款採取更嚴格的管理措施。在這種情況下，若以扣除壞帳準備的應收帳款計算應收帳款週轉率，不僅在理論上缺乏合理性，在實務上則可能導致管理人員放鬆對這部分帳款的催收，甚至可能導致管理人員為提高應收帳款週轉率指標而不適當地提高壞帳計提比率。關於公式中的「銷售收入」，從相關性的角度考慮應採用賒銷收入，但由於分析者（特別是企業外部分析者）無法獲取企業的賒銷數據，因而在實際分析時通常是直接採用銷售收入計算。

(2) 將應收帳款週轉率聯繫存貨週轉率分析，可大致說明企業所處的市場環境和管理的營銷策略。具體來說，若應收帳款週轉率與存貨週轉率同時上升，表明企業的市場環境優越，前景看好；若應收帳款週轉率上升，而存貨週轉率下降，可能表明企業因預期市場看好，而擴大產、購規模或緊縮信用政策，或兩者兼而有之；若存貨週轉率上升，而應收帳款週轉率下降，可能表明企業放寬了信用政策，擴大了賒銷規模，這種情況可能隱含著企業對市場前景的預期不甚樂觀，應予警覺。

(三) 流動資產週轉率

流動資產週轉率是用於衡量企業流動資產綜合營運效率和變現能力的財務比率。其計算公式如下：

$$流動資產週轉率 = \frac{銷售收入}{平均流動資產}$$

$$流動資產週轉天數 = \frac{平均流動資產 \times 365}{銷售收入}$$

$$其中：平均流動資產 = \frac{期初流動資產 + 期末流動資產}{2}$$

通常認為，流動資產週轉率越高越好。因為流動資產週轉速度快，會相對節約流動資金，等於擴大資產投入，增強企業盈利能力；而延緩週轉速度，需要補充流動資產參加週轉，形成資源浪費，降低企業盈利能力。

【例9-12】根據A公司的資料，計算該公司2016年流動資產週轉率和流動資產週轉天數。

解答：

$$流動資產週轉率 = \frac{732,856}{(503,094+649,389)/2} = \frac{732,856}{575,741.5} = 1.27（次）$$

$$流動資產週轉天數 = \frac{365}{1.27} = 287.40（天）$$

（四）總資產週轉率

總資產週轉率是用於衡量企業資產綜合營運效率和變現能力的比率。其計算公式為：

$$總資產週轉率 = \frac{銷售收入}{平均總資產}$$

$$總資產週轉天數 = \frac{平均總資產 \times 365}{銷售收入}$$

其中：$平均總資產 = \frac{期初總資產 + 期末總資產}{2}$

根據上式計算的總資產週轉率越高，表明企業資產的綜合營運能力越強，效率越高；否則反之。

【例9-13】根據A公司的資料，計算該公司2016年的總資產週轉率和總資產週轉天數。

解答：

$$總資產週轉率 = \frac{732,856}{(1,034,015+1,157,165)/2} = \frac{732,856}{1,095,590} = 0.67（次）$$

$$總資產週轉天數 = \frac{365}{0.67} = 544.78（天）$$

三、盈利能力分析

盈利能力是指企業正常經營賺取利潤的能力，是企業生存發展的基礎。這種能力的大小通常以投入產出的比值來衡量。企業利潤額的多少不僅取決於企業生產經營的業績，而且還取決於企業生產經營規模的大小、經濟資源佔有量的多少、投入資本的多少以及產品本身價值等條件的影響。不同規模的企業之間或在同一企業的各個時期之間，僅對比利潤額的多少，並不能正確衡量企業盈利能力的優劣。為了排除上述因素的影響，必須從投入產出的關係上分析企業的盈利能力。反映企業盈利能力的指標很多，通常使用的指標如下：

（一）營業利潤率

營業利潤率又稱銷售利潤率，是指營業利潤對營業收入的比率。其計算公式如下：

$$營業利潤率 = \frac{營業利潤}{營業收入}$$

構建該項指標的依據在於企業利潤在正常情況下主要來自於營業利潤，而營業利

潤儘管不是由營業收入創造的，但卻是以營業收入的實現為前提的，並且當企業的成本水平一定時，營業利潤的增減主要取決於營業收入的變化。因此，將營業利潤與營業收入比較不僅能夠反映營業利潤與營業收入的內在邏輯聯繫，而且能夠揭示營業收入對企業利潤的貢獻程度。不僅如此，由於營業收入的變化取決於銷量和價格兩個因素，而這兩個因素又是由企業的市場營銷狀況決定的，因此通過營業利潤率還可以反映市場營銷對企業利潤的貢獻程度，有助於評價營銷部門的工作業績。該項指標的意義在於從營業收益的角度說明企業的獲利水平，其值越高，表明企業的獲利水平越高；反之，企業的獲利水平則越低。

公式中的「營業利潤」可以從主營業務利潤和營業利潤兩個方面計算，為便於區分，我們將以主營業務利潤計算的利潤率稱為營業毛利率，而將以營業利潤計算的利潤率稱為營業利潤率。營業毛利率和營業利潤率儘管均可用於說明企業的獲利水平，但兩者說明問題的側重性不同，營業毛利率側重於從主營業務的角度說明企業的獲利水平，營業利潤率則側重於說明企業營業的綜合獲利水平。這裡必須強調的是，在計算營業利潤率時，應將利息支出加回營業利潤中，因為利息費用不屬於經營性費用，但在計算營業利潤時卻做了扣除處理。

【例9-14】根據 A 公司的資料，計算該公司 2016 年的營業利潤率。

解答：

$$營業利潤率 = \frac{218,342}{732,856} = 29.79\%$$

(二) 成本利潤率

成本利潤率是指利潤對成本的比率，從耗費的角度說明企業的獲利能力。成本利潤率具體又可分為主營業務成本利潤率和成本費用利潤率兩項。

1. 主營業務成本利潤率

主營業務成本利潤率是指企業主營業務利潤對主營業務成本的比率。其計算公式如下：

$$主營業務成本利潤率 = \frac{主營業務利潤}{主營業務成本}$$

構建該項指標的依據在於：第一，主營業務成本是為取得主營業務利潤所付出的代價，將兩者比較，能夠充分體現因素相關和配比的原則。第二，在正常情況下，企業的利潤主要來自於主營業務，因此以主營業務利潤與主營業務成本的比較來衡量企業的獲利能力不僅能夠體現重要性原則，而且也有利於對企業未來獲利狀況的預測。

主營業務成本利潤率的意義在於說明每百元的主營業務耗費所得獲取的利潤，其值越高，表明企業主營業務的獲利能力越強，企業的發展趨勢越好，否則反之。

2. 成本費用利潤率

成本費用利潤率是指企業一定時期利潤總額與成本費用總額的比率。其計算公式如下：

$$成本費用利潤率 = \frac{利潤總額}{成本費用總額}$$

其中：

成本費用總額＝營業成本＋稅金及附加＋銷售費用＋管理費用＋財務費用

該指標越高，表明企業為取得利潤付出的代價越小，成本費用控製得越好，盈利能力越強。

【例9-15】根據A公司的資料，計算該公司2016年的成本費用利潤率。

解答：

$$成本利潤率=\frac{217,835}{337,798+58,263+78,276+49,794+(-9,223)}=\frac{217,835}{514,908}=42.31\%$$

（三）總資產報酬率

總資產報酬率是指企業息稅前利潤對企業平均總資產的比率。其計算公式如下：

$$總資產報酬率=\frac{息稅前利潤}{平均總資產}=\frac{淨利潤+所得稅+利息}{平均總資產}$$

總資產報酬率的構建依據在於：第一，企業經營的目的在於獲利，經營的手段則是合理組織和營運特定資產，因此將利潤與資產比較，能夠揭示經營手段的有效性和經營目標的實現程度。從這種意義上說，該指標是用於衡量企業獲利能力的一項最基本而又最重要的指標。第二，企業利潤既包括淨利潤，也包括利潤、所得稅以及少數股權收益，而所有這些是由企業總資產所創造的，而非僅由部分資產的創造，因此以息前稅前利潤與總資產比較，能夠充分體現投入與產出的相關性，從而能夠真實客觀地揭示獲利能力。

該指標的意義在說明企業每占用及運用百元資產所能獲取的利潤，用於從投入和占用方面說明企業的獲利能力。其值越高，表明企業的獲利能力越強；反之，企業的獲利能力則弱。

【例9-16】根據A公司的資料，計算該公司2016年的總資產報酬率。

解答：

$$總資產報酬率=\frac{217,835+(-9,223)}{(1,034,015+1,157,165)/2}=\frac{208,612}{1,095,590}=19.04\%$$

（四）淨資產收益率

淨資產收益率是指一定時期淨利潤對平均淨資產的比率。其計算公式如下：

$$淨資產收益率=\frac{淨利潤}{平均淨資產}$$

其中：

$$平均淨資產=\frac{期初淨資產+期末淨資產}{2}$$

構建淨資產收益率的依據在於：第一，股東財富最大化是企業理財的目標之一，而股東財富的增長從企業內部看主要來源於利潤，因此將淨利潤與淨資產（即股東權益）比較能夠揭示企業理財目標的實現程度。第二，企業在一定期間實現的利潤中，能夠為股東享有的僅僅是扣除所得稅后的淨利潤，而不包括作為所得稅及利息開支方面的利潤。因此，以淨利潤與淨資產比較才能客觀地反映企業股東的報酬狀況和財富增長情況。

淨資產收益率用於從淨收益的角度說明企業的獲利水平。其值越高，表明企業的

獲利水平越高，否則反之。

【例9-17】根據A公司的資料，計算該公司2016年淨資產收益率。

解答：

$$淨資產收益率=\frac{147,278}{(830,113+962,624)/2}=\frac{147,278}{896,368.5}=16.43\%$$

淨資產收益率與營業利潤率儘管均是用於衡量企業獲利水平的指標，但兩者說明問題的角度不同，營業利潤率是從經營的角度說明企業的獲利水平，而淨資產收益率則從綜合性的角度說明企業的獲利水平。換言之，影響營業利潤率的因素主要限於營業收入、營業成本等經營性方面的因素，而影響淨資產收益率的因素除經營性因素外，還包括籌資、投資、利潤分配等財務性質的因素。

四、發展能力分析

發展能力是企業在生存的基礎上，擴大規模、壯大實力的潛在能力。其主要的評價指標如下：

（一）銷售（營業）增長率

銷售（營業）增長率是指企業本年銷售（營業）收入增長額同上年銷售（營業）收入總額的比率。其反映企業銷售收入的增減變動情況，是評價企業成長情況和發展能力的重要指標。其計算公式如下：

$$銷售（營業）增長率=\frac{本年銷售（營業）增長額}{上年銷售（營業）收入總額}$$

該指標若大於0，表示企業本年銷售（營業）收入有所增加，指標值越高，表明增長速度越快，企業市場前景越好；該指標若小於0，表示企業或是產品銷售不對路、質次價高，或是在售後服務等方面存在問題，產品銷售不出去，市場份額萎縮。該指標在實際操作時，應結合企業歷年發展及其他影響企業發展的潛在因素進行前瞻性預測，或者結合企業前三年的銷售（營業）收入增長率做出趨勢性分析判斷。

【例9-18】根據A公司的資料，計算該公司2016年的銷售（營業）增長率。

解答：

$$銷售（營業）增長率=\frac{732,856-739,701}{739,701}=\frac{-6,845}{739,701}=-0.93\%$$

（二）資本累積率

資本累積率是指企業本年所有者權益增長額同年初所有者權益的比率。資本累積率可以表示企業當年資本的累積能力，是評價企業發展潛力的重要指標。其計算公式如下：

$$資本累積率=\frac{本年所有者權益增長額}{年初所有者權益}$$

該指標是企業當年所有者權益總的增長率，反映了企業所有者權益在當年的變動水平。資本累積率體現了企業資本的累積情況，是企業發展強盛的標誌，也是企業擴大再生產的源泉，展示了企業的發展活力。資本累積率反映了投資者投入企業資本的保全性和增長性，該指標越高，表明企業的資本累積越多，企業的資本保全性越強，

應對風險、持續發展的能力越強。該指標如為負值，表明企業資本受到侵蝕，所有者權益受到損害，應予以充分重視。

【例9-19】根據A公司的資料，計算該公司2016年的資本累積率。

解答：

$$資本累積率 = \frac{962,624 - 830,113}{830,113} = \frac{132,511}{830,113} = 15.96\%$$

（三）資本保值增值率

資本保值增值率是指扣除客觀因素影響后的所有者權益的期末總額與期初總額之比。其計算公式如下：

$$資本保值增值率 = \frac{扣除客觀因素影響后的期末所有者權益}{期初所有者權益}$$

如果企業本期淨利潤大於0，並且利潤留存率大於0，則必然會使期末所有者權益大於期初所有者權益，因此該指標也是衡量企業盈利能力的重要指標。當然，這一指標的高低，除了受企業經營成果的影響外，還受企業利潤分配政策和投入資本的影響。

【例9-20】根據A公司的資料，計算該公司2016年的資本保值增值率。

解答：

$$資本保值增值率 = \frac{962,624}{830,113} = 115.96\%$$

（四）總資產增長率

總資產增長率是企業本期總資產增長額同年初資產總額的比率。總資產增長率可以衡量企業本期資產規模的增長情況，評價企業經營規模總量上的擴張程度。其計算公式如下：

$$總資產增長率 = \frac{本年總資產增長額}{年初總資產}$$

該指標是從企業資產總量擴張方面衡量企業的發展能力，表明企業規模增長水平對企業發展后勁的影響。該指標越高，表明企業一個經營週期內資產經營規模擴張的速度越快。但在實際操作時，應注意資產規模擴張的質和量的關係以及企業的后續發展能力，避免盲目擴張。

【例9-21】根據A公司的資料，計算該公司2016年的總資產增長率。

解答：

$$總資產增長率 = \frac{1,157,165 - 1,034,015}{1,034,015} = \frac{123,150}{1,034,015} = 11.91\%$$

第三節　上市公司財務分析

一、上市公司特殊財務分析指標

在對上市公司進行財務分析時，除需對前述各基本財務比率進行分析和評價外，

還應對反映股票投資價值的特定財務比率進行分析評價，這些比率主要有每股收益、每股股利、市盈率、每股淨資產、市淨率等。

（一）每股收益（Earnings Per Share，EPS）

每股收益是綜合反映企業盈利能力的重要指標，可以用來判斷和評價管理層的經營業績。每股收益包括基本每股收益和稀釋每股收益。

1. 基本每股收益

基本每股收益的計算公式如下：

$$基本每股收益 = \frac{歸屬於普通股股東的淨利潤}{發行在外的普通股加權平均數}$$

其中：

發行在外的普通股加權平均數＝期初發行在外的普通股股數＋當期新發行普通股股數×$\frac{已發行時間}{報告期時間}$－當期回收普通股股數×$\frac{已回購時間}{報告期時間}$

【例9-22】M 上市公司 2016 年度歸屬於普通股股東的淨利潤為 25,000 萬元。2015 年年末的股本為 8,000 萬股。2016 年 2 月 8 日，經 M 公司 2015 年度股東大會決議，以截至 2015 年年末 M 公司總股數為基礎，向全體股東每 10 股送紅股 10 股，工商註冊登記變更完成後，M 公司總股本變為 16,000 萬股。2016 年 11 月 25 日，M 公司發行新股 6,000 萬股。

要求：計算 M 公司 2016 年普通股基本每股收益。

解答：

$$基本每股收益 = \frac{25,000}{8,000+8,000+6,000\times 1/12} = \frac{25,000}{16,500} = 1.52（元/股）$$

2. 稀釋每股收益

企業存在稀釋性潛在普通股的，應當計算稀釋每股收益。稀釋性潛在普通股是指假設當期轉換為普通股會減少每股收益的潛在普通股。潛在普通股主要包括可轉換公司債券、認股權證和股份期權等。

（1）可轉換公司債券。對於可轉換公司債券，計算稀釋每股收益時，分子的調整項目為可轉換公司債券當期已確認為費用的利息等的稅後影響額；分母的調整項目為假定可轉換公司債券當期期初或發行日轉換為普通股的股數加權平均數。

（2）認股權證和股份期權。認股權證、股份期權等的行權價格低於當期普通股平均市場價格時，應當考慮其稀釋性。

計算稀釋每股收益時，作為分子的淨利潤金額一般不變；分母的調整項目為增加的普通股股數，同時還應考慮時間權數。

行權價格和擬行權時轉換的普通股股數，按照有關認股權證合同和股份期權合約確定。公式中的當期普通股平均市場價格，通常按照每周或每月具有代表性的股票交易價格進行簡單算術平均計算。在股票價格比較平穩的情況下，可以採用每周或每月股票的收盤價作為代表性價格；在股票價格波動較大的情況下，可以採用每周或每月股票最高價與最低價的平均值作為代表性價格。無論採用何種方法計算平均市場價格，一經確定，不得隨意變更，除非有確鑿證據表明原計算方法不再適用。當期發行認股

權證或股份期權的,普通股平均市場價格應當自認股權證或股份期權的發行日起計算。

【例9-23】N上市公司2016年7月1日按面值發行年利率3%的可轉換公司債券,面值為10,000萬元,期限為5年,利息每年年末支付一次,發行結束一年後可以轉換為股票,轉換價格為每股5元,即每100元債券可以轉換為1元面值的普通股20股。2016年,N公司歸屬於普通股股東的淨利潤為30,000萬元,2016年發行在外的普通股加權平均數為40,000萬股,債券利息不符合資本化條件,直接計入當期損益,所得稅稅率為25%。假設不考慮可轉換公司債券在負債成分和權益成分之間的分拆,並且債券票面利率等於實際利率。

要求:計算N公司的稀釋每股收益。

解答:

(1) 基本每股收益 $= \dfrac{30,000}{40,000} = 0.75$(元/股)

(2) 假設全部轉股,所增加的淨利潤 = 10,000×3%×6/12×(1-25%)
= 112.5(萬元)

假設全部轉股,所增加的年加權平均普通股股數 $= \dfrac{10,000}{100} \times 20 \times 6/12 = 1,000$(萬股)

增量股的每股收益 = 112.5/1,000 = 0.112,5(元)

由於增量股的每股收益0.112,5元<原股每股收益0.75元,因此,可轉換債券具有稀釋作用。

(3) 稀釋每股收益 $= \dfrac{30,000+112.5}{40,000+1,000} = 0.73$(元/股)

在分析每股收益指標時,應當注意企業利用回購的方式減少發行在外的普通股股數,使每股收益簡單增加。另外,如果企業將盈利用於派發股票股利或配售股票,就會使企業流通在外的股票數量增加,這樣將會大量稀釋每股收益。在分析上市公司公布的信息時,投資者應注意區分公布的每股收益是按原始股股數還是按完全稀釋後的股份計算規則計算的,以免受到誤導。

對投資者來說,每股收益是一個綜合性的盈利概念,在不同行業、不同規模的上市公司之間具有相當大的可比性因而在各上市公司之間的業績比較中被廣泛應用。人們一般將每股收益視為企業能否成功地達到其利潤目標的標誌,也可以將其看成一家企業管理效率、盈利能力和股利來源的標誌。理論上,每股收益反映了投資者可望獲得的最高股利收益,因而是衡量股票投資價值的重要指標。每股收益越高,表明投資價值越大;否則反之。但是每股收益多並不意味著每股股利多。此外,每股收益不能反映股票的風險水平。

(二)每股股利

每股股利是企業股利總額與普通股股數的比值。其計算公式如下:

每股股利 $= \dfrac{現金股利總額}{期末發行在外的普通股股數}$

每股股利反映的是普通股股東每持有上市公司一股普通股獲取的股利大小,是投

資者股票投資收益的重要來源之一。由於淨利潤是股利分配的來源，因此每股股利的多少很大程度取決於每股收益的多少。但上市公司每股股利發放多少，除了受上市公司盈利能力大小影響以外，還取決於企業的股利分配政策和投資機會。投資者使用每股股利分析上市公司的投資回報時，應比較連續幾個期間的每股股利，以評估股利回報的穩定性並做出收益預期。

反映每股股利和每股收益之間關係的一個重要指標是股利發放率，即每股股利分配額與當期的每股收益之比。

$$股利發放率 = \frac{每股股利}{每股收益}$$

股利發放率反映每1元淨利潤有多少用於普通股股東的現金股利發放，反映普通股股東的當期收益水平。借助於該指標，投資者可以瞭解一家上市公司的股利發放政策。

(三) 市盈率 (P/E Ratio)

市盈率是股票每股市價與每股收益的比率，反映普通股股東為獲取1元淨利潤所願意支付的股票價格。其計算公式如下：

$$市盈率 = \frac{每股市價}{每股收益}$$

【例9-24】承【例9-22】的資料，同時假定該上市公司2016年年末每股市價30.4元。

要求：計算該公司2016年年末的市盈率。

解答：

$$市盈率 = \frac{30.4}{1.52} = 20（倍）$$

市盈率是股票市場上反映股票投資價值的重要指標，該指標的高低反映了市場上投資者對股票投資收益和投資風險的預期。一方面，市盈率越高，意味著投資者對股票的收益預期越看好，投資價值越大；反之，投資者對該股票評價越低。另一方面，市盈率越高，也說明獲得一定的預期利潤投資者需要支付更高的價格，因此投資於該股票的風險也越大；市盈率越低，說明投資於該股票的風險越小。

上市公司的市盈率是廣大股票投資者進行中長期投資的重要決策指標。影響企業股票市盈率的因素有：第一，上市公司盈利能力的成長性。如果上市公司預期盈利能力不斷提高，說明企業具有較好的成長性，目前市盈率較高，值得投資者進行投資。第二，投資者所獲取報酬率的穩定性。如果上市公司經營效益良好且相對穩定，則投資者獲取的收益也較高且穩定，投資者就願意持有該企業的股票，則該企業的股票的市盈率會由於眾多投資者的普遍看好而相應提高。第三，市盈率也受到利率水平變動的影響。當市場利率水平變化時，市盈率也應進行相應的調整。

使用市盈率進行分析的前提是每股收益維持在一定水平之上，如果每股收益很小或接近虧損，但股票市價不會降至為零，會導致市盈率極高，此時很高的市盈率不能說明任何問題。此外，以市盈率衡量股票投資價值儘管具有市場公允性，但還是存在一些缺陷：第一，股票價格的高低受很多因素的影響，非理性因素的存在會使股票價

格偏離其內在價值；第二，市盈率反映了投資者的投資預期，但由於市場不完全和信息不對稱，投資者可能會對股票做出錯誤估計。因此，通常難以根據某一股票在某一時期的市盈率對其投資價值做出判斷，應該進行不同期間以及同行業不同公司之間的比較或與行業平均市盈率進行比較，以判斷股票的投資價值。

（四）每股淨資產

每股淨資產又稱每股帳面價值，是指企業期末淨資產（即股東權益）與期末發行在外的普通股股數的比率。其計算公式如下：

$$每股淨資產 = \frac{期末淨資產}{期末發行在外的普通股股數}$$

【例9-25】L上市公司2016年年末的期末股東權益為15,600萬元，全部為普通股，年末發行在外的普通股股數為12,000萬股。

要求：計算L公司2016年年末的每股淨資產。

解答：

$$每股淨資產 = \frac{15,600}{12,000} = 1.3（元/股）$$

該指標反映公司發行在外的每股普通股的帳面權益額，用於說明公司股票的現實財富含量（即含金量）。該指標越高，表明公司股票的財富含量越高，內在價值越大；反之，則股票財富含量越低，內在價值越小。在具體運用該指標時，應注意以下幾點：

（1）在計算該指標時，若公司發行有優先股，應先從帳面權益額中減去優先股權益，然后再與發行在外的普通股數量比較計算；若年度內公司普通股數量發生變化，也應同每股盈餘一樣，採用加權平均後的股票數量計算。

（2）由於會計上執行歷史成本計量原則，使得該指標可能難以說明公司股票的真實財富含量。具體來說，當公司淨資產的歷史成本低於其現行公允價值時，該指標反映的股票財富含量將低於其真實財富含量；反之，該指標反映的股票財富含量將高於股票的真實財富含量。

（五）市淨率

市淨率是每股市價與每股淨資產的比率，是投資者用以衡量、分析個股是否具有投資價值的工具之一。其計算公式如下：

$$市淨率 = \frac{每股市價}{每股淨資產}$$

【例9-26】X上市公司2016年年末的每股市價為3.9元，每股淨資產為1.3元。

要求：計算X公司2016年年末的市淨率。

解答：

$$市淨率 = \frac{3.9}{1.3} = 3（倍）$$

一般來說，市淨率較低的股票，投資價值較高；反之，則投資價值較低。但有時較低市淨率反映的可能是投資者對公司前景的不良預期，而較高市淨率則相反。因此，在判斷某只股票的投資價值時，還要綜合考慮當時的市場環境及公司經營情況、資產質量和盈利能力等因素。

二、管理層討論與分析

管理層討論與分析是上市公司定期報告中管理層對於本企業過去經營狀況的評價分析以及對企業未來發展趨勢的前瞻性判斷,是對企業財務報表中描述的財務狀況和經營成果的解釋,是對經營中固有風險和不確定性的揭示,同時也是對企業未來發展前景的預期。

管理層討論與分析是上市公司定期報告的重要組成部分。要求上市公司編制並披露管理層討論與分析的目的在於使公眾投資在能夠有機會瞭解管理層自身對企業財務狀況與經營成果的分析評價以及企業未來一定時期內的計劃。這些信息在財務報表及附註中並沒有得到充分揭示,對投資者的投資決策卻非常重要。

管理層討論與分析信息大多涉及「內部性」較強的定性信息,無法對其進行詳細的強制規定和有效監控,因此西方國家的披露原則是強制與自願相結合,企業可以自主決定如何披露這類信息。中國也基本實行這種原則,如中期報告中的「管理層討論與分析」部分以及年度報告中的「董事會報告」部分,都是規定某些管理層討論與分析信息必須披露,而另外一些管理層討論與分析信息鼓勵企業自願披露。

上市公司「管理層討論與分析」主要包括兩部分:報告期間經營業績變動的解釋與企業未來發展的前瞻性信息。

(一) 報告期間經營業績變動的解釋

(1) 分析企業主營業務及其經營狀況。

(2) 概述企業報告期內總體經營情況,列示企業主營業務收入、主營業務利潤、淨利潤的同比變動情況,說明引起變動的主要影響因素。企業應當對前期已披露的企業發展戰略和經營計劃的實現或實施情況、調整情況進行總結,若企業實際經營業績較曾公開披露過的本年度盈利預測或經營計劃低 10% 以上或高 20% 以上,應詳細說明造成差異的原因。企業可以結合企業業務發展規模、經營區域、產品等情況,介紹與企業業務相關的宏觀經濟層面或外部經營環境的發展現狀和變化趨勢、企業的行業地位或區域市場地位、分析企業存在的主要優勢和困難、分析企業經營和盈利能力的連續性和穩定性。

(3) 說明報告期企業資產構成、企業銷售費用、管理費用、財務費用、所得稅等財務數據同比發生重大變動的情況以及發生變化的主要影響因素。

(4) 結合企業現金流量表相關數據,說明企業經營活動、投資活動和籌資活動產生的現金流量的構成情況,若相關數據發生重大變動,應當分析其主要影響因素。

(5) 企業可以根據實際情況對企業設備利用情況、訂單的獲取情況、產品的銷售或積壓情況、主要技術人員變動情況等與企業經營相關的重要信息進行討論和分析。

(6) 企業主要控股企業及參股企業的經營情況及業績分析。

(二) 企業未來發展的前瞻性信息

(1) 企業應當結合經營回顧的情況,分析所處行業的發展趨勢及企業面臨的市場競爭格局。產生重大影響的,應給與管理層基本判斷的說明。

(2) 企業應當向投資者提示管理層關注的未來企業發展機遇和挑戰,披露企業發展戰略以及擬開展的新業務、擬開發的新產品、擬投資的新項目等。若企業存在多種

業務的，還應當說明各項業務的發展規劃。同時，企業應當披露新年度的經營計劃，包括（但不限於）收入、成本費用計劃以及新年度的經營目標，如銷售的提升、市場份額的擴大、成本下降、研發計劃等，為達到上述經營目標擬採取的策略和行動。企業可以編制並披露新年度的盈利預測，該盈利預測必須經過具有證券期貨相關業務資格的會計師事務所審核並發表意見。

（3）企業應當披露為實現未來發展戰略所需的資金需求及使用計劃以及資金來源情況，說明企業維持當前業務、完成在建投資項目的資金需求、未來重大的資本支出計劃等，包括未來已知的資本支出承諾、合同安排、時間安排等。同時，對企業資金來源的安排、資金成本及使用情況進行說明。企業應當區分債務融資、表外融資、股權融資、衍生產品融資等項目對企業未來資金來源進行披露。

（4）企業應當結合自身特點對所有風險因素（包括宏觀政策風險、市場或業務經營風險、財務風險、技術風險等）進行風險解釋，披露的內容應當充分、準確、具體。同時，企業可以根據實際情況，介紹已採取（或擬採取）的對策和措施，對策和措施應內容具體，具備可操作性。

第四節　財務綜合分析

財務分析的最終目的在於全方位地瞭解企業經營理財的狀況，並以此對企業經濟效益的優劣做出系統的、合理的評價。單獨分析任何一項財務指標，都難以全面評價企業的財務狀況和經營結果，要想對企業財務狀況和經營成果有一個總的評價，就必須進行相互關聯的分析，採用適當的標準進行綜合性的評價。所謂財務綜合分析，就是將償債能力、營運能力、盈利能力和發展能力等諸方面的分析納入一個有機的整體之中，全面地對企業財務狀況、經營成果進行揭示與披露，從而對企業經濟效益的優劣做出準確的評價與判斷。財務綜合分析的方法有很多，其中應用比較廣泛的有杜邦分析法和沃爾評分法。

一、杜邦分析法

杜邦分析法又稱杜邦財務分析體系，簡稱杜邦體系，是由美國杜邦公司的財務經理唐納德森·布朗（Donaldson Brown）於1919年創造並使用的，不僅用來衡量生產效率，而且也用來衡量整體業績。杜邦分析法的主要思想是根據企業對外公開的財務報表計算一系列的財務指標，以此對企業整體財務狀況進行綜合評價。杜邦分析體系在企業管理中發揮的巨大作用，也奠定了財務指標作為評價指標的統治地位。

（一）杜邦分析法的核心比率

淨資產收益率是杜邦分析體系的核心比率，具有很好的可比性，可以用於不同企業之間的比較。由於資本具有逐利性，總是流向投資報酬率高的行業和企業，使得各企業的淨資產收益率趨於接近。如一個企業的淨資產收益率經常高於其他企業，就會吸引競爭者，迫使該企業的淨資產收益率回到平均水平。如果一個企業的淨資產收益率經常低於其他企業，就得不到資金，會被市場驅逐，使得幸存企業的淨資產收益率

提升到平均水平。

淨資產收益率不僅有很好的可比性，而且有很強的綜合性。為了提高淨資產收益率，管理者有三個可以使用的槓桿：

淨資產收益率＝銷售淨利率×總資產週轉率×權益乘數

無論提高其中的哪一個比率，淨資產收益率都會提升。其中，「銷售淨利率」是利潤表的概括，銷售收入在利潤表的第一條，淨利潤在利潤表的第四條，兩者相除可以概括全部經營成果；「權益乘數」是資產負債表的概括，表明資產、負債和股東權益的比例關係，可以反映最基本的財務狀況；「總資產週轉率」把利潤表和資產負債表聯繫起來，使權益淨利率可能綜合整個企業的經營活動和財務活動的業績。

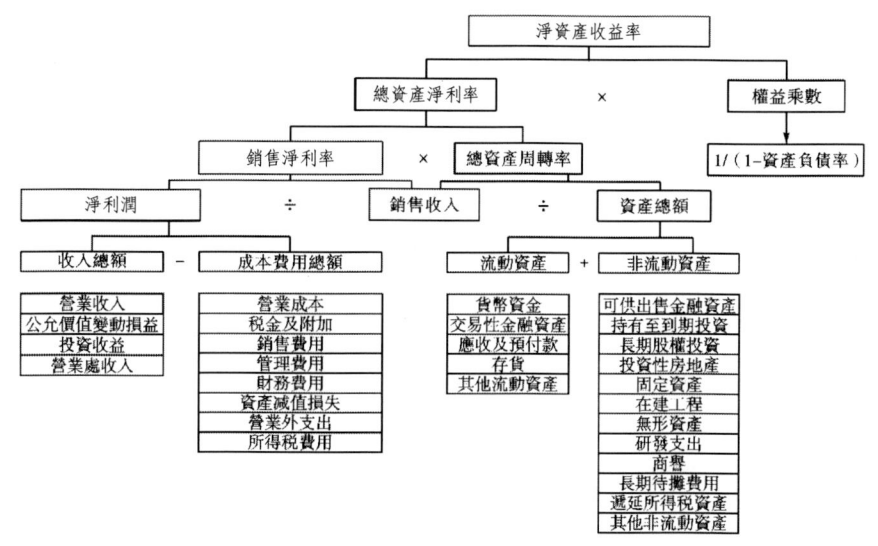

(二) 杜邦分析法的基本框架

杜邦分析法的基本框架可用圖 9-1 表示。

```
                        淨資產收益率
                       ┌──────┴──────┐
                   總資產淨利率    ×    權益乘數
                  ┌────┴────┐          │
              銷售淨利率 × 總資產周轉率   1/(1-資產負債率)
              ┌───┴───┐   ┌───┴───┐
            淨利潤 ÷ 銷售收入 ÷ 資產總額
           ┌──┴──┐            ┌──┴──┐
        收入總額 - 成本費用總額  流動資產 + 非流動資產
```

收入總額	成本費用總額	流動資產	非流動資產
營業收入	營業成本	貨幣資金	可供出售金融資產
公允價值變動損益	稅金及附加	交易性金融資產	持有至到期投資
投資收益	銷售費用	應收及預付款	長期股權投資
營業處收入	管理費用	存貨	投資性房地產
	財務費用	其他流動資產	固定資產
	資產減值損失		在建工程
	營業外支出		無形資產
	所得稅費用		研發支出
			商譽
			長期待攤費用
			遞延所得稅資產
			其他非流動資產

圖 9-1　杜邦分析法的基本框架

該體系是一個多層次的財務比率分解體系。各項財務比率在每個層次上與本企業歷史或同業的財務比率比較，比較之後向下一級分解。逐級向下分解，逐步覆蓋企業經營活動的每一個環節，可以實現系統、全面地評價企業經營成果和財務狀況的目的。

第一個層次的分解是把淨資產收益率分解為銷售淨利率、總資產週轉率和權益乘數。這三個比率在各企業之間可能存在顯著差異。通過對差異的比較，可以觀察本企業與其他企業的經營戰略和財務政策有什麼不同。

分解出來的銷售淨利率和總資產週轉率可以反映企業的經營戰略。一些企業銷售淨利率較高，而總資產週轉率較低；一些企業與之相反，總資產週轉率較高而銷售淨利率較低。兩者經常呈反方向變化的現象不是偶然的。為了提高銷售淨利率，企業就要增加產品的附加值，往往需要增加投資，引起總資產週轉率的下降。與此相反，為了加快總資產週轉率，就要降低價格，引起銷售淨利率下降。通常，銷售淨利率較高的製造業企業，其總資產週轉率都較低；總資產週轉率較高的零售業企業，銷售淨利

率較低。採取高盈利、低週轉的方針，還是採取低盈利、高週轉的方針，是企業根據外部環境和自身資源做出的戰略選擇。正因為如此，僅從銷售淨利率的高低並不能看出企業業績好壞，將其與總資產週轉率聯繫起來可以考察企業經營戰略。真正重要的是兩者共同作用而得到的總資產利潤率。總資產淨利率可以反映管理者運用受託資產賺取盈利的業績，是最重要的盈利能力。

分解出來的財務槓桿可以反映企業的財務政策。在資產利潤率不變的情況下，提高財務槓桿可以提高淨資產收益率，但同時也會增加財務風險。一般說來，資產利潤率較高的企業，財務槓桿較低，反之亦然。這種現象也不是偶然的。可以設想，為了提高淨資產收益率，企業傾向於盡可能提高財務槓桿。但是，貸款提供者不一定會同意這種做法。貸款提供者不分享超過利息的收益，更傾向於向預期未來經營現金流量比較穩定的企業提供貸款。為了穩定現金流量，企業的一種選擇是降低價格以減少競爭，另一種選擇是增加營運資本以防止現金流中斷，這都會導致資產利潤率下降。這就是說，為了提高流動性，只能降低盈利性。因此，我們實際看到的是經營風險低的企業可以得到較多的貸款，其財務槓桿較高；經營風險高的企業只能得到較少的貸款，其財務槓桿較低。資產利潤率與財務槓桿呈現負相關，共同決定了企業的淨資產收益率。企業必須使其經營戰略和財務政策相匹配。

(三) 財務比率的比較和分解

杜邦分析法要求在每一個層次上進行財務比率的比較和分解。通過與上年比較可以識別變動的趨勢，通過同業的比較可以識別存在的差距。分解的目的是識別引起變動（或產生差距）的原因，並計量其重要性，為后續分析指明方向。

【例9-27】C上市公司有關財務報表數據如表9-8所示。

表9-8　　　　　　　　　　C公司基本財務數據　　　　　　　　單位：萬元

年度	2015 年	2016 年
淨利潤	10,284.04	12,653.92
銷售收入	411,224.01	757,613.81
平均資產總額	306,222.94	330,580.21
平均負債總額	205,677.07	215,659.54
全部成本	403,967.43	736,747.24
製造成本	373,534.53	684,261.91
銷售費用	10,203.05	21,740.96
管理費用	18,667.77	25,718.20
財務費用	1,562.08	5,026.17

要求：分析C公司淨資產收益率變化的原因。

解答：

(1) 計算與淨資產收益率相關的財務比率，如表9-9所示。

表 9-9　　　　　　　　　　　　C 公司財務比率

年度	2015 年	2016 年
淨資產收益率①=④×⑥	10.23%	11.01%
銷售淨利率②=淨利潤/銷售收入	2.5%	1.67%
總資產週轉率③=銷售收入/平均資產總額	1.34	2.29
總資產淨利率④=②×③	3.36%	3.83%
資產負債率⑤=平均負債總額/平均資產總額	67.17%	65.24%
權益乘數⑥=1/(1-⑤)	3.05	2.88

（2）對淨資產收益率的分析。C 公司的淨資產收益率在 2015—2016 年出現了一定程度的好轉，從 2015 年的 10.23%增加至 2016 年的 11.01%。企業的投資者在很大程度上依據這個指標判斷是否投資或者是否轉讓股份，考察經營者業績和決定股利分配政策。這些指標對企業的管理者也至關重要。

淨資產收益率=總資產淨利潤×權益乘數

2015 年淨資產收益率=3.36%×3.05=10.23%

2016 年淨資產收益率=3.83%×2.88=11.01%

通過分解可以明顯地看出，C 公司淨資產收益率的變動是資產利用效果（總資產淨利率）變動和資本結構（權益乘數）變動兩方面共同作用的結果，而該企業的總資產淨利率太低，顯示出很差的資產利用效果。

（3）對總資產淨利率的分析。

總資產淨利率=銷售淨利率×總資產週轉率

2015 年總資產淨利率=2.5%×1.34=3.36%

2016 年總資產淨利率=1.67%×2.29=3.83%

通過分解可以看出，2016 年 C 公司的總資產週轉率有所提高，說明資產的利用得到了比較好的控製，顯示出比前一年較好的效果，表明 C 公司利用其總資產產生銷售收入的效率在增加。總資產週轉率提高的同時銷售淨利率減少，阻礙了總資產淨利率的增加。

（4）對銷售淨利率的分析。

2015 年銷售淨利率=$\dfrac{10,284.04}{411,224.01}$=2.5%

2016 年銷售淨利率=$\dfrac{12,653.92}{757,613.81}$=1.67%

C 公司 2016 年大幅度提高了銷售收入，但是淨利潤的提高幅度卻很小，分析其原因是成本費用增加。從表 9-8 可知，全部成本從 2015 年的 403,967.43 萬元增加到 2016 年的 736,747.24 萬元，與銷售收入的增加幅度大致相當。

（5）對全部成本的分析。

全部成本=製造成本+銷售費用+管理費用+財務費用

2015 年全部成本=373,534.53+10,203.05+18,667.77+1,562.08=403,967.43

2016 年全部成本 = 684,261.91+21,740.96+25,718.20+5,026.17 = 736,747.24

導致 C 公司淨資產收益率小的主要原因是全部成本過大。也正是因為全部成本的大幅度提高導致了淨利潤提高幅度不大，而銷售收入大幅度增加，就引起了銷售淨利率的降低，顯示出 C 公司銷售盈利能力的降低。總資產淨利率的提高應當歸功於總資產週轉率的提高，銷售淨利率的減少卻起到了阻礙的作用。

(6) 對權益乘數的分析。

$$權益乘數 = \frac{資產總額}{權益總額}$$

$$2015\ 年權益乘數 = \frac{306,222.94}{306,222.94-205,677.07} = 3.05$$

$$2016\ 年權益乘數 = \frac{330,580.21}{330,580.21-215,659.54} = 2.88$$

C 公司下降的權益乘數，說明企業的資本結構在 2015—2016 年發生了變動，2016 年的權益乘數較 2015 年有所減小。權益乘數越小，企業負債程度越低，償還債務能力越強，財務風險有所降低。這個指標同時也反映了財務槓桿對利潤水平的影響。C 公司的權益乘數一直處於 2~5 之間，也即負債率在 50%~80% 之間，屬於激進戰略型企業。管理者應該準確把握企業所處的環境，準確預測利潤，合理控制負債帶來的風險。

(7) 結論：對於 C 公司，最為重要的就是要努力降低各項成本，在控制成本方面下功夫，同時要保持較高的總資產週轉率。這樣可以使銷售淨利率得到提高，進而使總資產淨利率有較大提高。

(四) 杜邦分析法的局限性

杜邦分析法雖然被廣泛使用，但是也存在某些局限性。

1. 計算總資產淨利率的「總資產」與「淨利潤」不匹配

杜邦分析法首先被質疑的是總資產淨利率的計算公式。總資產是全部資產提供者享有的權利，而淨利潤是專門屬於股東的，兩者不匹配。由於總資產淨利率的「投放與產出」不匹配，該指標不能反映實際的回報率。為了改善該比率的配比，要重新調整其分子和分母。

為公司提供資產的人包括股東、有息負債的債權人和無息負債的債權人，後者不要求分享收益，要求分享收益的有股東、有息負債的債權人。因此，需要計量股東和有息負債債權人投入的資本，並且計量這些資本產生的收益，兩者相除才是合乎邏輯的資產報酬率，才能準確反映企業的基本盈利能力。

2. 沒有區分經營活動損益和金融活動損益

傳統財務分析體系沒有區分經營活動和金融活動。對於多數企業來說，金融活動是淨籌資，企業從金融市場上主要是籌資，而不是投資。籌資活動沒有產生淨利潤，而是支出淨費用。這種籌資費用是否屬於經營活動的費用，即使在會計規範的制定中也存在爭議，各種會計規範對此的處理也不盡相同。從財務管理的基本理念看，企業的金融資產是投資活動的剩餘，是尚未投入實際經營活動的資產，應將其從經營資產中剔除。與此相適應，金融費用也應從經營收益中剔除，才能使經營資產和經營收益匹配。因此，正確計量基礎盈利能力的前提是區分經營資產和金融資產，區分經營收

益與金融收益（費用）。

3. 沒有區分有息負債與無息負債

既然要把金融（籌資）活動分離出來單獨考察，就會涉及單獨計量籌資活動的成本。負債的成本（利息支出）僅僅是有息負債的成本。因此，必須區分有息負債與無息負債，利息與有息負債相除，才是實際的平均利息率。此外，區分有息負債與無息負債后，有息負債與股東權益相除，可以得到更符合實際的財務槓桿。無息負債沒有固定成本，本來就沒有槓桿作用，將其計入財務槓桿，會歪曲槓桿的實際作用。

二、沃爾評分法

沃爾評分法是財務狀況綜合評價的先驅亞歷山大·沃爾於 20 世紀初基於信用評價所需而創立的一種綜合評分法。他在其出版的《信用晴雨表研究》和《財務報表比率分析》中提出了信用能力指數的概念，並把若干個財務比率用線性關係聯繫起來，據以評價企業的信用水平。他選擇了 7 個財務比率，並分別給定了各比率的分值權重（見表 9-10），在此基礎上確定各比率的標準值。在評分時，將實際值與標準值比較，計算出每項比率實際得分，然后加總各比率得分，計算總得分。

表 9-10　　　　　　　　　　沃爾比重評分法

財務比率	比重（分值）①	標準比率 ②	實際比率 ③	相對比率 ④=③÷②	實際得分 ⑤=①×④
流動比率	25	2	2.5	1.25	31.25
淨資產/負債	25	1.5	0.9	0.6	15
資產/固定資產	15	2.5	3	1.2	18
銷售成本/存貨	10	8	10.4	1.3	13
銷售額/應收帳款	10	6	8.4	1.4	14
銷售額/固定資產	10	4	3	0.75	7.5
銷售額/淨資產	5	3	1.5	0.5	2.5
合計	100				101.25

對於沃爾評分法，一般認為其存在一個理論弱點，即未能證明為何要選擇這 7 個指標及每個指標所占權重的合理性。同時，其還存在一個技術問題，即由於某項指標得分是根據「相對比率」與「權重」的乘積來確立，因此當某一指標嚴重異常時，會對總評分產生不合邏輯的重大影響。具體來說，財務比率提高一倍，其評分值增加 100%，而財務比率下降至 1/2，其評分值只減少 50%。但儘管如此，沃爾評分法還是在實踐中被廣泛應用。

現代社會與沃爾所處的時代相比，已經有了很大的變化。一般認為企業財務評價的內容主要是盈利能力，其次是償債能力，此外還有成長能力，三者之間大致可按 5：3：2 來分配比重。反映盈利能力的主要指標是總資產報酬率、銷售淨利率和淨資產收益率。雖然淨資產收益率最重要，但由於前兩個指標已經分別使用了淨資產和淨利潤，

為減少重複影響，3個指標可按2：2：1安排。償債能力有4個常用指標，成長能力有3個常用指標。如果仍以100分為總評分，則評分的標準可分配如表9-11所示。表9-11中的標準比率以本行業平均數為基礎，適當進行理論修正。

表9-11　　　　　　　　　　　　綜合評分表

指標	評分值	標準比率（%）	行業最高比率（%）	最高評分	最低評分	每分比率的差（%）
盈利能力：						
總資產淨利率	20	15	20	30	10	0.5
銷售淨利率	20	6	20	30	10	1.4
淨資產收益率	10	18	20	15	5	0.4
償債能力：						
自有資本比率	8	50	90	12	4	10
流動比率	8	150	350	12	4	50
應收帳款週轉率	8	500	1,000	12	4	125
存貨週轉率	8	600	1,200	12	4	150
成長能力：						
銷售增長率	6	20	30	9	3	3.3
淨利增長率	6	15	20	9	3	1.7
總資產增長率	6	15	20	9	3	1.7
合計	100			150	50	

在表9-11中：

$$每分比率的差 = 1\% \times \frac{行業最高比率 - 標準比率}{最高評分 - 標準評分}$$

例如，總資產報酬率的每分比差率的計算如下：

$$總資產報酬率的每分比率差 = 1\% \times \frac{20-15}{30-20} = 0.5\%$$

該種綜合評分法與沃爾的綜合評分法相比，不僅豐富了評價內容，拓寬了運用範圍，而且還克服了運用上的技術缺陷。除此之外，其具有以下兩個方面的特點：

(1) 突出了淨利潤在財務評價中的重要地位，因而能夠體現股東財富最大化這一財務目標賦予財務評價的基本要求。

(2) 在內容上兼顧了企業的成長能力，有利於評價者考察對企業投資的預期價值。

儘管如此，該方法仍然存在一些不盡合理的方面：

(1) 過分突出盈利能力比率，而對決定盈利能力的經營能力比率關注不夠，這就有悖於企業財務能力的內在邏輯關係。

(2) 過分強調企業對股東財富增長（即淨利潤增長）的貢獻，而對其他利益主體的利益要求體現不充分，這就使得按該方法評價有利於實現股東財富最大化，而不利

於實現企業價值最大化。

（3）將總資產淨利率和銷售淨利潤作為評價的首要指標和重要指標，能夠突出淨利潤的重要地位，但這兩項指標本身卻「不倫不類」，缺乏實際意義。具體來說，由於淨利潤與總資產和銷售收入之間缺乏內在相關性，使得將淨利潤與總資產和銷售收入進行比較，既不能反映企業對股東的貢獻程度，也不能說明資產的獲利能力和銷售的獲利水平，這樣將該兩項指標納入評價指標體系，難免會影響評價結論的有效價值和說服力。

三、財務分析報告

（一）財務分析報告的含義與作用

財務分析報告是指財務分析主體對企業在一定時期籌資活動、投資活動、經營活動中的盈利狀況、營運狀況、償債狀況等進行分析與評價所形成的書面文字報告。財務分析的主體可能是經營者，也可能是財務分析師或其他與企業利益相關者。企業的投資者、債權人和其他部門在進行投資、借貸和其他決策時，並不能完全依據經營者財務分析報告的結論。這些部門的財務分析人員或聘請的財務分析專家，會提供自己的財務分析報告，為其決策者進行決策提供更客觀的資料。例如，政府部門的財務分析報告可為國家進行國民經濟宏觀調控和管理提供客觀依據。當然，應當指出的是，企業外部分析主體的財務分析報告並不一定針對一個企業進行全面分析，它可能針對某一專題對許多企業進行分析。例如，銀行可根據對眾多企業償債能力的分析，形成關於企業償債能力狀況的財務分析報告，為領導者進行借貸決策提供依據。

總之，財務分析報告是對企業財務分析結果的概括與總結，它對企業的經營者、投資者、債權人及其他有關單位或個人瞭解企業生產經營與財務狀況，進行投資、經營、交易決策等都有著重要意義。

1. 財務分析報告為企業外部潛在投資者、債權人、政府有關部門評價企業經營狀況與財務狀況提供參考

企業外部潛在投資者、債權人和政府部門等從各自分析目的出發，經常對企業進行財務分析。其分析的最直接依據是企業財務報表，但企業財務分析報告能提供許多財務報表所不具備的資料，因此企業財務分析報告也就成為企業外部分析者的重要參考資料。

2. 財務分析報告為企業改善與加強生產經營管理提供重要依據

企業財務分析報告全面揭示了企業的盈利能力、營運效率、支付及償債能力等方面取得的成績和存在的問題或不足，為企業改善經營管理指明了方向，提供了信息依據。企業可以針對財務分析報告中提出的問題，積極採取相應措施加以解決，這對於改善企業經營管理，提高財務運行質量和經濟效益有著重要作用。

3. 財務分析報告是企業經營者向董事會和股東會或職工代表大會匯報的書面材料

財務分析報告全面總結了經營者在一定時期的生產經營業績，說明了企業經營目標的實現程度或完成情況，揭示了企業生產經營過程中存在的問題，提出瞭解決問題的措施和未來的打算。董事會和股東會根據財務分析報告對經營者進行評價和獎懲。

（二）財務分析報告的格式與內容

財務分析報告的格式與內容根據分析報告的目的和用途的不同可能有所不同。例如，專題分析報告的格式與內容和全面分析報告的格式與內容不同；月度財務分析報

告的格式與內容和年度分析報告的格式與內容也可能有區別。這裡僅就全面財務分析報告的一般格式與內容加以說明。

全面財務分析報告的格式比較正規，內容比較完整。一般來說，全面財務分析報告的格式與內容如下：

1. 基本財務情況反映

這一部分主要說明企業各項財務分析指標的完成情況，包括：

（1）企業盈利能力情況，如利潤額及增長率、各種利潤率等；

（2）企業營運狀況，如存貨週轉率、應收帳款週轉率、各種資產額的變動和資產結構變動、資金來源與運用狀況等；

（3）企業權益狀況，如企業負債結構、所有者權益結構的變動情況以及企業債務負擔情況等；

（4）企業償債能力狀況，如資產負債率、流動比率、速動比率的情況等；

（5）企業產品成本的升降情況等。

對於一些對外報送的財務分析報告，還應說明企業的性質、規模、主要產品、職工人數等情況，以便財務分析報告使用者對企業有比較全面的瞭解。

2. 主要成績和重大事項說明

這一部分在全面反映企業總體財務狀況的基礎上，主要對企業經營管理中取得的成績及原因進行說明。例如，利潤取得較大幅度的增長，主要原因是通過技術引進和技術改造提高了產品質量、降低了產品消耗、打開了市場銷路等；企業支付能力增強、資金緊張得以緩解，主要原因是由於產品適銷對路、減少了產品庫存積壓、加快了資金週轉速度；等等。

3. 存在問題的分析

這是企業財務分析的關鍵所在。一個財務分析報告如果不能將企業存在的問題分析清楚，分析的意義和作用就不能很好地發揮，至少不能認為這個分析報告是完善的。存在問題的分析，一要抓住關鍵問題，二要分清原因。例如，假設某企業幾年來資金一直十分緊張，經過分析發現，問題的關鍵在於企業固定資產投資增長過快，流動資產需求加大，即資產結構失衡。又如，企業產品成本居高不下，主要原因在於工資增長水平快於勞動生產率的增長水平等。另外，對存在的問題應分清是主觀因素引起的，還是客觀原因造成的。

4. 提出改進措施意見

財務分析的目的是為了發現問題並解決問題。財務分析報告對企業存在的問題必須提出切實可行的改進意見。例如，對於企業資產結構失衡問題，解決的措施是或減少固定資產，或增加流動資產。在企業資金緊張、籌資困難的情況下，可能減少閒置固定資產是可行之策。因為在資金本來十分緊張的情況下，再要加大流動資產，勢必加劇資金緊張，不利於問題的解決。

應當指出的是，財務分析報告的結構和內容不是固定不變的，根據不同的分析目的或針對不同的服務對象，分析報告的內容側重點可以不同。有的財務分析報告可能主要側重於第一部分的企業財務情況反映，有的則可能側重於存在問題分析及提出措施意見。

（三）財務分析報告的編寫要求

明確了財務分析報告的格式與內容，並不意味著能編寫出合格的財務分析報告。編寫財務分析報告人員不僅需要具備財務分析的知識，而且要具有一定的文學寫作水平。在此基礎上，編寫財務分析報告還要滿足以下基本要求：

1. 突出重點、兼顧一般

編寫財務分析報告，必須根據分析的目的和要求，突出分析的重點，不能面面俱到。即使是編寫全面分析報告，也應有主有次。但是突出重點並不意味著可以忽視一般，企業經營活動和財務活動都是相互聯繫、互相影響的，在對重點問題的分析時，兼顧一般問題，有利於做出全面正確的評價。

2. 觀點明確、抓住關鍵

對財務分析報告的每一部分的編寫，都應觀點明確，指出企業經營活動和財務活動中取得的成績和存在的問題，並抓住關鍵問題進行深入分析，搞清主觀原因和客觀原因。

3. 注重時效、及時編報

財務分析報告具有很強的時效性，尤其對一些決策者而言，及時的財務分析報告意味著決策成功了一半，過時的財務分析報告將失去意義，甚至產生危害。在當今信息社會中，財務分析報告作為一種信息媒體，必須十分注重其時效性。

4. 客觀公正、真實可靠

財務分析報告編寫得客觀公正、真實可靠，是充分發揮財務分析報告作用的關鍵。如果財務分析報告不能做到客觀公正，人為地誇大某些方面，縮小某些方面，甚至搞弄虛作假，則會使財務分析報告使用者得出錯誤結論，造成決策失誤。財務分析報告的客觀公正、真實可靠，既取決於財務分析基礎資料的真實可靠，又取決於財務分析人員能否運用正確的分析方法，客觀公正地進行分析評價，兩者缺一不可。

5. 報告清楚、文字簡練

報告清楚主要包括三個方面：一是指財務分析報告必須結構合理、條理清晰；二是指財務分析報告的論點和論據清楚；三是指財務分析報告的結論要清楚。文字簡練是指在財務分析報告編寫中，要做到言簡意賅，簡明扼要。當然，報告清楚與文字簡練應兼顧，做到簡練而又清楚，清楚而又簡練，既不能為了清楚搞長篇大論，又不能為了簡練而使報告不清楚。

本章小結

1. 財務分析信息的需求者及分析重點（見表 9-12）

表 9-12　　　　　　　　財務分析信息的需求者及分析重點

序號	分析主體	分析重點內容
1	所有者	關心其資本的保值和增值狀況，因此較為重視企業盈利能力指標，主要進行企業盈利能力分析。

表9-12(續)

序號	分析主體	分析重點內容
2	債權人	首先關注的是其投資的安全性,因此主要進行企業償債能力分析,同時也關注企業盈利能力分析。
3	經營決策者	必須對企業經營理財的各方面,包括償債能力、營運能力、盈利能力、發展能力的全部信息予以詳盡地瞭解和掌握,主要進行各方面綜合分析,並關注企業財務風險和經營風險。
4	政府	兼具多重身分,既是宏觀經濟管理者,又是國有企業的所有者和重要的市場參與者,因此政府對企業財務分析的關注點因所具有的身分不同而異。

2. 基本財務比率分析(見表9-13)

表9-13　　　　　　　　　　基本財務比率分析

序號	能力維度	財務指標	計算公式
1	償債能力	短期償債能力	流動比率	流動比率 $=\dfrac{流動資產}{流動負債}$
		速動比率	速動比率 $=\dfrac{流動資產-存貨}{流動負債}$
		現金比率	現金比率 $=\dfrac{貨幣資金+交易性金融資產}{流動負債}$
		現金流動負債比率	現金流動負債比率 $=\dfrac{年經營現金淨流量}{年末流動負債}$
	長期償債能力	資產負債率	資產負債率 $=\dfrac{負債總額}{資產總額}$
		產權比率	產權比率 $=\dfrac{負債總額}{所有者權益}$
		權益乘數	權益乘數 $=\dfrac{總資產}{所有者權益}$
		已獲利息倍數	已獲利息倍數 $=\dfrac{息稅前利潤}{利息費用}$

表9-13(續)

序號	能力維度	財務指標	計算公式
2	營運能力	存貨週轉率	存貨週轉率 = $\dfrac{銷貨成本}{平均存貨}$
		應收帳款週轉率	應收帳款週轉率 = $\dfrac{銷售收入}{平均應收帳款}$
		流動資產週轉率	流動資產週轉率 = $\dfrac{銷售收入}{平均流動資產}$
		總資產週轉率	總資產週轉率 = $\dfrac{銷售收入}{平均總資產}$
3	盈利能力	營業利潤率	營業利潤率 = $\dfrac{營業利潤}{營業收入}$
		主營業務成本利潤率	主營業務成本利潤率 = $\dfrac{主營業務利潤}{主營業務成本}$
		總資產報酬率	總資產報酬率 = $\dfrac{息稅前利潤}{平均總資產}$
		淨資產收益率	淨資產收益率 = $\dfrac{淨利潤}{平均淨資產}$
4	發展能力	銷售(營業)增長率	銷售(營業)增長率 = $\dfrac{本年銷售(營業)增長額}{上年銷售(營業)收入總額}$
		資本累積率	資本累積率 = $\dfrac{本年所有者權益增長額}{年初所有者權益}$
		資本保值增值率	資本保值增值率 = $\dfrac{扣除客觀因素影響后的期末所有者權益}{期初所有者權益}$
		總資產增長率	總資產增長率 = $\dfrac{本年總資產增長額}{年初總資產}$

表9-13(續)

序號	能力維度	財務指標	計算公式
5	上市公司特殊指標	每股收益	每股收益 = $\dfrac{歸屬於普通股股東的淨利潤}{發行在外的普通股加權平均數}$
		每股股利	每股股利 = $\dfrac{現金股利總額}{期末發行在外的普通股股數}$
		市盈率	市盈率 = $\dfrac{每股市價}{每股收益}$
		每股淨資產	每股淨資產 = $\dfrac{期末淨資產}{期末發行在外的普通股股數}$
		市淨率	市淨率 = $\dfrac{每股市價}{每股淨資產}$

3. 杜邦分析法的關鍵公式（見表9-14）

表9-14　　　　　　　　　杜邦分析法的關鍵公式

序號	財務指標	計算公式
1	淨資產收益率	淨資產收益率=總資產淨利率×權益乘數
2	總資產淨利率	總資產淨利率=銷售淨利率×總資產週轉率
3	權益乘數	權益乘數=資產總額÷所有者權益總額=1÷（1-資產負債率） 　　　　=1+產權比率
		淨資產收益率=銷售淨利率×總資產週轉率×權益乘數

附　錄

1元複利終值系數表（1%~10%）

	1%	2%	3%	4%	5%	6%	7%	8%	9%	10%
1	1.010,0	1.020,0	1.030,0	1.040,0	1.050,0	1.060,0	1.070,0	1.080,0	1.090,0	1.100,0
2	1.020,1	1.040,4	1.060,9	1.081,6	1.102,5	1.123,6	1.144,9	1.166,4	1.188,1	1.210,0
3	1.030,3	1.061,2	1.092,7	1.124,9	1.157,6	1.191,0	1.225,0	1.259,7	1.295,0	1.331,0
4	1.040,6	1.082,4	1.125,5	1.169,9	1.215,5	1.262,5	1.310,8	1.360,5	1.411,6	1.464,1
5	1.051,0	1.104,1	1.159,3	1.216,7	1.276,3	1.338,2	1.402,6	1.469,3	1.538,6	1.610,5
6	1.061,5	1.126,2	1.194,1	1.265,3	1.340,1	1.418,5	1.500,7	1.586,9	1.677,1	1.771,6
7	1.072,1	1.148,7	1.229,9	1.315,9	1.407,1	1.503,6	1.605,8	1.713,8	1.828,0	1.948,7
8	1.082,9	1.171,7	1.266,8	1.368,6	1.477,5	1.593,8	1.718,2	1.850,9	1.992,6	2.143,6
9	1.093,7	1.195,1	1.304,8	1.423,3	1.551,3	1.689,5	1.838,5	1.999,0	2.171,9	2.357,9
10	1.104,6	1.219,0	1.343,9	1.480,2	1.628,9	1.790,8	1.967,2	2.158,9	2.367,4	2.593,7
11	1.115,7	1.243,4	1.384,2	1.539,5	1.710,3	1.898,3	2.104,9	2.331,6	2.580,4	2.853,1
12	1.126,8	1.268,2	1.425,8	1.601,0	1.795,9	2.012,2	2.252,2	2.518,2	2.812,7	3.138,4
13	1.138,1	1.293,6	1.468,5	1.665,1	1.885,6	2.132,9	2.409,8	2.719,6	3.065,8	3.452,3
14	1.149,5	1.319,5	1.512,6	1.731,7	1.979,9	2.260,9	2.578,5	2.937,2	3.341,7	3.797,5
15	1.161,0	1.345,9	1.558,0	1.800,9	2.078,9	2.396,6	2.759,0	3.172,2	3.642,5	4.177,2
16	1.172,6	1.372,8	1.604,7	1.873,0	2.182,9	2.540,4	2.952,3	3.425,9	3.970,3	4.595,0
17	1.184,3	1.400,2	1.652,8	1.947,9	2.292,0	2.692,8	3.158,8	3.700,0	4.327,6	5.054,5
18	1.196,1	1.428,2	1.702,4	2.025,8	2.406,6	2.854,3	3.379,9	3.996,0	4.717,1	5.559,9
19	1.208,1	1.456,8	1.753,5	2.106,8	2.527,0	3.025,6	3.616,5	4.315,7	5.141,7	6.115,9
20	1.220,2	1.485,9	1.806,1	2.191,1	2.653,3	3.207,1	3.869,7	4.661,0	5.604,4	6.727,5
21	1.232,4	1.515,7	1.860,3	2.278,8	2.786,0	3.399,6	4.140,6	5.033,8	6.108,8	7.400,2
22	1.244,7	1.546,0	1.916,1	2.369,9	2.925,3	3.603,5	4.430,4	5.436,5	6.658,6	8.140,3
23	1.257,2	1.576,9	1.973,6	2.464,7	3.071,5	3.819,7	4.740,5	5.871,5	7.257,9	8.954,3
24	1.269,7	1.608,4	2.032,8	2.563,3	3.225,1	4.048,9	5.072,4	6.341,2	7.911,1	9.849,7
25	1.282,4	1.640,6	2.093,8	2.665,8	3.386,4	4.291,9	5.427,4	6.848,5	8.623,1	10.834,7
26	1.295,3	1.673,4	2.156,6	2.772,5	3.555,7	4.549,4	5.807,4	7.396,4	9.399,2	11.918,2

表(續)

	1%	2%	3%	4%	5%	6%	7%	8%	9%	10%
27	1.308,2	1.706,9	2.221,3	2.883,4	3.733,5	4.822,3	6.213,9	7.988,1	10.245,1	13.110,0
28	1.321,3	1.741,0	2.287,9	2.998,7	3.920,1	5.111,7	6.648,8	8.627,1	11.167,1	14.421,0
29	1.334,5	1.775,8	2.356,6	3.118,7	4.116,1	5.418,4	7.114,3	9.317,3	12.172,2	15.863,3
30	1.347,8	1.811,4	2.427,3	3.243,4	4.321,9	5.743,5	7.612,3	10.062,7	13.267,7	17.449,4
31	1.361,3	1.847,6	2.500,1	3.373,1	4.538,0	6.088,1	8.145,1	10.867,7	14.461,8	19.194,3
32	1.374,9	1.884,5	2.575,1	3.508,1	4.764,9	6.453,4	8.715,3	11.737,1	15.763,3	21.113,8
33	1.388,7	1.922,2	2.652,3	3.648,4	5.003,2	6.840,6	9.325,3	12.676,0	17.182,0	23.225,2
34	1.402,6	1.960,7	2.731,9	3.794,3	5.253,3	7.251,0	9.978,1	13.690,1	18.728,4	25.547,7
35	1.416,6	1.999,9	2.813,9	3.946,1	5.516,0	7.686,1	10.676,6	14.785,3	20.414,0	28.102,4
36	1.430,8	2.039,9	2.898,3	4.103,9	5.791,8	8.147,3	11.423,9	15.968,2	22.251,2	30.912,7
37	1.445,1	2.080,7	2.985,2	4.268,1	6.081,4	8.636,1	12.223,6	17.245,6	24.253,8	34.003,9
38	1.459,5	2.122,3	3.074,8	4.438,8	6.385,5	9.154,3	13.079,3	18.625,3	26.436,7	37.404,3
39	1.474,1	2.164,7	3.167,0	4.616,4	6.704,8	9.703,5	13.994,8	20.115,3	28.816,0	41.144,8
40	1.488,9	2.208,0	3.262,0	4.801,0	7.040,0	10.285,7	14.974,5	21.724,5	31.409,4	45.259,3
41	1.503,8	2.252,2	3.359,9	4.993,1	7.392,0	10.902,9	16.022,7	23.462,5	34.236,3	49.785,2
42	1.518,8	2.297,2	3.460,7	5.192,8	7.761,6	11.557,0	17.144,3	25.339,5	37.317,5	54.763,7
43	1.534,0	2.343,2	3.564,5	5.400,5	8.149,7	12.250,5	18.344,4	27.366,6	40.676,1	60.240,1
44	1.549,3	2.390,1	3.671,5	5.616,5	8.557,2	12.985,5	19.628,5	29.556,0	44.337,0	66.264,1
45	1.564,8	2.437,9	3.781,6	5.841,2	8.985,0	13.764,6	21.002,5	31.920,4	48.327,3	72.890,5
46	1.580,5	2.486,6	3.895,0	6.074,8	9.434,3	14.590,5	22.472,6	34.474,1	52.676,7	80.179,5
47	1.596,3	2.536,3	4.011,9	6.317,8	9.906,0	15.465,9	24.045,7	37.232,0	57.417,6	88.197,5
48	1.612,2	2.587,1	4.132,3	6.570,5	10.401,3	16.393,9	25.728,9	40.210,6	62.585,2	97.017,2
49	1.628,3	2.638,8	4.256,2	6.833,3	10.921,3	17.377,5	27.529,9	43.427,4	68.217,9	106.719,0
50	1.644,6	2.691,6	4.383,9	7.106,7	11.467,4	18.420,2	29.457,0	46.901,6	74.357,5	117.390,9

1元複利終值系數表（11%～20%）

	11%	12%	13%	14%	15%	16%	17%	18%	19%	20%
1	1.110,0	1.120,0	1.130,0	1.140,0	1.150,0	1.160,0	1.170,0	1.180,0	1.190,0	1.200,0
2	1.232,1	1.254,4	1.276,9	1.299,6	1.322,5	1.345,6	1.368,9	1.392,4	1.416,1	1.440,0
3	1.367,6	1.404,9	1.442,9	1.481,5	1.520,9	1.560,9	1.601,6	1.643,0	1.685,2	1.728,0
4	1.518,1	1.573,5	1.630,5	1.689,0	1.749,0	1.810,6	1.873,9	1.938,8	2.005,3	2.073,6
5	1.685,1	1.762,3	1.842,4	1.925,4	2.011,4	2.100,3	2.192,4	2.287,8	2.386,4	2.488,3
6	1.870,4	1.973,8	2.082,0	2.195,0	2.313,1	2.436,4	2.565,2	2.699,6	2.839,8	2.986,0
7	2.076,2	2.210,7	2.352,6	2.502,3	2.660,0	2.826,2	3.001,2	3.185,5	3.379,3	3.583,2
8	2.304,5	2.476,0	2.658,4	2.852,6	3.059,0	3.278,4	3.511,5	3.758,9	4.021,4	4.299,8
9	2.558,0	2.773,1	3.004,0	3.251,9	3.517,9	3.803,0	4.108,4	4.435,5	4.785,4	5.159,8
10	2.839,4	3.105,8	3.394,6	3.707,2	4.045,6	4.411,4	4.806,8	5.233,8	5.694,7	6.191,7
11	3.151,8	3.478,5	3.835,9	4.226,2	4.652,4	5.117,3	5.624,0	6.175,9	6.776,7	7.430,1
12	3.498,5	3.896,0	4.334,5	4.817,9	5.350,3	5.936,3	6.580,1	7.287,6	8.064,2	8.916,1
13	3.883,3	4.363,5	4.898,0	5.492,4	6.152,8	6.885,8	7.698,7	8.599,4	9.596,4	10.699,3
14	4.310,4	4.887,1	5.534,8	6.261,3	7.075,7	7.987,5	9.007,5	10.147,2	11.419,8	12.839,2
15	4.784,6	5.473,6	6.254,3	7.137,9	8.137,1	9.265,5	10.538,7	11.973,7	13.589,5	15.407,0
16	5.310,9	6.130,4	7.067,3	8.137,2	9.357,6	10.748,0	12.330,3	14.129,0	16.171,5	18.488,4
17	5.895,1	6.866,0	7.986,1	9.276,5	10.761,3	12.467,7	14.426,5	16.672,2	19.244,1	22.186,1
18	6.543,6	7.690,0	9.024,3	10.575,2	12.375,5	14.462,5	16.879,0	19.673,3	22.900,5	26.623,3
19	7.263,3	8.612,8	10.197,4	12.055,7	14.231,9	16.776,5	19.748,4	23.214,4	27.251,6	31.948,0
20	8.062,3	9.646,3	11.523,1	13.743,5	16.366,5	19.460,8	23.105,6	27.393,0	32.429,4	38.337,6
21	8.949,2	10.803,8	13.021,1	15.667,6	18.821,5	22.574,5	27.033,6	32.323,8	38.591,0	46.005,1
22	9.933,6	12.100,3	14.713,8	17.861,0	21.644,7	26.186,4	31.629,3	38.142,1	45.923,3	55.206,1
23	11.026,3	13.552,3	16.626,6	20.361,6	24.891,5	30.376,2	37.006,2	45.007,6	54.648,7	66.247,4
24	12.239,2	15.178,6	18.788,1	23.212,2	28.625,2	35.236,4	43.297,3	53.109,0	65.032,0	79.496,8
25	13.585,5	17.000,1	21.230,5	26.461,9	32.919,0	40.874,2	50.657,8	62.668,6	77.388,1	95.396,2
26	15.079,9	19.040,1	23.990,5	30.166,6	37.856,8	47.414,1	59.269,7	73.949,0	92.091,8	114.475,5
27	16.738,6	21.324,9	27.109,3	34.389,9	43.535,3	55.000,4	69.345,5	87.259,8	109.589,3	137.370,6
28	18.579,9	23.883,9	30.633,5	39.204,5	50.065,6	63.800,4	81.134,2	102.966,6	130.411,2	164.844,7
29	20.623,7	26.749,9	34.615,8	44.693,1	57.575,5	74.008,5	94.927,1	121.500,5	155.189,3	197.813,6
30	22.892,3	29.959,9	39.115,9	50.950,2	66.211,8	85.849,9	111.064,7	143.370,6	184.675,3	237.376,3
31	25.410,4	33.555,1	44.201,0	58.083,2	76.143,5	99.585,9	129.945,6	169.177,4	219.763,6	284.851,6
32	28.205,6	37.581,7	49.947,1	66.214,8	87.565,1	115.519,6	152.036,4	199.629,3	261.518,7	341.821,9
33	31.308,2	42.091,5	56.440,2	75.484,9	100.699,8	134.002,7	177.882,6	235.562,5	311.207,3	410.186,3
34	34.752,1	47.142,5	63.777,4	86.052,8	115.804,5	155.443,2	208.122,6	277.963,8	370.336,6	492.223,5
35	38.574,9	52.799,6	72.068,5	98.100,2	133.175,5	180.314,1	243.503,5	327.997,3	440.700,6	590.668,2
36	42.818,1	59.135,6	81.437,5	111.834,2	153.151,9	209.164,3	284.899,1	387.036,8	524.433,7	708.801,9
37	47.528,1	66.231,8	92.024,3	127.491,0	176.124,6	242.630,6	333.331,9	456.703,4	624.076,1	850.562,2
38	52.756,2	74.179,7	103.987,4	145.339,7	202.543,3	281.451,5	389.998,3	538.910,0	742.650,6	1,020.674,7
39	58.559,3	83.081,2	117.505,8	165.687,3	232.924,8	326.483,8	456.298,0	635.913,9	883.754,2	1,224.809,6
40	65.000,9	93.051,0	132.781,6	188.883,5	267.863,5	378.721,2	533.868,7	750.378,3	1,051.667,5	1,469.771,6
41	72.151,0	104.217,1	150.043,2	215.327,2	308.043,1	439.316,5	624.626,4	885.446,4	1,251.484,3	1,763.725,9

表(續)

	11%	12%	13%	14%	15%	16%	17%	18%	19%	20%
42	80,087.6	116,723.1	169,548.8	245,473.0	354,249.5	509,607.2	730,812.9	1,044,826.8	1,489,266.4	2,116,471.1
43	88,897.2	130,729.9	191,590.1	279,839.2	407,387.0	591,144.3	855,051.1	1,232,895.6	1,772,227.0	2,539,765.3
44	98,675.9	146,417.5	216,496.8	319,016.7	468,495.0	685,727.4	1,000,409.8	1,454,816.8	2,108,950.1	3,047,718.3
45	109,530.2	163,987.6	244,641.4	363,679.1	538,769.3	795,443.8	1,170,479.4	1,716,683.9	2,509,650.6	3,657,262.0
46	121,578.6	183,666.1	276,444.8	414,594.1	619,584.7	922,714.8	1,369,460.9	2,025,687.0	2,986,484.2	4,388,714.4
47	134,952.2	205,706.1	312,382.6	472,637.3	712,522.4	1,070,349.2	1,602,269.3	2,390,310.6	3,553,916.2	5,266,457.3
48	149,797.0	230,390.8	352,992.3	538,806.5	819,400.7	1,241,605.1	1,874,655.0	2,820,566.5	4,229,160.3	6,319,748.7
49	166,274.6	258,037.7	398,881.3	614,239.5	942,310.8	1,440,261.9	2,193,346.4	3,328,268.5	5,032,700.8	7,583,698.5
50	184,564.8	289,002.2	450,735.9	700,233.0	1,083,657.4	1,670,703.8	2,566,215.3	3,927,356.9	5,988,913.9	9,100,438.2

1元複利現值系數表（1%～10%）

	1%	2%	3%	4%	5%	6%	7%	8%	9%	10%
1	0.990,1	0.980,4	0.970,9	0.961,5	0.952,4	0.943,4	0.934,6	0.925,9	0.917,4	0.909,1
2	0.980,3	0.961,2	0.942,6	0.924,6	0.907,0	0.890,0	0.873,4	0.857,3	0.841,7	0.826,4
3	0.970,6	0.942,3	0.915,1	0.889,0	0.863,8	0.839,6	0.816,3	0.793,8	0.772,2	0.751,3
4	0.961,0	0.923,8	0.888,5	0.854,8	0.822,7	0.792,1	0.762,9	0.735,0	0.708,4	0.683,0
5	0.951,5	0.905,7	0.862,6	0.821,9	0.783,5	0.747,3	0.713,0	0.680,6	0.649,9	0.620,9
6	0.942,0	0.888,0	0.837,5	0.790,3	0.746,2	0.705,0	0.666,3	0.630,2	0.596,3	0.564,5
7	0.932,7	0.870,6	0.813,1	0.759,9	0.710,7	0.665,1	0.622,7	0.583,5	0.547,0	0.513,2
8	0.923,5	0.853,5	0.789,4	0.730,7	0.676,8	0.627,4	0.582,0	0.540,3	0.501,9	0.466,5
9	0.914,3	0.836,8	0.766,4	0.702,6	0.644,6	0.591,9	0.543,9	0.500,2	0.460,4	0.424,1
10	0.905,3	0.820,3	0.744,1	0.675,6	0.613,9	0.558,4	0.508,3	0.463,2	0.422,4	0.385,5
11	0.896,3	0.804,3	0.722,4	0.649,6	0.584,7	0.526,8	0.475,1	0.428,9	0.387,5	0.350,5
12	0.887,4	0.788,5	0.701,4	0.624,6	0.556,8	0.497,0	0.444,0	0.397,1	0.355,5	0.318,6
13	0.878,7	0.773,0	0.681,0	0.600,6	0.530,3	0.468,8	0.415,0	0.367,7	0.326,2	0.289,7
14	0.870,0	0.757,9	0.661,1	0.577,5	0.505,1	0.442,3	0.387,8	0.340,5	0.299,2	0.263,3
15	0.861,3	0.743,0	0.641,9	0.555,3	0.481,0	0.417,3	0.362,4	0.315,2	0.274,5	0.239,4
16	0.852,8	0.728,4	0.623,2	0.533,9	0.458,1	0.393,6	0.338,7	0.291,9	0.251,9	0.217,6
17	0.844,4	0.714,2	0.605,0	0.513,4	0.436,3	0.371,4	0.316,6	0.270,3	0.231,1	0.197,8
18	0.836,0	0.700,2	0.587,4	0.493,6	0.415,5	0.350,3	0.295,9	0.250,2	0.212,0	0.179,9
19	0.827,7	0.686,4	0.570,3	0.474,6	0.395,7	0.330,5	0.276,5	0.231,7	0.194,5	0.163,5
20	0.819,5	0.673,0	0.553,7	0.456,4	0.376,9	0.311,8	0.258,4	0.214,5	0.178,4	0.148,6
21	0.811,4	0.659,8	0.537,5	0.438,8	0.358,9	0.294,2	0.241,5	0.198,7	0.163,7	0.135,1
22	0.803,4	0.646,8	0.521,9	0.422,0	0.341,8	0.277,5	0.225,7	0.183,9	0.150,2	0.122,8
23	0.795,4	0.634,2	0.506,7	0.405,7	0.325,6	0.261,8	0.210,9	0.170,3	0.137,8	0.111,7
24	0.787,6	0.621,7	0.491,9	0.390,1	0.310,1	0.247,0	0.197,1	0.157,7	0.126,4	0.101,5
25	0.779,8	0.609,5	0.477,6	0.375,1	0.295,3	0.233,0	0.184,2	0.146,0	0.116,0	0.092,3
26	0.772,0	0.597,6	0.463,7	0.360,7	0.281,2	0.219,8	0.172,2	0.135,2	0.106,4	0.083,9
27	0.764,4	0.585,9	0.450,2	0.346,8	0.267,8	0.207,4	0.160,9	0.125,2	0.097,6	0.076,3
28	0.756,8	0.574,4	0.437,1	0.333,5	0.255,1	0.195,6	0.150,4	0.115,9	0.089,5	0.069,3
29	0.749,3	0.563,1	0.424,3	0.320,7	0.242,9	0.184,6	0.140,6	0.107,3	0.082,2	0.063,0
30	0.741,9	0.552,1	0.412,0	0.308,3	0.231,4	0.174,1	0.131,4	0.099,4	0.075,4	0.057,3
31	0.734,6	0.541,2	0.400,0	0.296,5	0.220,4	0.164,3	0.122,8	0.092,0	0.069,1	0.052,1
32	0.727,3	0.530,6	0.388,3	0.285,1	0.209,9	0.155,0	0.114,7	0.085,2	0.063,4	0.047,4

表(續)

	1%	2%	3%	4%	5%	6%	7%	8%	9%	10%
33	0.720,1	0.520,2	0.377,0	0.274,1	0.199,9	0.146,2	0.107,2	0.078,9	0.058,2	0.043,1
34	0.713,0	0.510,0	0.366,0	0.263,6	0.190,4	0.137,9	0.100,2	0.073,0	0.053,4	0.039,1
35	0.705,9	0.500,0	0.355,4	0.253,4	0.181,3	0.130,1	0.093,7	0.067,6	0.049,0	0.035,6
36	0.698,9	0.490,2	0.345,0	0.243,7	0.172,7	0.122,7	0.087,5	0.062,6	0.044,9	0.032,3
37	0.692,0	0.480,6	0.335,0	0.234,3	0.164,4	0.115,8	0.081,8	0.058,0	0.041,2	0.029,4
38	0.685,2	0.471,2	0.325,2	0.225,3	0.156,6	0.109,2	0.076,5	0.053,7	0.037,8	0.026,7
39	0.678,4	0.461,9	0.315,8	0.216,6	0.149,1	0.103,1	0.071,5	0.049,7	0.034,7	0.024,3
40	0.671,7	0.452,9	0.306,6	0.208,3	0.142,0	0.097,2	0.066,8	0.046,0	0.031,8	0.022,1
41	0.665,0	0.444,0	0.297,6	0.200,3	0.135,3	0.091,7	0.062,4	0.042,6	0.029,2	0.020,1
42	0.658,4	0.435,3	0.289,0	0.192,6	0.128,8	0.086,5	0.058,3	0.039,5	0.026,8	0.018,3
43	0.651,9	0.426,8	0.280,5	0.185,2	0.122,7	0.081,6	0.054,5	0.036,5	0.024,6	0.016,6
44	0.645,4	0.418,4	0.272,4	0.178,0	0.116,9	0.077,0	0.050,9	0.033,8	0.022,6	0.015,1
45	0.639,1	0.410,2	0.264,4	0.171,2	0.111,3	0.072,7	0.047,6	0.031,3	0.020,7	0.013,7
46	0.632,7	0.402,2	0.256,7	0.164,6	0.106,0	0.068,5	0.044,5	0.029,0	0.019,0	0.012,5
47	0.626,5	0.394,3	0.249,3	0.158,3	0.100,9	0.064,7	0.041,6	0.026,9	0.017,4	0.011,3
48	0.620,3	0.386,5	0.242,0	0.152,2	0.096,1	0.061,0	0.038,9	0.024,9	0.016,0	0.010,3
49	0.614,1	0.379,0	0.235,0	0.146,3	0.091,6	0.057,5	0.036,3	0.023,0	0.014,7	0.009,4
50	0.608,0	0.371,5	0.228,1	0.140,7	0.087,2	0.054,3	0.033,9	0.021,3	0.013,4	0.008,5

1元複利現值系數表（11%~20%）

	11%	12%	13%	14%	15%	16%	17%	18%	19%	20%
1	0.900,9	0.892,9	0.885,0	0.877,2	0.869,6	0.862,1	0.854,7	0.847,5	0.840,3	0.833,3
2	0.811,6	0.797,2	0.783,1	0.769,5	0.756,1	0.743,2	0.730,5	0.718,2	0.706,2	0.694,4
3	0.731,2	0.711,8	0.693,1	0.675,0	0.657,5	0.640,7	0.624,4	0.608,6	0.593,4	0.578,7
4	0.658,7	0.635,5	0.613,3	0.592,1	0.571,8	0.552,3	0.533,7	0.515,8	0.498,7	0.482,3
5	0.593,5	0.567,4	0.542,8	0.519,4	0.497,2	0.476,1	0.456,1	0.437,1	0.419,0	0.401,9
6	0.534,6	0.506,6	0.480,3	0.455,6	0.432,3	0.410,4	0.389,8	0.370,4	0.352,1	0.334,9
7	0.481,7	0.452,3	0.425,1	0.399,6	0.375,9	0.353,8	0.333,2	0.313,9	0.295,9	0.279,1
8	0.433,9	0.403,9	0.376,2	0.350,6	0.326,9	0.305,0	0.284,8	0.266,0	0.248,7	0.232,6
9	0.390,9	0.360,6	0.332,9	0.307,5	0.284,3	0.263,0	0.243,4	0.225,5	0.209,0	0.193,8
10	0.352,2	0.322,0	0.294,6	0.269,7	0.247,2	0.226,7	0.208,0	0.191,1	0.175,6	0.161,5
11	0.317,3	0.287,5	0.260,7	0.236,6	0.214,9	0.195,4	0.177,8	0.161,9	0.147,6	0.134,6
12	0.285,8	0.256,7	0.230,7	0.207,6	0.186,9	0.168,5	0.152,0	0.137,2	0.124,0	0.112,2
13	0.257,5	0.229,2	0.204,2	0.182,1	0.162,5	0.145,2	0.129,9	0.116,3	0.104,2	0.093,5
14	0.232,0	0.204,6	0.180,7	0.159,7	0.141,3	0.125,2	0.111,0	0.098,5	0.087,6	0.077,9
15	0.209,0	0.182,7	0.159,9	0.140,1	0.122,9	0.107,9	0.094,9	0.083,5	0.073,6	0.064,9
16	0.188,3	0.163,1	0.141,5	0.122,9	0.106,9	0.093,0	0.081,1	0.070,8	0.061,8	0.054,1
17	0.169,6	0.145,6	0.125,2	0.107,8	0.092,9	0.080,2	0.069,3	0.060,0	0.052,0	0.045,1
18	0.152,8	0.130,0	0.110,8	0.094,6	0.080,8	0.069,1	0.059,2	0.050,8	0.043,7	0.037,6
19	0.137,7	0.116,1	0.098,1	0.082,9	0.070,3	0.059,6	0.050,6	0.043,1	0.036,7	0.031,3
20	0.124,0	0.103,7	0.086,8	0.072,8	0.061,1	0.051,4	0.043,3	0.036,5	0.030,8	0.026,1
21	0.111,7	0.092,6	0.076,8	0.063,8	0.053,1	0.044,3	0.037,0	0.030,9	0.025,9	0.021,7
22	0.100,7	0.082,6	0.068,0	0.056,0	0.046,2	0.038,2	0.031,6	0.026,2	0.021,8	0.018,1
23	0.090,7	0.073,8	0.060,1	0.049,1	0.040,2	0.032,9	0.027,0	0.022,2	0.018,3	0.015,1
24	0.081,7	0.065,9	0.053,2	0.043,1	0.034,9	0.028,4	0.023,1	0.018,8	0.015,4	0.012,6
25	0.073,6	0.058,8	0.047,1	0.037,8	0.030,4	0.024,5	0.019,7	0.016,0	0.012,9	0.010,5
26	0.066,3	0.052,5	0.041,7	0.033,1	0.026,4	0.021,1	0.016,9	0.013,5	0.010,9	0.008,7
27	0.059,7	0.046,9	0.036,9	0.029,1	0.023,0	0.018,2	0.014,4	0.011,5	0.009,1	0.007,3
28	0.053,8	0.041,9	0.032,6	0.025,5	0.020,0	0.015,7	0.012,3	0.009,7	0.007,7	0.006,1
29	0.048,5	0.037,4	0.028,9	0.022,4	0.017,4	0.013,5	0.010,5	0.008,2	0.006,4	0.005,1
30	0.043,7	0.033,4	0.025,6	0.019,6	0.015,1	0.011,6	0.009,0	0.007,0	0.005,4	0.004,2
31	0.039,4	0.029,8	0.022,6	0.017,2	0.013,1	0.010,0	0.007,7	0.005,9	0.004,6	0.003,5
32	0.035,5	0.026,6	0.020,0	0.015,1	0.011,4	0.008,7	0.006,6	0.005,0	0.003,8	0.002,9

表(續)

	11%	12%	13%	14%	15%	16%	17%	18%	19%	20%
33	0.031,9	0.023,8	0.017,7	0.013,2	0.009,9	0.007,5	0.005,6	0.004,2	0.003,2	0.002,4
34	0.028,8	0.021,2	0.015,7	0.011,6	0.008,6	0.006,4	0.004,8	0.003,6	0.002,7	0.002,0
35	0.025,9	0.018,9	0.013,9	0.010,2	0.007,5	0.005,5	0.004,1	0.003,0	0.002,3	0.001,7
36	0.023,4	0.016,9	0.012,3	0.008,9	0.006,5	0.004,8	0.003,5	0.002,6	0.001,9	0.001,4
37	0.021,0	0.015,1	0.010,9	0.007,8	0.005,7	0.004,1	0.003,0	0.002,2	0.001,6	0.001,2
38	0.019,0	0.013,5	0.009,6	0.006,9	0.004,9	0.003,6	0.002,6	0.001,9	0.001,3	0.001,0
39	0.017,1	0.012,0	0.008,5	0.006,0	0.004,3	0.003,1	0.002,2	0.001,6	0.001,1	0.000,8
40	0.015,4	0.010,7	0.007,5	0.005,3	0.003,7	0.002,6	0.001,9	0.001,3	0.001,0	0.000,7
41	0.013,9	0.009,6	0.006,7	0.004,6	0.003,2	0.002,3	0.001,6	0.001,1	0.000,8	0.000,6
42	0.012,5	0.008,6	0.005,9	0.004,1	0.002,8	0.002,0	0.001,4	0.001,0	0.000,7	0.000,5
43	0.011,2	0.007,6	0.005,2	0.003,6	0.002,5	0.001,7	0.001,2	0.000,8	0.000,6	0.000,4
44	0.010,1	0.006,8	0.004,6	0.003,1	0.002,1	0.001,5	0.001,0	0.000,7	0.000,5	0.000,3
45	0.009,1	0.006,1	0.004,1	0.002,7	0.001,9	0.001,3	0.000,9	0.000,6	0.000,4	0.000,3
46	0.008,2	0.005,4	0.003,6	0.002,4	0.001,6	0.001,1	0.000,7	0.000,5	0.000,3	0.000,2
47	0.007,4	0.004,9	0.003,2	0.002,1	0.001,4	0.000,9	0.000,6	0.000,4	0.000,3	0.000,2
48	0.006,7	0.004,3	0.002,8	0.001,9	0.001,2	0.000,8	0.000,5	0.000,4	0.000,2	0.000,2
49	0.006,0	0.003,9	0.002,5	0.001,6	0.001,1	0.000,7	0.000,5	0.000,3	0.000,2	0.000,1
50	0.005,4	0.003,5	0.002,2	0.001,4	0.000,9	0.000,6	0.000,4	0.000,3	0.000,2	0.000,1

1元年金終值系數表（1%~10%）

	1%	2%	3%	4%	5%	6%	7%	8%	9%	10%
1	0.990,1	0.980,4	0.970,9	0.961,5	0.952,4	0.943,4	0.934,6	0.925,9	0.917,4	0.909,1
2	1.970,4	1.941,6	1.913,5	1.886,1	1.859,4	1.833,4	1.808,0	1.783,3	1.759,1	1.735,5
3	2.941,0	2.883,9	2.828,6	2.775,1	2.723,2	2.673,0	2.624,3	2.577,1	2.531,3	2.486,9
4	3.902,0	3.807,7	3.717,1	3.629,9	3.546,0	3.465,1	3.387,2	3.312,1	3.239,7	3.169,9
5	4.853,4	4.713,5	4.579,7	4.451,8	4.329,5	4.212,4	4.100,2	3.992,7	3.889,7	3.790,8
6	5.795,5	5.601,4	5.417,2	5.242,1	5.075,7	4.917,3	4.766,5	4.622,9	4.485,9	4.355,3
7	6.728,2	6.472,0	6.230,3	6.002,1	5.786,4	5.582,4	5.389,3	5.206,4	5.033,0	4.868,4
8	7.651,7	7.325,5	7.019,7	6.732,7	6.463,2	6.209,8	5.971,3	5.746,6	5.534,8	5.334,9
9	8.566,0	8.162,2	7.786,1	7.435,3	7.107,8	6.801,7	6.515,2	6.246,9	5.995,2	5.759,0
10	9.471,3	8.982,6	8.530,2	8.110,9	7.721,7	7.360,1	7.023,6	6.710,1	6.417,7	6.144,6
11	10.367,6	9.786,8	9.252,6	8.760,5	8.306,4	7.886,9	7.498,7	7.139,0	6.805,2	6.495,1
12	11.255,1	10.575,3	9.954,0	9.385,1	8.863,3	8.383,8	7.942,7	7.536,1	7.160,7	6.813,7
13	12.133,7	11.348,4	10.635,0	9.985,6	9.393,6	8.852,7	8.357,7	7.903,8	7.486,9	7.103,4
14	13.003,7	12.106,2	11.296,1	10.563,1	9.898,6	9.295,0	8.745,5	8.244,2	7.786,2	7.366,7
15	13.865,1	12.849,3	11.937,9	11.118,4	10.379,7	9.712,2	9.107,9	8.559,5	8.060,7	7.606,1
16	14.717,9	13.577,7	12.561,1	11.652,3	10.837,8	10.105,9	9.446,6	8.851,4	8.312,6	7.823,7
17	15.562,3	14.291,9	13.166,1	12.165,7	11.274,1	10.477,3	9.763,2	9.121,6	8.543,6	8.021,6
18	16.398,3	14.992,0	13.753,5	12.659,3	11.689,6	10.827,6	10.059,1	9.371,9	8.755,6	8.201,4
19	17.226,0	15.678,5	14.323,8	13.133,9	12.085,3	11.158,1	10.335,6	9.603,6	8.950,1	8.364,9
20	18.045,6	16.351,4	14.877,5	13.590,3	12.462,2	11.469,9	10.594,0	9.818,1	9.128,5	8.513,6
21	18.857,0	17.011,2	15.415,0	14.029,2	12.821,2	11.764,1	10.835,5	10.016,8	9.292,2	8.648,7
22	19.660,4	17.658,0	15.936,9	14.451,1	13.163,0	12.041,6	11.061,2	10.200,7	9.442,4	8.771,5
23	20.455,8	18.292,2	16.443,6	14.856,8	13.488,6	12.303,4	11.272,2	10.371,1	9.580,2	8.883,2
24	21.243,4	18.913,9	16.935,5	15.247,0	13.798,6	12.550,4	11.469,3	10.528,8	9.706,6	8.984,7
25	22.023,2	19.523,5	17.413,1	15.622,1	14.093,9	12.783,4	11.653,6	10.674,8	9.822,6	9.077,0
26	22.795,2	20.121,0	17.876,8	15.982,8	14.375,2	13.003,2	11.825,8	10.810,0	9.929,0	9.160,9
27	23.559,6	20.706,9	18.327,0	16.329,6	14.643,0	13.210,5	11.986,7	10.935,2	10.026,6	9.237,2
28	24.316,4	21.281,3	18.764,1	16.663,1	14.898,1	13.406,2	12.137,1	11.051,0	10.116,1	9.306,6
29	25.065,8	21.844,4	19.188,5	16.983,7	15.141,1	13.590,7	12.277,7	11.158,4	10.198,3	9.369,6
30	25.807,7	22.396,5	19.600,4	17.292,0	15.372,5	13.764,8	12.409,0	11.257,8	10.273,7	9.426,9
31	26.542,3	22.937,7	20.000,4	17.588,5	15.592,8	13.929,1	12.531,8	11.349,8	10.342,8	9.479,0
32	27.269,6	23.468,3	20.388,8	17.873,6	15.802,7	14.084,0	12.646,6	11.435,0	10.406,2	9.526,4

表(續)

	1%	2%	3%	4%	5%	6%	7%	8%	9%	10%
33	27.989,7	23.988,6	20.765,8	18.147,6	16.002,5	14.230,2	12.753,8	11.513,9	10.464,4	9.569,4
34	28.702,7	24.498,6	21.131,8	18.411,2	16.192,9	14.368,1	12.854,0	11.586,9	10.517,8	9.608,6
35	29.408,6	24.998,6	21.487,2	18.664,6	16.374,2	14.498,2	12.947,7	11.654,6	10.566,8	9.644,2
36	30.107,5	25.488,8	21.832,3	18.908,3	16.546,9	14.621,0	13.035,2	11.717,2	10.611,8	9.676,5
37	30.799,5	25.969,5	22.167,2	19.142,6	16.711,3	14.736,8	13.117,0	11.775,2	10.653,0	9.705,9
38	31.484,7	26.440,6	22.492,5	19.367,9	16.867,9	14.846,0	13.193,5	11.828,9	10.690,8	9.732,7
39	32.163,0	26.902,6	22.808,2	19.584,5	17.017,0	14.949,1	13.264,9	11.878,6	10.725,5	9.757,0
40	32.834,7	27.355,5	23.114,8	19.792,8	17.159,1	15.046,3	13.331,7	11.924,6	10.757,4	9.779,1
41	33.499,7	27.799,5	23.412,4	19.993,1	17.294,4	15.138,0	13.394,1	11.967,2	10.786,6	9.799,1
42	34.158,1	28.234,8	23.701,4	20.185,6	17.423,2	15.224,5	13.452,4	12.006,7	10.813,4	9.817,4
43	34.810,0	28.661,6	23.981,9	20.370,8	17.545,9	15.306,2	13.507,0	12.043,2	10.838,0	9.834,0
44	35.455,5	29.080,0	24.254,3	20.548,8	17.662,8	15.383,2	13.557,9	12.077,1	10.860,5	9.849,1
45	36.094,5	29.490,2	24.518,7	20.720,0	17.774,1	15.455,8	13.605,5	12.108,4	10.881,2	9.862,8
46	36.727,2	29.892,3	24.775,4	20.884,7	17.880,1	15.524,4	13.650,0	12.137,4	10.900,2	9.875,3
47	37.353,7	30.286,6	25.024,7	21.042,9	17.981,0	15.589,0	13.691,6	12.164,3	10.917,6	9.886,6
48	37.974,0	30.673,1	25.266,7	21.195,1	18.077,2	15.650,0	13.730,5	12.189,1	10.933,6	9.896,9
49	38.588,1	31.052,1	25.501,7	21.341,5	18.168,7	15.707,6	13.766,8	12.212,2	10.948,2	9.906,3
50	39.196,1	31.423,6	25.729,8	21.482,2	18.255,9	15.761,9	13.800,7	12.233,5	10.961,7	9.914,8

1元年金終值系數表（11%～20%）

	11%	12%	13%	14%	15%	16%	17%	18%	19%	20%
1	0.900,9	0.892,9	0.885,0	0.877,2	0.869,6	0.862,1	0.854,7	0.847,5	0.840,3	0.833,3
2	1.712,5	1.690,1	1.668,1	1.646,7	1.625,7	1.605,2	1.585,2	1.565,6	1.546,5	1.527,8
3	2.443,7	2.401,8	2.361,2	2.321,6	2.283,2	2.245,9	2.209,6	2.174,3	2.139,9	2.106,5
4	3.102,4	3.037,3	2.974,5	2.913,7	2.855,0	2.798,2	2.743,2	2.690,1	2.638,6	2.588,7
5	3.695,9	3.604,8	3.517,2	3.433,1	3.352,2	3.274,3	3.199,3	3.127,2	3.057,6	2.990,6
6	4.230,5	4.111,4	3.997,5	3.888,7	3.784,5	3.684,7	3.589,2	3.497,6	3.409,8	3.325,5
7	4.712,2	4.563,8	4.422,6	4.288,3	4.160,4	4.038,6	3.922,4	3.811,5	3.705,7	3.604,6
8	5.146,1	4.967,6	4.798,8	4.638,9	4.487,3	4.343,6	4.207,2	4.077,6	3.954,4	3.837,2
9	5.537,0	5.328,2	5.131,7	4.946,4	4.771,6	4.606,5	4.450,6	4.303,0	4.163,3	4.031,0
10	5.889,2	5.650,2	5.426,2	5.216,1	5.018,8	4.833,2	4.658,6	4.494,1	4.338,9	4.192,5
11	6.206,5	5.937,7	5.686,9	5.452,7	5.233,7	5.028,6	4.836,4	4.656,0	4.486,5	4.327,1
12	6.492,4	6.194,4	5.917,6	5.660,3	5.420,6	5.197,1	4.988,4	4.793,2	4.610,5	4.439,2
13	6.749,9	6.423,5	6.121,8	5.842,4	5.583,1	5.342,3	5.118,3	4.909,5	4.714,7	4.532,7
14	6.981,9	6.628,2	6.302,5	6.002,1	5.724,5	5.467,5	5.229,3	5.008,1	4.802,3	4.610,6
15	7.190,9	6.810,9	6.462,4	6.142,2	5.847,4	5.575,5	5.324,2	5.091,6	4.875,9	4.675,5
16	7.379,2	6.974,0	6.603,9	6.265,1	5.954,2	5.668,5	5.405,3	5.162,4	4.937,7	4.729,6
17	7.548,8	7.119,6	6.729,1	6.372,9	6.047,2	5.748,7	5.474,6	5.222,3	4.989,7	4.774,6
18	7.701,6	7.249,7	6.839,9	6.467,4	6.128,0	5.817,8	5.533,9	5.273,2	5.033,3	4.812,2
19	7.839,3	7.365,8	6.938,0	6.550,4	6.198,2	5.877,5	5.584,5	5.316,2	5.070,0	4.843,5
20	7.963,3	7.469,4	7.024,8	6.623,1	6.259,3	5.928,8	5.627,8	5.352,7	5.100,9	4.869,6
21	8.075,1	7.562,0	7.101,6	6.687,0	6.312,5	5.973,1	5.664,8	5.383,7	5.126,8	4.891,3
22	8.175,7	7.644,6	7.169,5	6.742,9	6.358,7	6.011,3	5.696,4	5.409,9	5.148,6	4.909,4
23	8.266,4	7.718,4	7.229,7	6.792,1	6.398,8	6.044,2	5.723,4	5.432,1	5.166,8	4.924,5
24	8.348,1	7.784,3	7.282,9	6.835,1	6.433,8	6.072,6	5.746,5	5.450,9	5.182,2	4.937,1
25	8.421,7	7.843,1	7.330,0	6.872,9	6.464,1	6.097,1	5.766,2	5.466,9	5.195,1	4.947,6
26	8.488,1	7.895,7	7.371,7	6.906,1	6.490,6	6.118,2	5.783,1	5.480,4	5.206,0	4.956,3
27	8.547,8	7.942,6	7.408,6	6.935,2	6.513,5	6.136,4	5.797,5	5.491,9	5.215,1	4.963,6
28	8.601,6	7.984,4	7.441,2	6.960,7	6.533,5	6.152,0	5.809,9	5.501,6	5.222,8	4.969,7
29	8.650,1	8.021,8	7.470,1	6.983,0	6.550,9	6.165,6	5.820,4	5.509,8	5.229,2	4.974,7
30	8.693,8	8.055,2	7.495,7	7.002,7	6.566,0	6.177,2	5.829,4	5.516,8	5.234,7	4.978,9
31	8.733,1	8.085,0	7.518,3	7.019,9	6.579,1	6.187,2	5.837,1	5.522,7	5.239,2	4.982,4
32	8.768,6	8.111,6	7.538,3	7.035,0	6.590,5	6.195,9	5.843,7	5.527,7	5.243,0	4.985,4

表(續)

	11%	12%	13%	14%	15%	16%	17%	18%	19%	20%
33	8.800,5	8.135,4	7.556,0	7.048,2	6.600,5	6.203,4	5.849,3	5.532,0	5.246,2	4.987,8
34	8.829,3	8.156,6	7.571,7	7.059,9	6.609,1	6.209,8	5.854,1	5.535,6	5.248,9	4.989,8
35	8.855,2	8.175,5	7.585,6	7.070,0	6.616,6	6.215,3	5.858,2	5.538,6	5.251,2	4.991,5
36	8.878,6	8.192,4	7.597,9	7.079,0	6.623,1	6.220,1	5.861,7	5.541,2	5.253,1	4.992,9
37	8.899,6	8.207,5	7.608,7	7.086,8	6.628,8	6.224,2	5.864,7	5.543,4	5.254,7	4.994,1
38	8.918,6	8.221,0	7.618,3	7.093,7	6.633,8	6.227,8	5.867,3	5.545,2	5.256,1	4.995,1
39	8.935,7	8.233,0	7.626,8	7.099,7	6.638,0	6.230,9	5.869,5	5.546,8	5.257,2	4.995,9
40	8.951,1	8.243,8	7.634,4	7.105,0	6.641,8	6.233,5	5.871,3	5.548,2	5.258,2	4.996,6
41	8.964,9	8.253,4	7.641,0	7.109,7	6.645,0	6.235,8	5.872,9	5.549,3	5.259,0	4.997,2
42	8.977,4	8.261,9	7.646,9	7.113,8	6.647,8	6.237,7	5.874,3	5.550,2	5.259,6	4.997,6
43	8.988,6	8.269,6	7.652,2	7.117,3	6.650,3	6.239,4	5.875,5	5.551,0	5.260,2	4.998,0
44	8.998,8	8.276,4	7.656,8	7.120,5	6.652,4	6.240,9	5.876,5	5.551,7	5.260,7	4.998,4
45	9.007,9	8.282,5	7.660,9	7.123,2	6.654,3	6.242,1	5.877,3	5.552,3	5.261,1	4.998,6
46	9.016,1	8.288,0	7.664,5	7.125,6	6.655,9	6.243,2	5.878,1	5.552,8	5.261,4	4.998,9
47	9.023,5	8.292,8	7.667,7	7.127,7	6.657,3	6.244,2	5.878,7	5.553,2	5.261,7	4.999,1
48	9.030,2	8.297,2	7.670,5	7.129,6	6.658,5	6.245,0	5.879,2	5.553,6	5.261,9	4.999,2
49	9.036,2	8.301,0	7.673,0	7.131,2	6.659,6	6.245,7	5.879,7	5.553,9	5.262,1	4.999,3
50	9.041,7	8.304,5	7.675,2	7.132,7	6.660,5	6.246,3	5.880,1	5.554,1	5.262,3	4.999,5

1元年金現值系數表（1%～10%）

	1%	2%	3%	4%	5%	6%	7%	8%	9%	10%
1	0.990,1	0.980,4	0.970,9	0.961,5	0.952,4	0.943,4	0.934,6	0.925,9	0.917,4	0.909,1
2	1.970,4	1.941,6	1.913,5	1.886,1	1.859,4	1.833,4	1.808,0	1.783,3	1.759,1	1.735,5
3	2.941,0	2.883,9	2.828,6	2.775,1	2.723,2	2.673,0	2.624,3	2.577,1	2.531,3	2.486,9
4	3.902,0	3.807,7	3.717,1	3.629,9	3.546,0	3.465,1	3.387,2	3.312,1	3.239,7	3.169,9
5	4.853,4	4.713,5	4.579,7	4.451,8	4.329,5	4.212,4	4.100,2	3.992,7	3.889,7	3.790,8
6	5.795,5	5.601,4	5.417,2	5.242,1	5.075,7	4.917,3	4.766,5	4.622,9	4.485,9	4.355,3
7	6.728,2	6.472,0	6.230,3	6.002,1	5.786,4	5.582,4	5.389,3	5.206,4	5.033,0	4.868,4
8	7.651,7	7.325,5	7.019,7	6.732,7	6.463,2	6.209,8	5.971,3	5.746,6	5.534,8	5.334,9
9	8.566,0	8.162,2	7.786,1	7.435,3	7.107,8	6.801,7	6.515,2	6.246,9	5.995,2	5.759,0
10	9.471,3	8.982,6	8.530,2	8.110,9	7.721,7	7.360,1	7.023,6	6.710,1	6.417,7	6.144,6
11	10.367,6	9.786,8	9.252,6	8.760,5	8.306,4	7.886,9	7.498,7	7.139,0	6.805,2	6.495,1
12	11.255,1	10.575,3	9.954,0	9.385,1	8.863,3	8.383,8	7.942,7	7.536,1	7.160,7	6.813,7
13	12.133,7	11.348,4	10.635,0	9.985,6	9.393,6	8.852,7	8.357,7	7.903,8	7.486,9	7.103,4
14	13.003,7	12.106,2	11.296,1	10.563,1	9.898,6	9.295,0	8.745,5	8.244,2	7.786,2	7.366,7
15	13.865,1	12.849,3	11.937,9	11.118,4	10.379,7	9.712,2	9.107,9	8.559,5	8.060,7	7.606,1
16	14.717,9	13.577,7	12.561,1	11.652,3	10.837,8	10.105,9	9.446,6	8.851,4	8.312,6	7.823,7
17	15.562,3	14.291,9	13.166,1	12.165,7	11.274,1	10.477,3	9.763,2	9.121,6	8.543,6	8.021,6
18	16.398,3	14.992,0	13.753,5	12.659,3	11.689,6	10.827,6	10.059,1	9.371,9	8.755,6	8.201,4
19	17.226,0	15.678,5	14.323,8	13.133,9	12.085,3	11.158,1	10.335,6	9.603,6	8.950,1	8.364,9
20	18.045,6	16.351,4	14.877,5	13.590,3	12.462,2	11.469,9	10.594,0	9.818,1	9.128,5	8.513,6
21	18.857,0	17.011,2	15.415,0	14.029,2	12.821,2	11.764,1	10.835,5	10.016,8	9.292,2	8.648,7
22	19.660,4	17.658,0	15.936,9	14.451,1	13.163,0	12.041,6	11.061,2	10.200,7	9.442,4	8.771,5
23	20.455,8	18.292,2	16.443,6	14.856,8	13.488,6	12.303,4	11.272,2	10.371,1	9.580,2	8.883,2
24	21.243,4	18.913,9	16.935,5	15.247,0	13.798,6	12.550,4	11.469,3	10.528,8	9.706,6	8.984,7
25	22.023,2	19.523,5	17.413,1	15.622,1	14.093,9	12.783,4	11.653,6	10.674,8	9.822,6	9.077,0
26	22.795,2	20.121,0	17.876,8	15.982,8	14.375,2	13.003,2	11.825,8	10.810,0	9.929,0	9.160,9
27	23.559,6	20.706,9	18.327,0	16.329,6	14.643,0	13.210,5	11.986,7	10.935,2	10.026,6	9.237,2
28	24.316,4	21.281,3	18.764,1	16.663,1	14.898,1	13.406,2	12.137,1	11.051,1	10.116,1	9.306,6
29	25.065,8	21.844,4	19.188,5	16.983,7	15.141,1	13.590,7	12.277,7	11.158,4	10.198,3	9.369,6
30	25.807,7	22.396,5	19.600,4	17.292,0	15.372,5	13.764,8	12.409,0	11.257,8	10.273,7	9.426,9
31	26.542,3	22.937,7	20.000,4	17.588,5	15.592,8	13.929,1	12.531,8	11.349,8	10.342,8	9.479,0
32	27.269,6	23.468,3	20.388,8	17.873,6	15.802,7	14.084,0	12.646,6	11.435,0	10.406,2	9.526,4

表(續)

	1%	2%	3%	4%	5%	6%	7%	8%	9%	10%
33	27.989,7	23.988,6	20.765,8	18.147,6	16.002,5	14.230,2	12.753,8	11.513,9	10.464,4	9.569,4
34	28.702,7	24.498,6	21.131,8	18.411,2	16.192,9	14.368,1	12.854,0	11.586,9	10.517,8	9.608,6
35	29.408,6	24.998,6	21.487,2	18.664,6	16.374,2	14.498,2	12.947,7	11.654,6	10.566,8	9.644,2
36	30.107,5	25.488,8	21.832,3	18.908,3	16.546,9	14.621,0	13.035,2	11.717,2	10.611,8	9.676,5
37	30.799,5	25.969,5	22.167,2	19.142,6	16.711,3	14.736,8	13.117,0	11.775,2	10.653,0	9.705,9
38	31.484,7	26.440,6	22.492,5	19.367,9	16.867,9	14.846,0	13.193,5	11.828,9	10.690,8	9.732,7
39	32.163,0	26.902,6	22.808,2	19.584,5	17.017,0	14.949,1	13.264,9	11.878,6	10.725,5	9.757,0
40	32.834,7	27.355,5	23.114,8	19.792,8	17.159,1	15.046,3	13.331,7	11.924,6	10.757,4	9.779,1
41	33.499,7	27.799,5	23.412,4	19.993,1	17.294,4	15.138,0	13.394,1	11.967,2	10.786,6	9.799,1
42	34.158,1	28.234,8	23.701,4	20.185,6	17.423,2	15.224,5	13.452,4	12.006,7	10.813,4	9.817,4
43	34.810,0	28.661,6	23.981,9	20.370,8	17.545,9	15.306,2	13.507,0	12.043,2	10.838,0	9.834,0
44	35.455,5	29.080,0	24.254,3	20.548,8	17.662,8	15.383,2	13.557,9	12.077,1	10.860,5	9.849,1
45	36.094,5	29.490,2	24.518,7	20.720,0	17.774,1	15.455,8	13.605,5	12.108,4	10.881,2	9.862,8
46	36.727,2	29.892,3	24.775,4	20.884,7	17.880,1	15.524,4	13.650,0	12.137,4	10.900,2	9.875,3
47	37.353,7	30.286,6	25.024,7	21.042,9	17.981,0	15.589,0	13.691,6	12.164,3	10.917,6	9.886,6
48	37.974,0	30.673,1	25.266,7	21.195,1	18.077,2	15.650,0	13.730,5	12.189,1	10.933,6	9.896,9
49	38.588,1	31.052,1	25.501,7	21.341,5	18.168,7	15.707,6	13.766,8	12.212,2	10.948,2	9.906,3
50	39.196,1	31.423,6	25.729,8	21.482,2	18.255,9	15.761,9	13.800,7	12.233,5	10.961,7	9.914,8

1元年金現值系數表（11%~20%）

	11%	12%	13%	14%	15%	16%	17%	18%	19%	20%
1	0.900,9	0.892,9	0.885,0	0.877,2	0.869,6	0.862,1	0.854,7	0.847,5	0.840,3	0.833,3
2	1.712,5	1.690,1	1.668,1	1.646,7	1.625,7	1.605,2	1.585,2	1.565,6	1.546,5	1.527,8
3	2.443,7	2.401,8	2.361,2	2.321,6	2.283,2	2.245,9	2.209,6	2.174,3	2.139,9	2.106,5
4	3.102,4	3.037,3	2.974,5	2.913,7	2.855,0	2.798,2	2.743,2	2.690,1	2.638,6	2.588,7
5	3.695,9	3.604,8	3.517,2	3.433,1	3.352,2	3.274,3	3.199,3	3.127,2	3.057,6	2.990,6
6	4.230,5	4.111,4	3.997,5	3.888,7	3.784,5	3.684,7	3.589,2	3.497,6	3.409,8	3.325,5
7	4.712,2	4.563,8	4.422,6	4.288,3	4.160,4	4.038,6	3.922,4	3.811,5	3.705,7	3.604,6
8	5.146,1	4.967,6	4.798,8	4.638,9	4.487,3	4.343,6	4.207,2	4.077,6	3.954,4	3.837,2
9	5.537,0	5.328,2	5.131,7	4.946,4	4.771,6	4.606,5	4.450,6	4.303,0	4.163,3	4.031,0
10	5.889,2	5.650,2	5.426,2	5.216,1	5.018,8	4.833,2	4.658,6	4.494,1	4.338,9	4.192,5
11	6.206,5	5.937,7	5.686,9	5.452,7	5.233,7	5.028,6	4.836,4	4.656,0	4.486,5	4.327,1
12	6.492,4	6.194,4	5.917,6	5.660,3	5.420,6	5.197,1	4.988,4	4.793,2	4.610,5	4.439,2
13	6.749,9	6.423,5	6.121,8	5.842,4	5.583,1	5.342,3	5.118,3	4.909,5	4.714,7	4.532,7
14	6.981,9	6.628,2	6.302,5	6.002,1	5.724,5	5.467,5	5.229,3	5.008,1	4.802,3	4.610,6
15	7.190,9	6.810,9	6.462,4	6.142,2	5.847,4	5.575,5	5.324,2	5.091,6	4.875,9	4.675,5
16	7.379,2	6.974,0	6.603,9	6.265,1	5.954,2	5.668,5	5.405,3	5.162,4	4.937,7	4.729,6
17	7.548,8	7.119,6	6.729,1	6.372,9	6.047,2	5.748,7	5.474,6	5.222,3	4.989,7	4.774,6
18	7.701,6	7.249,7	6.839,9	6.467,4	6.128,0	5.817,8	5.533,9	5.273,2	5.033,3	4.812,2
19	7.839,3	7.365,8	6.938,0	6.550,4	6.198,2	5.877,5	5.584,5	5.316,2	5.070,0	4.843,5
20	7.963,3	7.469,4	7.024,8	6.623,1	6.259,3	5.928,8	5.627,8	5.352,7	5.100,9	4.869,6
21	8.075,1	7.562,0	7.101,6	6.687,0	6.312,5	5.973,1	5.664,8	5.383,7	5.126,8	4.891,3
22	8.175,7	7.644,6	7.169,5	6.742,9	6.358,7	6.011,3	5.696,4	5.409,9	5.148,6	4.909,4
23	8.266,4	7.718,4	7.229,7	6.792,1	6.398,8	6.044,2	5.723,4	5.432,1	5.166,8	4.924,5
24	8.348,1	7.784,3	7.282,9	6.835,1	6.433,8	6.072,6	5.746,5	5.450,9	5.182,2	4.937,1
25	8.421,7	7.843,1	7.330,0	6.872,9	6.464,1	6.097,1	5.766,2	5.466,9	5.195,1	4.947,6
26	8.488,1	7.895,7	7.371,7	6.906,1	6.490,6	6.118,2	5.783,1	5.480,4	5.206,0	4.956,3
27	8.547,8	7.942,6	7.408,6	6.935,2	6.513,5	6.136,4	5.797,5	5.491,9	5.215,1	4.963,6
28	8.601,6	7.984,4	7.441,2	6.960,7	6.533,5	6.152,0	5.809,9	5.501,6	5.222,8	4.969,7
29	8.650,1	8.021,8	7.470,1	6.983,0	6.550,9	6.165,6	5.820,4	5.509,8	5.229,2	4.974,7
30	8.693,8	8.055,2	7.495,7	7.002,7	6.566,0	6.177,2	5.829,3	5.516,8	5.234,7	4.978,9
31	8.733,1	8.085,0	7.518,3	7.019,9	6.579,1	6.187,1	5.837,1	5.522,7	5.239,2	4.982,4
32	8.768,6	8.111,6	7.538,3	7.035,0	6.590,5	6.195,9	5.843,7	5.527,7	5.243,0	4.985,4

表(續)

	11%	12%	13%	14%	15%	16%	17%	18%	19%	20%
33	8.800,5	8.135,4	7.556,0	7.048,2	6.600,5	6.203,4	5.849,3	5.532,0	5.246,2	4.987,8
34	8.829,3	8.156,6	7.571,7	7.059,9	6.609,1	6.209,8	5.854,1	5.535,6	5.248,9	4.989,8
35	8.855,2	8.175,5	7.585,6	7.070,0	6.616,6	6.215,3	5.858,2	5.538,6	5.251,2	4.991,5
36	8.878,6	8.192,4	7.597,9	7.079,0	6.623,1	6.220,1	5.861,7	5.541,2	5.253,1	4.992,9
37	8.899,6	8.207,5	7.608,7	7.086,8	6.628,8	6.224,2	5.864,7	5.543,4	5.254,7	4.994,1
38	8.918,6	8.221,0	7.618,3	7.093,7	6.633,8	6.227,8	5.867,3	5.545,2	5.256,1	4.995,1
39	8.935,7	8.233,0	7.626,8	7.099,7	6.638,0	6.230,9	5.869,5	5.546,8	5.257,2	4.995,9
40	8.951,1	8.243,8	7.634,4	7.105,0	6.641,8	6.233,5	5.871,3	5.548,2	5.258,2	4.996,6
41	8.964,9	8.253,4	7.641,0	7.109,7	6.645,0	6.235,8	5.872,9	5.549,3	5.259,0	4.997,2
42	8.977,4	8.261,9	7.646,9	7.113,8	6.647,8	6.237,7	5.874,3	5.550,2	5.259,6	4.997,6
43	8.988,6	8.269,6	7.652,2	7.117,3	6.650,3	6.239,4	5.875,5	5.551,0	5.260,2	4.998,0
44	8.998,8	8.276,4	7.656,8	7.120,5	6.652,4	6.240,9	5.876,5	5.551,7	5.260,7	4.998,4
45	9.007,9	8.282,5	7.660,9	7.123,2	6.654,3	6.242,1	5.877,3	5.552,3	5.261,1	4.998,6
46	9.016,1	8.288,0	7.664,5	7.125,6	6.655,9	6.243,2	5.878,1	5.552,8	5.261,4	4.998,9
47	9.023,5	8.292,8	7.667,7	7.127,7	6.657,3	6.244,2	5.878,7	5.553,2	5.261,7	4.999,1
48	9.030,2	8.297,2	7.670,5	7.129,6	6.658,5	6.245,0	5.879,2	5.553,6	5.261,9	4.999,2
49	9.036,2	8.301,0	7.673,0	7.131,2	6.659,6	6.245,7	5.879,7	5.553,9	5.262,1	4.999,3
50	9.041,7	8.304,5	7.675,2	7.132,7	6.660,5	6.246,3	5.880,1	5.554,1	5.262,3	4.999,5

國家圖書館出版品預行編目(CIP)資料

財務管理 / 李紅娟, 朱殿寧, 伍海琳 主編. -- 第一版.
-- 臺北市：財經錢線文化出版：崧博發行, 2018.12
　面；　公分
ISBN 978-957-680-304-8(平裝)
1.財務管理
494.7   107019308

書　　名：財務管理
作　　者：李紅娟、朱殿寧、伍海琳 主編
發行人：黃振庭
出版者：財經錢線文化事業有限公司
發行者：崧博出版事業有限公司
E-mail：sonbookservice@gmail.com
粉絲頁　　　　　　網　　址：
地　　址：台北市中正區延平南路六十一號五樓一室
8F.-815, No.61, Sec. 1, Chongqing S. Rd., Zhongzheng Dist., Taipei City 100, Taiwan (R.O.C.)
電　　話：(02)2370-3310　傳　真：(02) 2370-3210
總經銷：紅螞蟻圖書有限公司
地　　址：台北市內湖區舊宗路二段 121 巷 19 號
電　　話：02-2795-3656　　傳真：02-2795-4100　　網址：
印　　刷：京峯彩色印刷有限公司（京峰數位）

　　本書版權為西南財經大學出版社所有授權崧博出版事業有限公司獨家發行電子書及繁體書繁體版。若有其他相關權利及授權需求請與本公司聯繫。
定價：700元
發行日期：2018 年 12 月第一版
◎ 本書以POD印製發行